高等工科院校 CAD/CAM/CAE 系列教材

SolidWorks 数字仿真项目教程

主　编　鲍仲辅　曾德江
副主编　林泽生　陈梓龙
参　编　李　明

机 械 工 业 出 版 社

本书重点介绍基于SolidWorks软件进行机构数字仿真分析的思路和方法，主要包括基于Motion插件的运动学、动力学仿真分析以及基于Simulation插件的结构有限元分析。

本书采用项目驱动方式，以项目为载体，融合数字仿真的相关理论和技术。每个项目都包含项目说明、预备知识、项目实施和项目总结，读者可通过实践完成学习过程。全书的20个项目是围绕机械设计行业的需要，对典型任务做适当简化编写而成的，具有较好的应用示范作用。

本书可作为应用型本科及高职高专院校机械类专业的教材，也可作为企业技术人员的参考用书。

本书配有电子课件，凡使用本书作为教材的教师可登录机械工业出版社教育服务网www.cmpedu.com注册后下载。咨询电话：010-88379375。

图书在版编目（CIP）数据

SolidWorks 数字仿真项目教程 / 鲍仲辅，曾德江主编 . — 北京：机械工业出版社，2019.5（2021.8 重印）

高等工科院校 CAD/CAM/CAE 系列教材

ISBN 978-7-111-62554-4

Ⅰ.①S… Ⅱ.①鲍… ②曾… Ⅲ.①数字仿真－计算机辅助设计－应用软件－高等学校－教材 Ⅳ.① TP391.92

中国版本图书馆 CIP 数据核字（2019）第 072561 号

机械工业出版社（北京市百万庄大街 22 号　邮政编码 100037）
策划编辑：薛　礼　　责任编辑：薛　礼
责任校对：张　薇　　封面设计：陈　沛
责任印制：李　昂
北京瑞禾彩色印刷有限公司印刷
2021 年 8 月第 1 版第 3 次印刷
184mm × 260mm · 14.5 印张 · 361 千字
2 901—4 800 册
标准书号：ISBN 978-7-111-62554-4
定价：65.00 元

电话服务　　网络服务
客服电话：010-88361066　机　工　官　网：www.cmpbook.com
010-88379833　机　工　官　博：weibo.com/cmp1952
010-68326294　金　书　网：www.golden-book.com
封底无防伪标均为盗版　机工教育服务网：www.cmpedu.com

项目导航

项目名称、学习目标及重难点	项目图例
项目 1　牛头刨床驱动机构建模与仿真 **【学习目标】** 1. 掌握连杆机构运动仿真分析的一般流程。 2. 能利用自顶向下建模法，由机构运动简图建立机构装配模型。 3. 能有效进行评估分析仿真。 **【重难点】** 1. 自顶向下建模法。 2. 运动分析各项参数的设置。	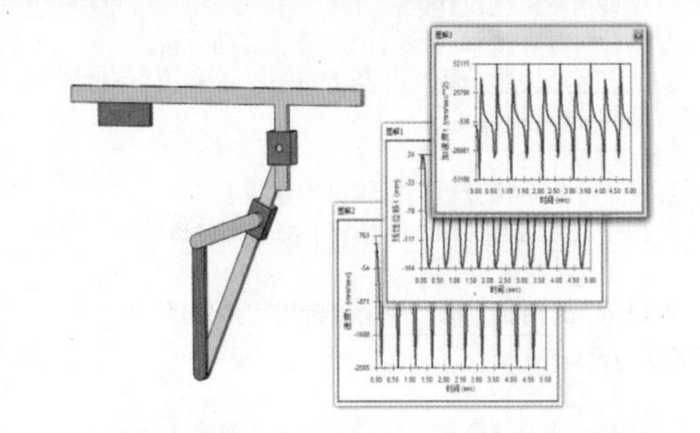
项目 2　机械手夹持机构建模与仿真 **【学习目标】** 1. 了解 SolidWorks Motion 中各类马达的特性，并能依据工况选择合适的马达。 2. 理解接触的意义，并能依据工况设置合适的接触。 3. 能查询分析仿真结果，并理解其对设计的指导意义。 **【重难点】** 1. 马达参数的设置。 2. 接触参数的设置。	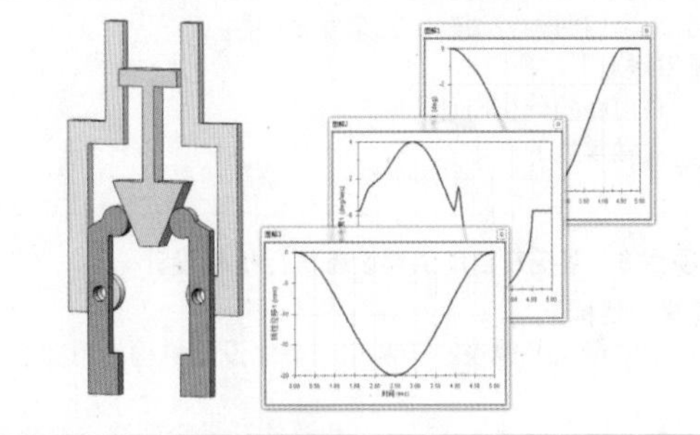
项目 3　复合轮系传动机构设计与仿真 **【学习目标】** 1. 掌握齿轮机构运动仿真的流程和方法。 2. 能利用 Toolbox 生成各类常用齿轮。 3. 能利用齿轮传动几何关系实现正确配合。 **【重难点】** 1. 周转轮系的配合。 2. 锥齿轮传动的配合。	
项目 4　奥氏仪表机构设计与仿真 **【学习目标】** 1. 了解机构运动分析和动力学分析的区别。 2. 能利用自顶向下建模法，由机构运动简图建立机构装配模型。 3. 能利用机械系统中的弹簧和阻尼进行仿真。 **【重难点】** 1. 自顶向下建模法。 2. 弹簧与阻尼参数的设置。	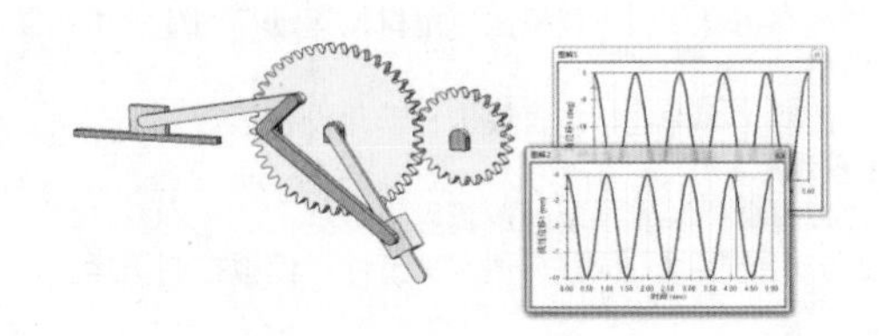
项目 5　凸轮送料机构设计与仿真 **【学习目标】** 1. 了解凸轮机构设计的一般流程。 2. 能利用路径跟踪的方法模拟反转法设计凸轮机构。 3. 能对凸轮机构进行运动学仿真分析。 **【重难点】** 1. 定义具有复杂规律动作的驱动元件。 2. 由路径跟踪生成理论轮廓线，并进一步获得实际轮廓线。	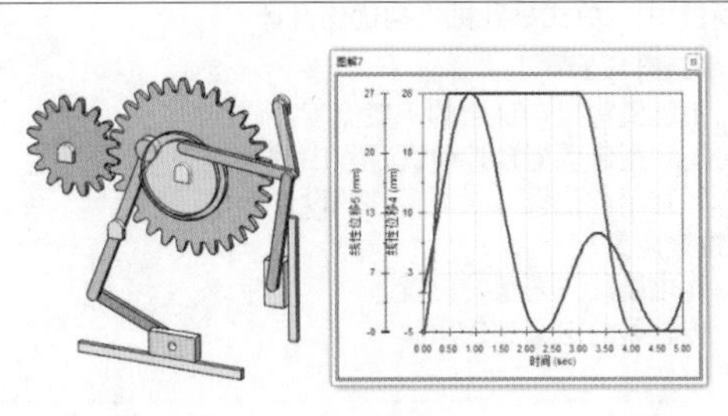

（续）

项目名称、学习目标及重难点	项目图例

项目 6　槽轮机构设计与仿真

【学习目标】

1. 掌握槽轮机构设计建模方法。
2. 能针对存在接触问题的机构进行运动分析。
3. 能进行动力学分析，并基于相关结果利用有限元分析进行结构分析。

【重难点】

1. 基于等效机构分析的槽轮机构建模。
2. 槽轮机构动力学分析以及基于动力学分析的结构分析。

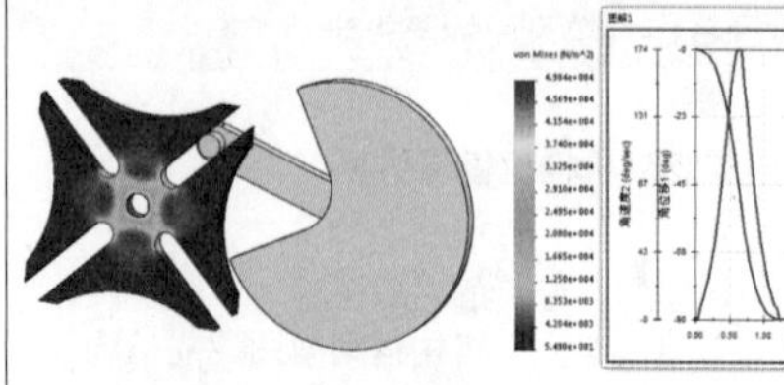

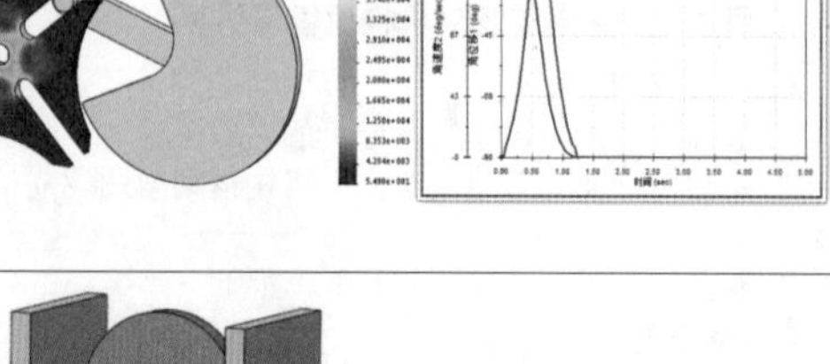

项目 7　曲柄压力机力平衡分析与冗余处理

【学习目标】

1. 了解冗余配合。
2. 能利用动力学仿真分析解决机构力平衡问题。
3. 能利用两种方法解决冗余配合问题。

【重难点】

1. 自由度的分析与计算。
2. 套管参数的确定。

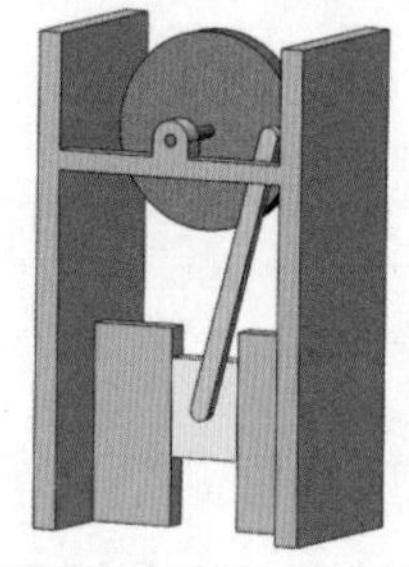

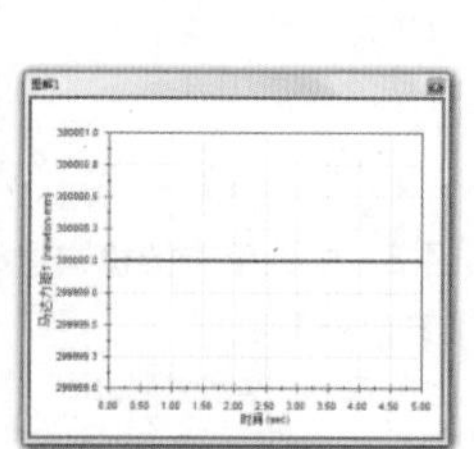

项目 8　双摇杆自动供料设备执行机构设计

【学习目标】

1. 了解在 SolidWorks 中利用图解法设计机构的思路方法。
2. 能利用自顶向下建模法，由机构运动简图建立机构装配模型。
3. 能有效进行评估分析仿真。

【重难点】

1. 根据机构使用工况确定设计条件。
2. 利用中垂线几何性质设计连杆机构。

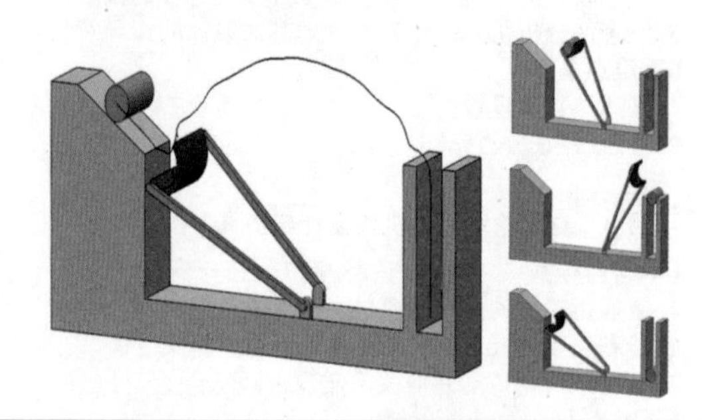

项目 9　双摇杆自动供料设备驱动机构设计

【学习目标】

1. 强化在 SolidWorks 中利用图解法设计机构的方法。
2. 能利用自顶向下建模法，由机构运动简图建立机构装配模型。
3. 能基于事件进行仿真模拟自动化设备运行。

【重难点】

1. 理解事件触发控制的逻辑思想。
2. 应用传感器、伺服马达定义事件，模拟控制器运行。

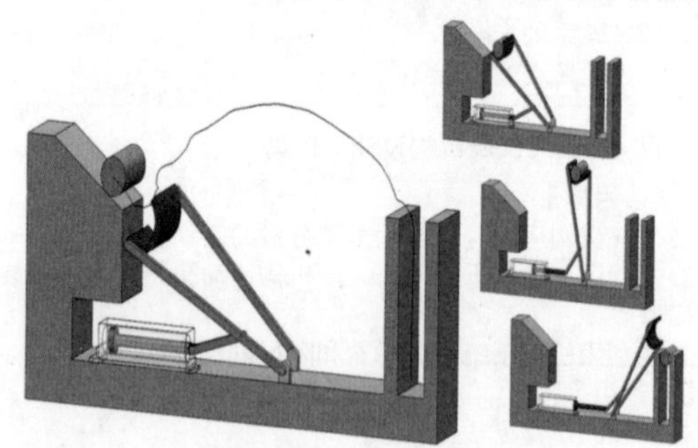

项目 10　剪式举升机机构优化设计

【学习目标】

1. 了解机构运动优化的一般流程。
2. 能利用传感器监控仿真过程中的参数。
3. 能利用优化设计获取最佳的设计方案。

【重难点】

1. 优化设计三要素的设置。
2. 传感器的定义和使用。

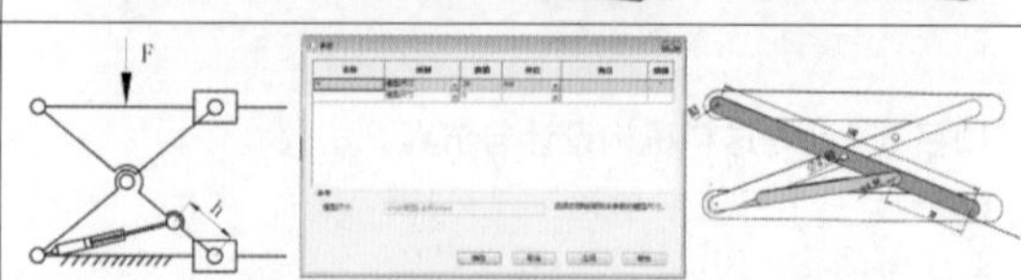

变量视图　表格视图　结果视图

8 情形之 8 已成功运行 设计算例质量：高

		当前	初始	优化 (4)	情形 1	情形 2	情形 3	情形 4	情形 5	情形 6
h		30mm	30mm	23mm	20mm	21mm	22mm	23mm	24mm	25mm
传感器1	< 4500 牛顿	5325 牛顿	5325 牛顿	4416.9 牛顿	4151.74 牛顿	4234.29 牛顿	4322.48 牛顿	4416.9 牛顿	4518.23 牛顿	4627.26 牛顿
传感器2	最大化	72.24309mm	72.24309mm	68.771mm	67.66052mm	68.01151mm	68.38115mm	68.771mm	69.18264mm	69.61859mm

（续）

项目名称、学习目标及重难点	项目图例
项目 11　支架结构静应力分析 【学习目标】 1. 了解普通实体零件有限元分析的一般流程。 2. 能根据分析要求划分合适的实体单元及局部细化。 3. 能依据材料属性有效评估分析仿真结果。 【重难点】 1. 实体网格控制参数和局部细化方法。 2. 针对弹塑性材料和脆性材料选择合适的结果加以评估。	
项目 12　水槽的结构分析 【学习目标】 1. 能分析薄板类构件，并正确使用壳单元。 2. 能利用高宽比、雅可比等指标评估网格单元的质量。 3. 能利用探测、Iso 剪裁及设计洞察等工具分析仿真结果。 【重难点】 1. 将实体模型转为壳体模型。 2. 评估网格单元的质量。	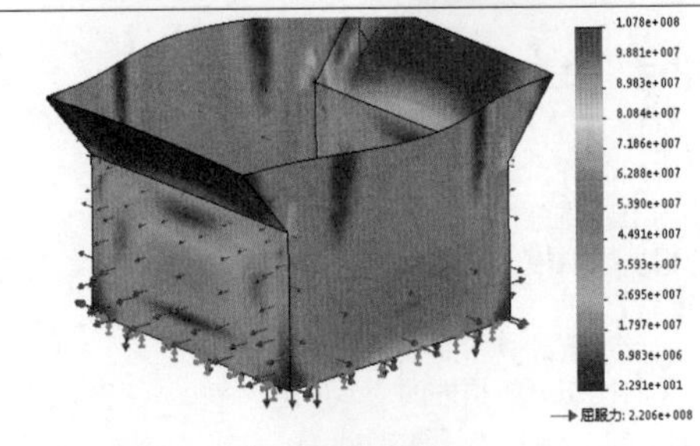
项目 13　梁的结构分析 【学习目标】 1. 能分析细长形状的零件，并正确使用梁单元。 2. 能依据实际工况对仿真模型施加正确的载荷和约束条件。 3. 能有效评估梁模型的分析仿真结果。 【重难点】 1. 梁模型的简化及接点计算。 2. 根据实际工况选择合适的约束条件。	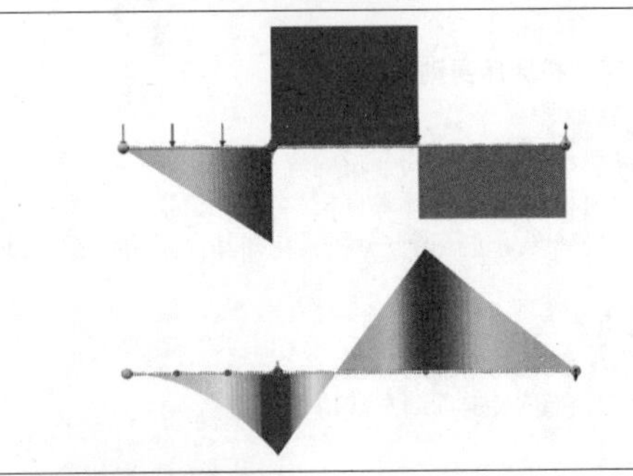
项目 14　料斗的结构分析 【学习目标】 1. 掌握实体、壳体和梁三种混合网格模型分析的方法。 2. 能根据分析工况设置合理的全局和局部约束。 3. 能利用软弹簧和惯性卸除提高自平衡力学模型计算稳定性。 【重难点】 1. 全局接触和局部接触的应用。 2. 自平衡力学模型提高稳定性的处理方法。	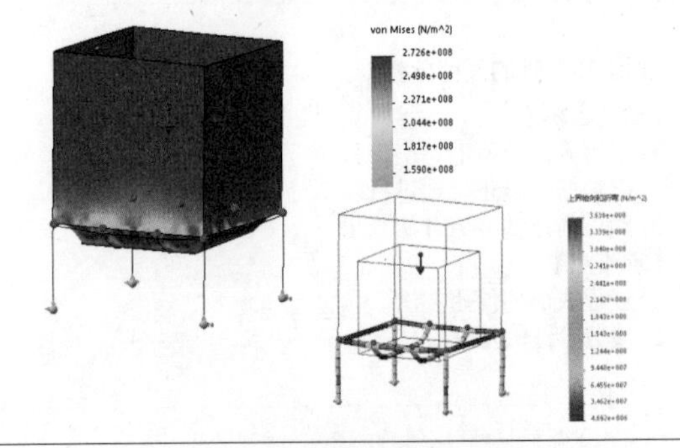
项目 15　气动夹具的结构分析 【学习目标】 1. 掌握利用接头简化装配模型中连接件的分析技术。 2. 能根据工况选择合适的接头类型，并定义正确的接头参数。 3. 能综合分析精度和计算资源对复杂装配体进行分析评估。 【重难点】 1. 九类接头的物理意义和适用场合。 2. 接头参数的编辑定义。	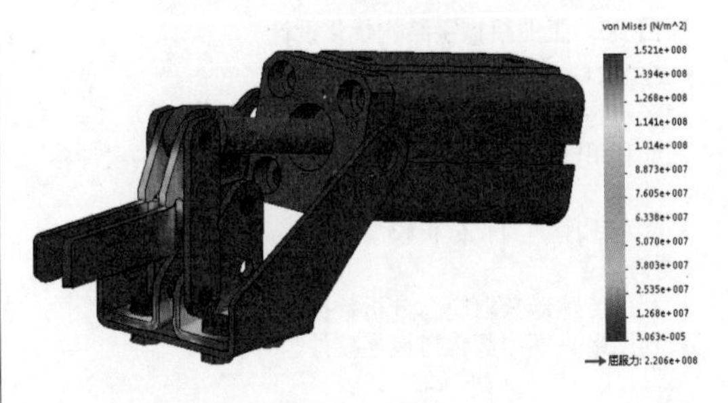

（续）

<table>
<tr><th>项目名称、学习目标及重难点</th><th>项目图例</th></tr>
<tr><td>项目 16　齿轮啮合非线性分析
【学习目标】
1. 了解非线性问题的常见类型和分析方法。
2. 能利用 2D 简化技术节省计算资源，同时保证分析精度。
3. 能针对非线性问题设置好分析参数。
【重难点】
1. 根据零件的实际情况选择合适的 2D 简化方法。
2. 根据工况选择合适的非线性算法和参数。</td><td>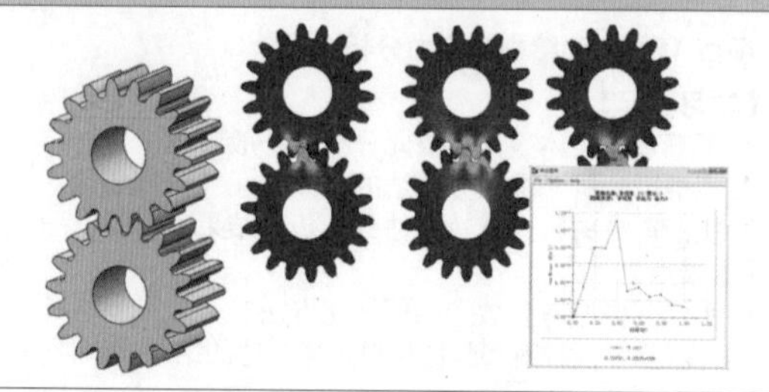</td></tr>
<tr><td>项目 17　气缸活塞杆屈曲分析
【学习目标】
1. 了解屈曲分析的内容和意义。
2. 能利用屈曲分析获知零件的屈曲模态。
3. 能根据屈曲模态对结果做相应的强化设计。
【重难点】
1. 由载荷系数计算屈曲临界载荷。
2. 由屈曲模态分析构件的变形形态。</td><td>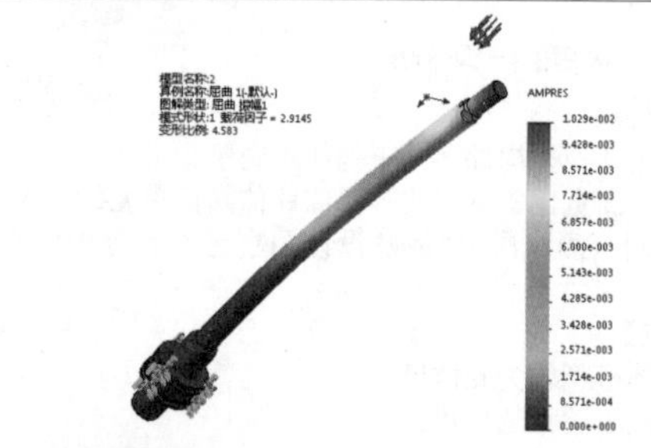</td></tr>
<tr><td>项目 18　机床床身动态特性分析
【学习目标】
1. 了解机械动态特性的分析内容和意义。
2. 能对机械产品进行频率分析，获知其固有频率。
3. 能对机械产品进行谐波分析，获知其在振动载荷下的响应。
【重难点】
1. 固有频率对应模态的分析。
2. 谐波分析下指定点动态响应的获取。</td><td>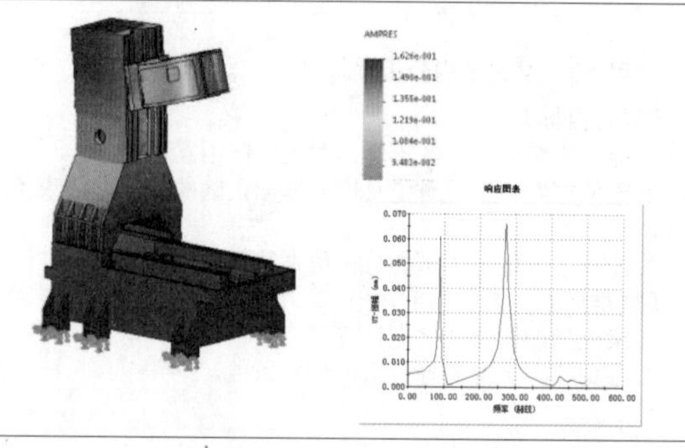</td></tr>
<tr><td>项目 19　轴的疲劳分析
【学习目标】
1. 了解疲劳分析的一般流程。
2. 能根据工况正确地进行疲劳分析。
3. 能正确评估疲劳分析结果。
【重难点】
1. 远程载荷的使用方法。
2. 疲劳事件的定义。</td><td>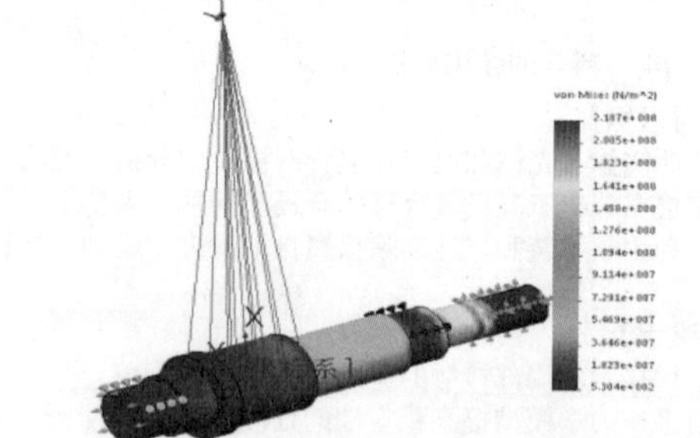</td></tr>
<tr><td>项目 20　工业机械手结构优化设计
【学习目标】
1. 了解结构优化设计的一般流程。
2. 能利用优化设计获取机械零部件最佳性价比的设计参数。
3. 能利用刚体简化分析模型。
【重难点】
1. 利用传感器获取应力分析数据。
2. 利用接头模型简化机械连接件。</td><td>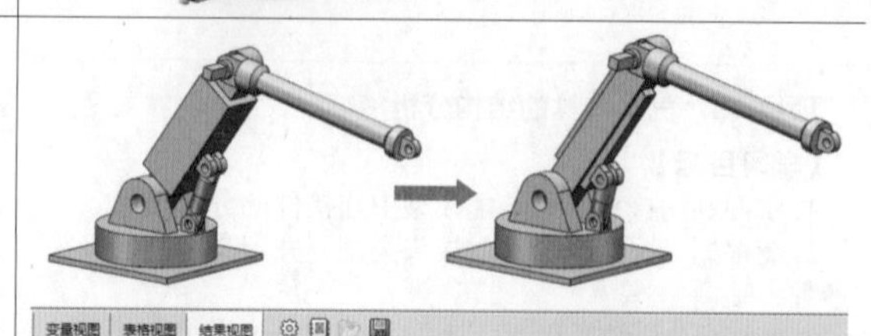
变量视图　表格视图　结果视图
14 情形之 14 已成功运行 设计算例质量: 高<table><tr><th></th><th></th><th>当前</th><th>初始</th><th>优化 (1)</th><th>情形 1</th><th>情形 2</th><th>情形 3</th></tr><tr><td>b</td><td></td><td>120mm</td><td>120mm</td><td>50mm</td><td>50mm</td><td>80mm</td><td>110mm</td></tr><tr><td>h</td><td></td><td>150mm</td><td>150mm</td><td>50mm</td><td>50mm</td><td>50mm</td><td>50mm</td></tr><tr><td>应力2</td><td>< 120 牛顿/mm^2</td><td>91.947 牛顿/mm^2</td><td>91.947 牛顿/mm^2</td><td>117 牛顿/mm^2</td><td>117 牛顿/mm^2</td><td>121.2 牛顿/mm^2</td><td>125.41 牛顿/mm^2</td></tr><tr><td>质量1</td><td>最小化</td><td>10.9955 kg</td><td>10.9955 kg</td><td>6.19546 kg</td><td>6.19546 kg</td><td>6.19546 kg</td><td>6.19546 kg</td></tr></table></td></tr>
</table>

前　言

数字仿真技术是一种基于计算机构建产品虚拟样机，并实施仿真分析、性能测试及优化设计等工作的现代开发技术。数字仿真能有效地帮助设计者在开发阶段及时了解产品的各种性能，并及时改进，减少试验次数，显著提高产品设计质量，缩短开发周期。目前，机械行业相关企业已经广泛地应用数字仿真技术来提升自身竞争力，其中以机构运动学、动力学仿真技术以及有限元分析技术应用得最为普遍。前者主要用于机械整体传动机构的方案和尺寸的设计验证，后者主要用于结构强度、刚度等指标的校核以及结构尺寸的优化等。

本书采用项目驱动方式，重点介绍基于 SolidWorks 的机械运动学、动力学仿真以及有限元分析技术。全书围绕自动化机械设计岗位的典型工作任务和内容，具体选择 20 个项目作为载体，将数字仿真分析的相关理论知识和操作方法一起融合在项目的实施过程中，突出技术的应用价值。

本书主要面向工科类应用型本科、高职高专院校的学生以及企业技术人员。

首先，工科专业不少主干课程都建立在数理基础上，具有较强的抽象性，学习难度较大，如“机械设计基础”“工程力学”等。数字仿真技术借助其丰富的可视化手段，可以将抽象的事物转化为直观形象的形式，便于学生观察和理解。

其次，在学习专业课程时，由于实践教学条件所限，缺乏开展设计实践的机会，学生缺少直观感受，也缺乏成就感。基于数字仿真技术开展设计实训，能让学生大胆创新，将自己的想法变为具体直观的动态模型，不仅强化了实践教学，还能带给学生成就感，从而激发学习兴趣。

最后，在产业转型升级下，企业也在广泛地使用数字仿真技术提高设计工作效率和质量，因此，掌握数字仿真技术对于更好地适应工作岗位也是非常有必要的。

本书是广东省第一批品牌专业建设成果。广东机电职业技术学院机械设计与制造专业对接自动化机械制造业，将数字技术贯穿专业课程体系，构建了虚实结合的教学模式。本书基于六年的教学改革实践，通过校企合作编写而成。全书共有 20 个项目，其中鲍仲辅编写项目 1~ 项目 18，曾德江编写项目 19，林泽生编写项目 20，李明为本书提供了企业案例，陈梓龙负责书中案例的建模和数据处理工作。

本书以讲解仿真技术为主，限于篇幅，建模技术不做过多讲解，因此需要读者熟练掌握 SolidWorks 的建模操作，特别是自顶向下的建模方法。

限于编者水平，书中难免有疏漏和不足之处，敬请读者批评指正。

编　者

二维码索引

名称	图形	名称	图形
牛头刨床		机械手夹持器	
复合轮系		仪表机构	
凸轮机构		槽轮机构	
曲柄压力机		双摇杆执行	
双摇杆驱动		举升机优化设计	
支架结构分析		水槽分析	
梁的分析		料斗	
气缸夹具		齿轮啮合	
气缸活塞杆		机床动态特性	
疲劳分析		优化设计	

目录

项目 1 牛头刨床驱动机构建模与仿真

【学习目标】

1. 掌握连杆机构运动仿真分析的一般流程。
2. 能利用自顶向下建模法，由机构运动简图建立机构装配模型。
3. 能有效进行评估分析仿真。

【重难点】

1. 自顶向下建模法。
2. 运动分析各项参数的设置。

一、项目说明

牛头刨床驱动机构是以摆动导杆为主的经典连杆机构，如图 1-1 所示。该机构具有显著的急回特性，能有效提高生产率。只要能定量分析该机构的运行特性，就可以基于数字仿真技术对机构开展运动学分析。SolidWorks Motion 是一款工程中常用的分析工具。运动仿真分析的基本流程一般分为三步：第一步，建立出机构装配模型；第二步，进入 SolidWorks Motion 插件进行各种分析前处理；第三步，执行分析并评估结果。例如，该牛头刨床驱动机构的分析结果如图 1-2 所示。

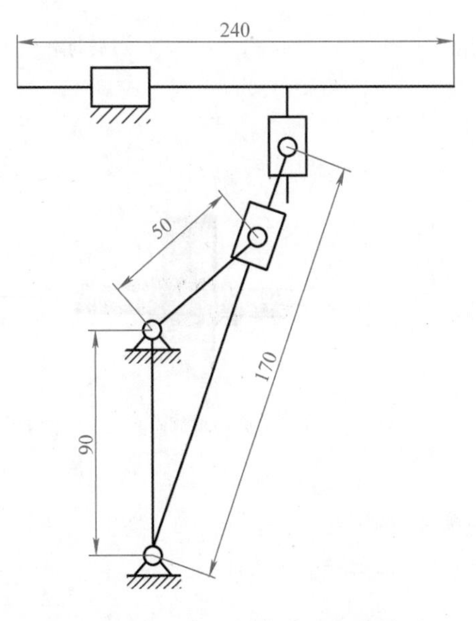

图1-1　牛头刨床驱动机构简图

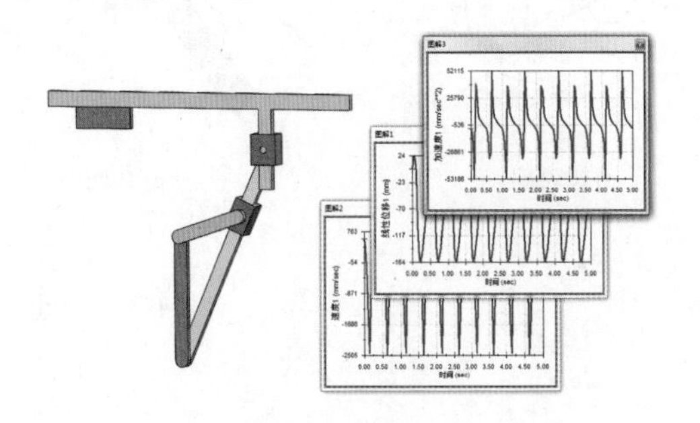

图1-2　分析结果

二、预备知识

1.运动学与动力学分析概述

运动学分析的目的在于了解机构的运动规律，重点关注包括机构指定构件或点的位移、速度、加速度和运动轨迹等信息。动力学分析是在机构的基础上又综合考虑了力、力矩、摩擦、惯性、弹性以及阻尼等力学要素的传动作用，重点研究机械运动与力的关系，在工程中特别关注机构运动过程中某运动副的约束反力、驱动力或力矩以及惯性力等信息。借助运动学与动力学仿真技术，可以建立机械的数字化虚拟样机并开展各种测试，在设计阶段就可以预先了解机械的各种运动学和动力学特性并做出优化，使设计更加合理。

2.运动学与动力学分析的基本概念

（1）自由度、运动副与约束　自由不受约束的构件都具有 6 个自由度，即沿着 x、y、z 三轴方向的移动自由度和绕 x、y、z 三轴方向的转动自由度，如图 1-3a 所示。在 SolidWorks 装配体中，零件有固定和浮动两种状态，其中固定就是 6 个自由度被全部限制的状态。

运动副是构件之间的活动配合，可视为对部分自由度的约束。移动副、转动副、齿轮副、球面副和螺旋副都是机械中常见的配合约束，如图 1-3b~f 所示。

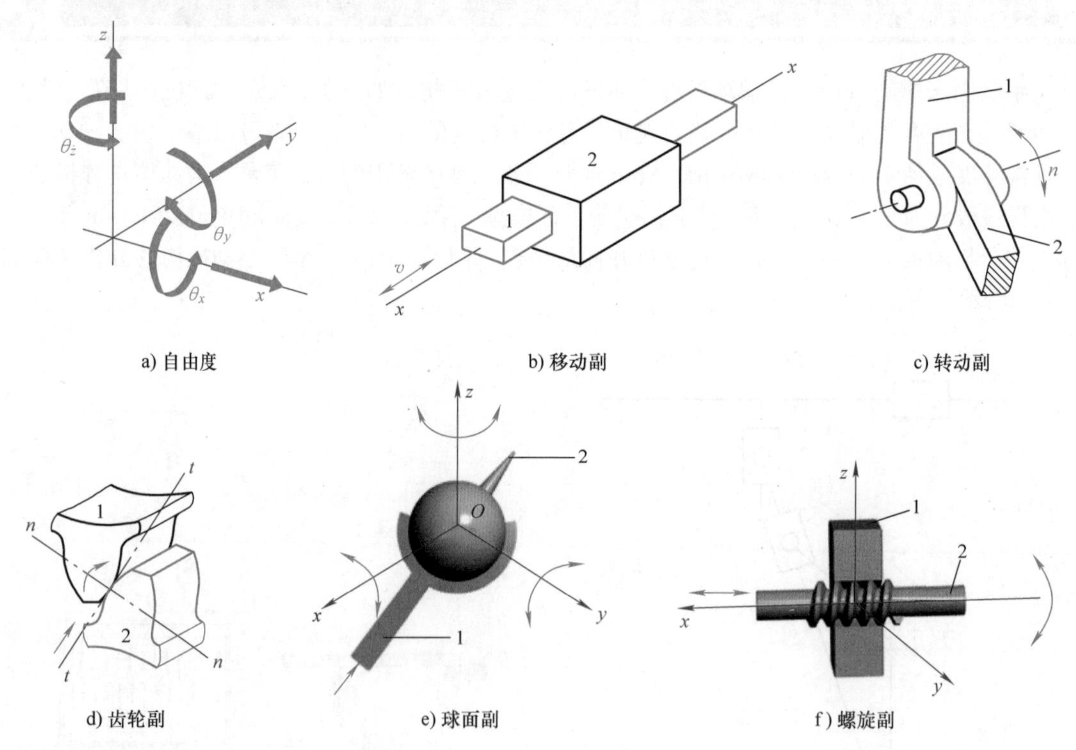

图1-3　自由度与各类运动副

（2）质量与惯性　质量是物体的固有属性，体现在动力学中就是惯性效应，即保持自身原运动状态的性质。由达朗贝尔原理可知，物体在非平衡运动状态下会产生与加速度反向的惯性力，如图1-4所示。在机械设备的加速或减速阶段，惯性载荷的影响是很大的。例如，伺服电动机驱动的丝杠传动系统中，加速阶段的惯性力矩往往超过其稳态工作下的阻力矩，如图1-5所示。

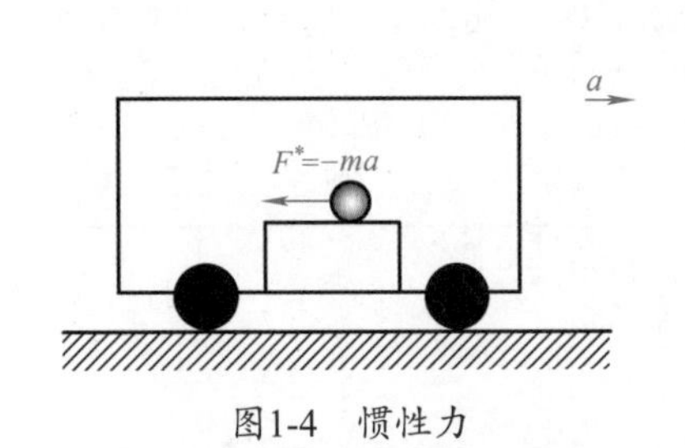

图1-4　惯性力

图1-5　工程中常见的惯性载荷

3.运动学与动力学分析的主要流程

SolidWorks Motion是一款非常友好的分析软件，它可与SolidWorks建模模块无缝对接，甚至可以直接将装配体的配合关系等效映射为运动副约束，大大简化了分析前处理的操作。基于ADAMS强大的计算内核和各种可视化后处理工具，可以准确直观地展示机械运动特性。

基于SolidWorks Motion进行运动分析的主要流程如图1-6所示。

图1-6　基于SolidWorks Motion进行运动分析的主要流程

三、项目实施

1.绘制牛头刨床驱动机构运动简图

第一步，打开 SolidWorks，新建零件，如图 1-7 所示。

第二步，选择前视基准面绘制牛头刨床机构运动简图，如图 1-8 所示。绘制完毕后，保存文件，命名为“布局”。

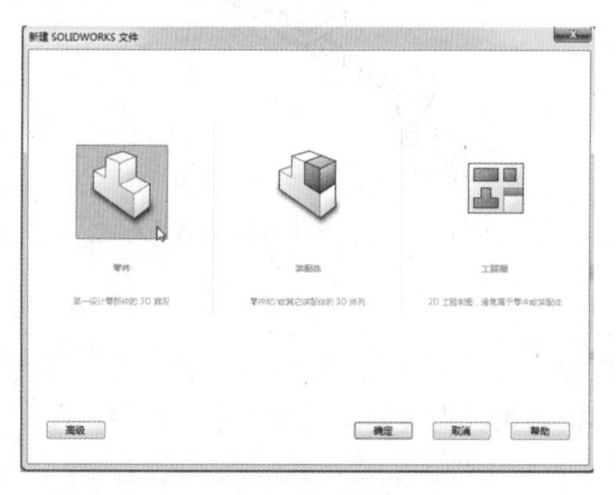

图1-7　进入零件建模环境

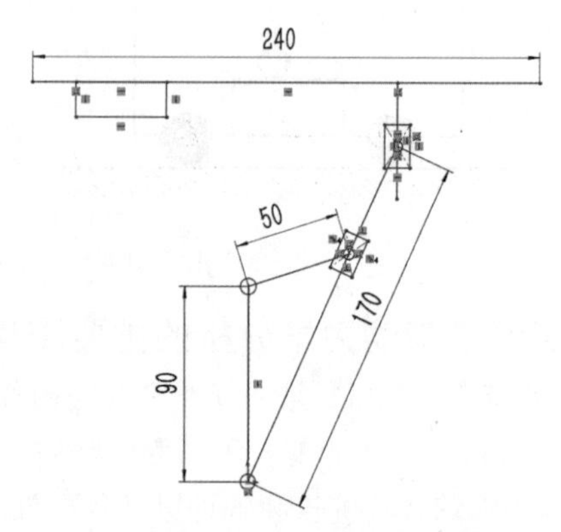

图1-8　绘制机构运动简图

2.依据机构运动简图自顶向下建模

第一步，新建装配体，如图 1-9 所示。

第二步，将之前绘制好的“布局”导入，如图 1-10 所示。接下来以该草图作为参考基准来创建所有零件，如图 1-11 所示。

第三步，插入新零件，如图 1-12 所示。需要连续插入 6 个新零件。

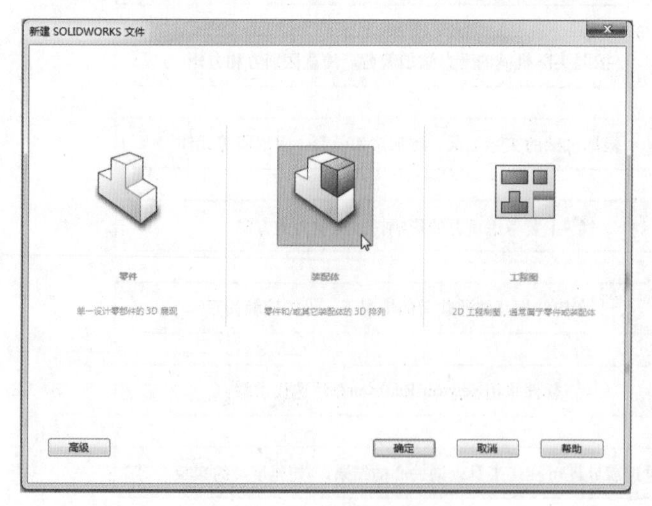

图1-9　进入装配建模环境

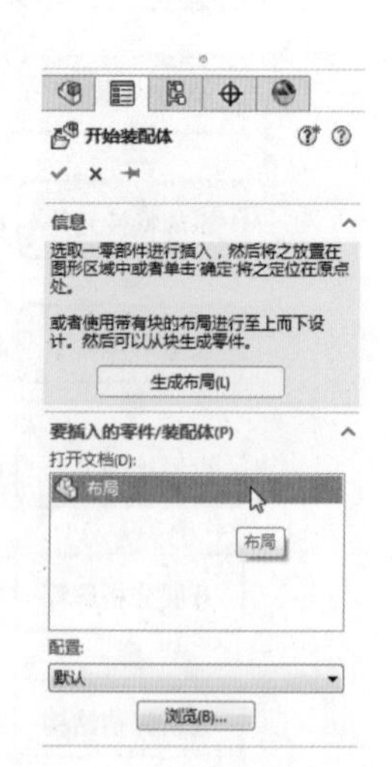

图1-10　将机构运动简图导入

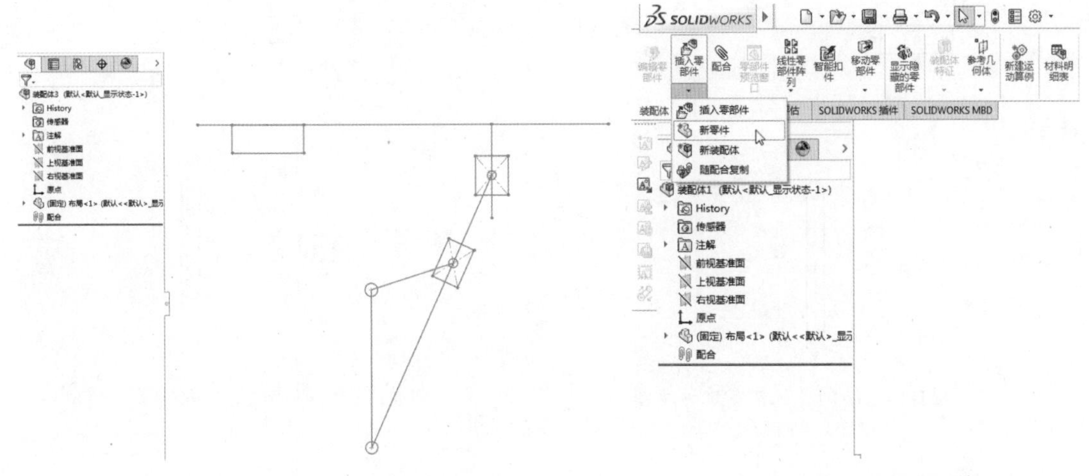

图1-11　以机构运动简图为装配建模参考　　　　图1-12　插入新零件

第四步，将创建的新零件分别重新命名，分别改为“机架”“曲柄”“导杆”“滑块 1”“滑块 2”和“滑枕”，如图 1-13 所示。

第五步，右击“机架”零件，在快捷菜单中选择“编辑”，如图 1-14 所示，进入“机架”零件的编辑环境，如图 1-15 所示。

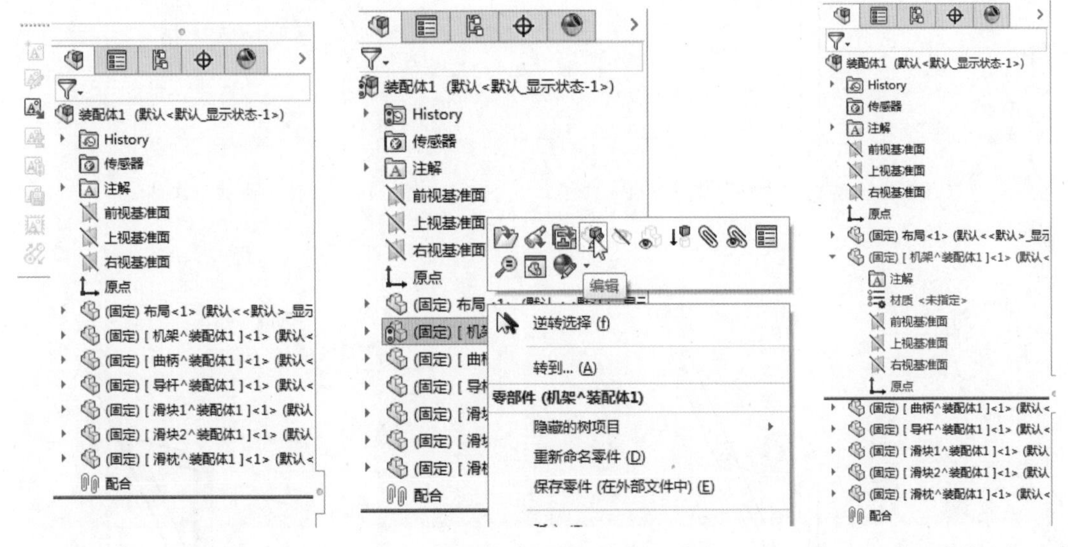

图1-13　修改零件名称　　　　图1-14　编辑“机架”零件　　　　图1-15　进入零件编辑环境

第六步，选择“机架”零件下的前视基准面，捕捉“布局”草图中关键定位点，绘制一个槽口线作为铰链副机架，再绘制一个矩形框作为移动副机架，如图 1-16 所示。

第七步，确认草图并拉伸 5mm，即可创建机架的实体模型，如图 1-17 所示。创建完之后需要单击右上方的图标，返回到装配体环境。

第八步，依据以上操作方法，依次创建出“曲柄”“导杆”“滑块 1”“滑块 2”“滑枕”等零件的实体，如图 1-18~ 图 1-27 所示。

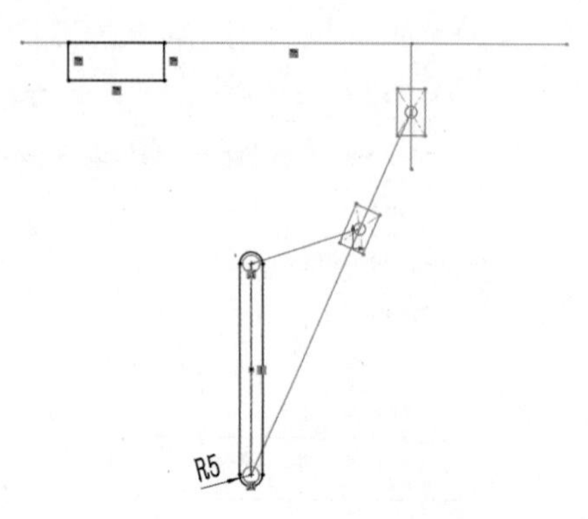

图1-16 绘制“机架”零件草图

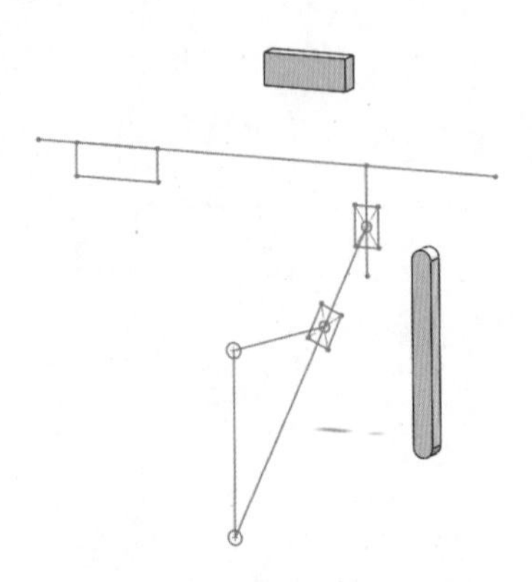

图1-17 拉伸“机架”零件

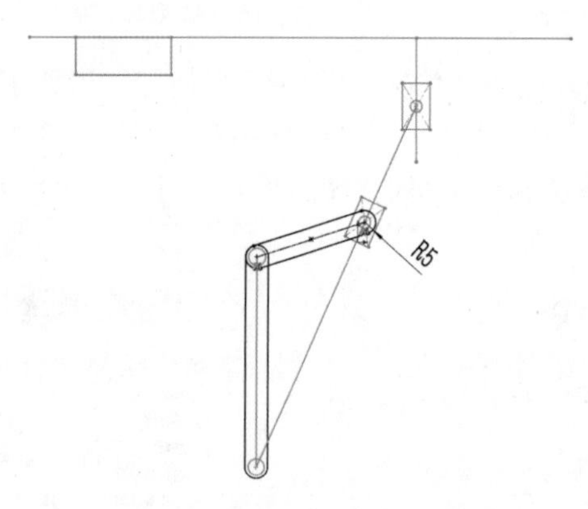

图1-18 绘制“曲柄”零件草图

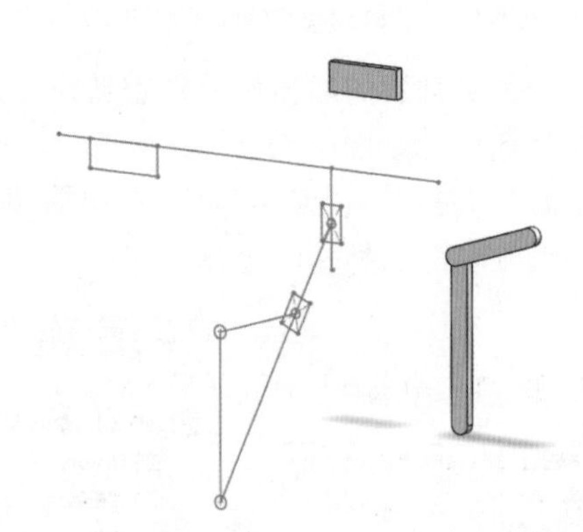

图1-19 拉伸“曲柄”零件

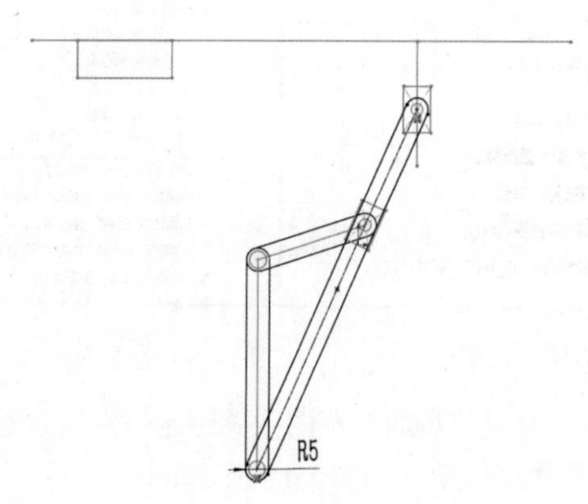

图1-20 绘制“导杆”零件草图

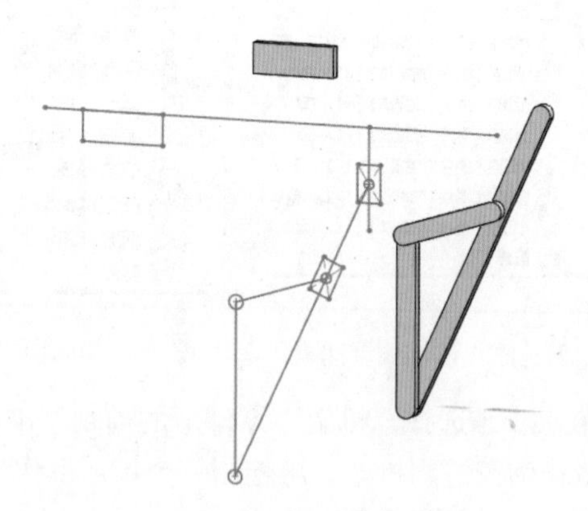

图1-21 拉伸“导杆”零件

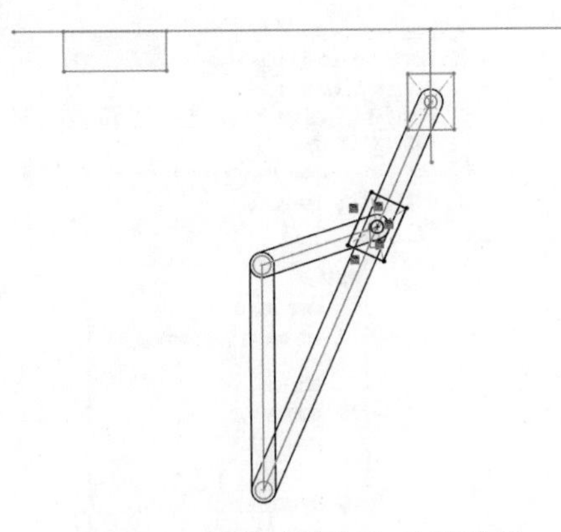

图1-22　绘制“滑块1”零件草图

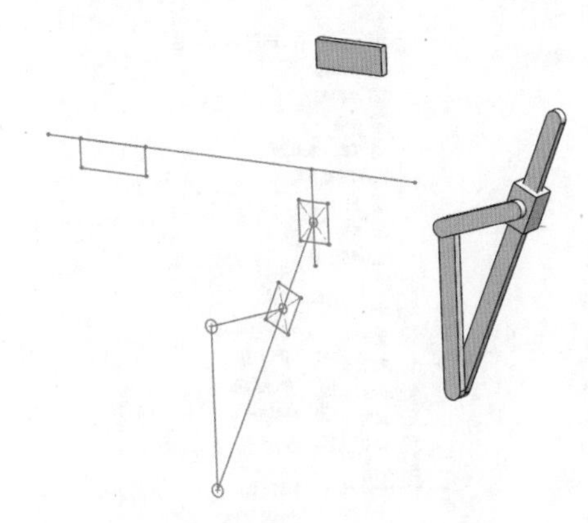

图1-23　拉伸“滑块1”零件

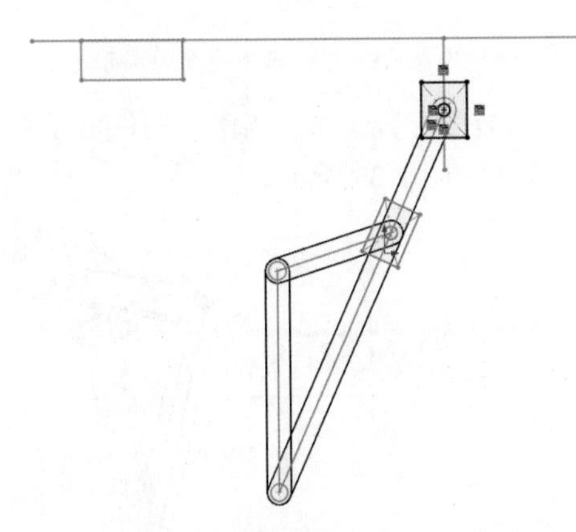

图1-24　绘制“滑块2”零件草图

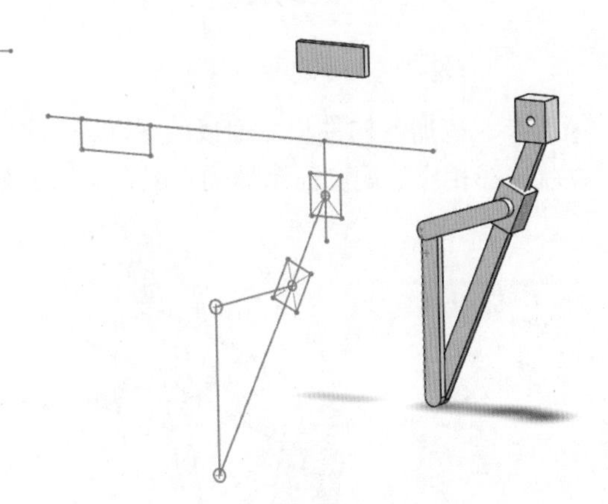

图1-25　拉伸“滑块2”零件

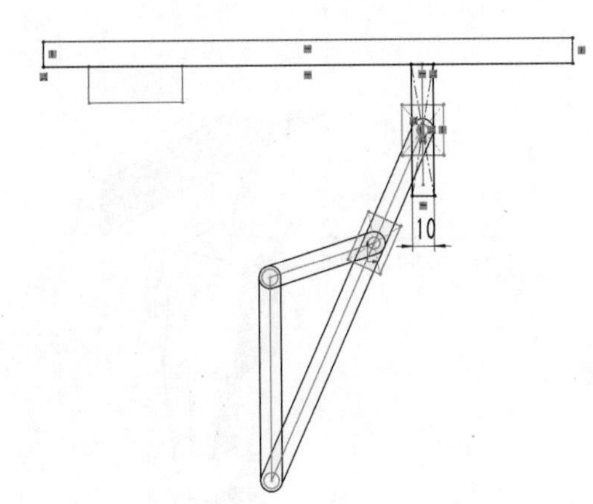

图1-26　绘制“滑枕”零件草图

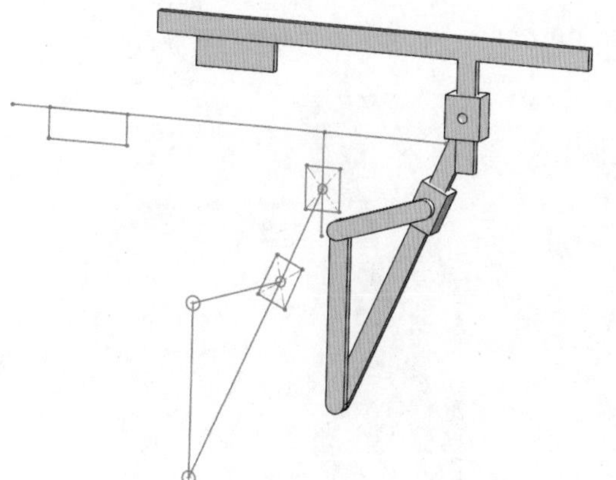

图1-27　拉伸“滑枕”零件

3.依据运动副特点装配模型

第一步，为了避免视觉干扰，隐藏机构运动简图，如图 1-28 所示。

第二步，同时选中除“布局”和“机架”以外的所有构件，设置为“浮动”，如图 1-29 所示。

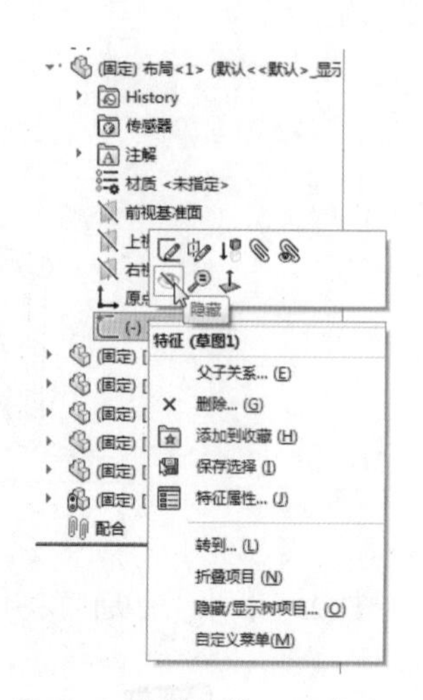

图1-28　隐藏机构运动简图

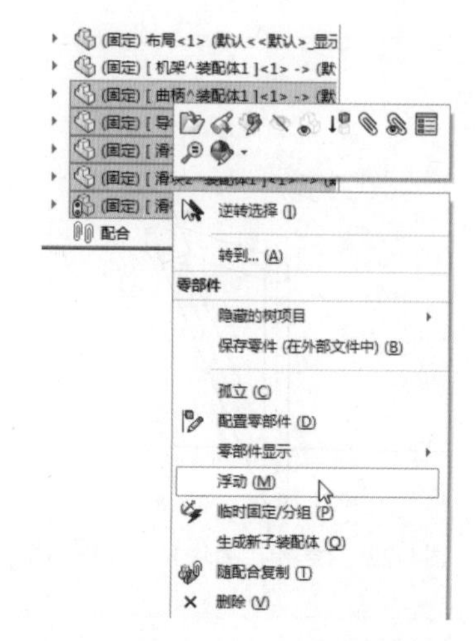

图1-29　将选定的零件设置为浮动

第三步，依据各构件相互连接的运动副添加相应的装配配合关系，当两个构件可以相互转动时，就选择相应的配合面添加同心配合关系，如图 1-30~ 图 1-33 所示。

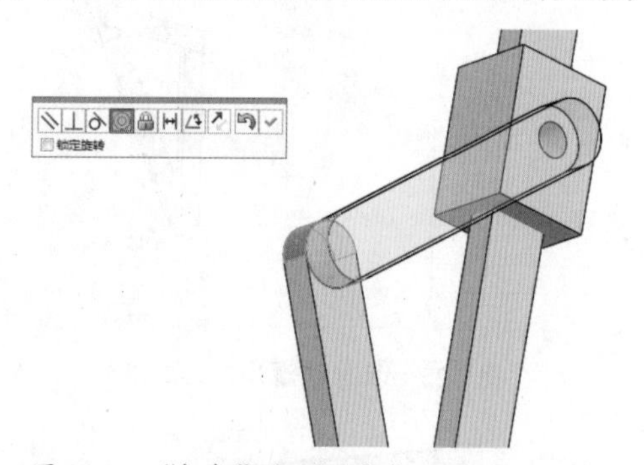

图1-30　“机架”与“曲柄”添加同心配合

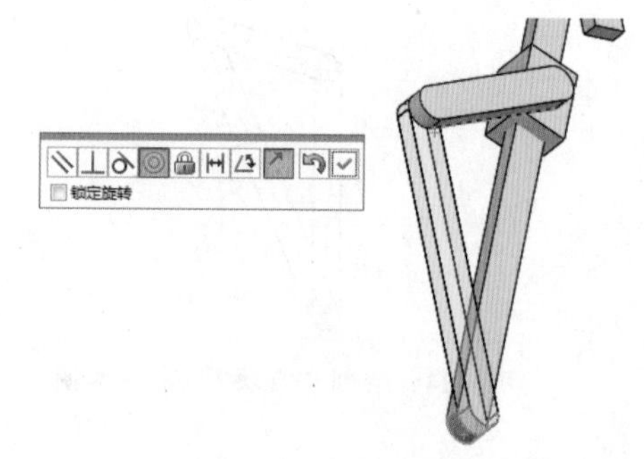

图1-31　“机架”与“导杆”添加同心配合

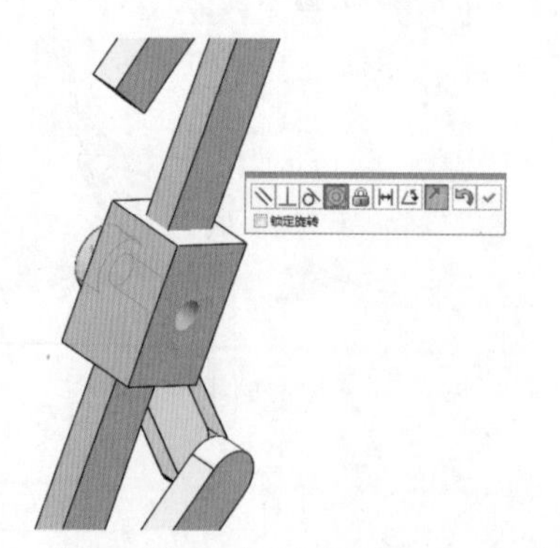

图1-32　“滑块1”与“曲柄”添加同心配合

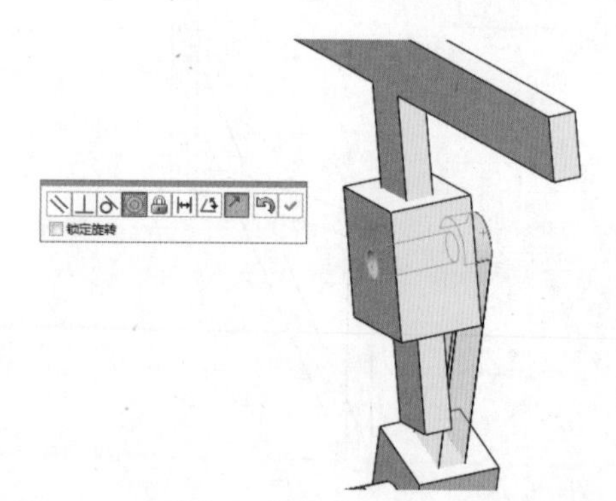

图1-33　“导杆”与“滑块2”添加同心配合

第四步，如果两个构件面相互贴合且在运动时不会分离，就选择相应的配合面添加重合配合关系，如图 1-34~ 图 1-38 所示。

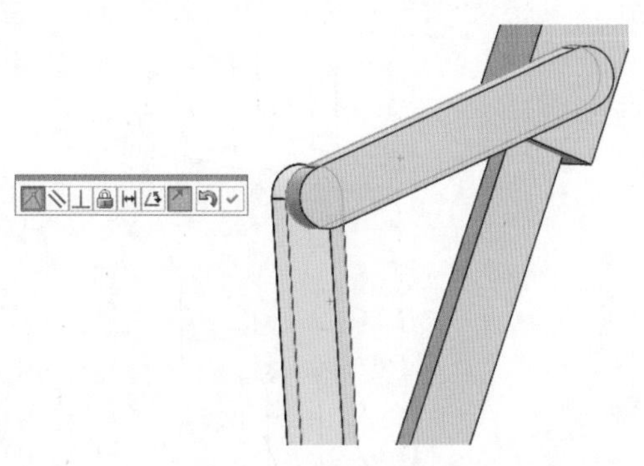

图1-34　“机架”与“曲柄”添加重合配合

图1-35　“导杆”与“机架”添加重合配合

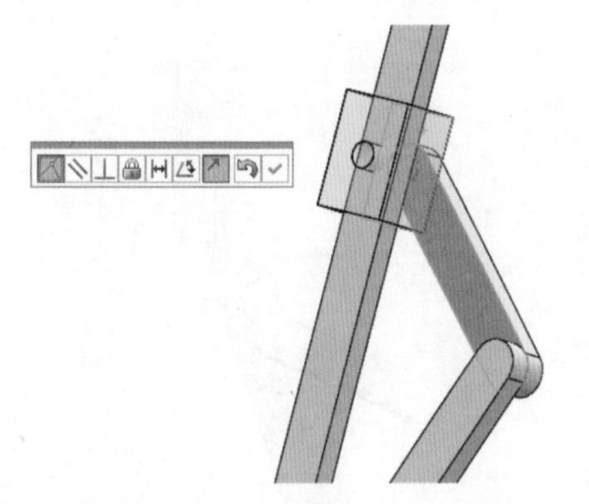

图1-36　“滑块1”与“曲柄”添加重合配合

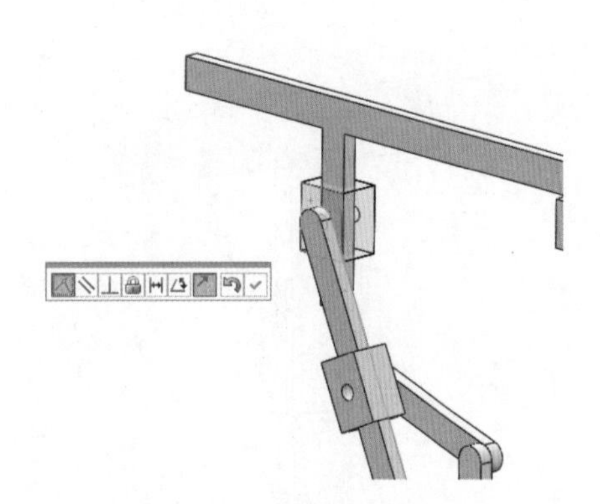

图1-37　“导杆”与“滑块2”添加重合配合

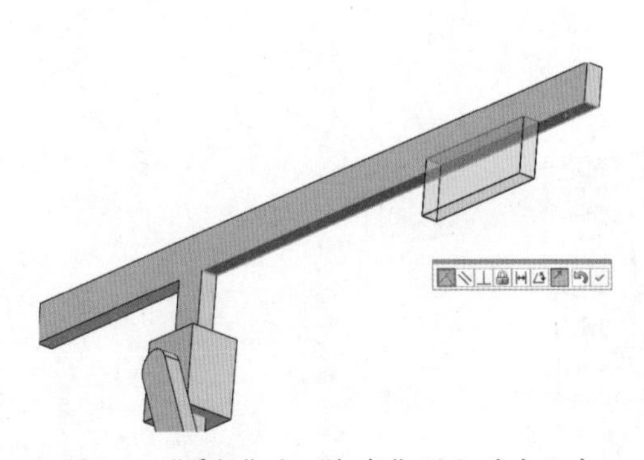

图1-38 “滑枕”与“机架”添加重合配合

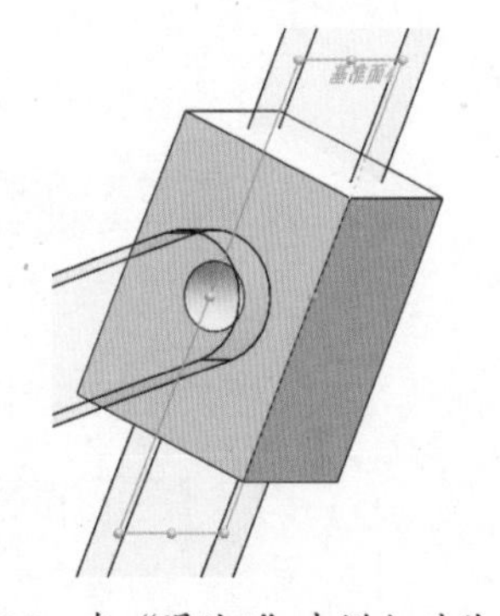

图1-39　在“滑块1”中增加对称基准面

第五步，利用基准面装配滑块和导轨。分别编辑“滑块 1”“导杆”“滑块 2”和“滑枕”四个零件，在零件中添加对称基准面，如图 1-39~ 图 1-42 所示。

第六步，选择“滑块 1”及其“导杆”的对称基准面添加重合配合，再选择“滑块 2”及其“滑枕”的对称基准面添加重合配合，如图 1-43 和图 1-44 所示。

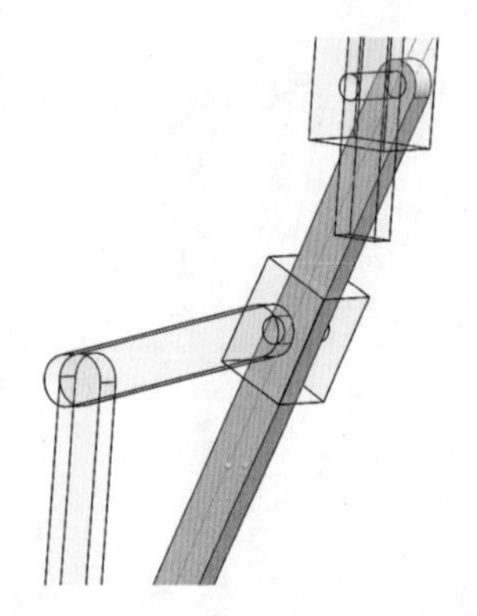
图1-40　在“导杆”中增加对称基准面

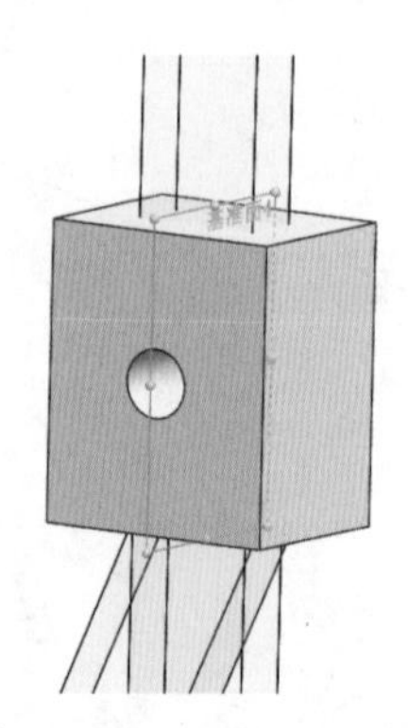
图1-41　在“滑块2”中增加对称基准面

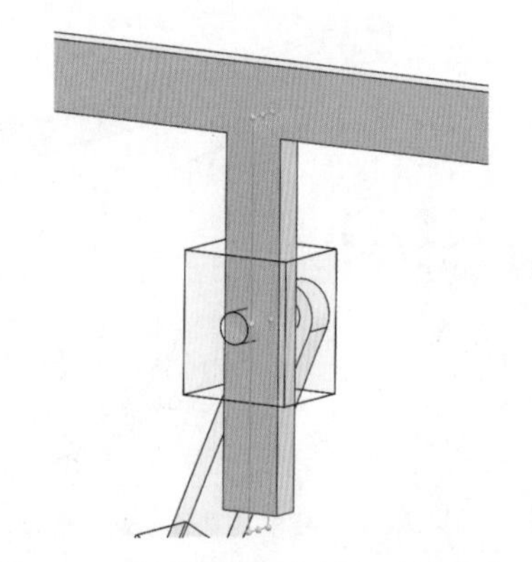
图1-42　在“滑枕”中增加对称基准面

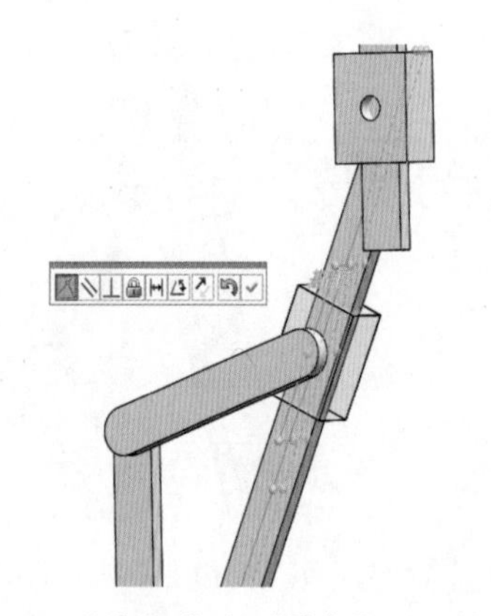
图1-43　“滑块1”与“导杆”添加重合配合

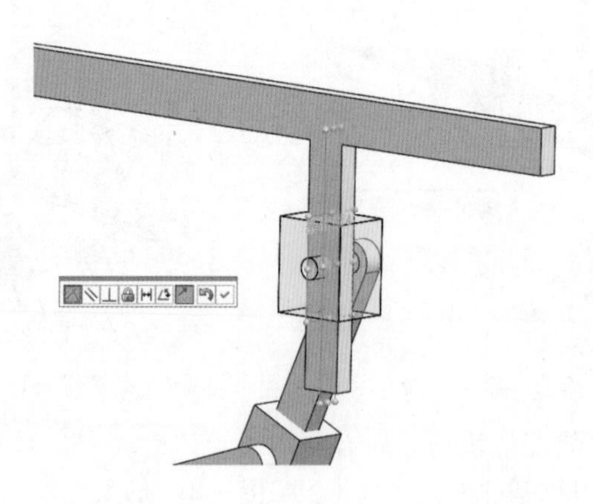
图1-44　“滑枕”与“滑块2”添加重合配合

4.对机构进行运动学仿真分析

第一步，启动 SolidWorks Motion 插件，如图 1-45 所示，出现运动管理器界面，如图 1-46 所示。

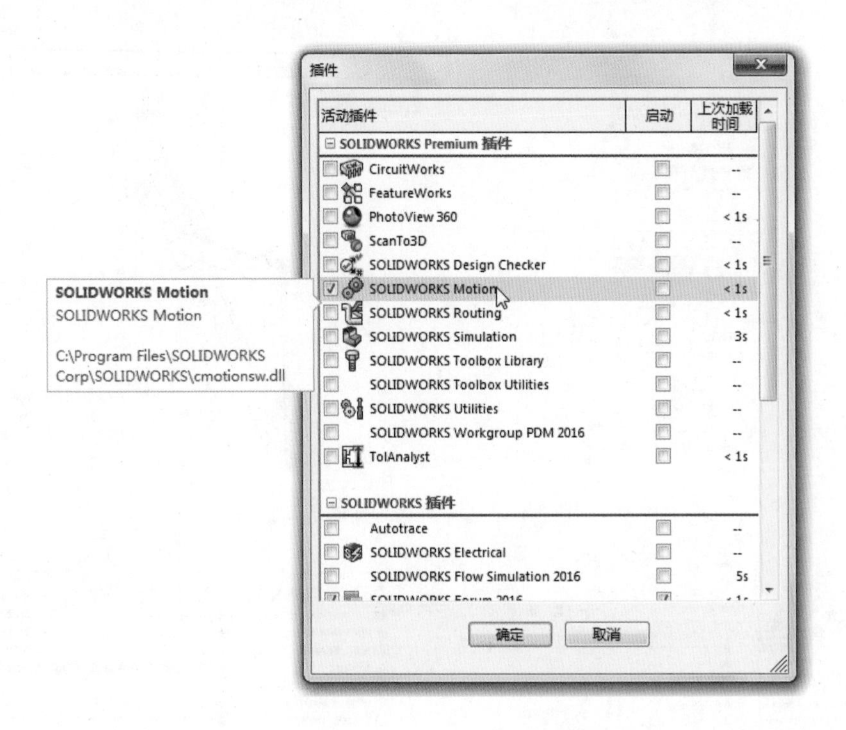

图1-45　启动SolidWorks Motion插件

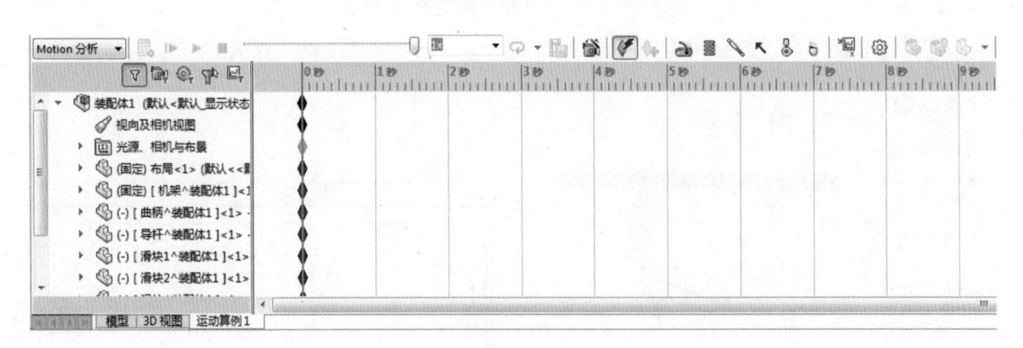

图1-46　运动管理器界面

第二步，单击 图标，添加马达，选择曲柄与机架铰接的端面为马达位置，设置转速为“12RPM”（由于软件默认运动的时间长度为 5s，因此该转速刚好完整地旋转一周），如图 1-47 所示。

第三步，单击 图标，开始进行仿真分析，如图 1-48 所示。

第四步，选择循环播放模式 ，单击 图标，对计算好的机构动画进行播放，如图 1-49 所示。

第五步，单击 图标，在“结果”下选择“位移 / 速度 / 加速度”线性位移“x 分量”，即可查询滑枕在 x 轴方向的线性位移和滑枕位移线图，如图 1-50 和图 1-51 所示。

第六步，类似可查询滑枕在 x 轴方向的速度和加速度线图，如图 1-52 和图 1-53 所示。

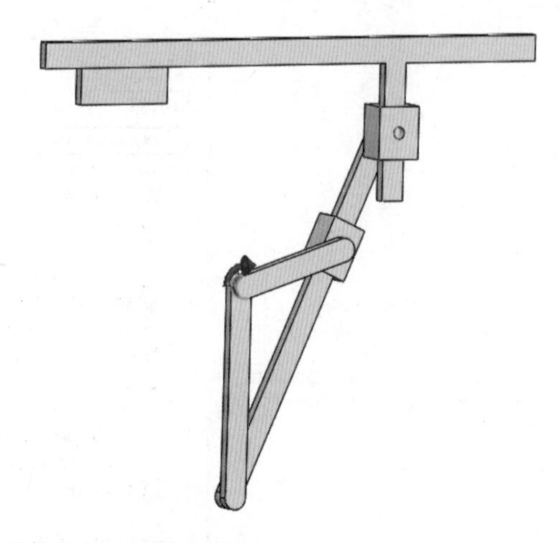

图1-47　选择曲柄一端添加马达

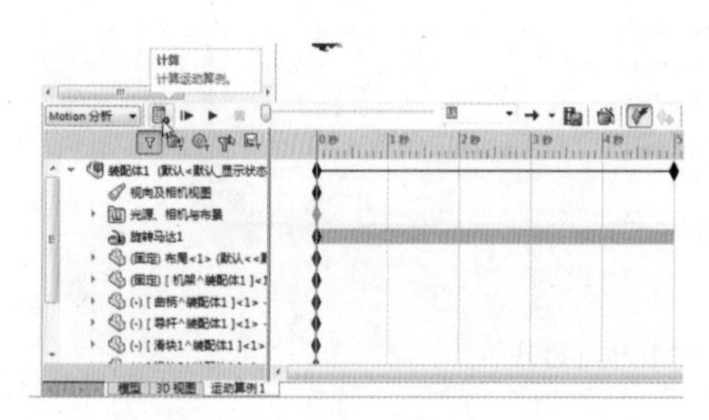

图1-48　开始计算

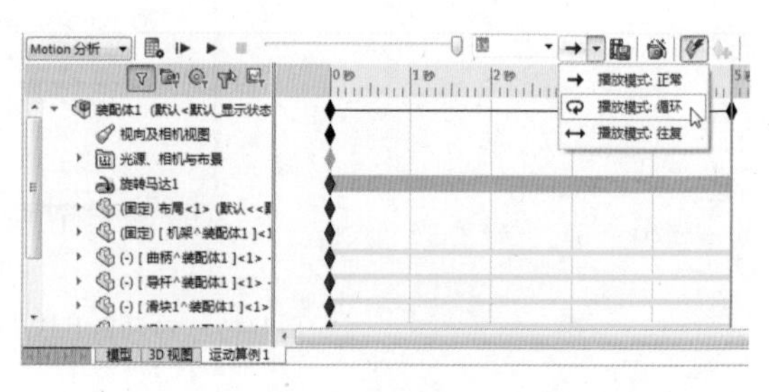

图1-49　设置循环播放

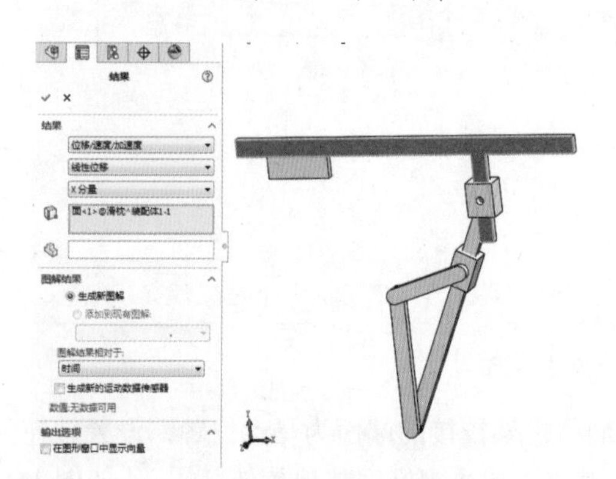

图1-50　输出滑枕线性位移

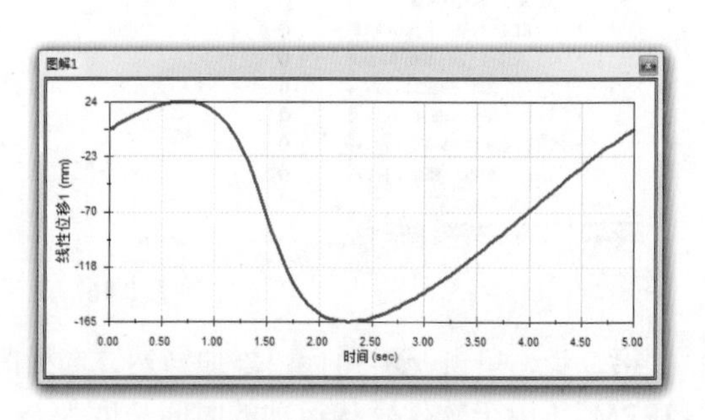

图1-51　滑枕位移线图

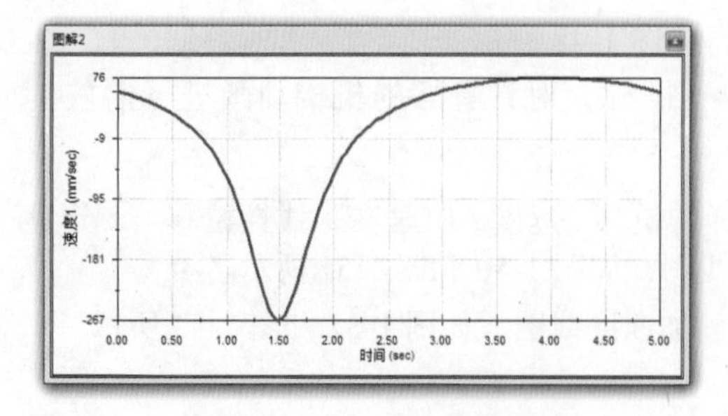

图1-52　滑枕速度线图

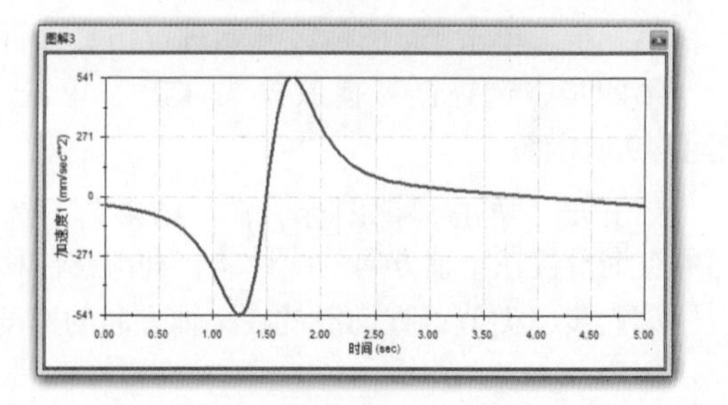

图1-53　滑枕加速度线图

5.对机构进行动力学仿真分析

第一步，单击 ↖ 图标施加外力。选取滑枕端面施加与该面垂直的力 100N，如图 1-54 所示。

第二步，单击 图标重新计算，如图 1-55 所示。

第三步，单击 图标，在“结果”下选择“力”马达力矩“z 分量”，再选择分析特征树中的“旋转马达 1”，即可查询马达在 z 轴方向的马达力矩和马达力矩线图，如图 1-56 和图 1-57 所示。

图1-54　在滑枕一端添加外力

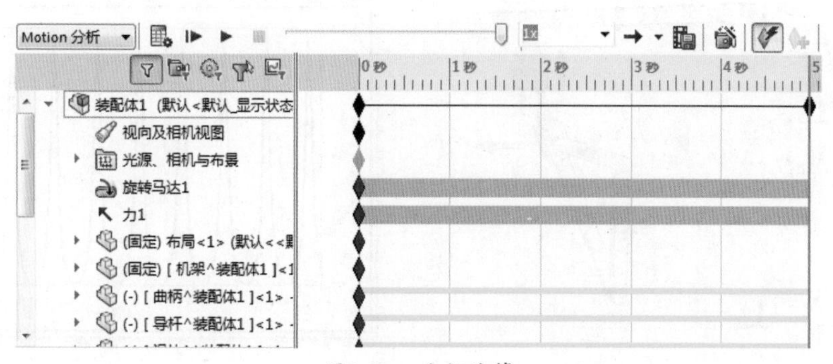

图1-55　重新计算

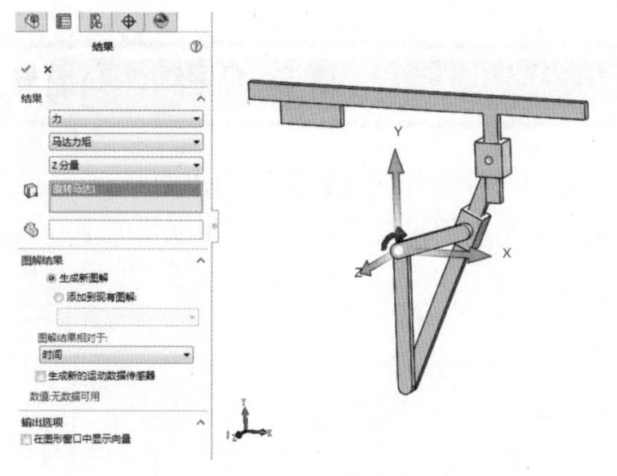

图1-56　查询马达力矩

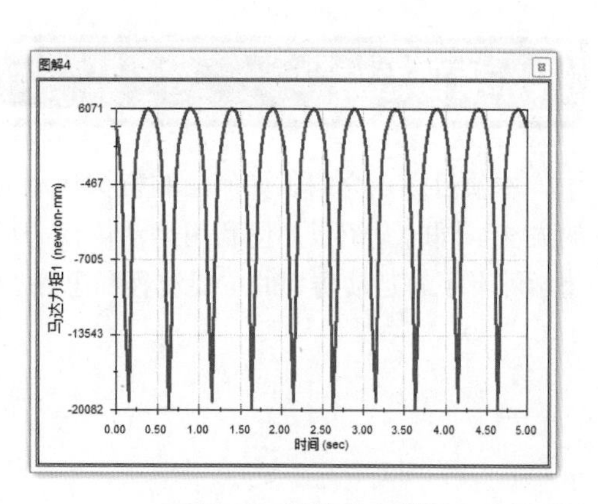

图1-57　马达力矩线图

第四步，单击图标，在“结果”下选择“动量 / 能量 / 力量”“能源消耗”，再选择分析特征树中的“旋转马达 1”，即可查询马达的能源消耗和能源消耗线图，如图 1-58 和图 1-59 所示。

第五步，单击图标，在“结果”下选择“力”反作用力“幅值”，再选择相应的配合约束，查询该运动副的反作用力幅值，如图 1-60 和图 1-61 所示。

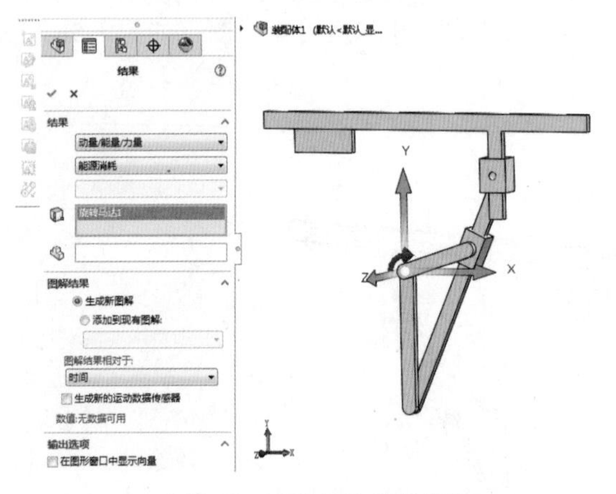

图1-58　查询马达能量消耗

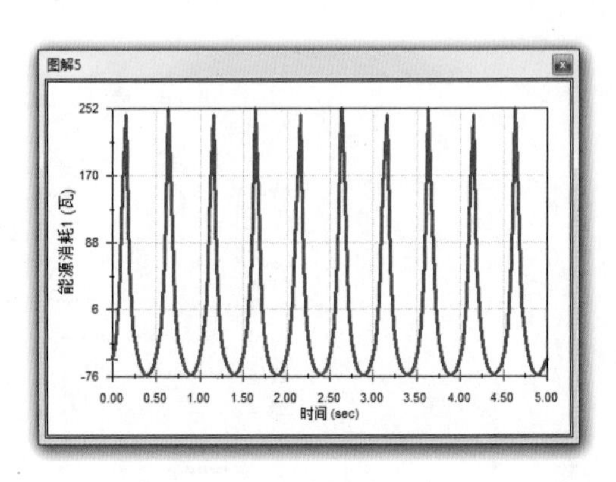

图1-59　能源消耗线图

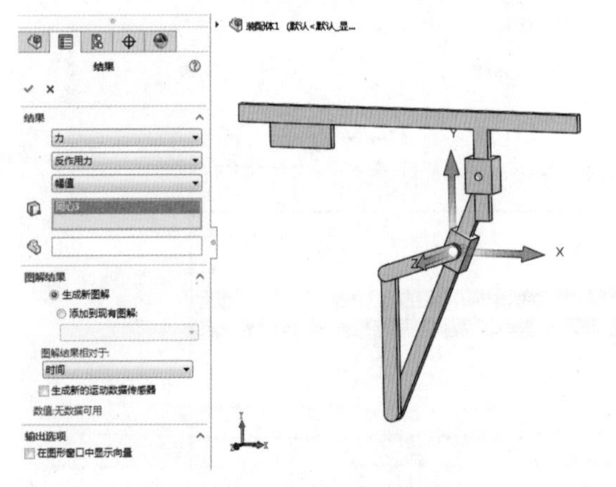

图1-60　查询铰链反作用力

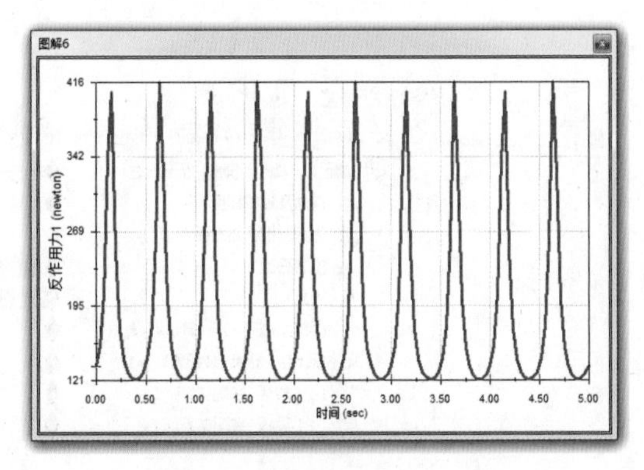

图1-61　铰链反作用力线图

四、项目总结

本项目重点介绍了如何绘制机构运动简图，并利用自顶向下的建模方法创建机构整体模型的方法；同时介绍了如何利用运动仿真分析运动学和动力学相关参数。通过本项目的学习，希望学习者了解运动仿真的主要流程和思路。

项目 2 机械手夹持机构建模与仿真

【学习目标】

1. 了解 SolidWorks Motion 中各类马达的特性，并能依据工况选择合适的马达。
2. 理解接触的意义，并能依据工况设置合适的接触。
3. 能查询分析仿真结果，并理解其对设计的指导意义。

【重难点】

1. 马达参数的设置。
2. 接触参数的设置。

一、项目说明

机械手夹持机构是工业自动化中常用的机构。基于 SolidWorks Motion 插件分析该机构，明确机械手在夹持物体时的动力学特性，确保工作可靠。其机构图如图 2-1 所示。

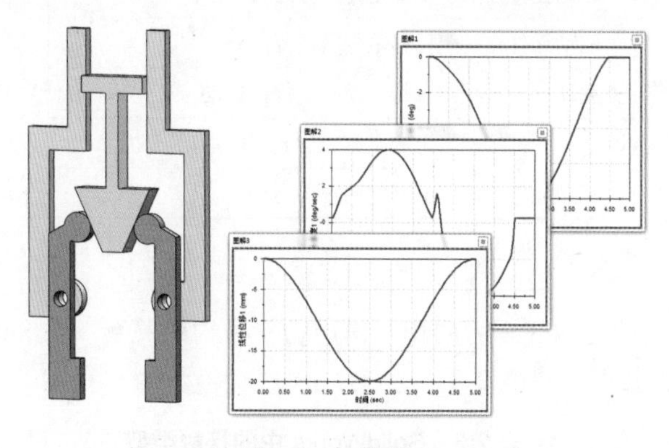

图2-1　机构图

二、预备知识

1.各种马达运动规律的选用与设置

在 SolidWorks 中，马达可以指所有形式的驱动元件。从运动形式上看，马达分为两种：一种是旋转类型马达，如三相异步电动机，如图 2-2 所示；另一种是直线马达，如气缸，如图 2-3 所示。

图2-2　三相异步电动机

图2-3　气缸

在 SolidWorks 中，主要通过选择马达类型和运动类型来定义所需要的驱动形式。其中，马达类型详见表 2-1，运动类型详见表 2-2。

表 2-1　SolidWorks 中的马达类型

马达类型	说明	适用案例
旋转马达	提供定轴转动形式的驱动	模拟电动机运动
线性马达	提供直线运动形式的驱动	模拟气缸运动
路径配合马达	提供沿着指定路径运动形式的驱动	模拟机器人终端运动

表 2-2　SolidWorks 中的运动类型

运动类型	说明	适用案例
等速	驱动元件按照一个给定不变的速度运行	模拟匀速电动机
距离	驱动元件按照一个给定的位移运行	模拟电动推杆
振荡	驱动元件在一定位移范围里往复运动	模拟气缸往复运动
线段	驱动元件按照给定的运动线图规律运动	模拟凸轮从动件运动
表达式	驱动元件按照给定的函数表达式规律运动	模拟复杂规律运动
伺服马达	驱动元件按照定义事件的规律运动	模拟自动控制机械

2.接触问题

接触本质上就是构件之间实现力的相互作用的一种约束关系。在 SolidWorks 中，可以设置曲线和实体两种类型的接触，见表 2-3。

表 2-3　SolidWorks 中的接触类型

接触类型	说明	适用案例
曲线接触（要求曲线始终接触）	约束一条与第二条曲线保持接触	时刻不分离的接触
曲线接触（不要求曲线始终接触）	施加一个力防止曲线相互穿越，只有在零件接触时起效	可用明确曲线表达接触路径的机构
实体接触	施加一个力防止实体间相互穿透，只有在零件接触时起效	适用于大多数接触问题

在 SolidWorks 中，主要有两种计算接触的力学模型，见表 2-4。

表 2-4　SolidWorks 中计算接触的力学模型

接触力学模型	说明	适用场合
冲击	基于接触刚度、弹力指数和阻尼系数计算接触力	模拟持续撞击
恢复系数	基于恢复系数和撞击前后速度差计算能量耗散	模拟能量耗散

3. 各种分析结果查询

SolidWorks 提供了多种运动学与动力学分析结果，见表 2-5，可帮助用户进行精确的定量分析。在仿真顺利运行后，即可通过可视化的线图形式进行查询。

表 2-5　SolidWorks 中的运动学与动力学分析结果

图解类型	说明
运动参数	主要包括路径跟踪、质心位置、（角）位移、（角）速度和（角）加速度等
力	主要包括马达力（矩）、反作用力（矩）、摩擦力（矩）和接触力等
能量	主要包括冲量、动能和能量消耗等
其他	主要包括欧拉角度、俯 / 偏 / 滚角、勃兰特角度、约当角参数、反射载荷质量和反射载荷惯性等

三、项目实施

1.绘制机械手夹持器机构运动简图

第一步，打开 SolidWorks，新建零件，如图 2-4 所示。将该零件命名为“布局”。

第二步，选择前视基准面，绘制机械手夹持器机构运动简图，如图 2-5 所示。

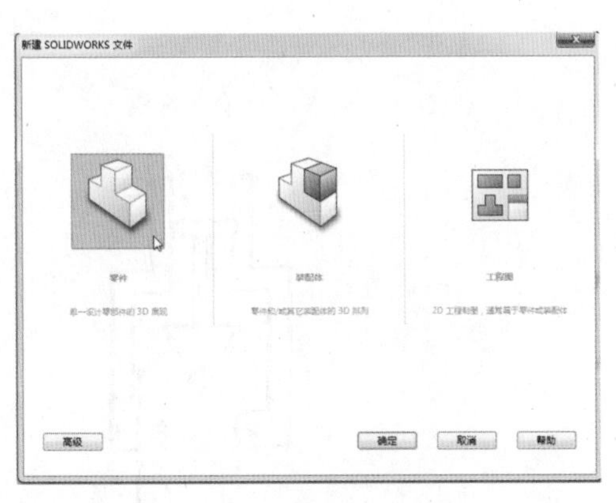

图2-4　新建零件

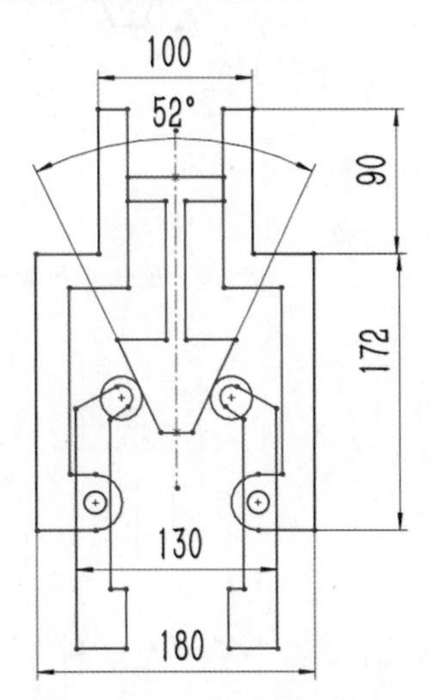

图2-5　绘制机构运动简图

2.利用自顶向下的方法建模

第一步，新建装配体，插入“布局”，并插入三个新零件，分别命名为“机架”“推杆”和“手指”，如图 2-6 所示。

第二步，编辑机架零件。先将“布局”草图中所绘制的机架转换引用，如图 2-7 所示。再拉伸成厚度为 10mm 的实体，如图 2-8 所示。

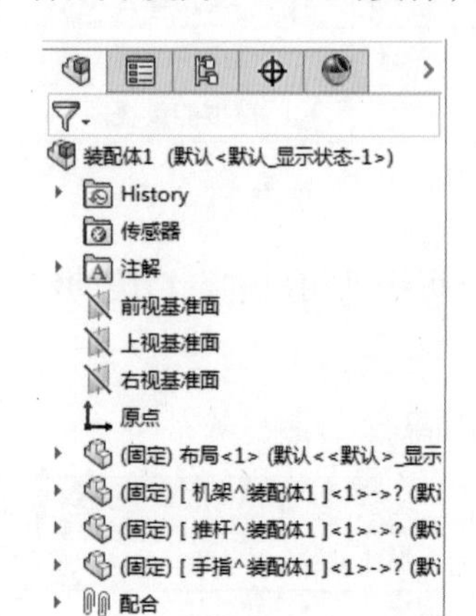

图2-6 插入新零件

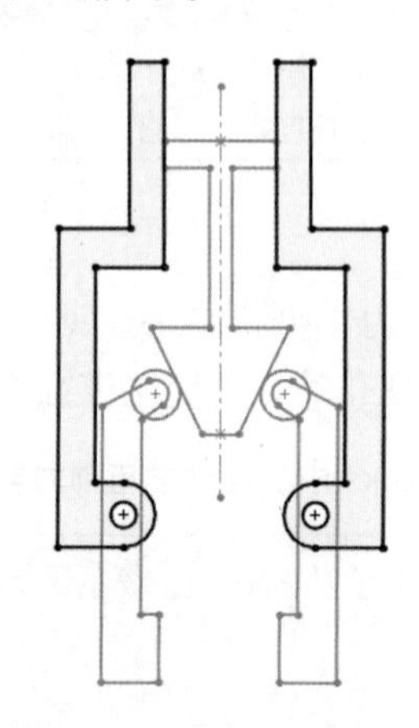

图2-7 编辑机架零件

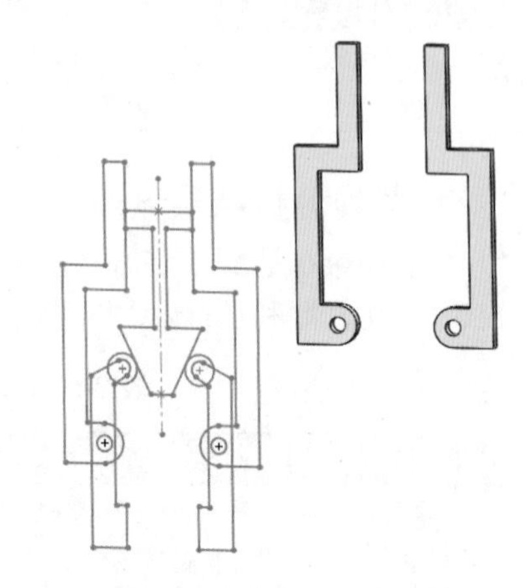

图2-8 完成机架零件建模

第三步，类似步骤二，分别完成推杆和手指零件建模，推杆厚度为 20mm，手指厚度为 10mm。建模时保证推杆与手指和机架都可以接触到，如图 2-9~ 图 2-12 所示。

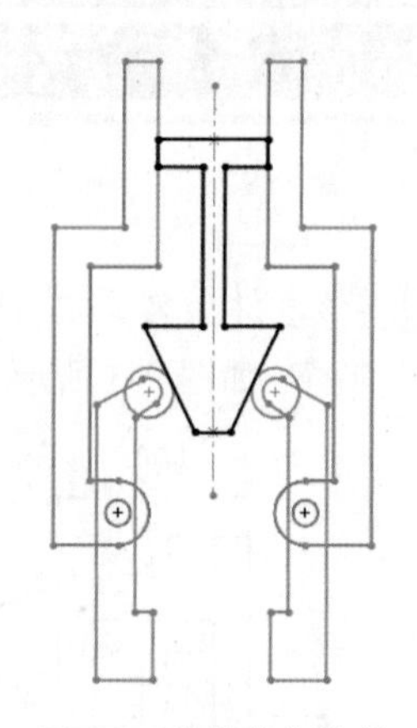

图2-9 编辑推杆零件

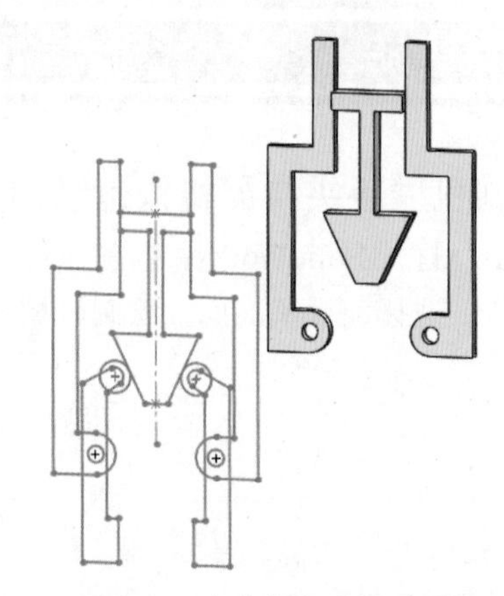

图2-10 完成推杆零件建模

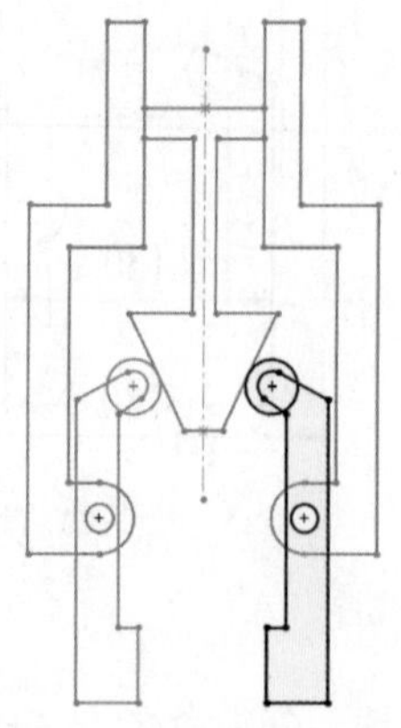

图2-11 编辑手指零件

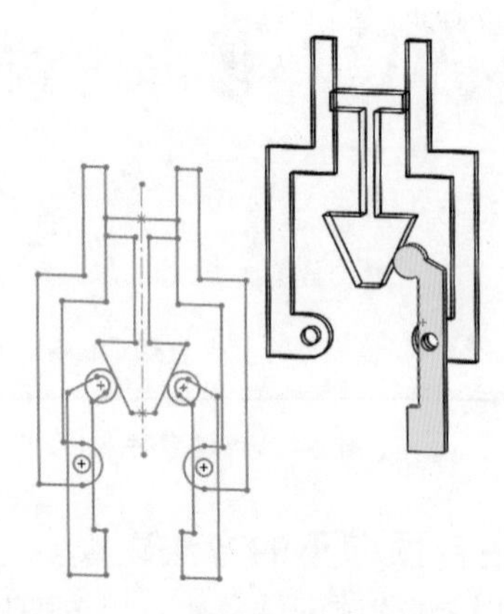

图2-12 完成手指零件建模

3.为机械手夹持器机构模型添加装配配合关系

第一步，先将除布局和机架以外的零件全部设置为浮动，再装配机架与推杆。选择推杆与机架侧面，添加重合配合，如图 2-13 所示。选择机架与推杆上表面，添加重合配合，如图 2-14 所示。

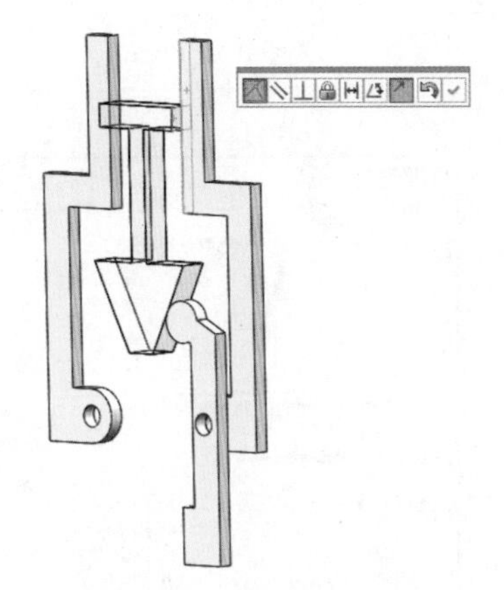

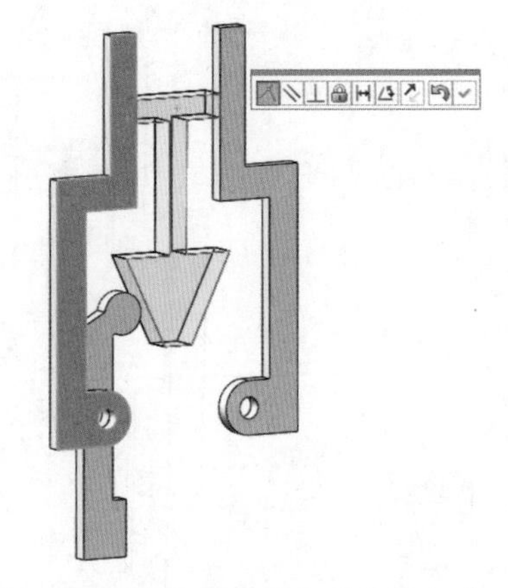

图2-13 机架与推杆添加重合配合（一） 图2-14 机架与推杆添加重合配合（二）

第二步，装配机架与手指。选择手指安装孔与机架安装孔，添加同心配合，如图 2-15 所示。再选择机架与手指相互接触的表面，添加重合配合，如图 2-16 所示。

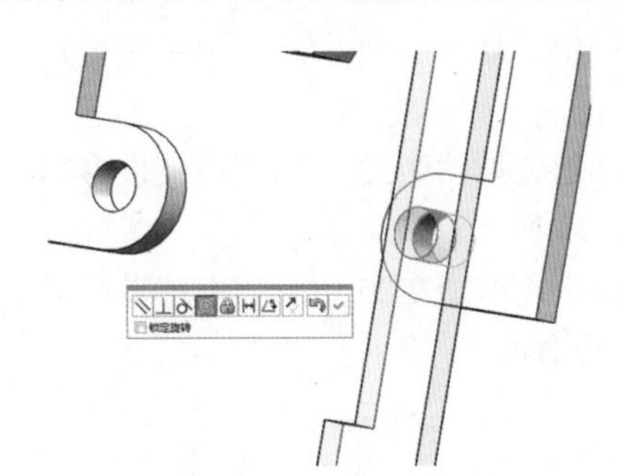

图2-15 机架与手指添加同心配合（一）

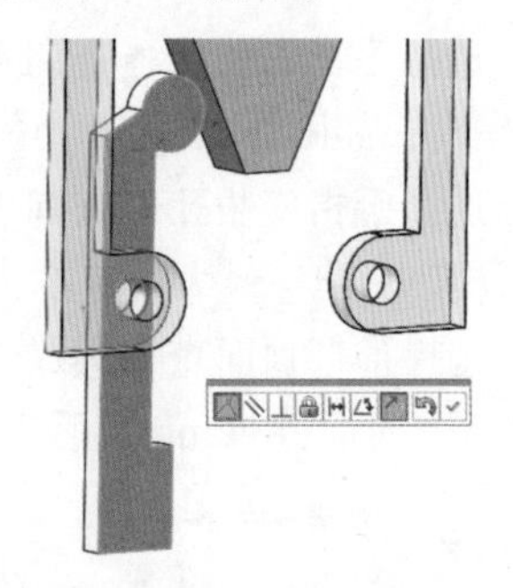

图2-16 机架与手指添加重合配合（二）

第三步，装配推杆与手指。选择手指端部弧面与推杆斜面，添加相切配合，如图 2-17 所示。

第四步，通过镜像零部件操作，装配另一端的手指，如图 2-18 所示。

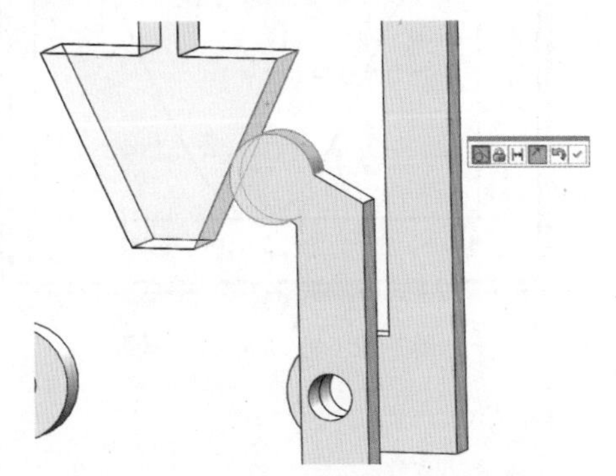

图2-17 手指与推杆添加相切配合

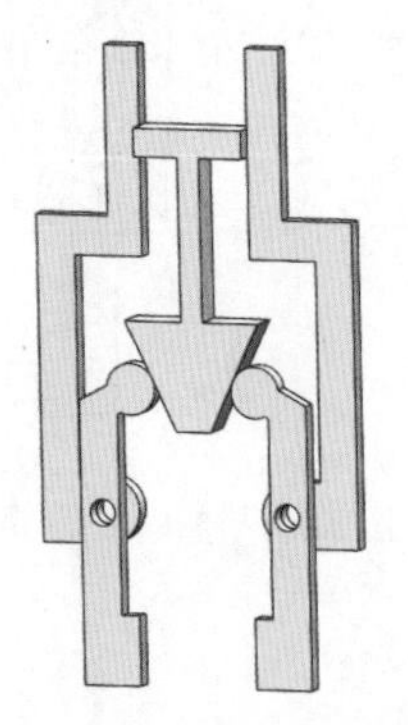

图2-18 镜像出另一端的手指

4.机械手夹持机构运动学仿真

第一步，选择推杆的顶面，添加直线振荡运动马达，参数设置如图 2-19 所示。单击 运行即可执行仿真。单击 ▶ 即可播放动画，单击 即可保存动画视频。相关视频参数主要有图像大小、高宽比和帧数等，如图 2-20 所示。

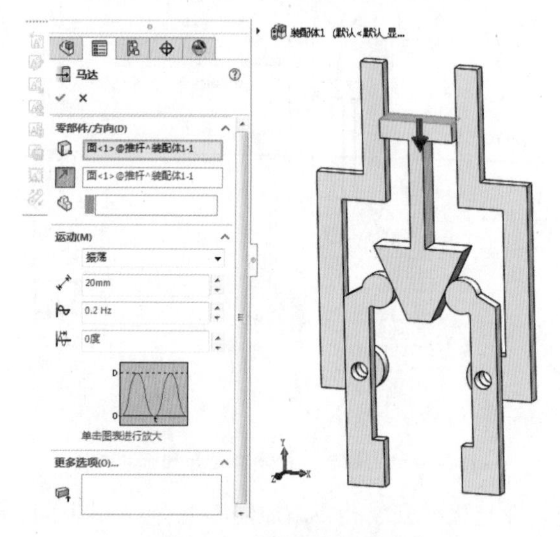

图2-19　添加线性振荡马达

图2-20　保存动画文件

第二步，选择手指安装孔，查询手指的角位移幅值，如图 2-21 所示。由结果可知，手指在 9° 的范围内摆动，如图 2-22 所示。

第三步，选择手指安装孔，查询手指的角速度幅值，如图 2-23 所示。由结果可知，手指摆动速度是正弦规律变化，最大角速度为 6°/s，如图 2-24 所示。

第四步，选择推杆顶面查询其线性位移的 y 轴分量，如图 2-25 所示。由结果可知，推杆前 2.5s 沿着 y 轴负方向运行 20mm，后 2.5s 回到原点，如图 2-26 所示。

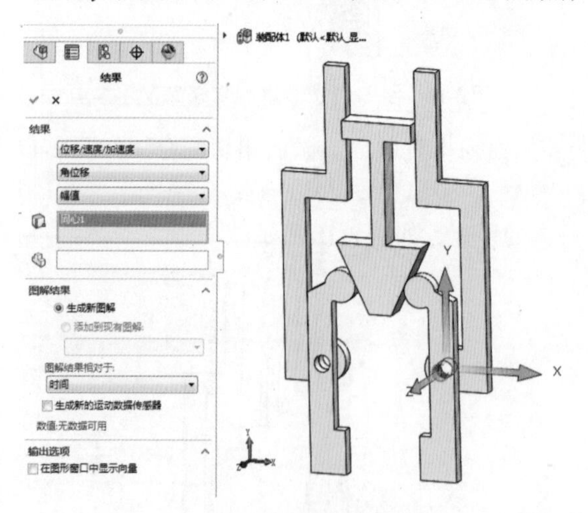

图2-21　查询手指角位移

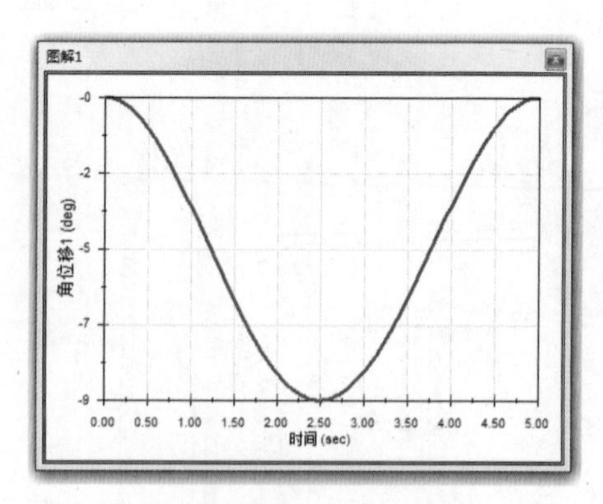

图2-22　查询角位移结果

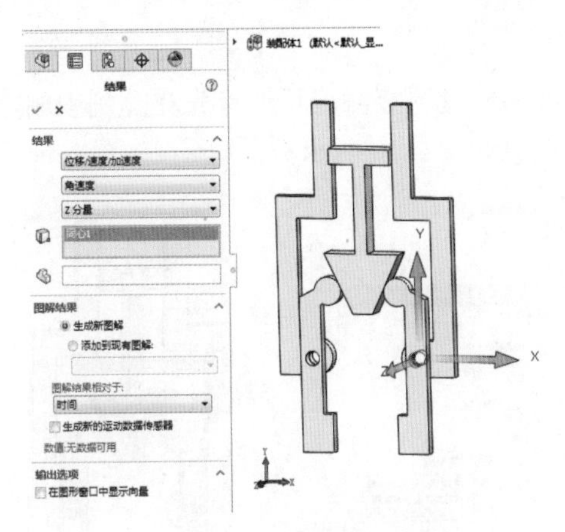

图2-23　查询手指角速度

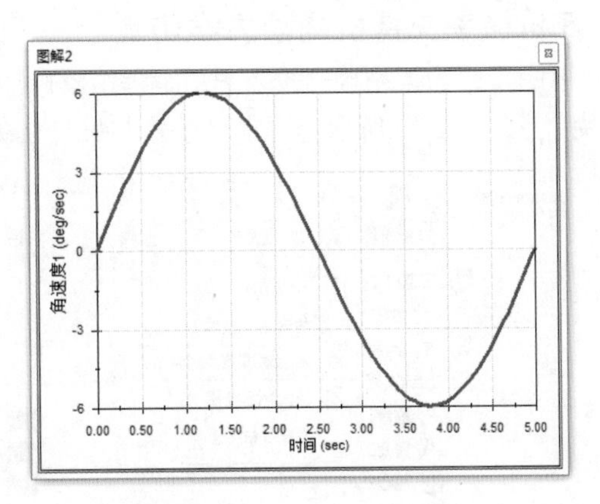

图2-24　查询角速度结果

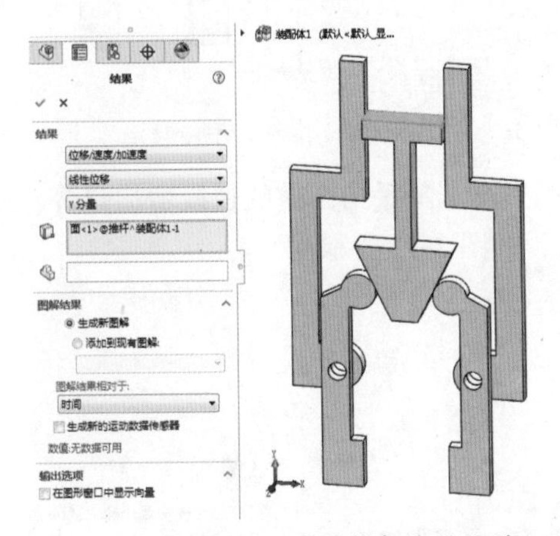

图2-25　查询推杆线性位移

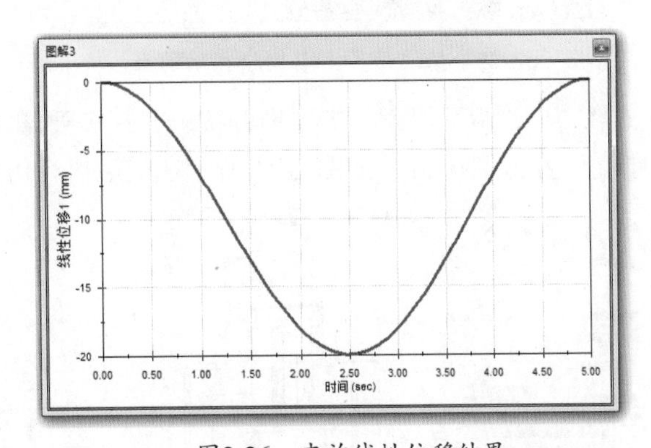

图2-26　查询线性位移结果

第五步，查询推杆与手指运动的关联性。选择手指安装孔，查询角位移幅值。注意：在“图解结果相对于”选项下拉菜单中，将时间改为新结果，并进一步定义这个新结果就是推杆的 *y* 轴位移，如图 2-27 所示。由结果可知，推杆位移和手指角位移呈线性关系，如图 2-28 所示。该分析结果为通过输入推杆位移实现精确控制手指的开合角度提供了依据。

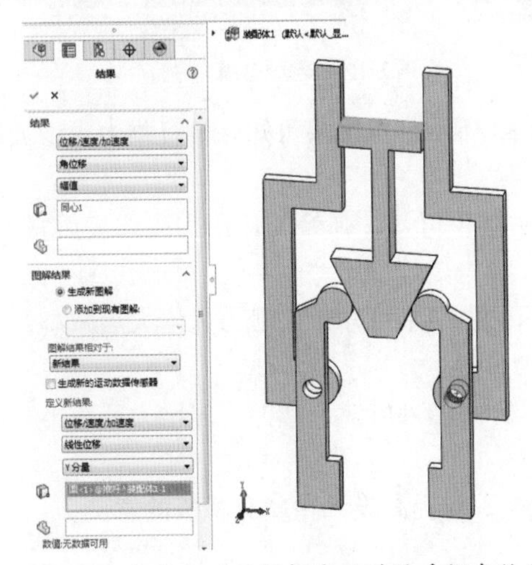

图2-27　查询相对于推杆线位移的手指角位移

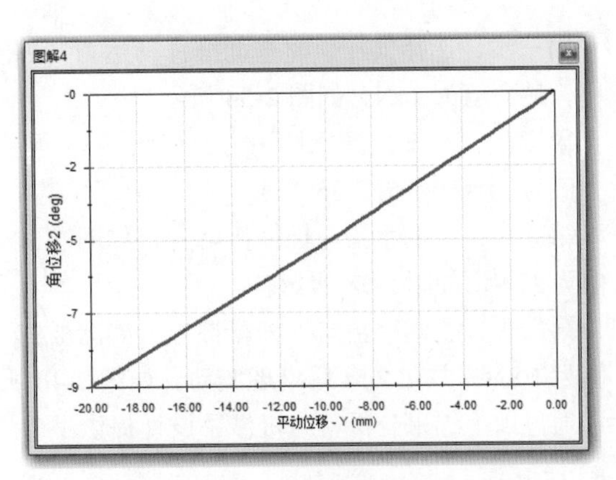

图2-28　查询角位移结果

5.机械手夹持机构动力学仿真

第一步，为了精确考虑推杆在运动中的受力情况，应进行接触分析。首先在算例中删除相切约束，如图 2-29 所示。再定义手指与推杆实体接触，如图 2-30 所示。

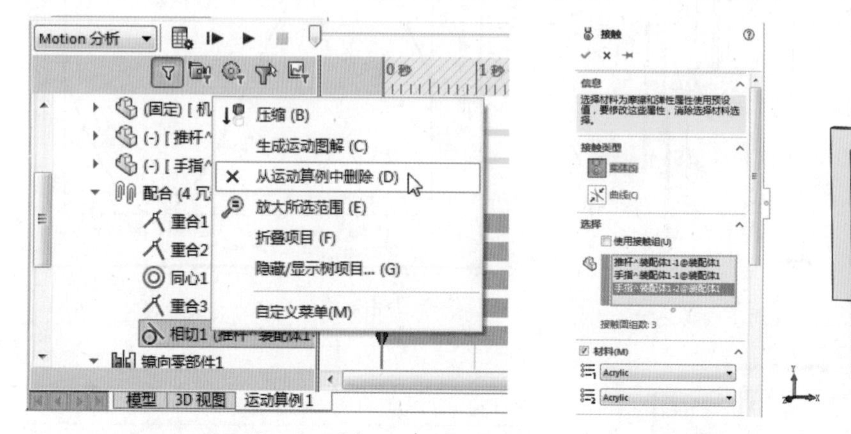

图2-29　从运动算例中删除相切约束

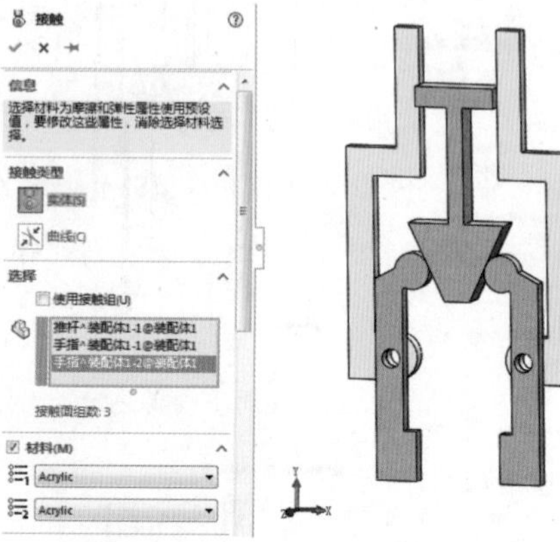

图2-30　定义推杆与手指接触

第二步，为了保证手指与推杆接触，还需要增加弹簧。选择手指内侧的边线增加弹簧，弹簧刚度设置为 1N/mm，如图 2-31 所示。随后执行仿真，如图 2-32 所示。

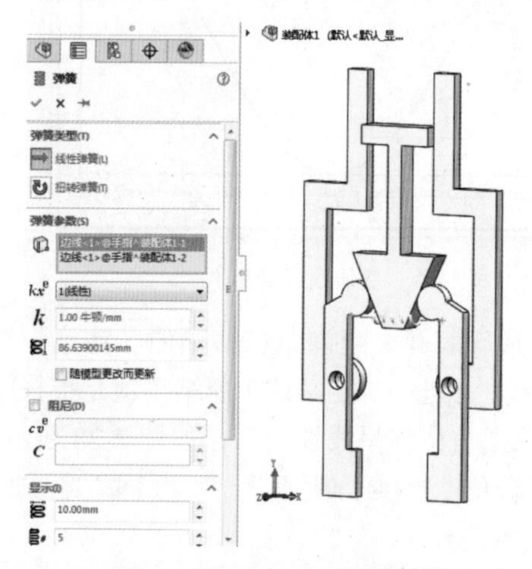

图2-31　在手指之间添加弹簧

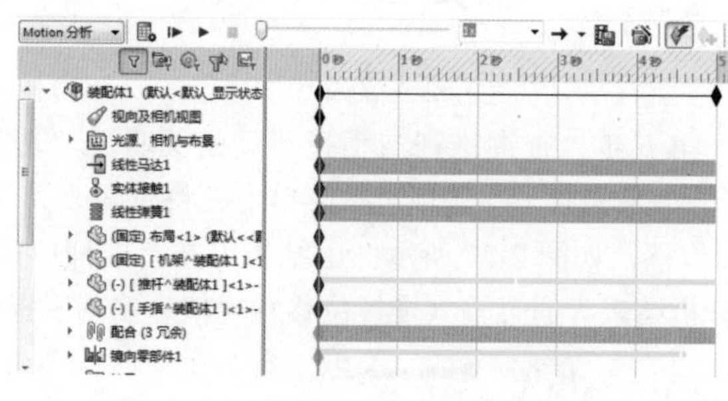

图2-32　运行仿真

第三步，选择推杆顶面查询推杆马达力，如图 2-33 所示。由结果可知，推杆推力先增大后减小，最大值为 14N，如图 2-34 所示。

第四步，查询弹簧反作用力，如图 2-35 所示。由结果可知，弹簧反作用力先增大后减小，最大值为 11N，如图 2-36 所示。

第五步，查询手指与推杆接触力，如图 2-37 所示。由结果可知，接触力先增大后减小，最大值为 12N，如图 2-38 所示。

第六步，查询手指与推杆摩擦力，如图 2-39 所示。由结果可知，摩擦力先增大后减小，最大值为 1.8N，并在 2.5s 后出现波动，如图 2-40 所示。

通过以上结果分析就为机械手设计提供了参考依据，对提高设计精度有积极的意义。

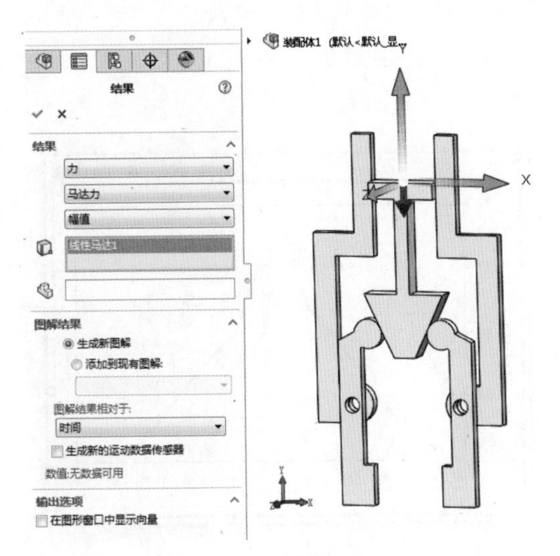

图2-33　查询推杆马达力

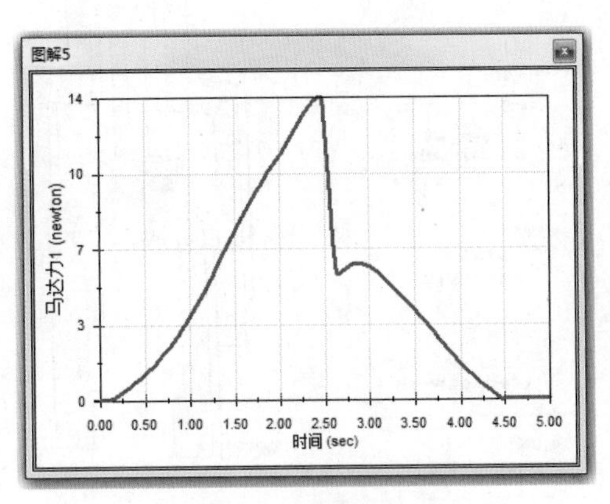

图2-34　查询马达力结果

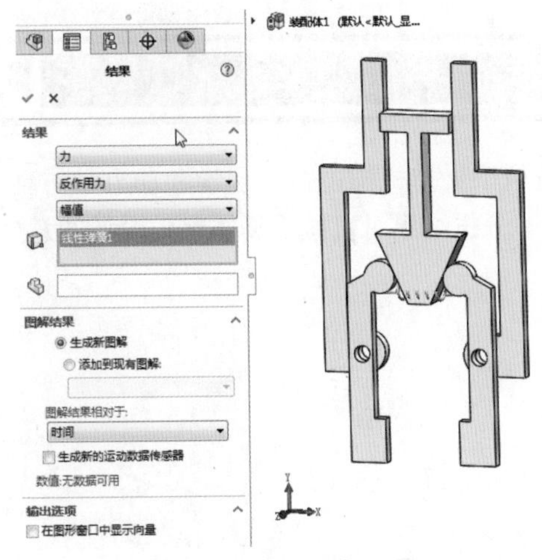

图2-35　查询弹簧反作用力

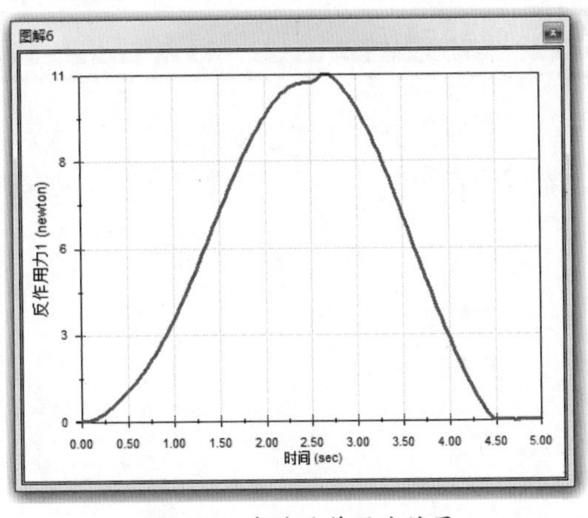

图2-36　查询反作用力结果

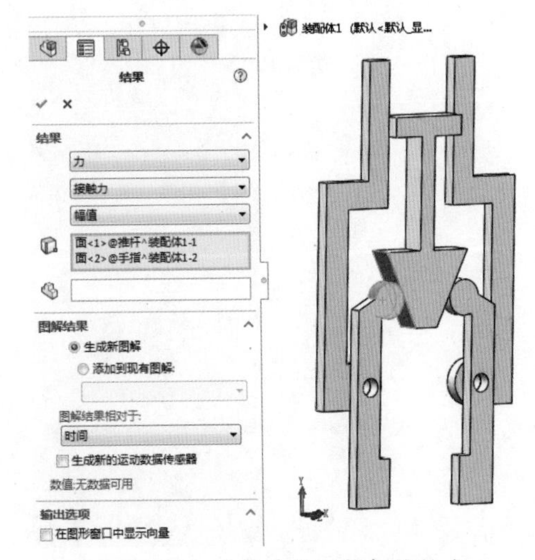

图2-37　查询手指与推杆接触力

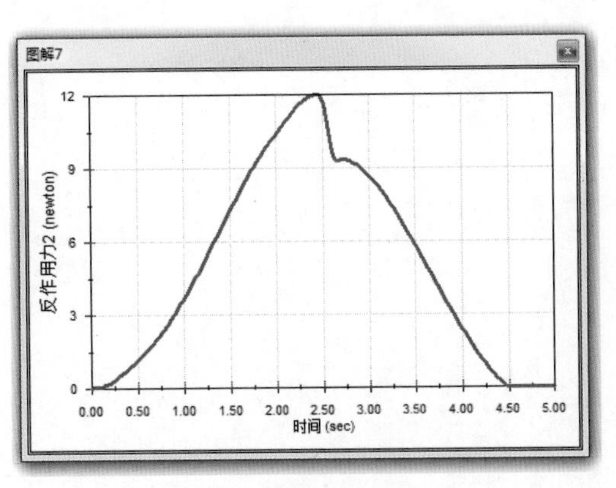

图2-38　查询接触力结果

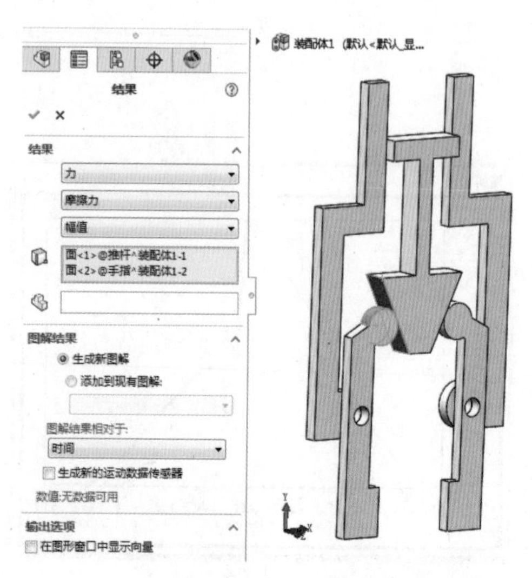

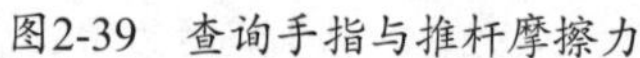
图2-39　查询手指与推杆摩擦力

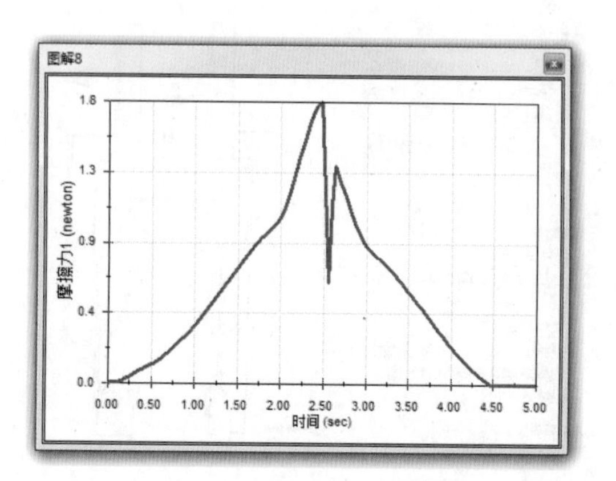

图2-40　查询摩擦力结果

四、项目总结

本项目重点介绍了基于接触分析的方法对一款机械手夹持机构进行运动学和动力学仿真分析。希望读者能重点掌握各类常用分析结果查询，理解分析结果对机械手具体参数设计的意义。

项目 3 复合轮系传动机构设计与仿真

【学习目标】

1. 掌握齿轮机构运动仿真的流程和方法。
2. 能利用 Toolbox 生成各类常用齿轮。
3. 能利用齿轮传动几何关系实现正确配合。

【重难点】

1. 周转轮系的配合。
2. 锥齿轮传动的配合。

一、项目说明

齿轮是工业中应用最为广泛的传动零件，具有运动精确、传动稳定、机械效率高等优点。将多个齿轮组合成各种轮系可实现各种速度的配比。本项目针对复合轮系进行分析。复合轮系仿真模型如图 3-1 所示。

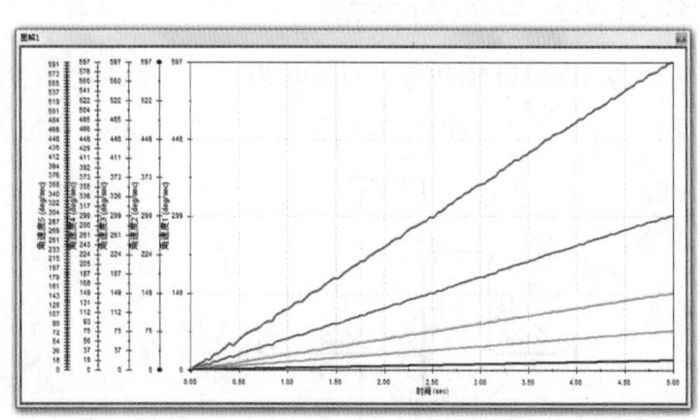

图3-1　复合轮系仿真模型

二、预备知识

1. 常用齿轮传动类型

齿轮传动是最常用的机械传动形式。为了适应不同的工况，齿轮传动也分为很多类型，常见的有外啮合圆柱齿轮传动，如图 3-2a 所示；内啮合圆柱齿轮传动，如图 3-2b 所示；锥齿轮传动，如图 3-2c 所示。这些常用类型的齿轮都可以通过 SolidWorks 提供的 Toolbox 实现快速建模。

a) 外啮合圆柱齿轮传动

b) 内啮合圆柱齿轮传动

c) 锥齿轮传动

图3-2　常见的齿轮传动类型

2. 定轴轮系与周转轮系

定轴轮系中每个齿轮的轴都是固定的，如图 3-3 所示。周转轮系是指轮系中有某个齿轮的轴线是绕另一个齿轮转动的，如图 3-4 所示。在 SolidWorks 中建模轮系时，确定轴十分关键。在自顶向下建模方法中，常用装配体中的参考基准轴作为定轴齿轮的轴，这种方法比较简单、可靠。

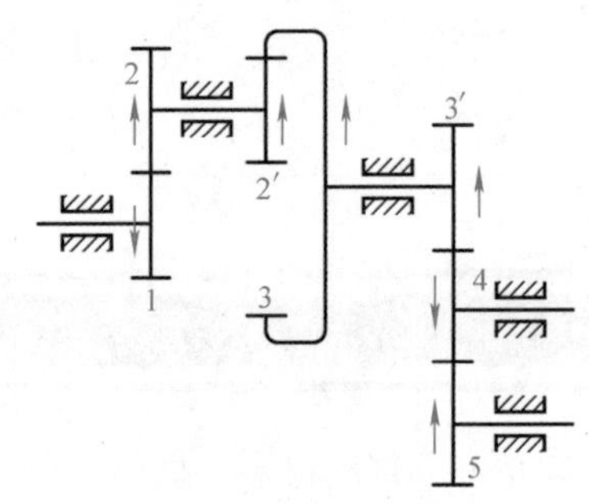

图3-3　定轴轮系

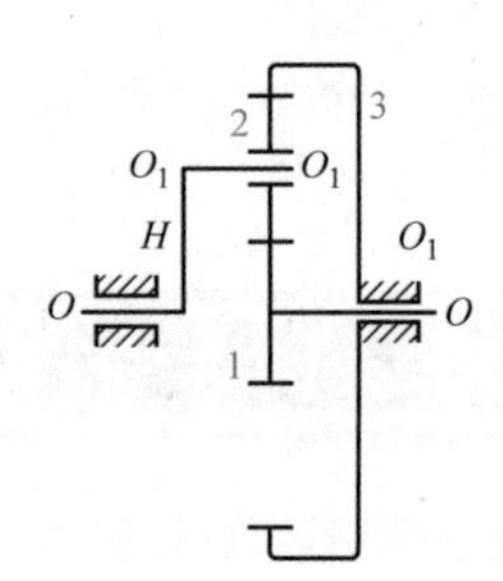

图3-4　周转轮系

3. 行星轮系与差动轮系

周转轮系根据自由度的不同可为分为行星轮系和差动轮系。前者自由度为 1，如图 3-5 所示；后者自由度为 2，如图 3-6 所示。因此，在 SolidWorks 中选择固定的齿轮非常关键。

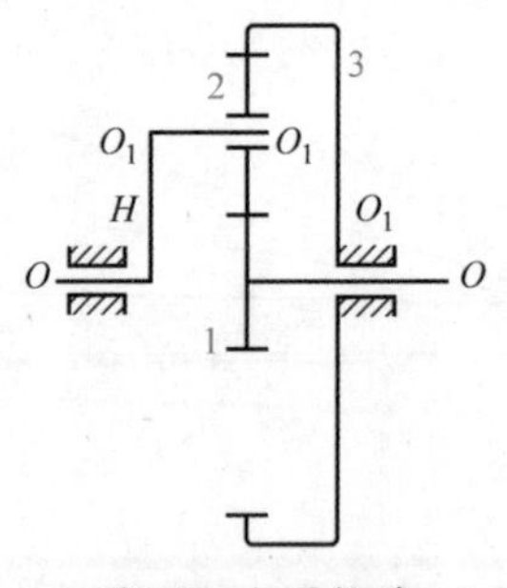

图3-5　行星轮系

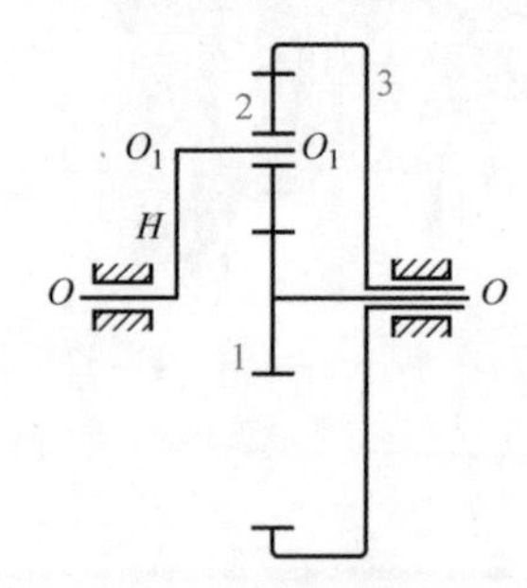

图3-6　差动轮系

三、项目实施

1.准备轮系所需要的所有齿轮

第一步，明确轮系机构运动简图以及每个齿轮的参数，如图 3-7 和表 3-1 所示。

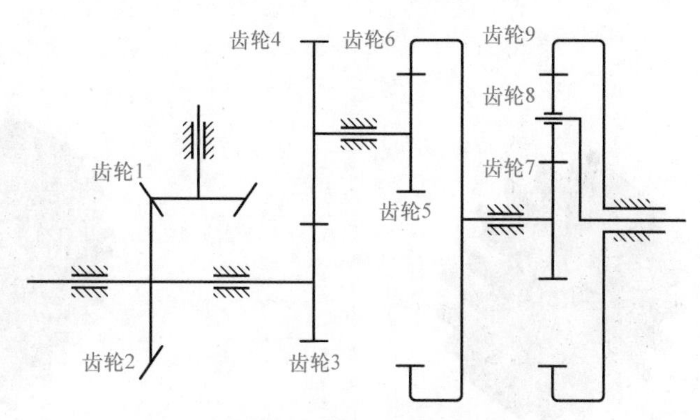

图3-7　轮系机构运动简图

表 3-1　所有齿轮参数

名称	模数 /mm	齿数	类型
齿轮 1	2	20	锥齿轮
齿轮 2	2	40	锥齿轮
齿轮 3	2	20	圆柱齿轮
齿轮 4	2	40	圆柱齿轮
齿轮 5	2	20	圆柱齿轮
齿轮 6	2	40	内齿轮
齿轮 7	2	20	太阳轮
齿轮 8	2	20	行星轮
齿轮 9	2	60	内齿轮

第二步，打开 SolidWorks Toolbox，选择“GB”动力传动“齿轮”，如图 3-8 所示。此时可看到能够提供的各种齿轮类型，如图 3-9 所示。

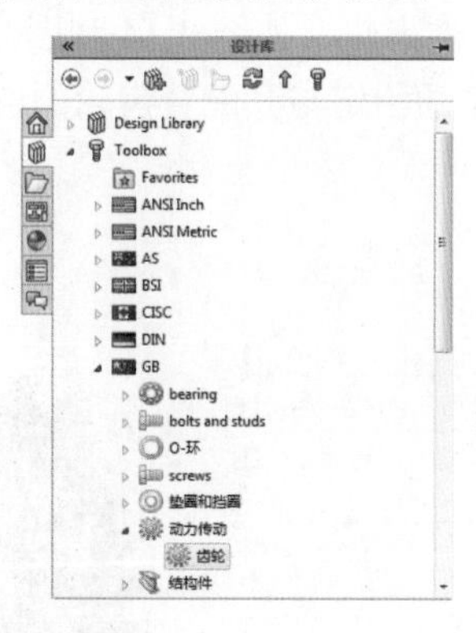

图3-8　齿轮插件路径

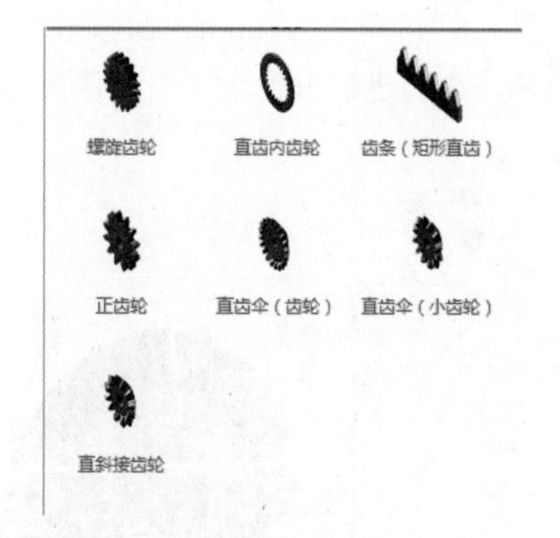

图3-9　Toolbox提供的各种齿轮类型

第三步，右击正齿轮图标，在快捷菜单中选择“生成零件”，即可弹出齿轮参数对话框，在其中指定模数为 2mm，齿数为 20，其他参数默认，确定即可生成该齿轮，如图 3-10 所示。通过类似操作，可以依次生成模数为 2mm、齿数为 40 的大齿轮，如图 3-11 所示。

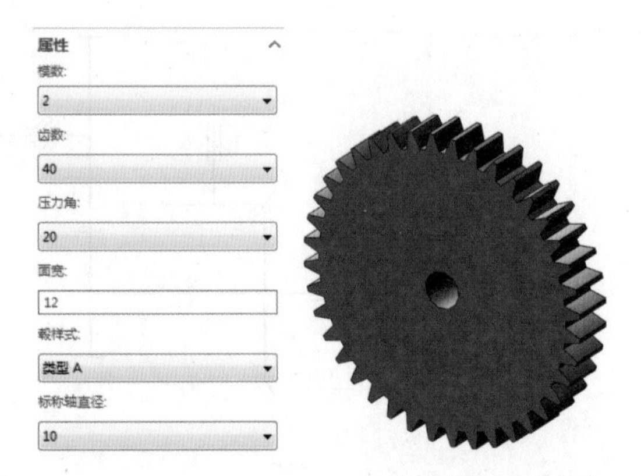

图3-10　模数为2mm、齿数为20的小齿轮　　图3-11　模数为2mm、齿数为40的大齿轮

第四步，创建模数为 2mm，齿数分别为 40 和 60 的两个内齿轮，如图 3-12 和图 3-13 所示。

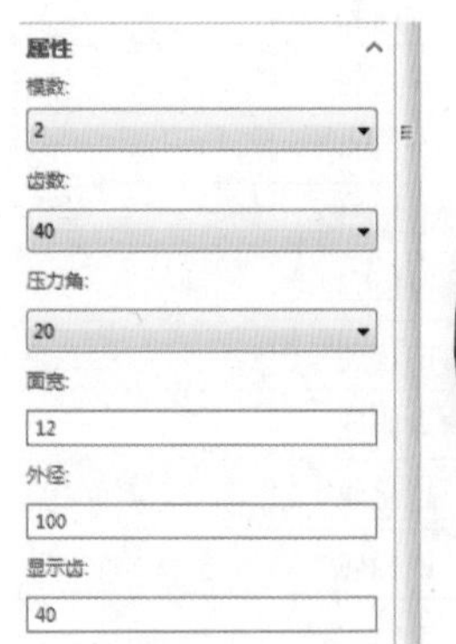

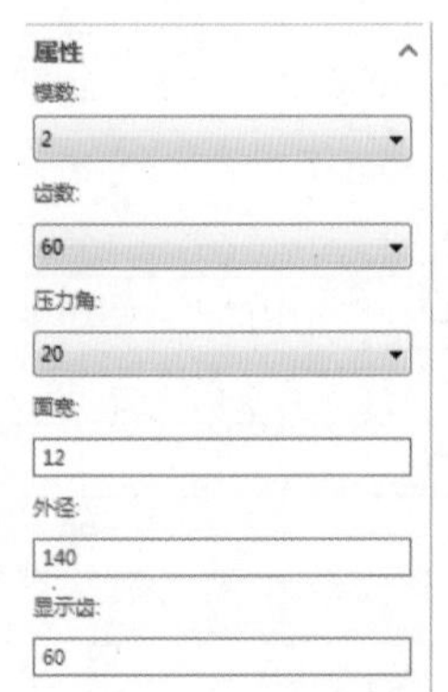

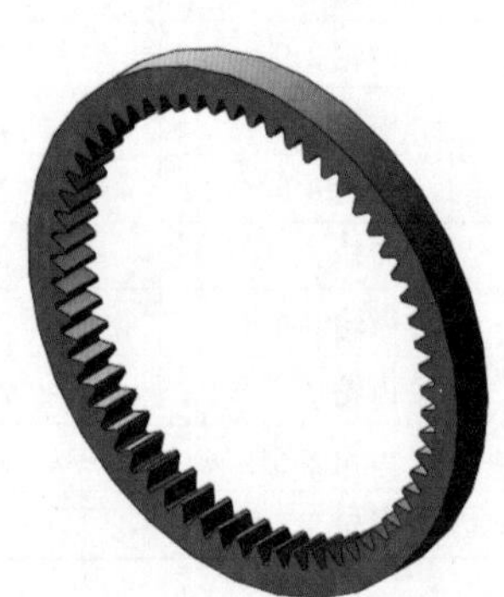

图3-12　模数为2mm、齿数为40的内齿轮　　图3-13　模数为2mm、齿数为60的内齿轮

第五步，创建模数为 2mm，齿数分别为 40 和 20 的锥齿轮，如图 3-14 和图 3-15 所示。需要注意的是，在创建锥齿轮时，给定该齿轮齿数的同时必须给定与其配合齿轮的齿数。

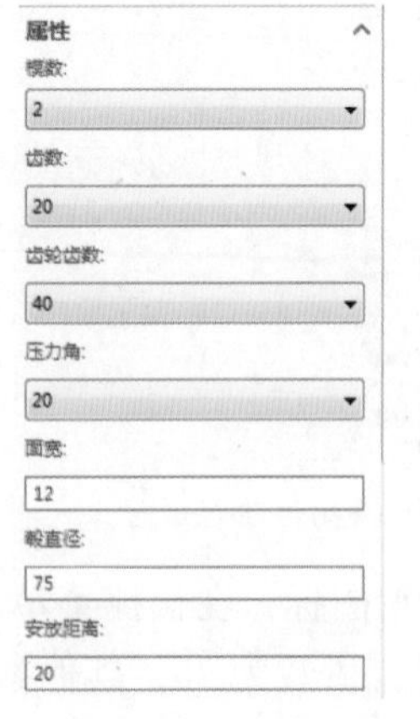

图3-14　模数为2mm、齿数为40的锥齿轮　　图3-15　模数为2mm、齿数为20的锥齿轮

2.装配外啮合圆柱齿轮

第一步，新建装配体，将模数为 2mm，齿数分别为 20 和 40 的两个圆柱齿轮插入，如图 3-16 所示。将默认固定的零件设置为浮动。

第二步，同时选中上视基准面和右视基准面，创建基准轴 1，如图 3-17 所示。

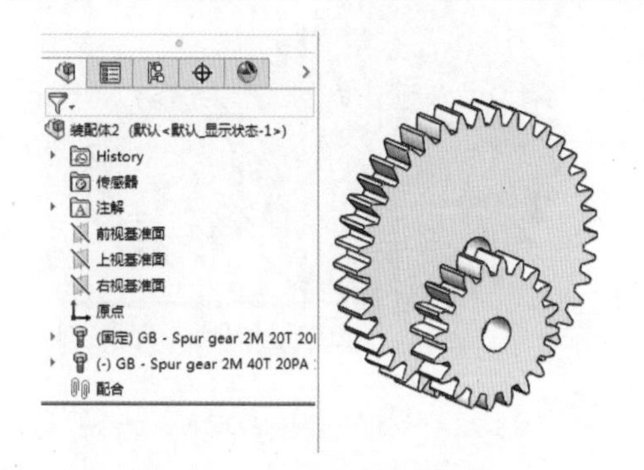

图3-16　插入两个圆柱齿轮

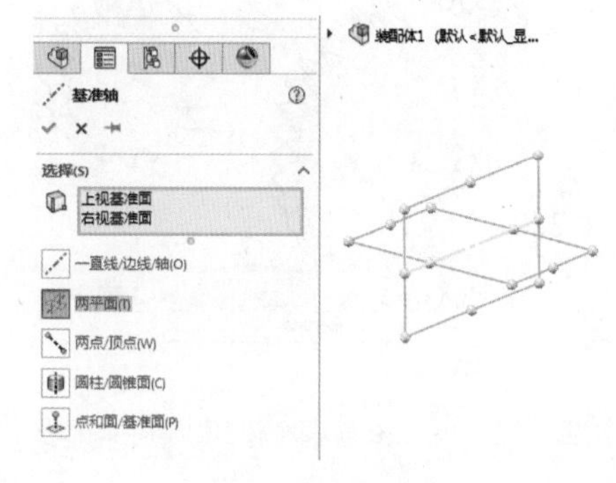

图3-17　创建基准轴1

第三步，选择小齿轮轴孔和基准轴 1，添加同心配合，如图 3-18 所示。再选小齿轮端面和前视基准面添加重合配合，如图 3-19 所示。

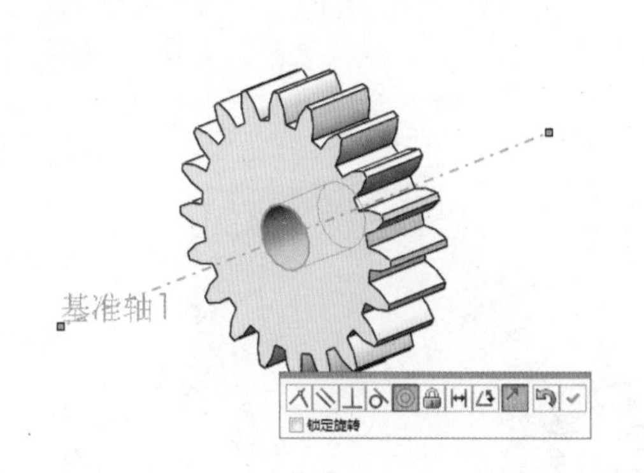

图3-18　小齿轮与基准轴1添加同心配合

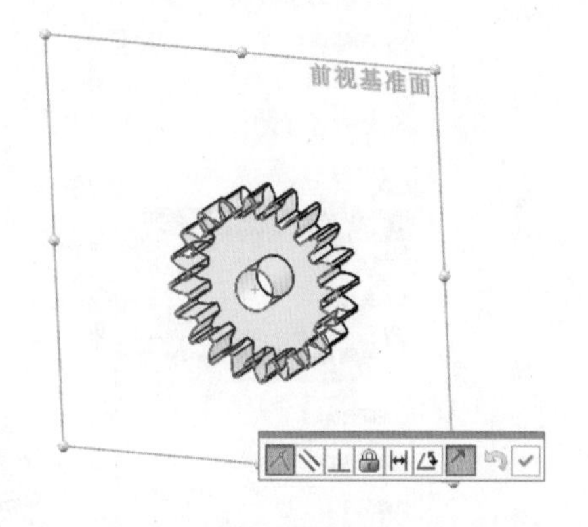

图3-19　小齿轮与前视基准面添加重合配合

第四步，创建大齿轮基准轴。先根据两齿轮中心距 60mm，以右视基准面为参考创建与之平行的基准面 1，如图 3-20 所示。再以基准面 1 和上视基准面创建基准轴 2，如图 3-21 所示。

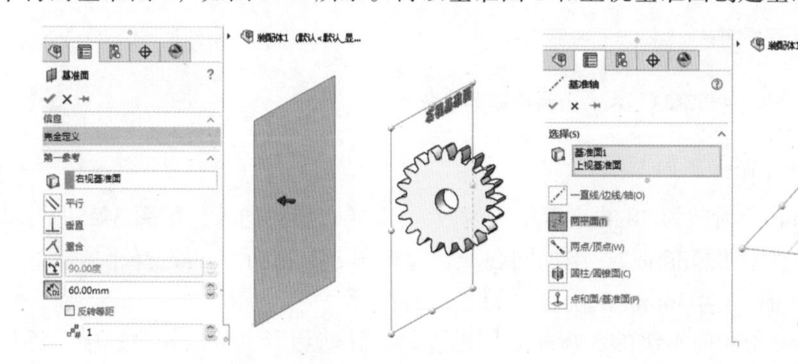

图3-20　创建基准面1

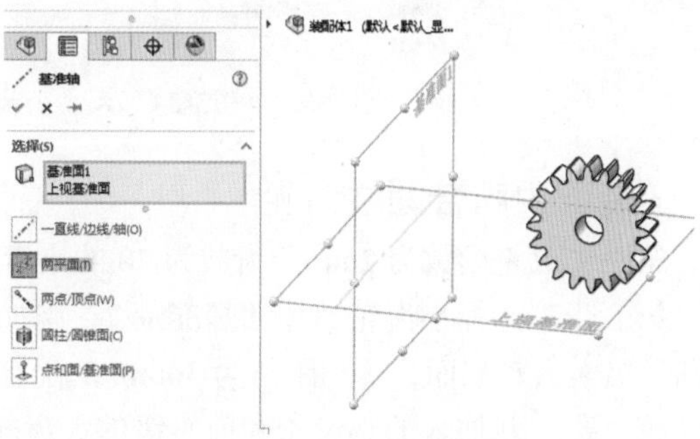

图3-21　创建基准轴2

第五步，选择大齿轮轴孔和基准轴 2，添加同心配合，如图 3-22 所示。再选择大、小齿轮端面，添加重合配合，如图 3-23 所示。

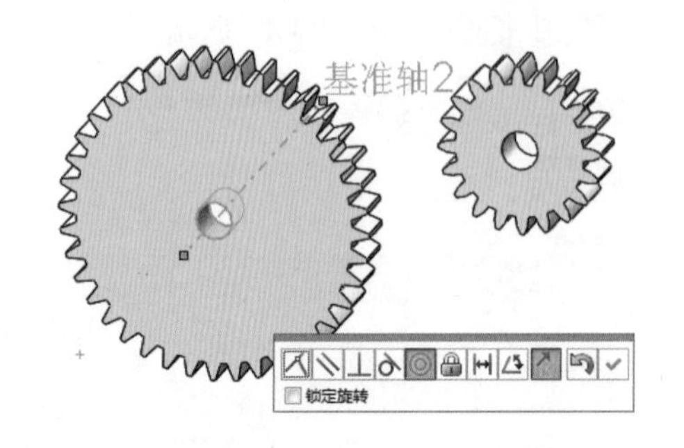

图3-22　大齿轮与基准轴2添加同心配合

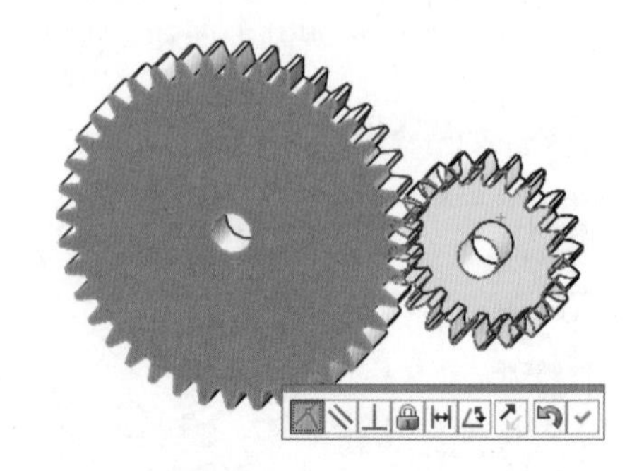

图3-23　大、小齿轮添加重合配合

第六步，大、小齿轮添加齿轮配合。先选择小齿轮齿根圆，再选择大齿轮齿根圆，在“比率”文本框中直接输入齿数“20”“40”即可，如图 3-24 所示。

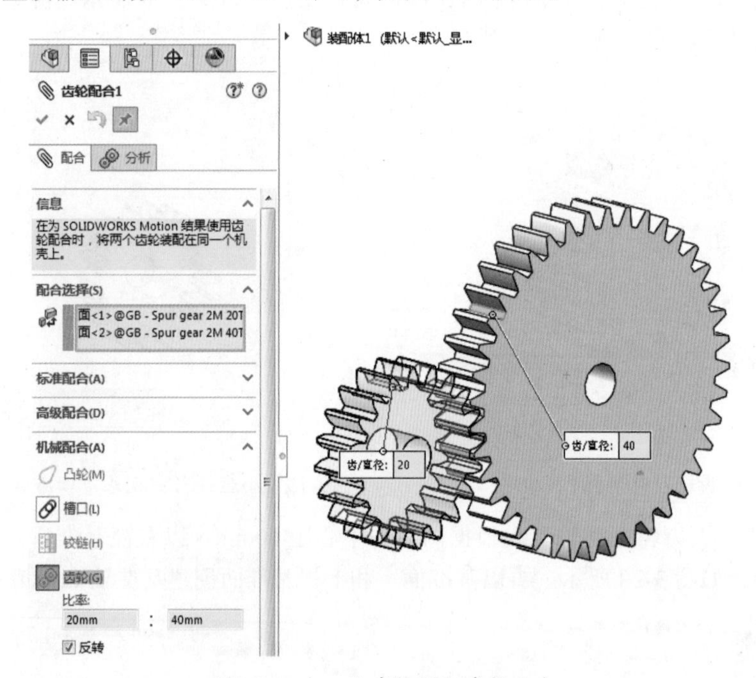

图3-24　大、小齿轮添加齿轮配合

3.装配内啮合圆柱齿轮

第一步，将模数为 2mm、齿数为 20 的小齿轮和齿数为 40 的内齿轮插入，如图 3-25 所示。

第二步，选择小齿轮轴孔和基准轴 2，添加同心配合，如图 3-26 所示。再选择小齿轮端面和前一级大齿轮端面，添加距离为 30mm 的配合，如图 3-27 所示。

第三步，新加入的小齿轮和前一级的大齿轮是同轴连接，转速相同，所以同时选中，添加锁定配合，如图 3-28 所示。此时，SolidWorks 会警告过约束，这是因为两个锁定的零件不会有相对运动，所以不需要添加配合，只需删除先前添加的距离配合即可，如图 3-29 所示。

第四步，创建内齿轮基准轴。先根据两齿轮中心距 20mm，以基准面 1 为参考创建与之平行的基准面 2，如图 3-30 所示。再以基准面 1 和上视基准面创建基准轴 3，如图 3-31 所示。

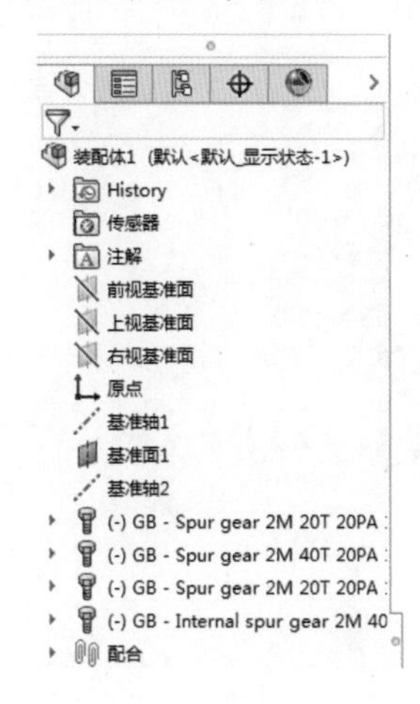

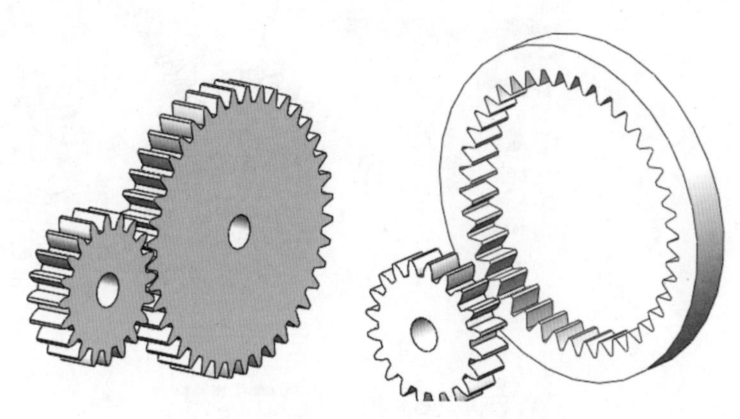

图3-25　插入零部件

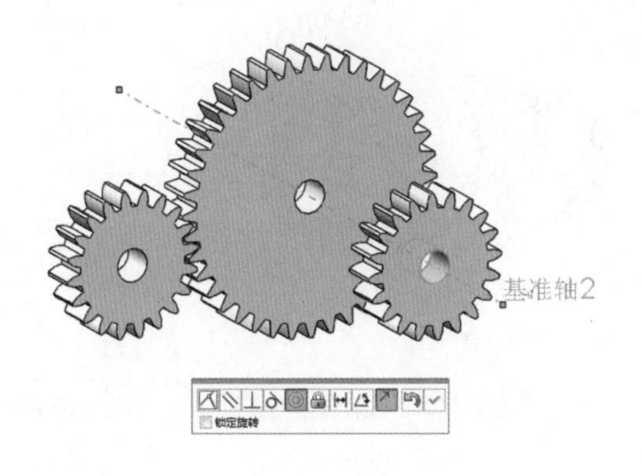

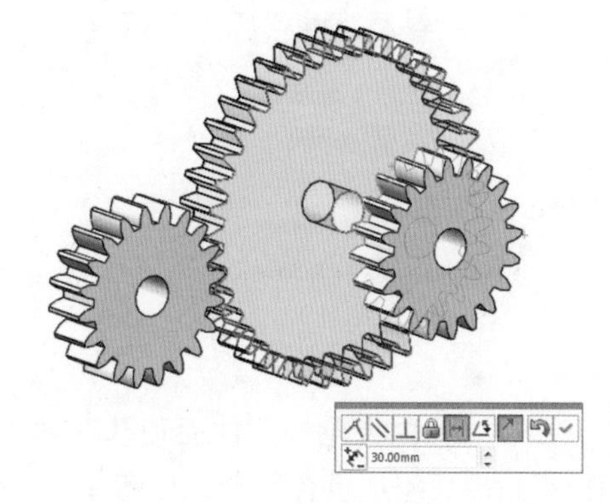

图3-26　小齿轮与基准轴2添加同心配合　　图3-27　小齿轮和前一级大齿轮添加距离配合

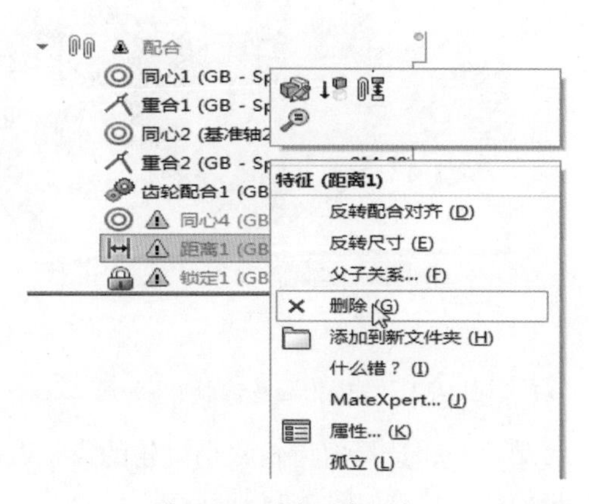

图3-28　小齿轮和前一级大齿轮添加锁定配合　　图3-29　删除距离配合

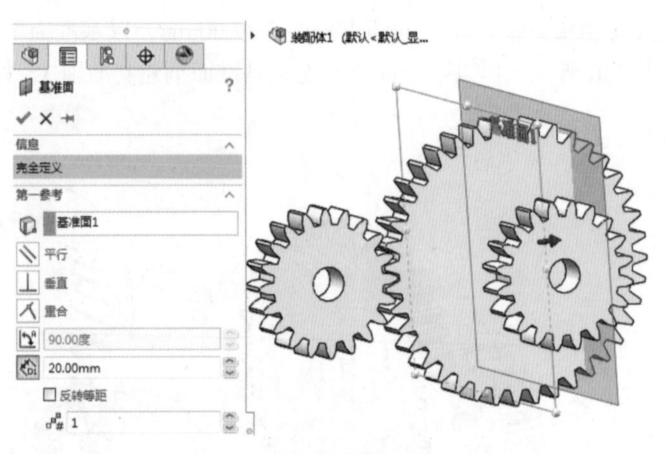

图3-30　创建基准面2

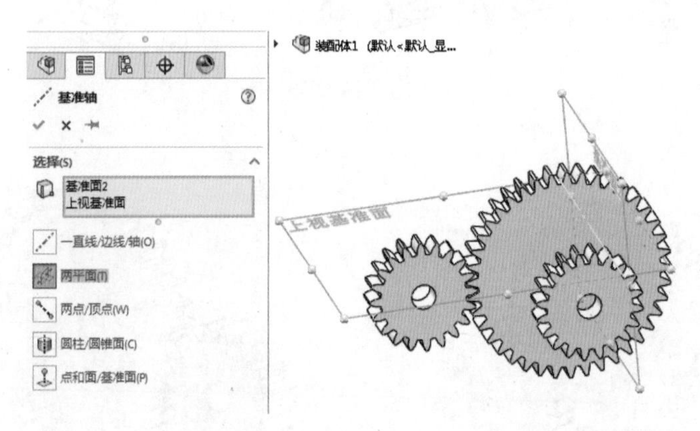

图3-31　创建基准轴3

第五步，选择内齿轮外圆柱面和基准轴 3，添加同心配合，如图 3-32 所示。再选择内齿轮端面和小齿轮端面添加重合配合，如图 3-33 所示。

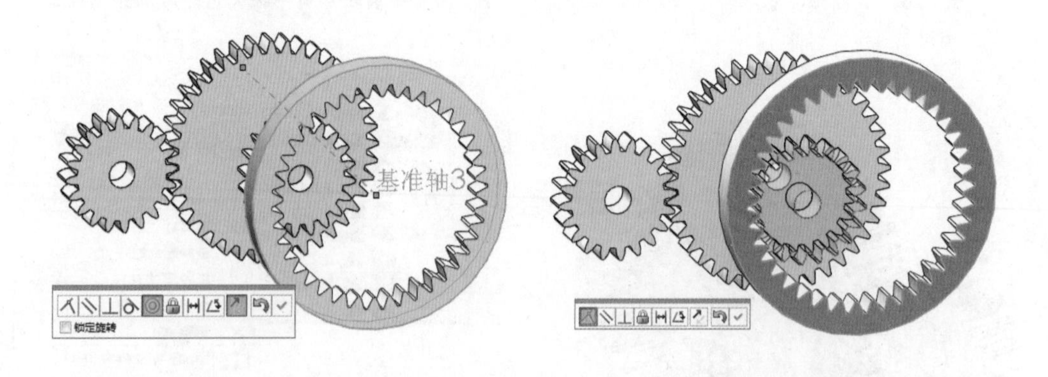

图3-32　内齿轮和基准轴3添加同心配合　　　　图3-33　内齿轮和小齿轮添加重合配合

第六步，选择内齿轮和小齿轮的齿根圆，添加齿轮配合，在“比率”文本框中分别输入两个齿轮的齿数，如图 3-34 所示。

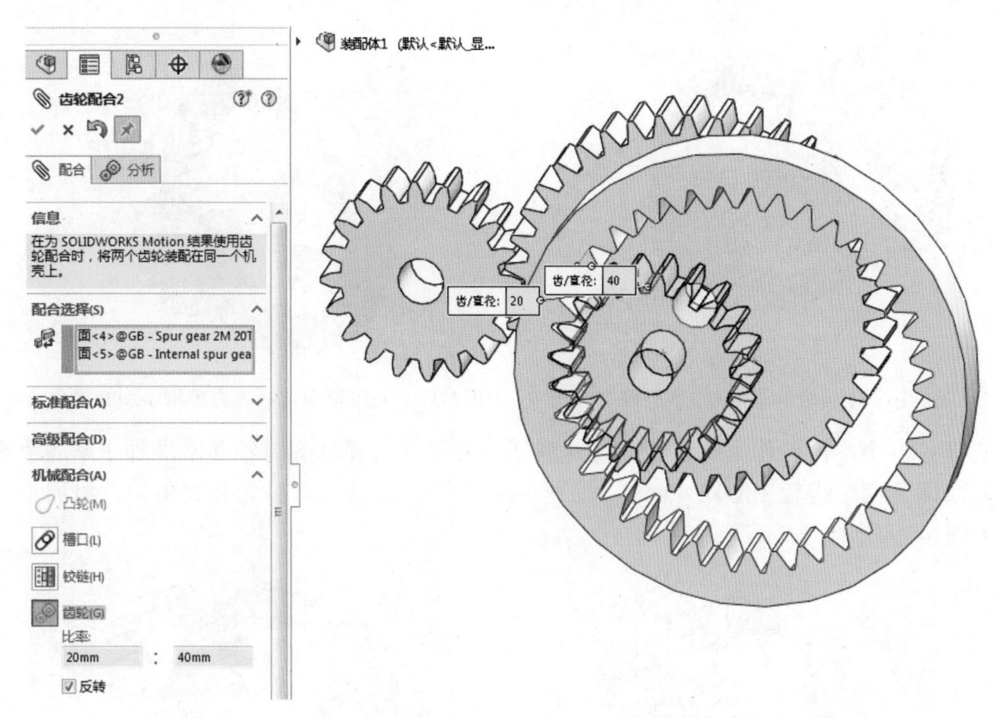

图3-34　内齿轮和小齿轮添加齿轮配合

4.装配行星轮系

第一步，插入两个模数为 2mm、齿数为 20 的小齿轮，分别作为太阳轮和行星轮，再插入齿数为 60 的内齿轮，如图 3-35 所示。

第二步，选择一个小齿轮作为太阳轮，选择其轴孔和基准轴 3，添加同心配合，如图 3-36 所示。再选择太阳轮和前一级内齿轮，添加锁定配合，如图 3-37 所示。注意：在锁定配合之前，可先添加两者距离为 30mm 的配合，放置好位置，等锁定之后再删除该配合。

图3-35　插入零部件

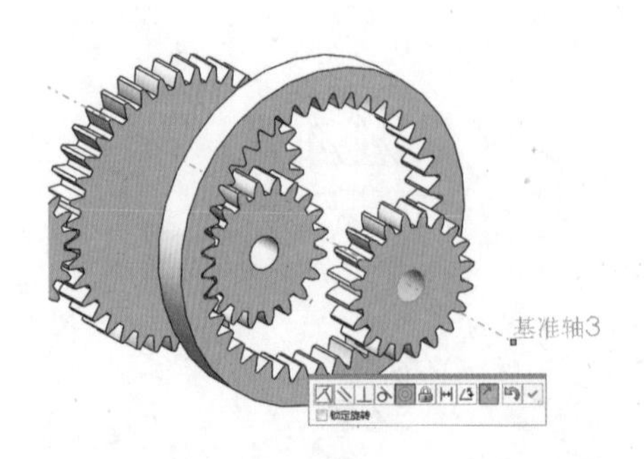

图3-36　小齿轮和基准轴3添加同心配合

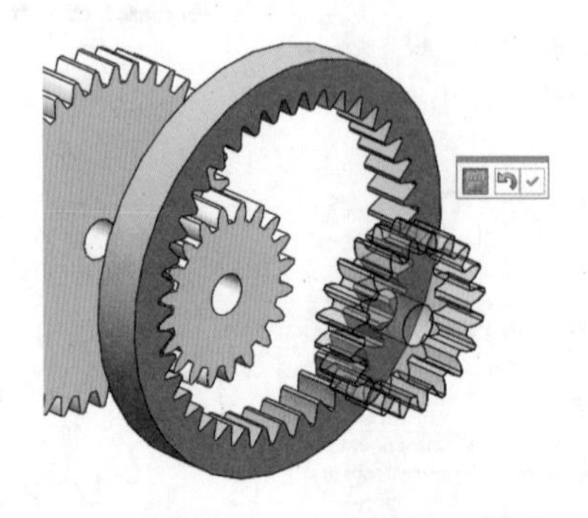

图3-37　太阳轮和前一级内齿轮添加锁定配合

选择另一个小齿轮作为行星轮，打开观阅临时轴，选择其临时轴和基准轴 3 添加距离配合，距离即为两个齿轮中心距 40mm，如图 3-38 所示。再选择行星轮和太阳轮，添加重合配合，如图 3-39 所示。

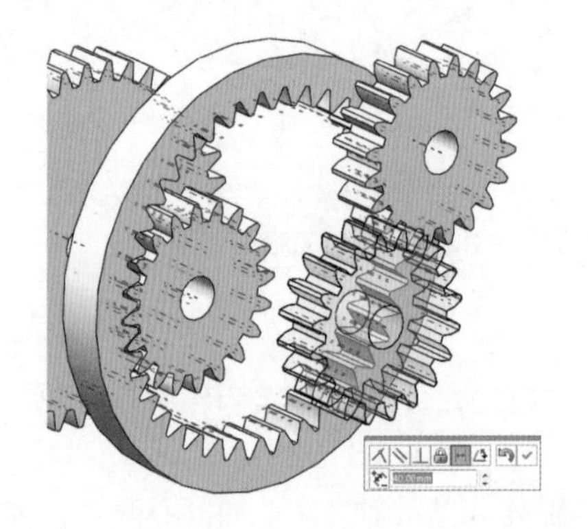

图3-38　太阳轮和行星轮添加距离配合

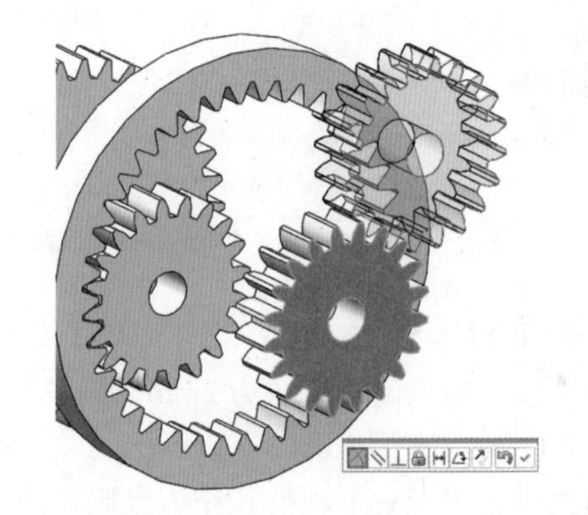

图3-39　太阳轮和行星轮添加重合配合

第三步，选择行星轮和太阳轮的齿根圆，添加齿轮配合，在“比率”文本框中输入“20”“20”，如图 3-40 所示。

第四步，选择内齿轮外圆柱面和基准轴 3，添加同心配合，如图 3-41 所示。再选择内齿轮端面和行星轮端面，添加重合配合，如图 3-42 所示。

图3-40　太阳轮和行星轮添加齿轮配合

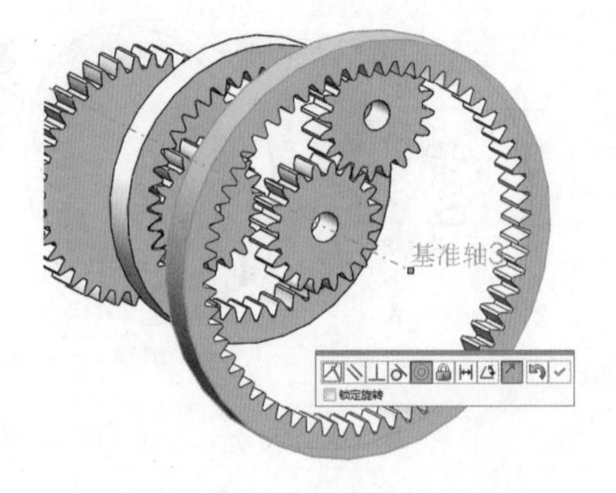

图3-41　内齿轮和基准轴3添加同心配合

第五步，选择行星轮和内齿轮的齿根圆，添加齿轮配合，在“比率”文本框中输入“20”“60”，如图 3-43 所示。

第六步，内齿轮如果是活动构件，则与太阳轮和行星轮构成差动轮系，自由度为 2。因此需要固定内齿轮，则自由度为 1，属于行星轮系，如图 3-44 所示。

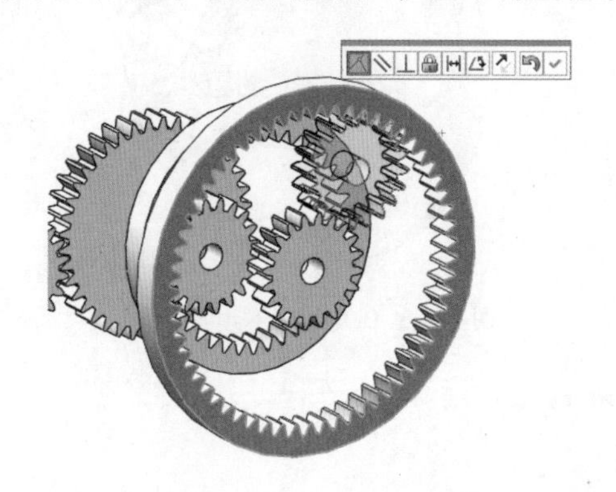

图3-42　内齿轮和行星轮添加重合配合

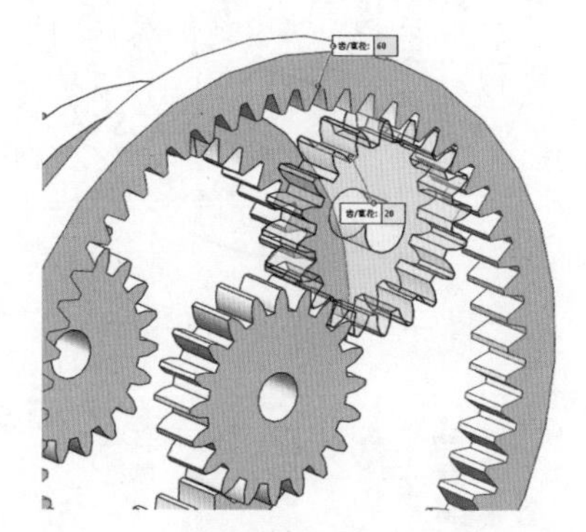

图3-43　内齿轮和行星轮添加齿轮配合

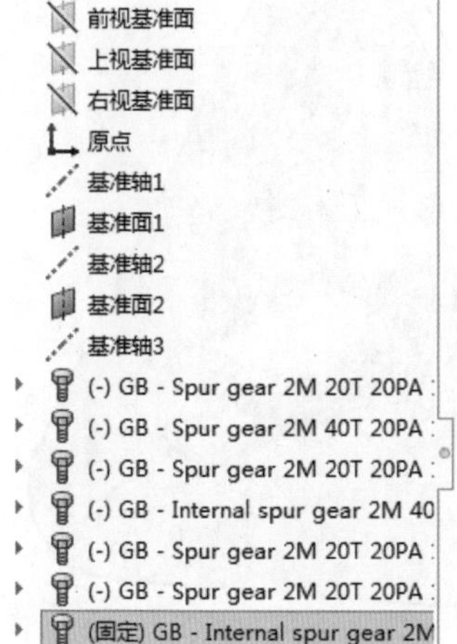

图3-44　固定内齿轮

第七步，插入新零件，命名为行星架。捕捉太阳轮和行星轮轴心，绘制正三边形并改为构造线，作为设计基准，将绘制好的正三边形向外等距 10mm 作为行星架轮廓，并在顶点设置半径为 10mm 的圆角，如图 3-45 所示。行星架拉伸完毕后，选择其外侧面，在中心拉伸出圆柱特征作为输出轴，如图 3-46 所示。

第八步，选择输出轴轴线和某一个圆角的圆心创建基准面 1，如图 3-47 所示。

第九步，选择行星架基准面 1 和行星轮临时轴，添加重合配合，如图 3-48 所示。再选择行星架轴表面和内齿轮外圆柱面，添加同心配合，如图 3-49 所示。最后选择行星架轴内侧面和行星轮端面，添加重合配合，如图 3-50 所示。

第十步，选择行星架轴心为参考，圆周阵列行星轮，等间距方式，阵列 3 个，如图 3-51 所示。至此完成了行星轮系的装配。

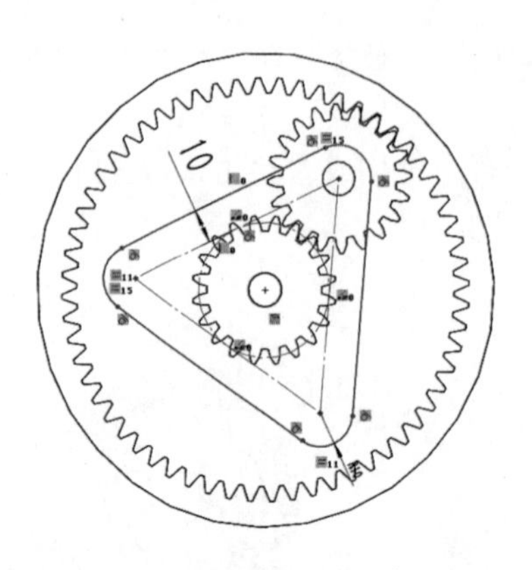

图3-45　绘制行星架草图

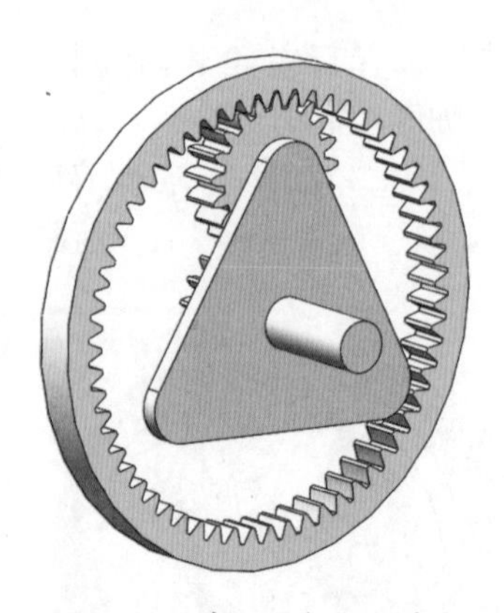

图3-46　创建行星架和输出轴

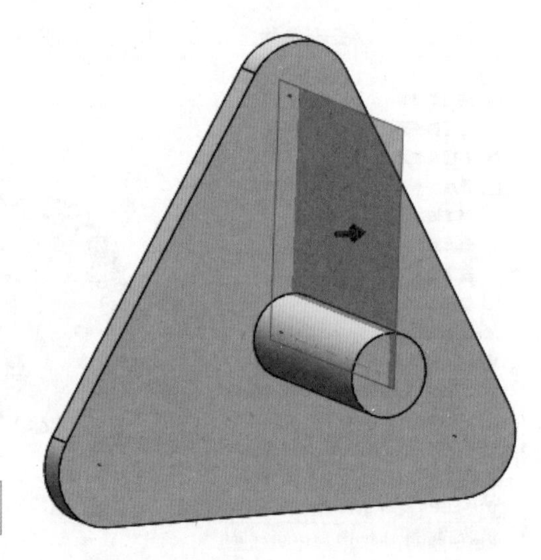

图3-47　在行星架中创建基准面1

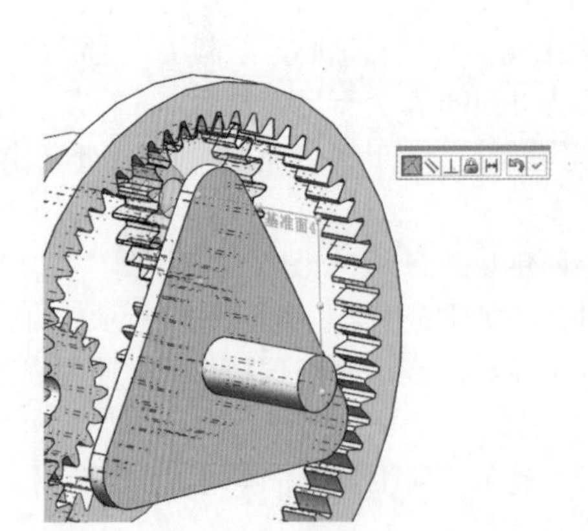

图3-48　行星架与行星轮添加重合配合

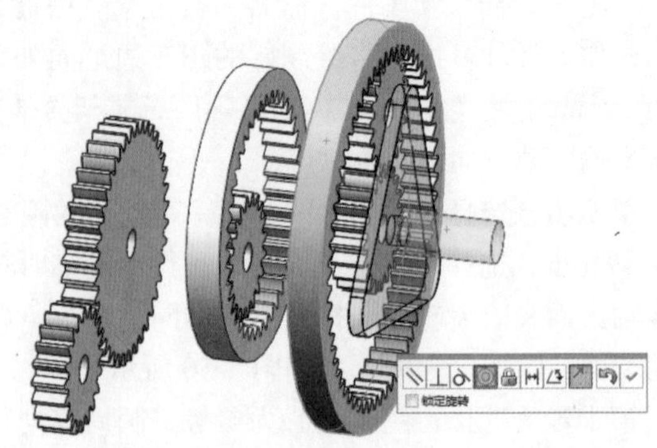

图3-49　行星架与内齿轮添加同心配合

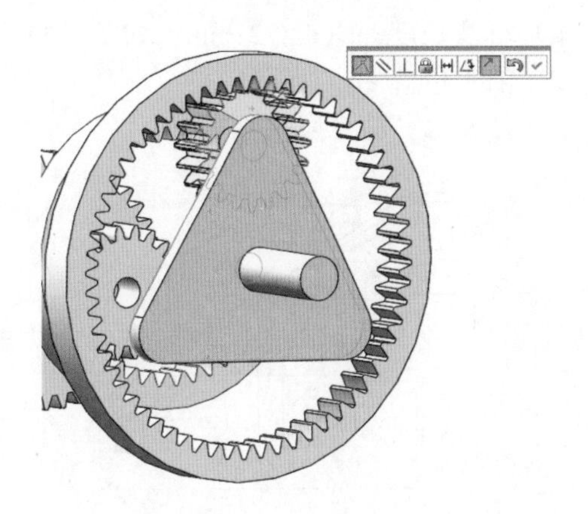

图3-50　行星架与行星轮添加重合配合

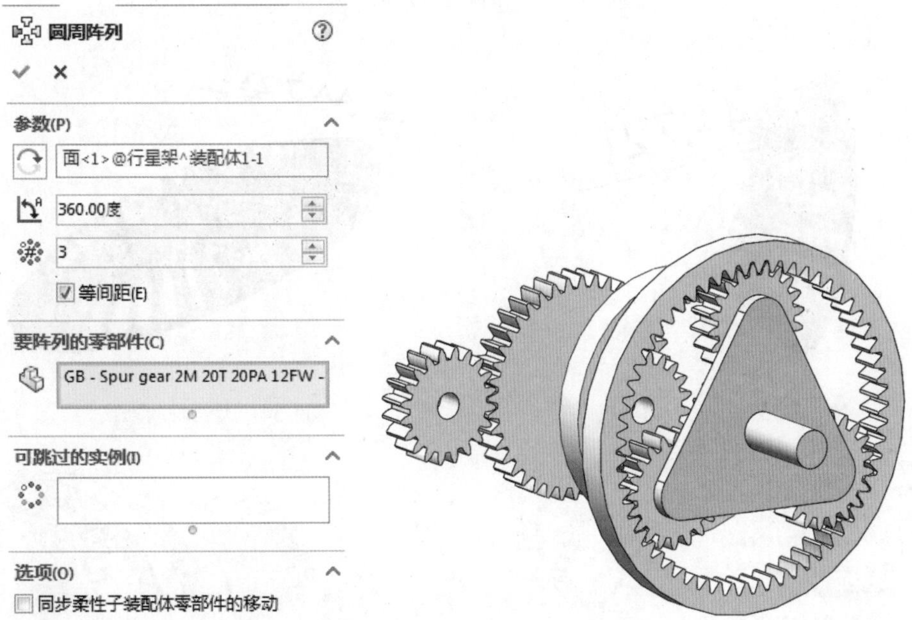

圆周阵列

参数(P)

面<1>@行星架^装配体1-1

360.00度

3

等间距(E)

要阵列的零部件(C)

GB - Spur gear 2M 20T 20PA 12FW -

可跳过的实例(I)

选项(O)

同步柔性子装配体零部件的移动

图3-51　圆周阵列行星轮

5.装配锥齿轮

第一步，绘制辅助线帮助装配定位。由机械基础相关知识可知，一对锥齿轮啮合时，每个轮齿的边线和中线都交于一点，该点到每个轮齿大端的距离称为锥距，如图3-52中的 R 所示，其计算公式为

$$R=\frac{1}{2}\sqrt{d_1^2+d_2^2}$$

式中，d_1 和 d_2 分别为小齿轮和大齿轮的分度圆直径。

根据计算可得，本对锥齿轮的锥距是44.721mm（取小数点后三位有效数字）。分别进入两个锥齿轮的零件模型中绘制3D草图，捕捉某一轮齿外侧顶点绘制直线，再将直线与该点所在的轮齿边线添加共线约束，最后标注长度，即 44.721mm，如图 3-53 和图 3-54 所示。注意：绘制完 3D 草图后一定要确定退出草图环境。

第二步，将两个锥齿轮插入装配体，如图 3-55 所示。

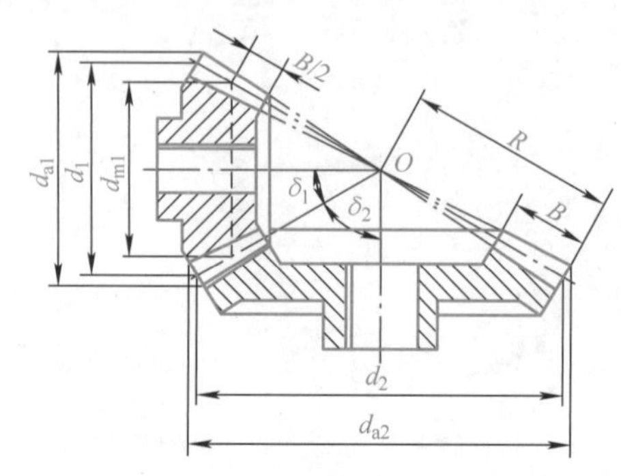

图3-52　锥齿轮的定位关系

图3-53　小齿轮辅助线

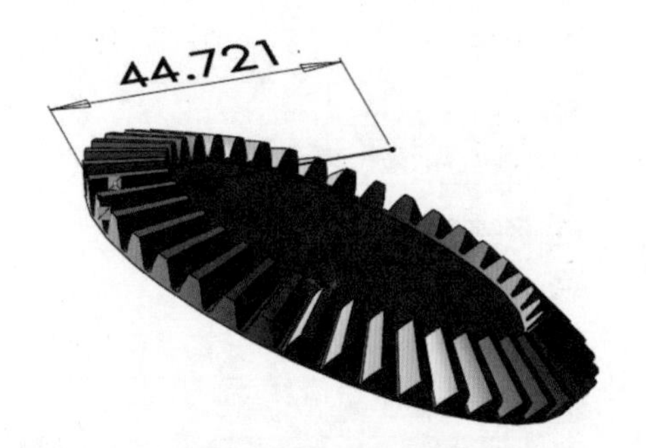

图3-54　大齿轮辅助线

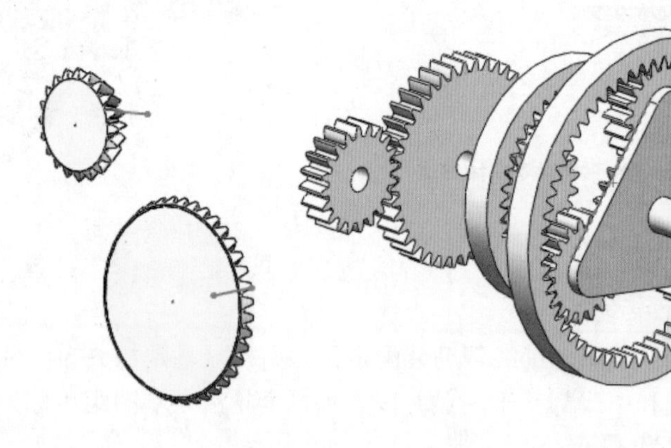

图3-55　插入零部件

第三步，装配大锥齿轮。选择大锥齿轮轴孔和基准轴 1，添加同心配合，如图 3-56 所示。再选择大锥齿轮和第一级的小齿轮，添加锁定配合，如图 3-57 所示。

第四步，以装配体中的前视基准面为参考，创建与之平行的、通过大锥齿轮锥距顶点的基准面 3，如图 3-58 所示。由基准面 3 和上视基准面即可创建基准轴 4，如图 3-59 所示。

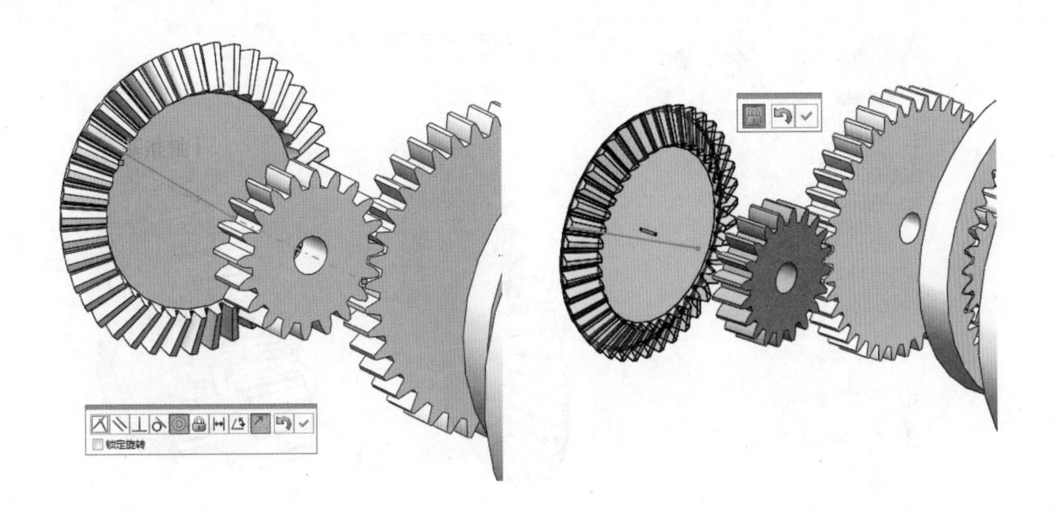

图3-56　大锥齿轮和基准轴1添加同心配合　　　图3-57　大锥齿轮和小齿轮添加锁定配合

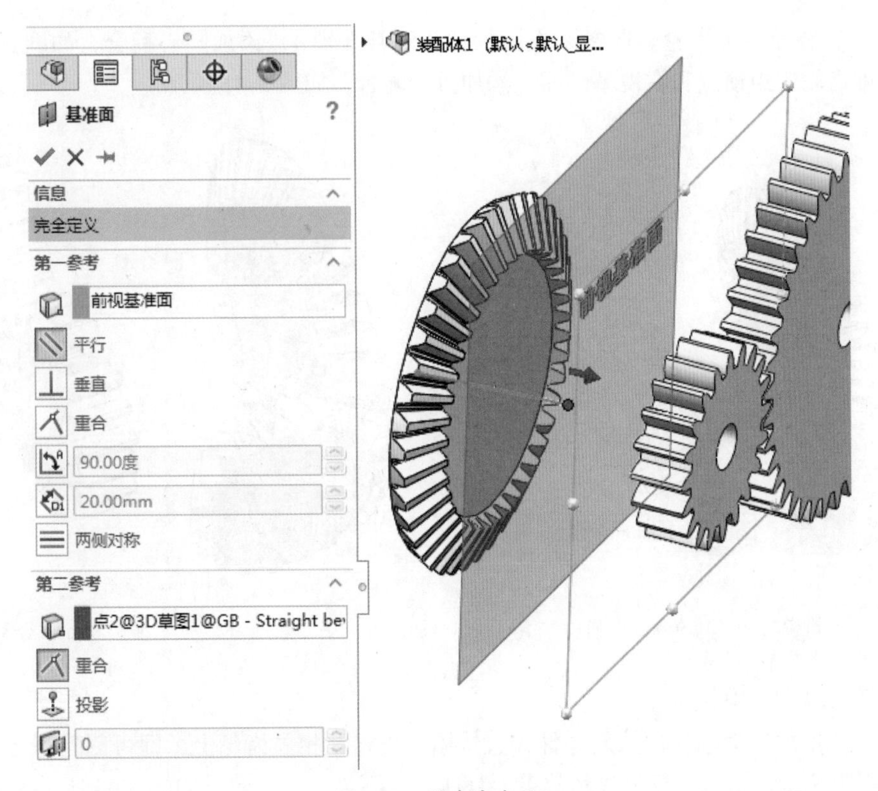

图3-58　创建基准面3

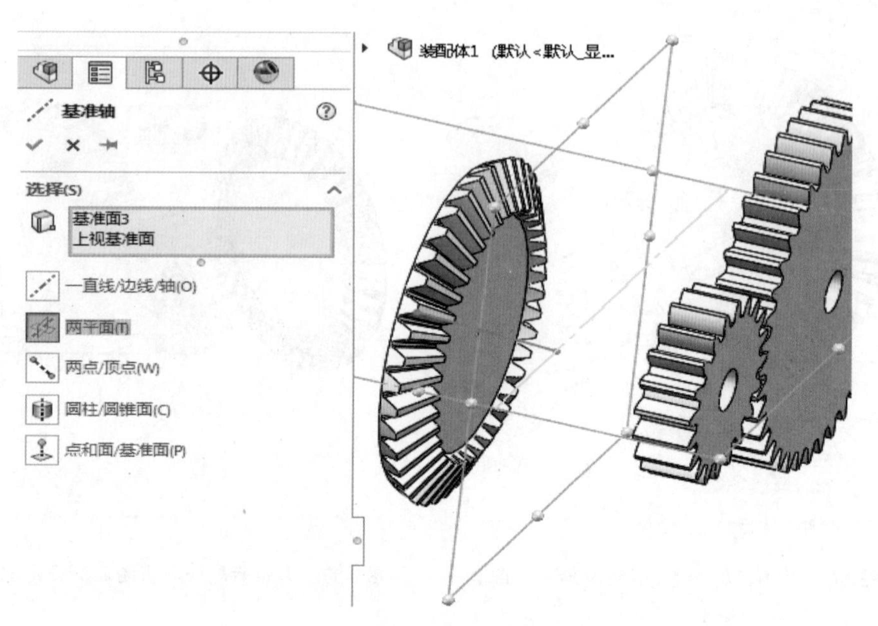

图3-59　创建基准轴4

第五步，装配小锥齿轮。选择小锥齿轮轴孔和基准轴 4，添加同心配合，如图 3-60 所示。再选择小锥齿轮锥距顶点和右视基准面，添加重合配合，如图 3-61 所示。

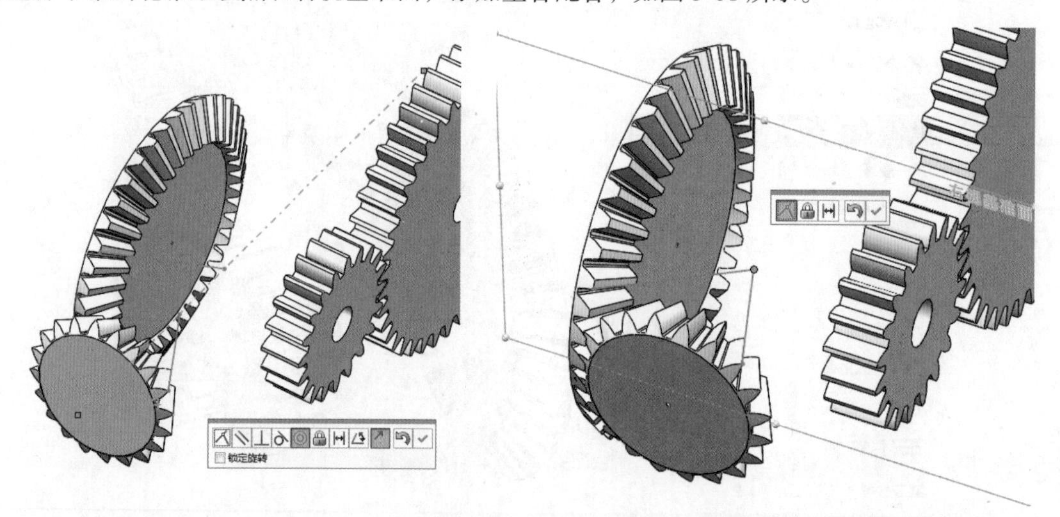

图3-60　小锥齿轮和基准轴4添加同心配合　　图3-61　小锥齿轮和右视基准面添加重合配合

6.增加传动轴和机架

第一步，增加传动轴。插入新零件并直接固定连接在相关齿轮上，即可创建与之相配合的轴，由于不影响仿真结果，仅为显示效果，具体操作不再赘述，效果如图 3-62 所示。

第二步，增加机架。插入新零件，即可创建地面机架，由于不影响仿真结果，仅为显示效果，具体操作不再赘述，效果如图 3-63 所示。

图3-62　增加传动轴　　图3-63　增加机架

7.复合轮系运动分析

第一步，增加变速马达，开展运动仿真。首先在零时刻时，选择小锥齿轮轴添加马达，转速设定为“0RPM”。将控制手柄拖动到5s处，在马达时间轴上右击，选择放置关键帧，编辑马达，将转速改为“100RPM”。此时即添加了一个变速马达，是从静止开始运行，5s后转速达到100r/min，如图3-64所示。

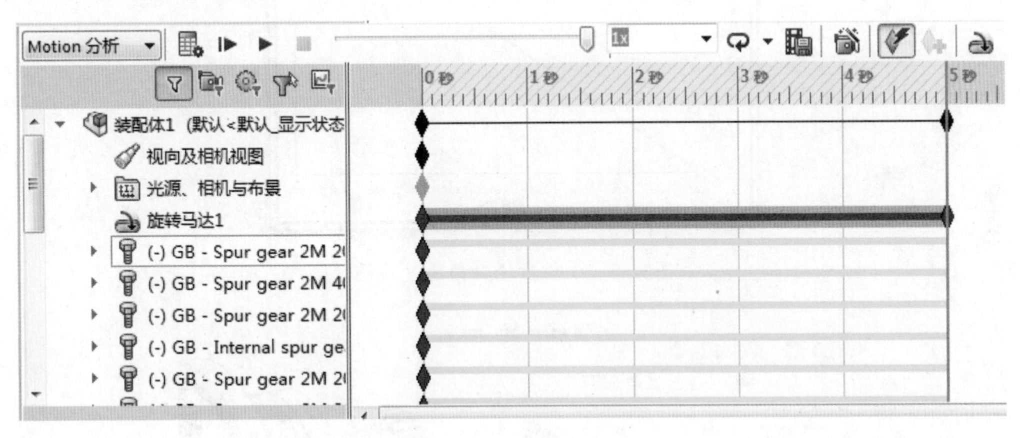

图3-64　增加变速马达

第二步，查询输出小锥齿轮轴角速度，如图3-65所示，角速度线图如图3-66所示，软件会自动命名该线图为图解1。

第三步，查询输出大锥齿轮轴角速度，将结果添加到图解1中，如图3-67所示。此时图解1中就会有两个元件的角速度线图，如图3-68所示。之所以看上去还是一条线，是由于每条线图的纵坐标比例不一样，使得两条曲线恰好重合。可右击角速度2的纵坐标，编辑属性，将终点值改成和角速度1的坐标最大值一样，即597，如图3-69所示。此时线图即出现两条斜率不同的直线，如图3-70所示。

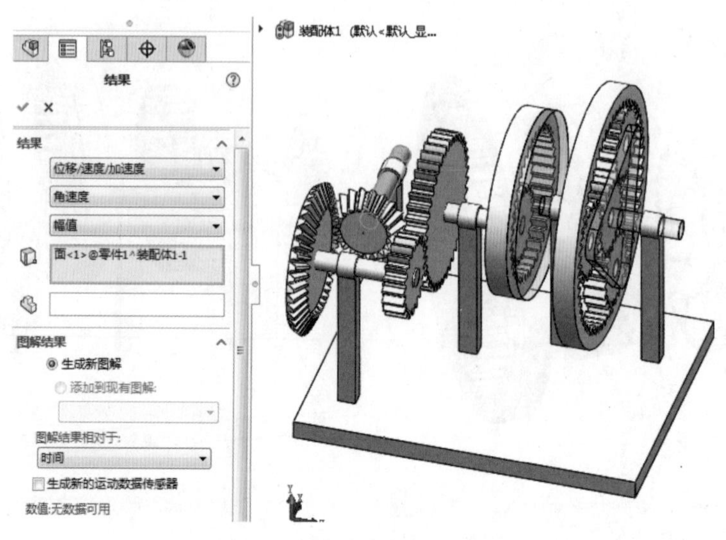

图3-65　查询小锥齿轮轴角速度

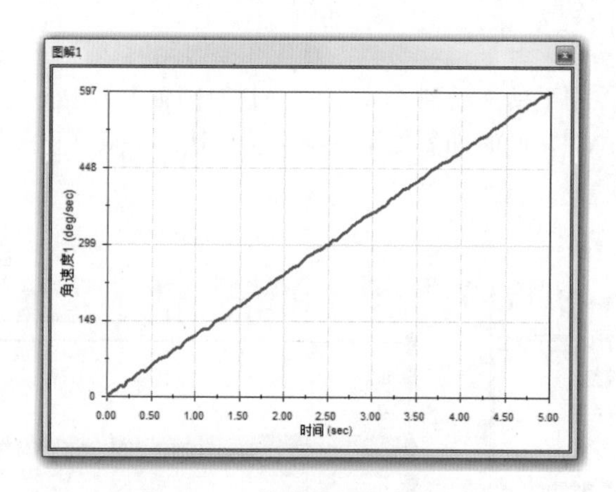

图3-66　小锥齿轮轴角速度线图

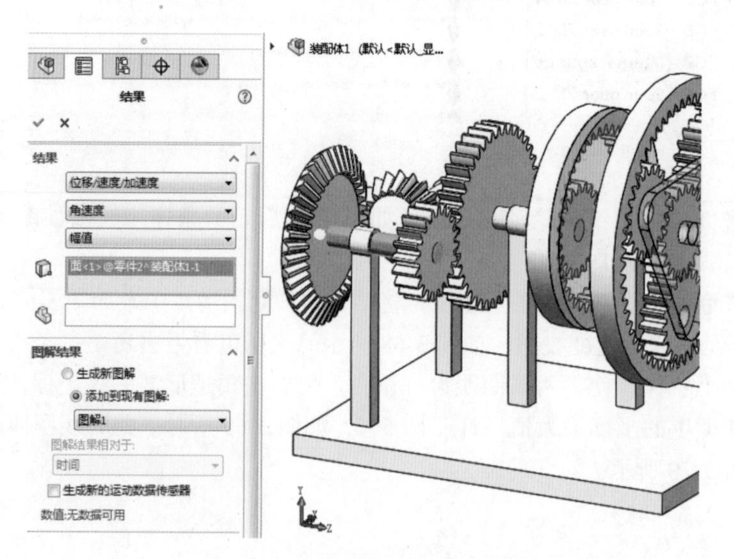

图3-67　查询大锥齿轮轴角速度

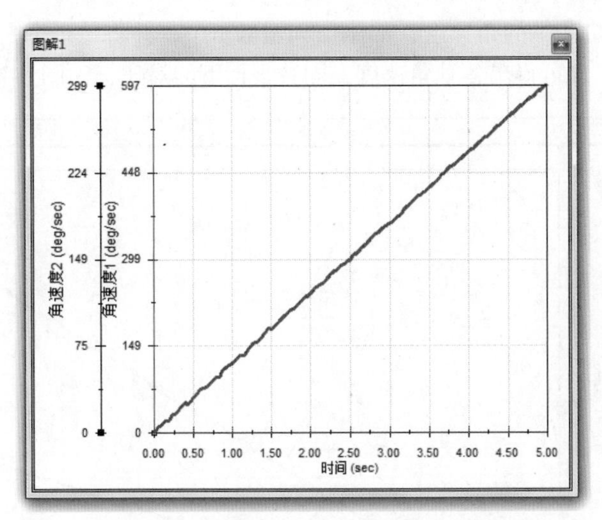

图3-68　大锥齿轮轴角速度线图加入图解1

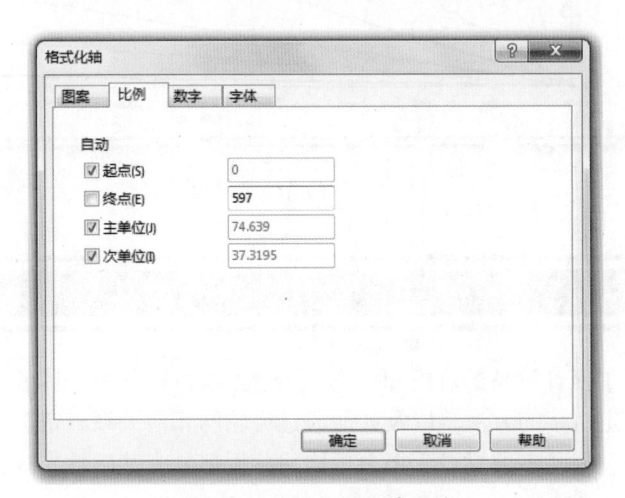

图3-69　设置坐标轴最大值

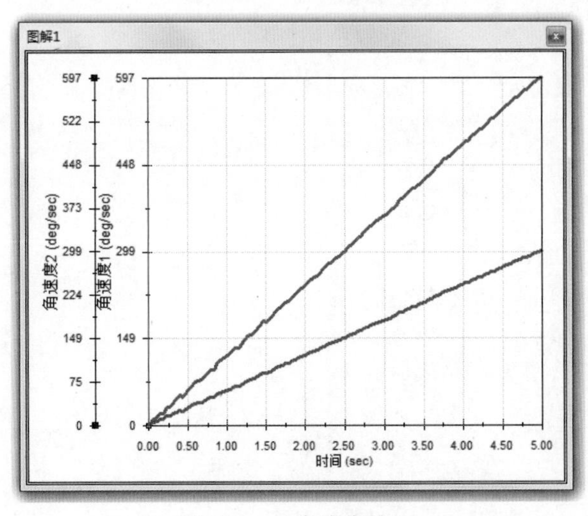

图3-70　两角速度对比

第四步，查询输出各轴的角速度，都添加到图解 1 中，并将每个轴角速度的纵坐标属性都修改为最大值为 597，即可得出各轴角速度在同一坐标下的对比，如图 3-71 所示。

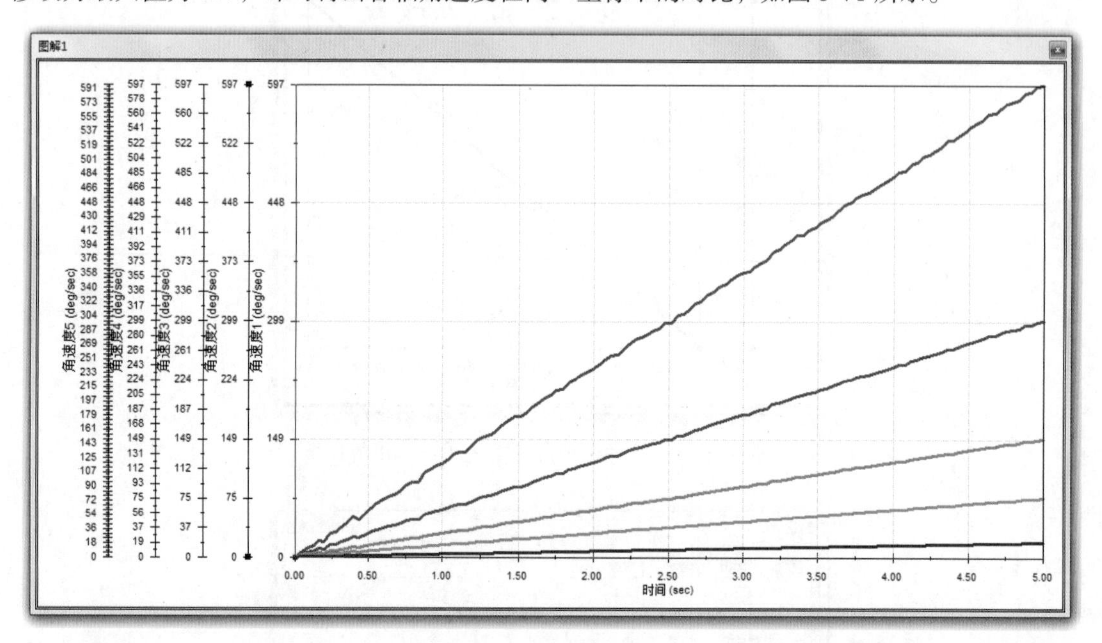

图3-71　各轴角速度对比

四、项目总结

本项目重点介绍了复合轮系的建模和仿真。通过本项目的学习，读者应该重点掌握利用参考基准面和基准轴确定机架的方法，以及如何通过齿轮的几何关系确定装配约束关系。由于齿轮机构应用非常广泛，因此本项目对于很多机构的分析都具有基础性支撑作用，有必要熟练掌握。

项目 4 奥氏仪表机构设计与仿真

【学习目标】

1. 了解机构运动分析和动力学分析的区别。
2. 能利用自顶向下建模法，由机构运动简图建立机构装配模型。
3. 能利用机械系统中的弹簧和阻尼进行仿真。

【重难点】

1. 自顶向下建模法。
2. 弹簧与阻尼参数的设置。

一、项目说明

奥氏仪表机构是一种非常经典的平面机构，可将直线运动转变为摆动，同时将摆动幅度放大以便于观察，如图 4-1 所示。该机构由曲柄滑块、摆动导杆和齿轮三种平面机构串联而成。

基于 SolidWorks 对仪表机构仿真分析能帮助设计人员了解该套机构的运动特性。本项目通过增加系统中的弹性以及阻尼等元件，对该机构的动力学特性进行分析讨论。

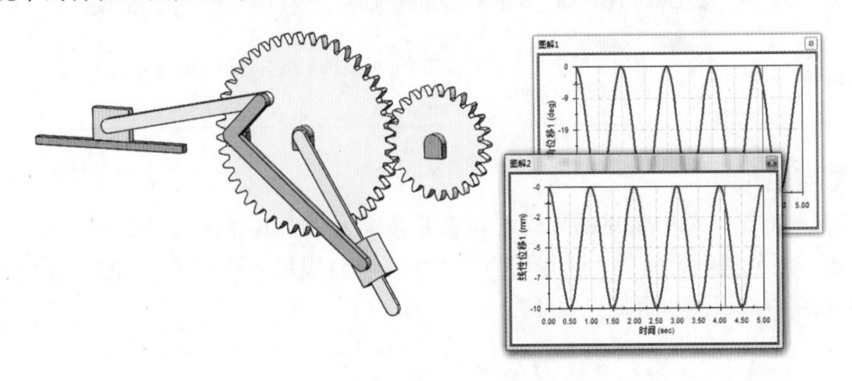

图4-1　奥氏仪表机构

二、预备知识

1. 约束映射

SolidWorks 可以将装配约束自动映射为运动仿真中的运动副。例如，一个同心约束加上重合约束可映射为铰链副。这就意味着在装配体建模完成时，运动仿真中的运动副也添加完成，可以节约大量时间。

2.机械配合的使用

SolidWorks 提供了标准配合、高级配合和机械配合三种配合关系。前两种配合关系在装配体建模中用得比较普遍，本书不再赘述，重点介绍机械配合。机械配合是针对机械设备中一些常用典型传动机构所设定的运动副约束，具体见表 4-1。

表 4-1　SolidWorks 中的机械配合

机械配合类型	说明
凸轮	该配合为一相切或重合配合类型，允许将圆柱、基准面或点与一系列相切的拉伸曲面相配合
槽口	该配合可将螺栓配合到直通槽或圆弧槽，也可将槽配合到槽，可以选择轴、圆柱面或槽，以便创建槽配合
铰链	该配合效果相当于同时添加同心配合和重合配合。还可以限制两个零部件之间的移动角度
齿轮	该配合会强迫两个零部件绕所选轴相对旋转。齿轮配合的有效旋转轴包括圆柱面、圆锥面、轴和线性边线
齿条小齿轮	通过齿条和小齿轮配合，某个零部件（齿条）的线性平移会引起另一零部件（小齿轮）做圆周旋转，反之亦然
螺旋	该配合将两个零部件约束为同心，还在一个零部件的旋转和另一个零部件的平移之间添加纵倾几何关系。一个零部件沿轴向的平移会根据纵倾几何关系引起另一个零部件的旋转
万向节	在万向节配合中，一个零部件（输出轴）绕自身轴的旋转是由另一个零部件（输入轴）绕其轴的旋转驱动的

3.弹簧与阻尼

弹簧和阻尼都是工程中常见的元件。弹簧是蓄能元件，其作用力与位移、弹簧刚度有关，如图 4-2 所示。阻尼是阻抗元件，其作用力与速度、自身阻尼系数有关，如图 4-3 所示。

SolidWorks 中的弹簧与阻尼见表 4-2。

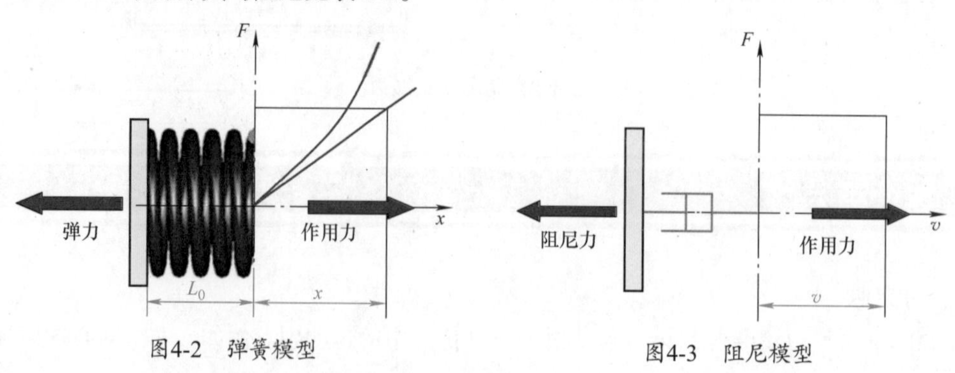

图4-2　弹簧模型

图4-3　阻尼模型

表 4-2　SolidWorks 中的弹簧与阻尼

元件类型	元件功能	说明
线性弹簧	由线性位移压缩量产生反作用力	弹力计算公式： $F=kx^e$ k—— 弹簧刚度；e—— 指数；x—— 位移变量 （e 可取值 –4、–3、–2、–1、1、2、3、4）
扭转弹簧	由角位移压缩量产生反作用力矩	弹力计算公式： $F=k\theta^e$ k—— 弹簧刚度；e—— 指数；θ—— 角位移变量 （e 可取值 –4、–3、–2、–1、1、2、3、4）
线性阻尼	由线性速度产生阻尼力	阻尼力计算公式： $F=cv^e$ c—— 阻尼系数；e—— 指数；v—— 线速度 （e 可取值 –4、–3、–2、–1、1、2、3、4）
扭转阻尼	由角速度产生阻尼力矩	阻尼力计算公式： $F=c\omega^e$ c—— 阻尼系数；e—— 指数；ω—— 角速度 （e 可取值 –4、–3、–2、–1、1、2、3、4）

4.运动学系统与动力学系统

运动学系统是指由配合和马达可以完全约束的系统，一旦马达给定运动规律和参数，整套系统的运动就完全确定。动力学系统是指系统的运动受到自重或外载荷的影响，即同一套机构，如果改变了自重或者外载荷的大小，运动形式也会发生变化。

以图 4-1 所示的奥氏仪表机构为例，如果在滑块上添加线性马达，机构的运动规律完全确定，即为运动学系统；如果在滑块上添加力且在滑块与机架间添加弹簧，机构的运动就和力的大小有关，即为动力学系统。注意：SolidWorks 在分析动力学系统时一定要启动 Motion 插件。

三、项目实施

1.绘制奥氏仪表机构运动简图

第一步，新建装配体文件，并在其中插入新零件，命名为“布局”。

第二步，在布局中绘制奥氏仪表机构的机构运动简图，如图 4-4 所示。

2.依据机构运动简图自顶向下建模

第一步，在装配体文件中，插入六个新零件，分别命名为“机架”“滑块 1”“连杆”“L 形杆”“滑块 2”和“导杆”，如图 4-5 所示。

第二步，编辑“机架”零件，捕捉“布局”草图中相应的位置绘制机架，在滑块下方绘制矩形线框作为导轨，在转动或摆动构件中心利用直线和圆弧绘制固定铰链，尺寸不做具体要求，可由设计者自行根据视觉效果来确定，如图 4-6 所示。拉伸 10mm 即可得到机架实体模型，如

图 4-7 所示。

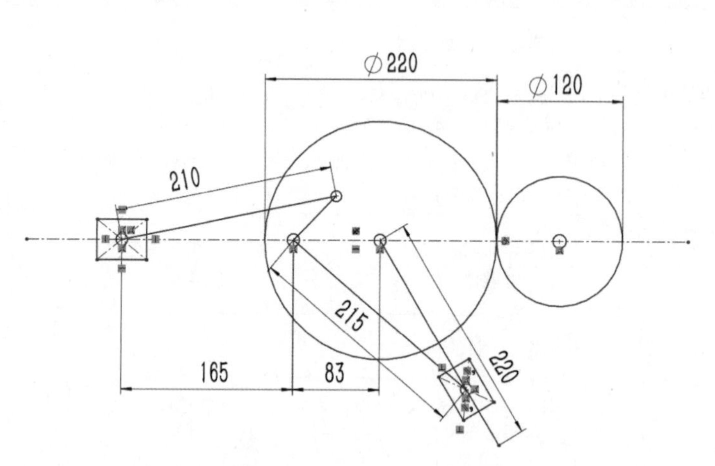

图4-4　绘制奥氏仪表机构运动简图

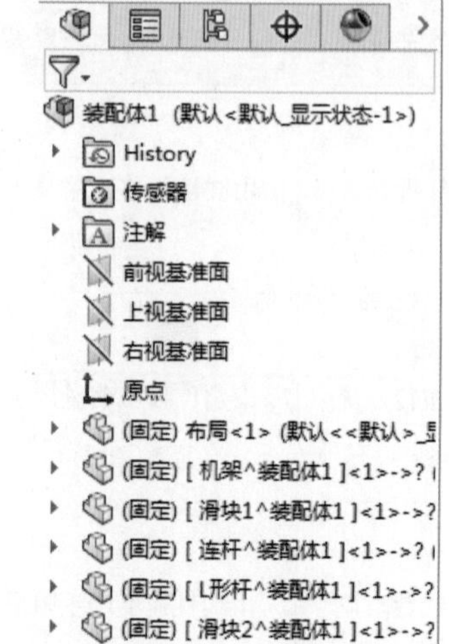

图4-5　进入装配体插入新零件

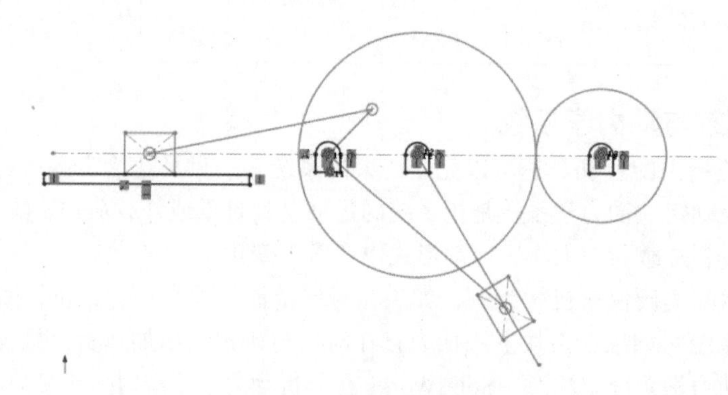

图4-6　绘制机架草图

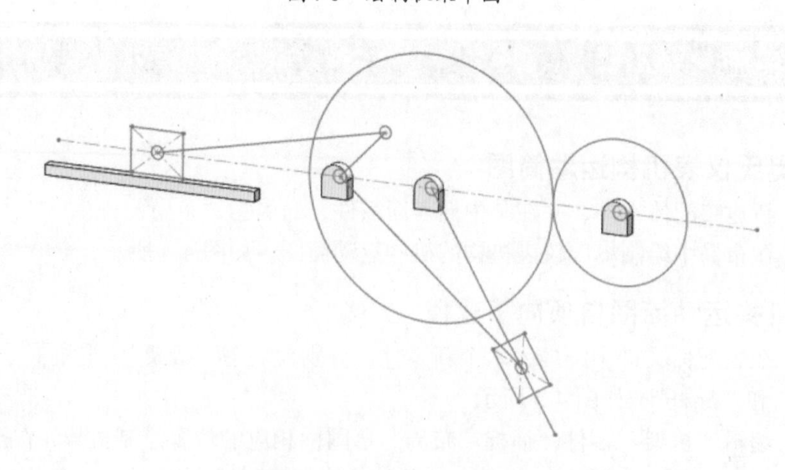

图4-7　创建机架实体模型

第三步，编辑“滑块 1”零件，可以选择“布局”草图中相应的线条进行转换实体引用，如图 4-8 所示。拉伸 10mm 即可得到“滑块 1”实体模型，如图 4-9 所示。

第四步，编辑“连杆”零件，捕捉“布局”草图中相应的点绘制槽口线，槽口线宽度可由设计者自行根据视觉效果来确定，如图 4-10 所示。拉伸 10mm 即可得到“连杆”实体模型，如图 4-11 所示。

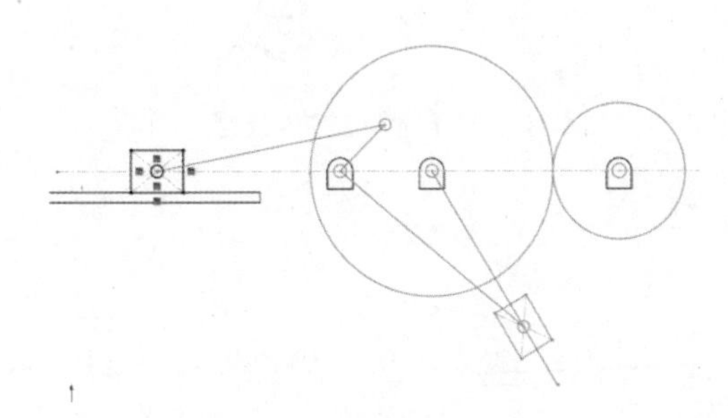

图4-8　绘制滑块1草图

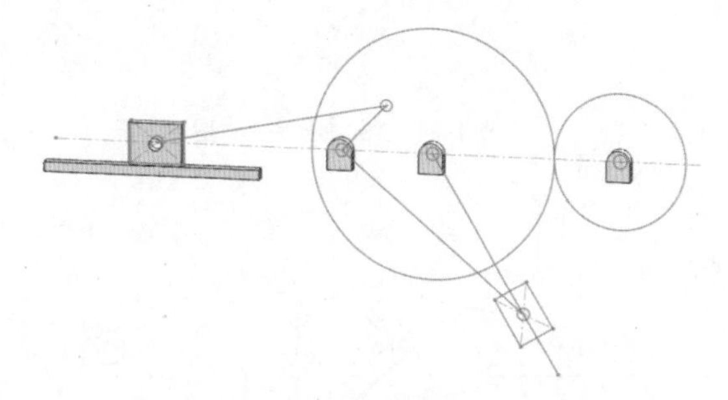

图4-9　创建滑块1实体模型

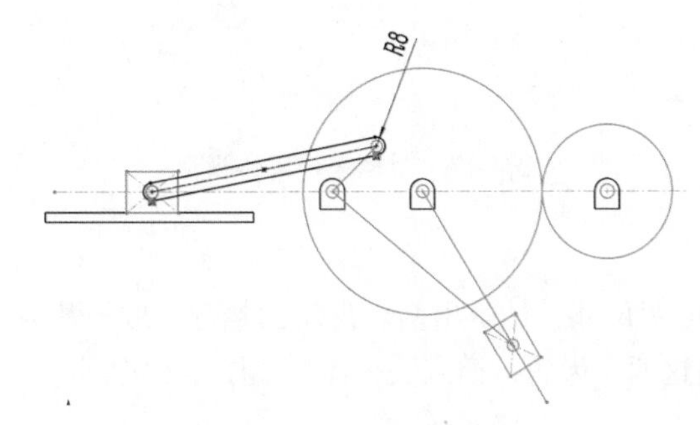

图4-10　绘制连杆草图

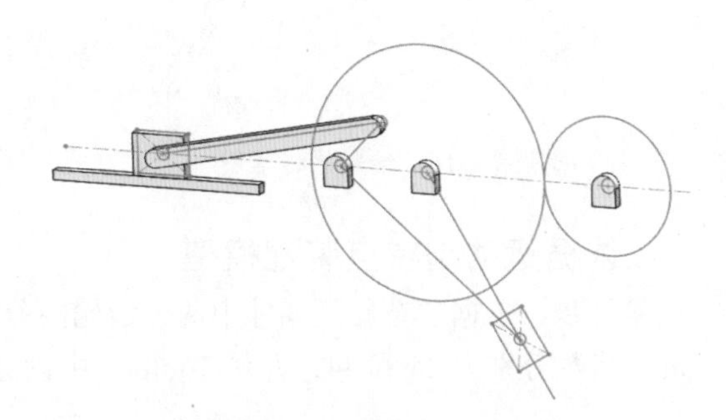

图4-11　创建连杆实体模型

第五步，参照以上步骤，创建“L 形杆”“滑块 2”和“导杆”模型，如图 4-12~ 图 4-17 所示。

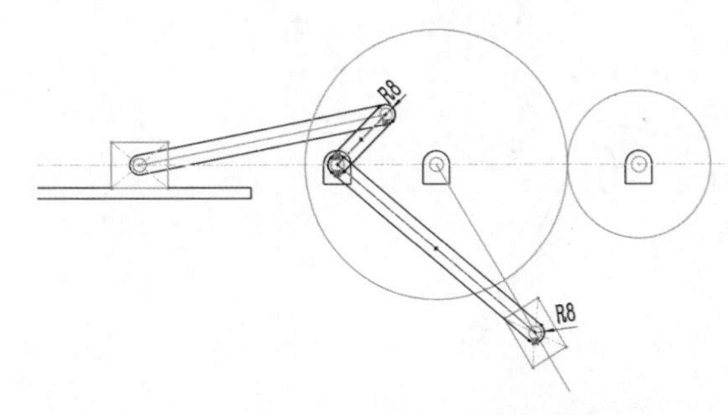

图4-12　绘制L形杆草图

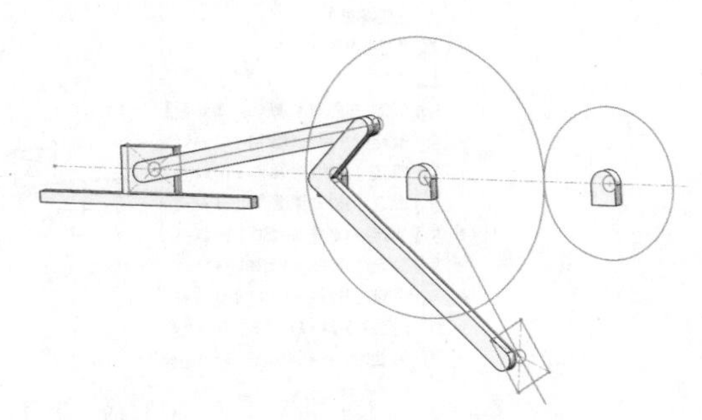

图4-13　创建L形杆实体模型

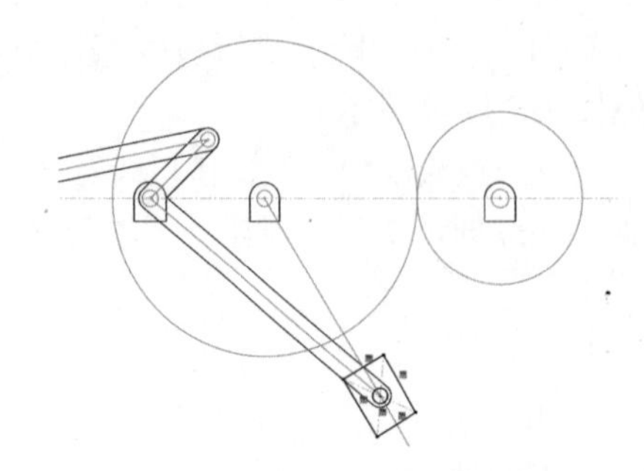

图4-14　绘制滑块2草图

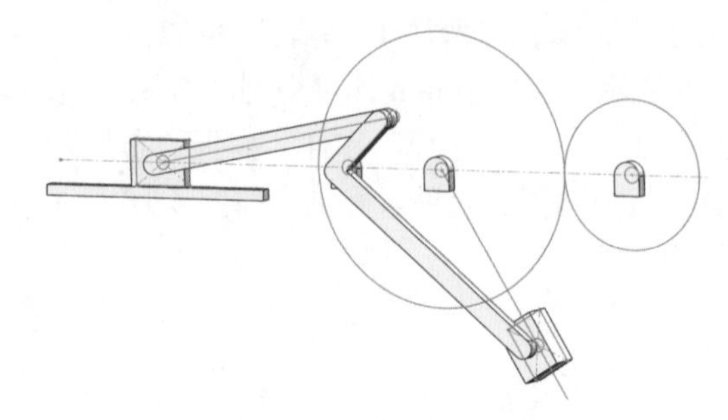

图4-15　创建滑块2实体模型

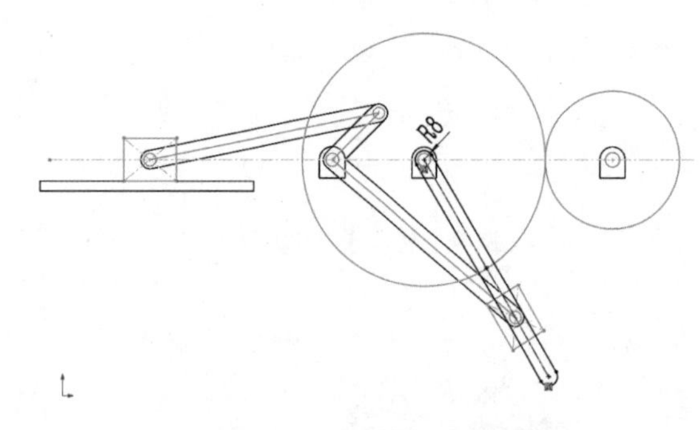

图4-16　绘制导杆草图

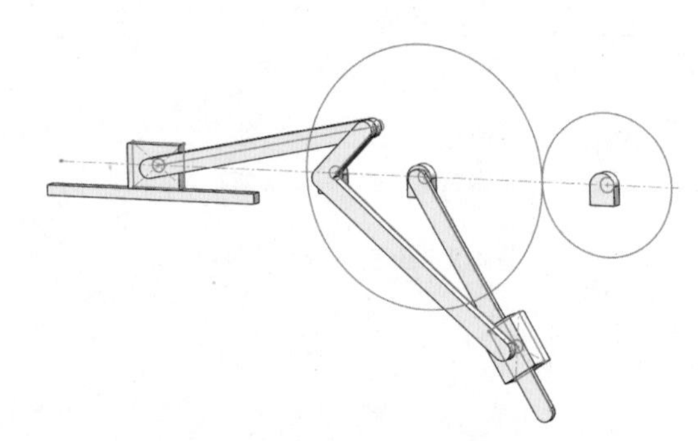

图4-17　创建导杆实体模型

3.依据运动副特点装配模型

第一步，依据“布局”零件中两个齿轮的分度圆尺寸，试凑出两个齿轮的参数，取模数为 5mm，齿数分别为 24 和 44，并从 Toolbox 中创建这两个齿轮，插入装配体，如图 4-18 所示。

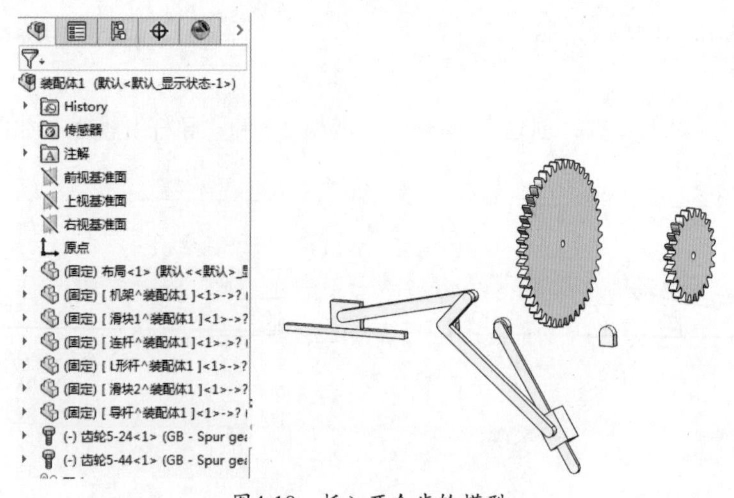

图4-18　插入两个齿轮模型

第二步，在装配特征树中将除“布局”和“机架”以外的其他所有零件都设置为浮动。

第三步，选择大齿轮轴孔和固定铰链外圆弧，添加同心配合，如图 4-19 所示。

第四步，选择小齿轮轴孔和固定铰链外圆弧，添加同心配合，如图 4-20 所示。

第五步，选择小齿轮端面和固定铰链端面，添加重合配合，如图 4-21 所示。

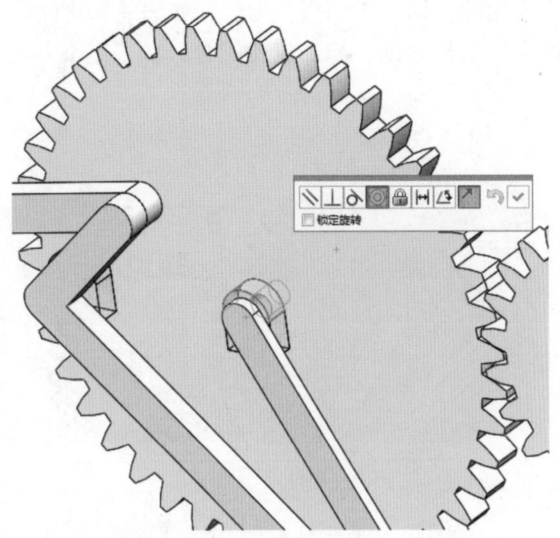

图4-19　大齿轮与机架添加同心配合

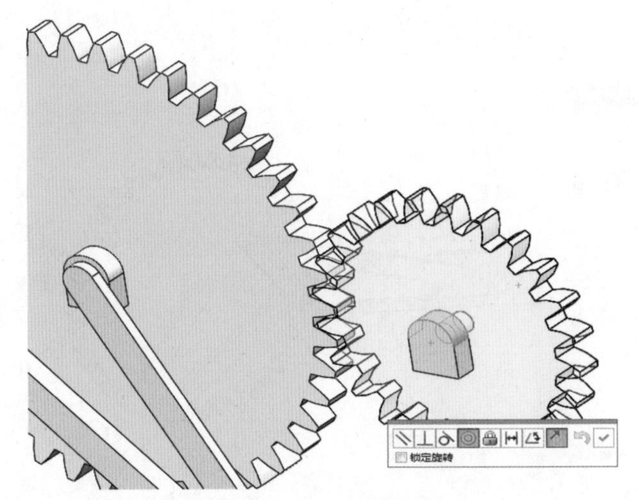

图4-20　小齿轮与机架添加同心配合

图4-21　小齿轮与机架添加重合配合

第六步，选择大、小齿轮的端面，添加重合配合，如图 4-22 所示。

第七步，选择大、小齿轮的齿根圆，添加齿轮配合，在“比率”文本框中输入“44”“24”，如图 4-23 所示。

图4-22　小齿轮与大齿轮添加重合配合

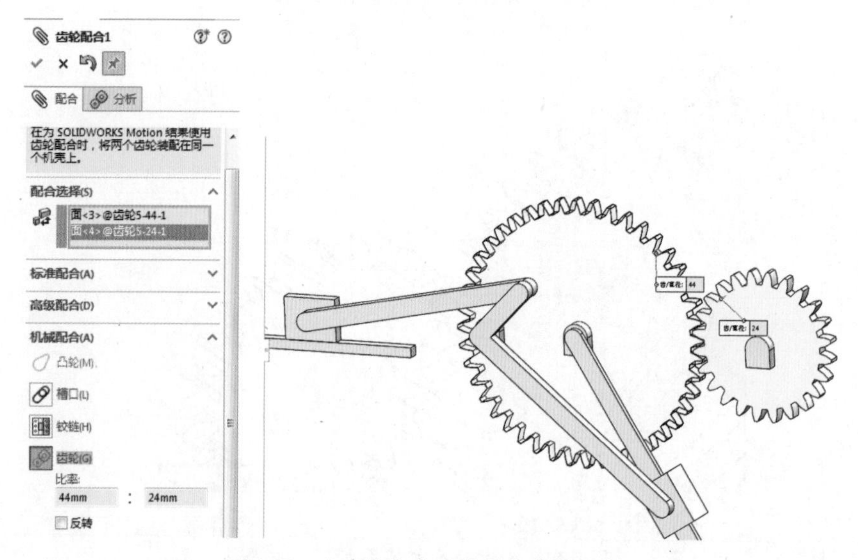

图4-23　小齿轮与大齿轮添加齿轮配合

第八步，选择“滑块 1”底面和“机架”导轨的上表面，添加重合配合，如图 4-24 所示。选择“滑块 1”侧面和“机架”导轨的侧面，添加重合配合，如图 4-25 所示。

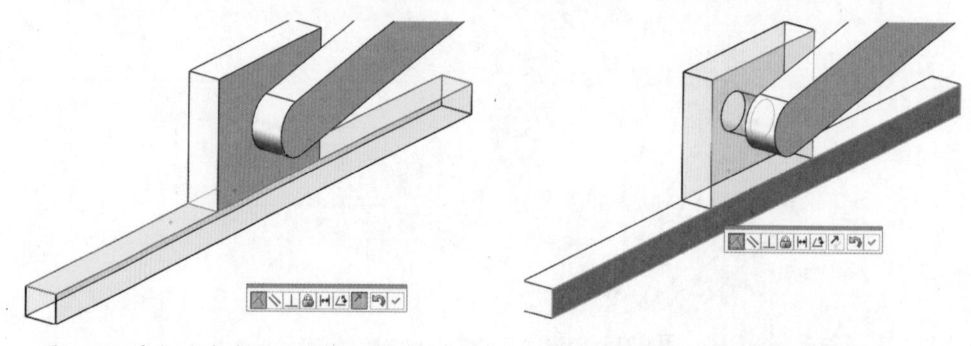

图4-24　滑块1与机架添加重合配合（一）

图4-25　滑块1与机架添加重合配合（二）

第九步，选择“滑块 1”中心孔和“连杆”的端面圆弧，添加同心配合，如图 4-26 所示。选择“滑块 1”侧面和“连杆”的侧面，添加重合配合，如图 4-27 所示。

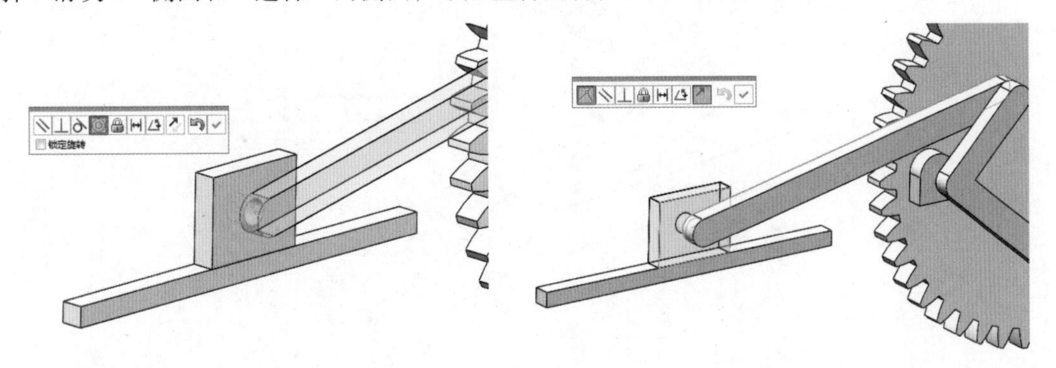

图4-26　滑块1与连杆添加同心配合

图4-27　滑块1与连杆添加重合配合

第十步，选择“L 形杆”和“连杆”的端面圆弧，添加同心配合，如图 4-28 所示。选择“L 形杆”和“连杆”的侧面，添加重合配合，如图 4-29 所示。

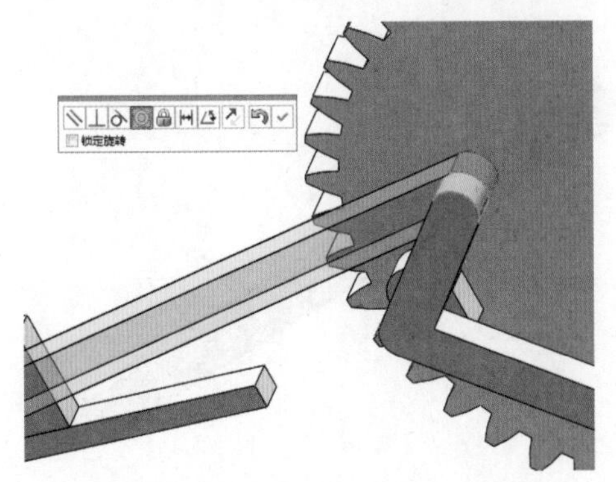

图4-28　连杆与L形杆添加同心配合

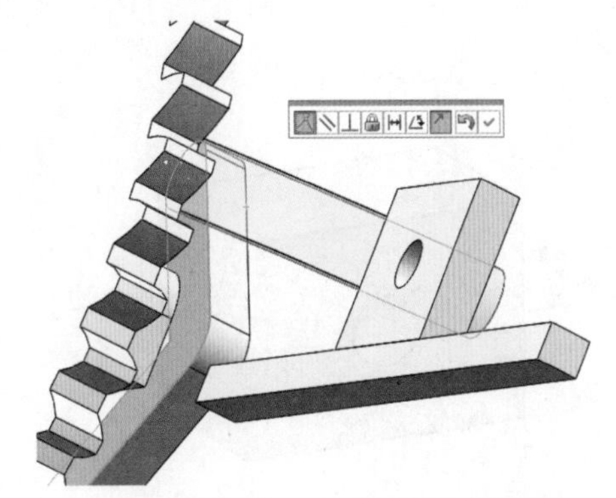

图4-29　连杆与L形杆添加重合配合

第十一步，选择“L 形杆”中间的圆弧面和“机架”中固定铰链的圆弧，添加同心配合，如图 4-30 所示。

第十二步，选择“滑块 2”中心孔和“L 形杆”的端面圆弧，添加同心配合，如图 4-31 所示。选择“滑块 2”和“L 形杆”的侧面，添加重合配合，如图 4-32 所示。

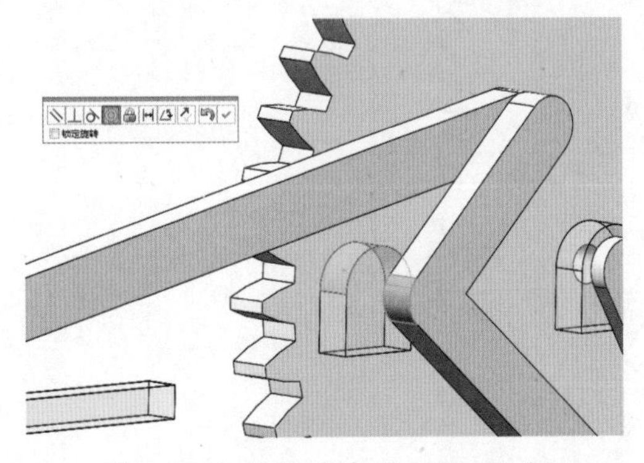

图4-30　机架与L形杆添加同心配合

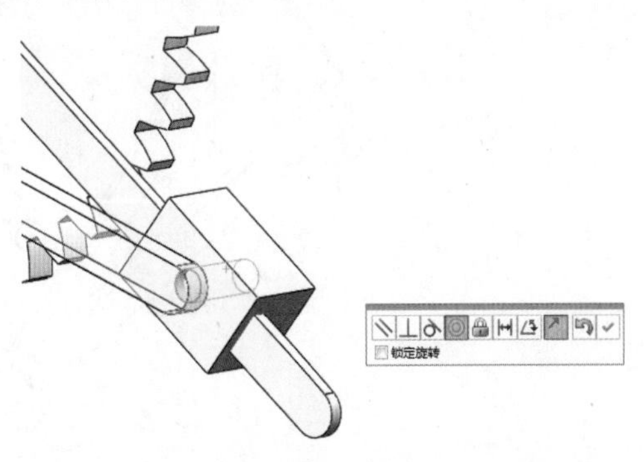

图4-31　滑块2与L形杆添加同心配合

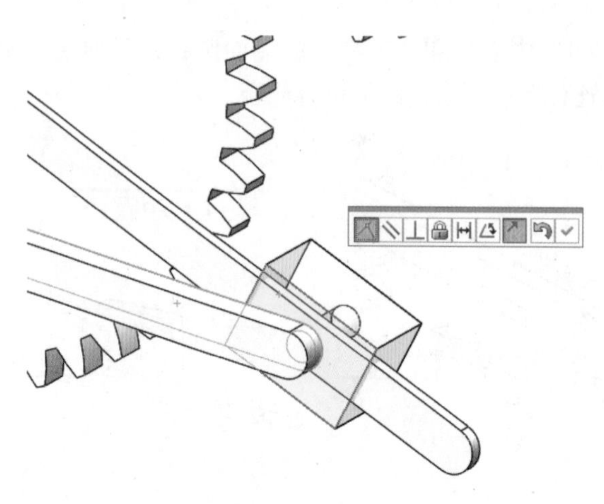

图4-32　滑块2与L形杆添加重合配合

第十三步，分别编辑“滑块 2”和“导杆”两个零件，各自创建一个中间对称面，分别如图 4-33 和图 4-34 所示。

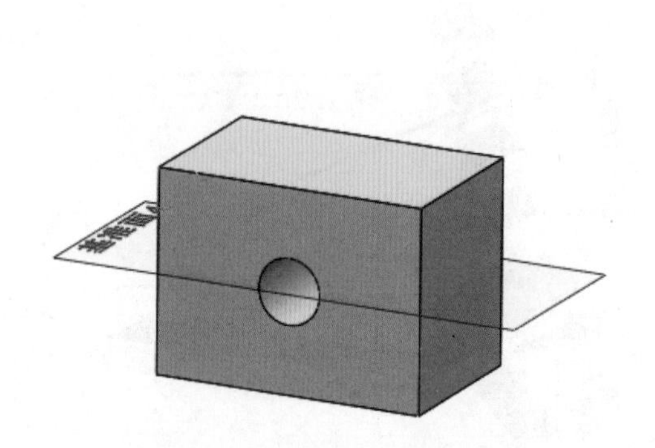

图4-33　滑块2增加中间对称面

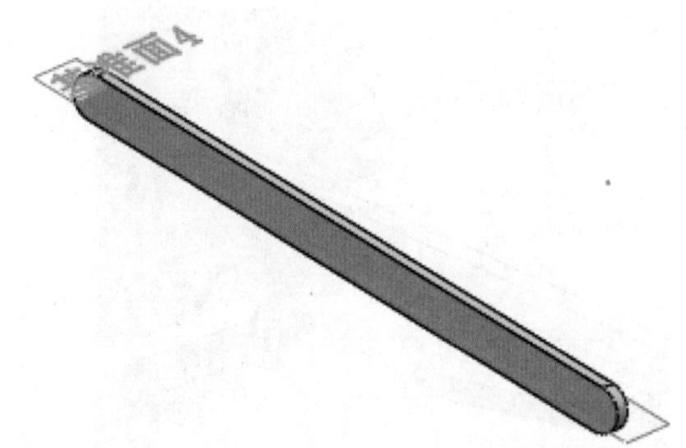

图4-34　导杆增加中间对称面

第十四步，选择“导杆”和“滑块 2”的中间对称面，添加重合配合，如图 4-35 所示。

第十五步，选择“导杆”和“大齿轮”两个零件，添加锁定配合，如图 4-36 所示。

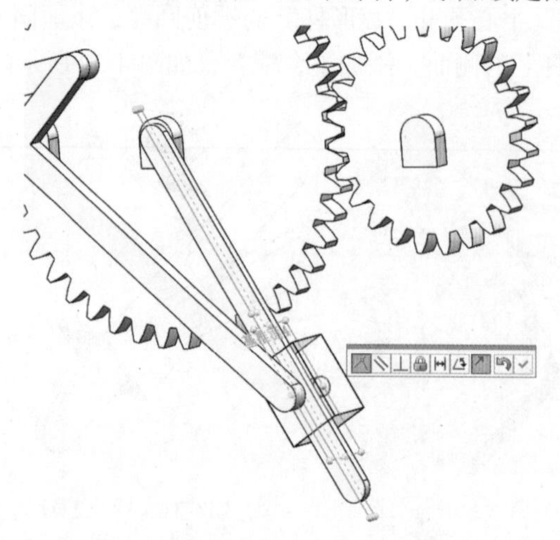

图4-35　滑块2与导杆添加重合配合

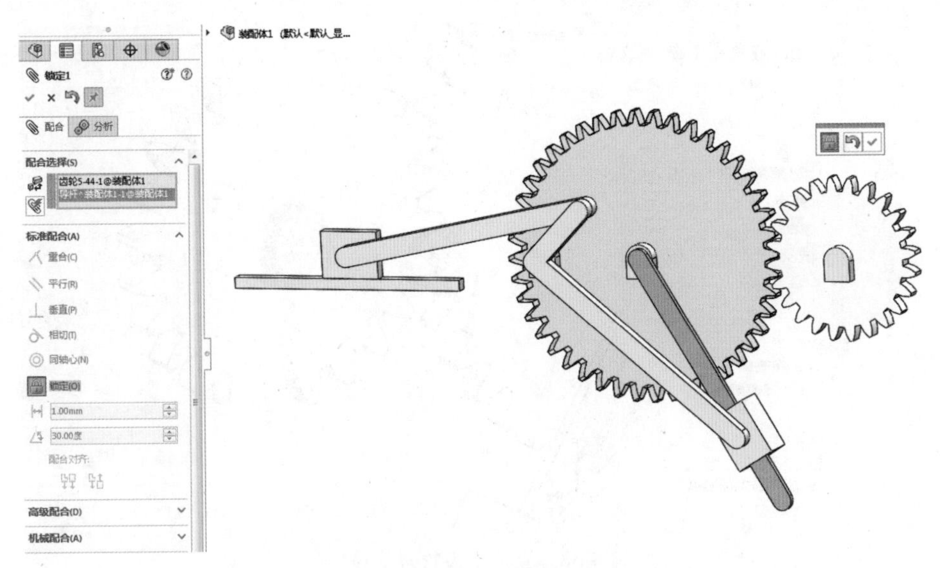

图4-36 导杆与大齿轮添加锁定配合

4.对机构进行运动学仿真分析

第一步，进入运动算例，启动 SolidWorks Motion 插件。

第二步，选择滑块 1 的前端面，在滑块 1 上添加线性马达。运动规律选择“振荡”，其中运动参数分别设定为“10mm”“0.2Hz”“0 度”，如图 4-37 所示。

第三步，执行仿真，此时可以观察到奥氏仪表机构的运动过程。

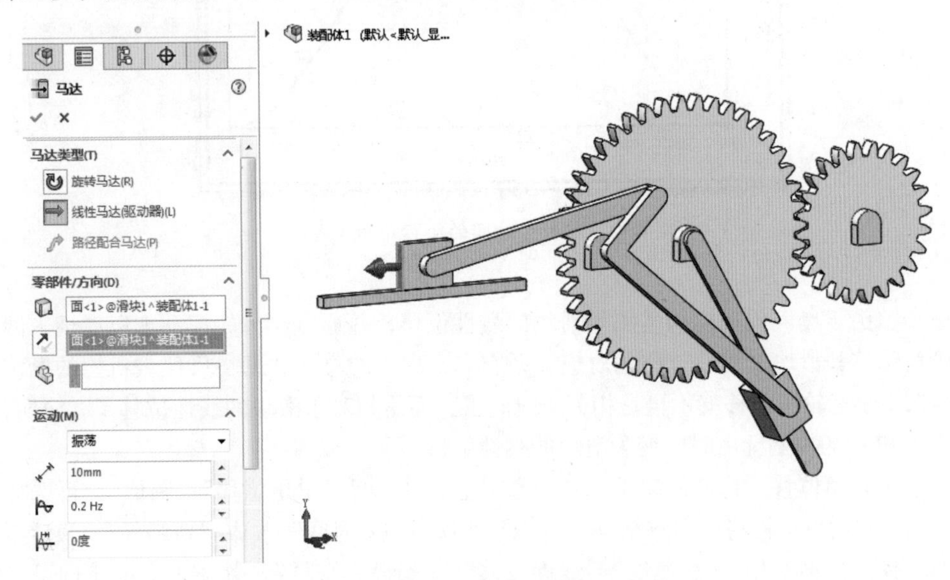

图4-37 添加线性马达

第四步，查询小齿轮角位移，选择结果下的“位移 / 速度加速度 /”“角位移”和“幅值”，再选择小齿轮和机架的同心约束，确定即可，如图 4-38 和图 4-39 所示。

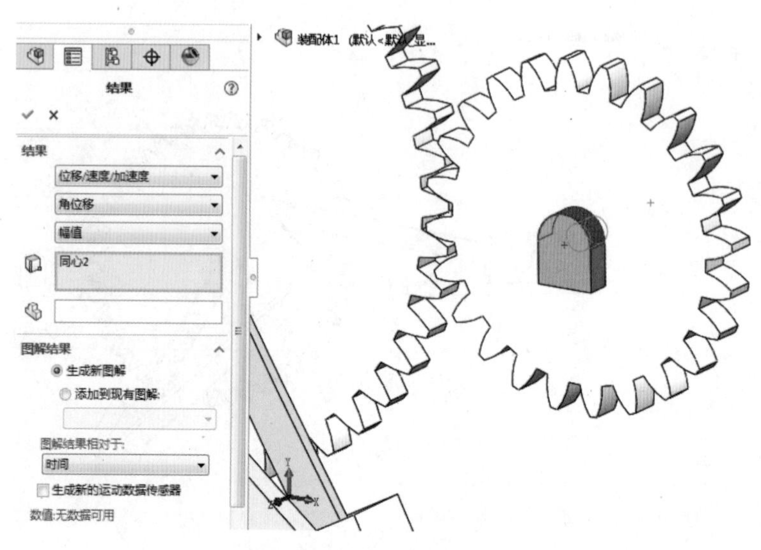

图4-38　查询小齿轮角位移

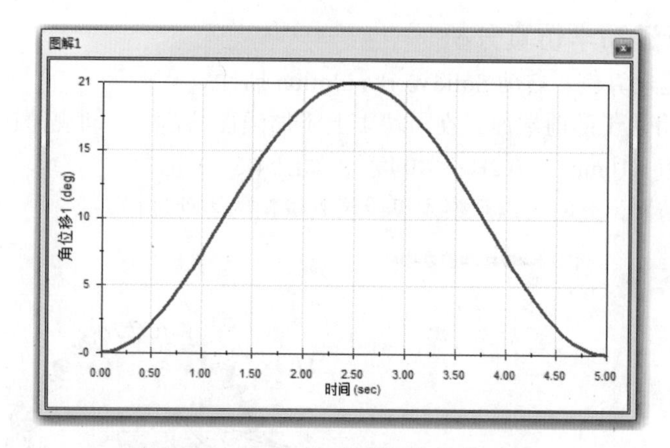

图4-39　相对于时间的小齿轮角位移

第五步，由于奥氏仪表机构是测量滑块的线性位移，并通过小齿轮摆动加以展现，因此分析小齿轮角位移和滑块 1 线性位移的对应关系有非常现实的意义，即奥氏仪表机构的标定。此时查询结果中小齿轮角位移就不再是相关于时间了，而是相对于滑块的线性位移了。简而言之，就是将图 4-39 中的横坐标由时间变为滑块的线性位移。

查询小齿轮角位移，选择结果下的“位移 / 速度加速度 /”“角位移”“幅值”，再选择小齿轮和机架的同心约束，再将“图解结果相对于”选项中的“时间”改成“新结果”，最后指定新结果，即选择“位移 / 速度 / 加速度”“线性位移”“x 分量”，选择滑块端面，确定即可，如图 4-40 和图 4-41 所示。

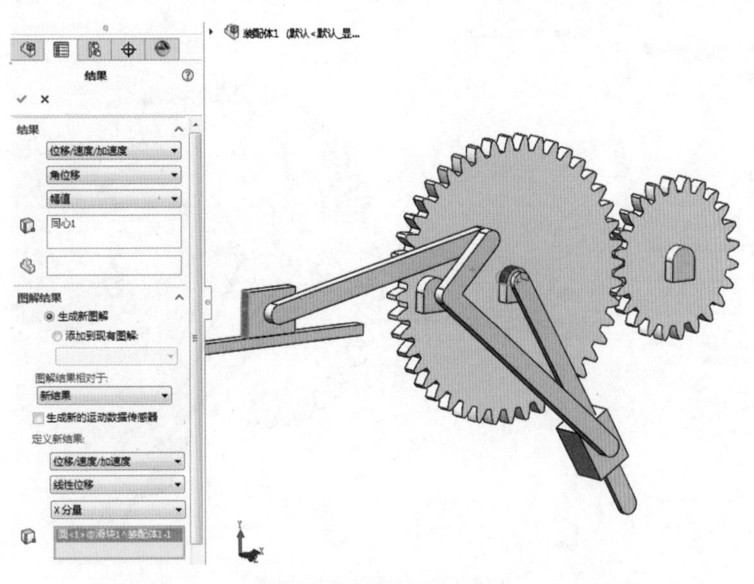

图4-40 查询相对于滑块线性位移的小齿轮角位移

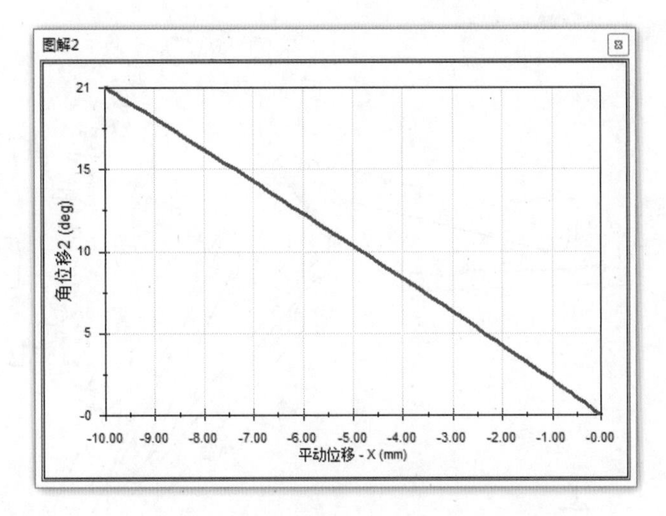

图4-41 相对于滑块线性位移的小齿轮角位移

5.对机构进行动力学仿真分析

第一步，动力学仿真的目的在于分析该系统对于外作用力的响应，包括动态过程和稳定过程，因此需要删除算例中的线性马达。单击 ↖ 图标，选择滑块端面，在滑块添加 10N 的作用力，如图 4-42 所示。

第二步，单击 图标，选择滑块端面和机架上一点，在滑块与机架之间添加弹簧，默认刚度为 1N/mm，且弹簧处于原长，无压缩或拉伸量，如图 4-43 所示。

第三步，执行仿真，如图 4-44 所示。查询小齿轮相对时间的角位移，发现该结果出现了等幅振荡，如图 4-45 所示。这是由于该系统只有自重和弹簧，没有能量的耗损。

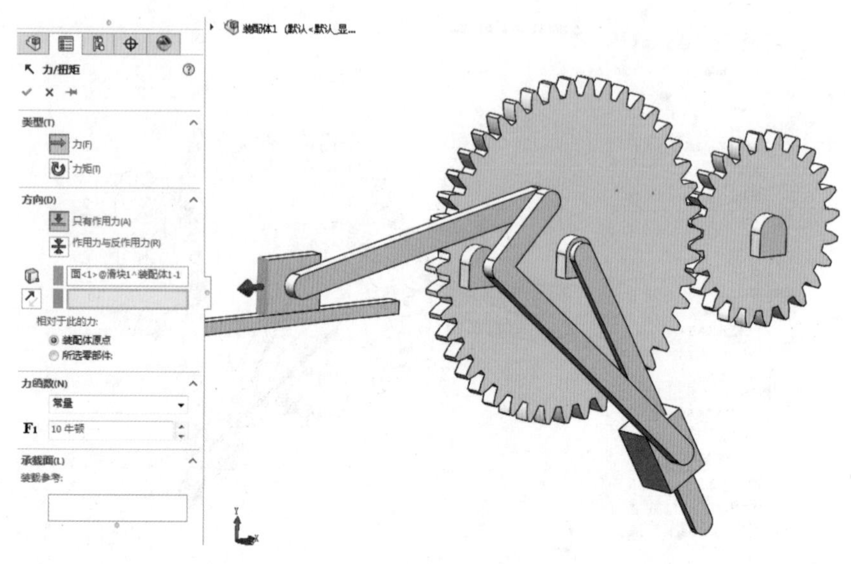

图4-42　在滑块上添加力

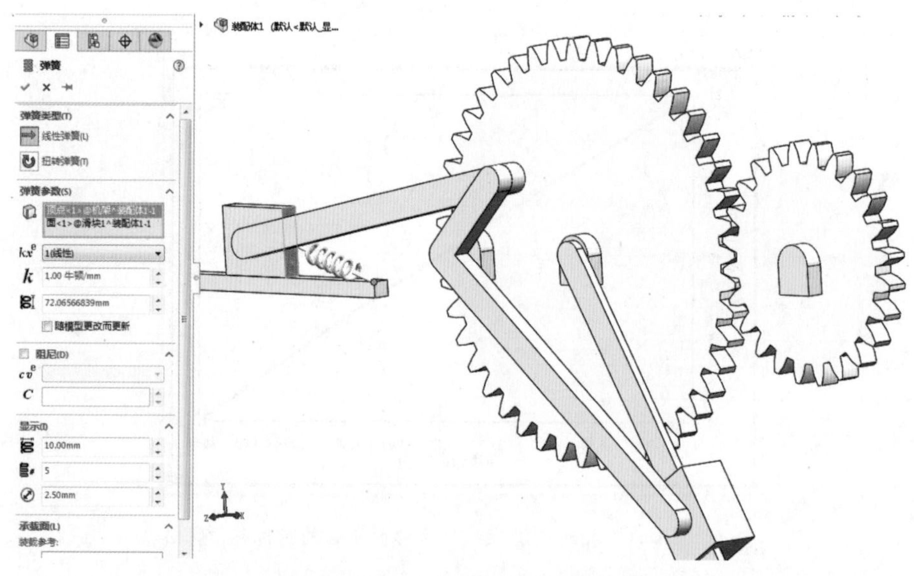

图4-43　滑块与机架之间添加弹簧

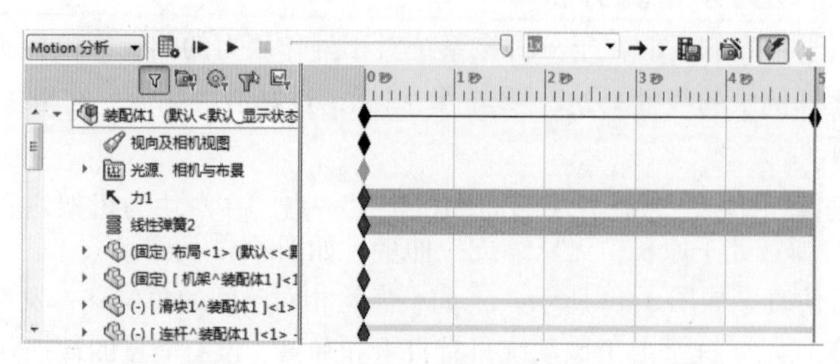

图4-44　考虑弹簧和力的动力学仿真

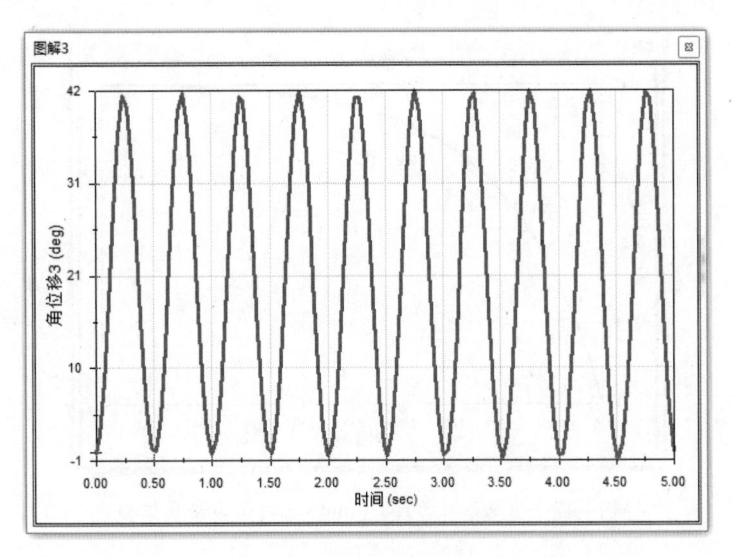

图4-45　小齿轮角位移

第四步，单击图标，选择滑块端面和机架上一点，在滑块与机架之间添加阻尼，默认阻尼系数为 1N/（mm/s），如图 4-46 所示。

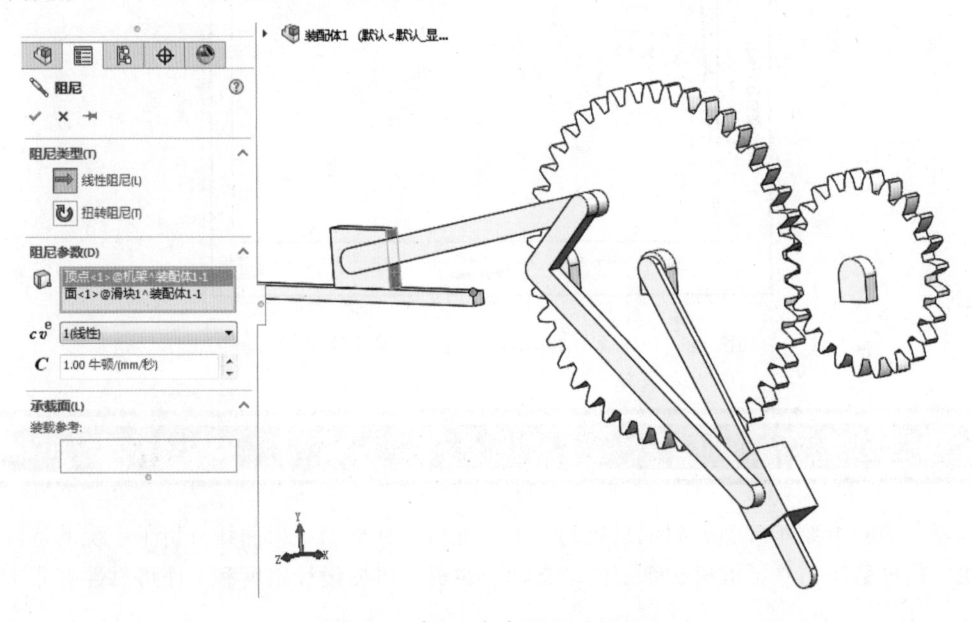

图4-46　滑块与机架之间添加阻尼

第五步，执行仿真，查询小齿轮相对时间的角位移，发现该结果出现了单调递增函数曲线，如图 4-47 所示。这是由于该系统阻尼很大，在阻尼的作用下，作用力推动滑块缓慢地移动到平衡位置，此时系统呈现出典型的惯性特征。

第六步，编辑阻尼器，将阻尼系数设置为 0.1N/（mm/s）。再次执行仿真，查询小齿轮相对时间的角位移，发现该结果出现了先振荡后平衡的曲线，如图 4-48 所示。这是由于该系统阻尼较小，此时系统呈现出典型的二阶振荡特征。

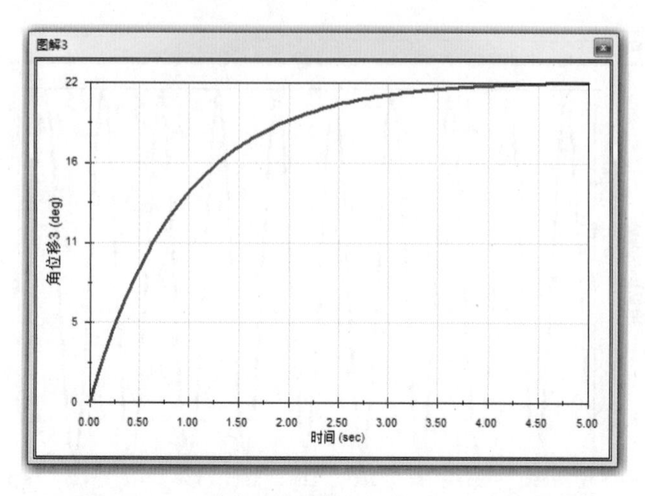

图4-47　阻尼系数为1N/（mm/s）时小齿轮角位移

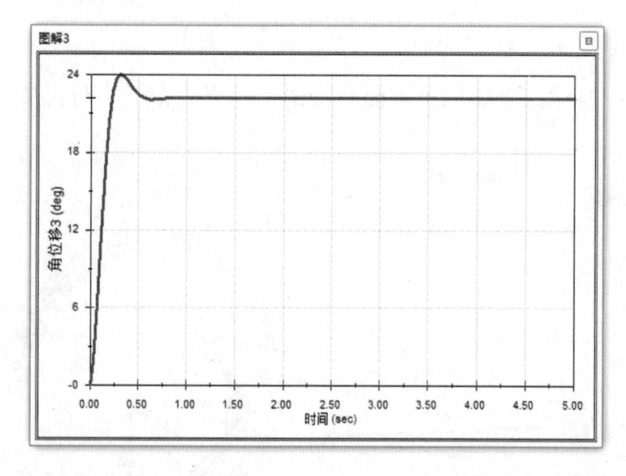

图4-48　阻尼系数为0.1N/（mm/s）时小齿轮角位移

四、项目总结

本项目重点介绍了弹簧、阻尼系统的动力学分析，并根据结果曲线分析了系统的特性。由此可见，借助数字仿真了解机械系统的动态响应对提高机械设计精度和工作可靠性有非常大的帮助。

项目 5 凸轮送料机构设计与仿真

【学习目标】

1. 了解凸轮机构设计的一般流程。
2. 能利用路径跟踪的方法模拟反转法设计凸轮机构。
3. 能对凸轮机构进行运动学仿真分析。

【重难点】

1. 定义具有复杂规律动作的驱动元件。
2. 由路径跟踪生成理论轮廓线，并进一步获得实际轮廓线。

一、项目说明

凸轮机构是机械传动中非常经典的机构之一。凸轮机构最大的特点是：可以通过设计特定的凸轮轮廓，实现从动件按照复杂的规律动作。例如，压力机的凸轮送料机构如图 5-1 所示。工件由摆动凸轮机构实现在每次冲头下压之前送入，并在冲压完成后卸料。本项目以该凸轮送料机构为载体介绍凸轮的设计建模和仿真分析方法。

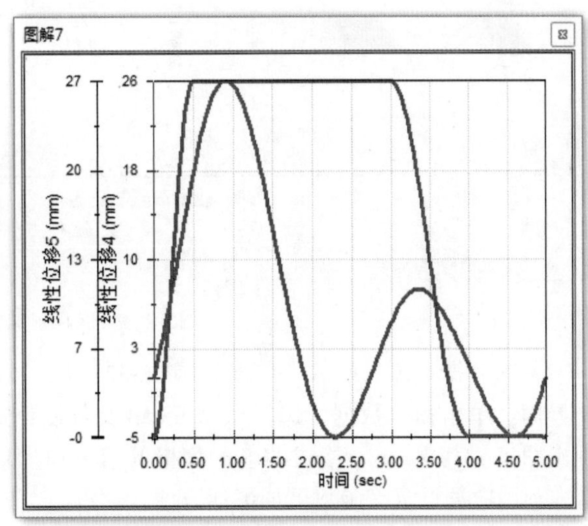

图5-1 凸轮送料机构

二、预备知识

1.利用函数编制程序定义复杂规律的运动或力

对于比较复杂规律的运动或力，需要借助函数编制程序。函数编制程序提供了线段、数据点和表达式三种方法定义函数。

（1）用线段定义函数　线段主要通过分段给定函数。其中，函数值可以按照位移、速度或加速度来定义，自变量可以按照时间或循环角度来定义。每个分段曲线轮廓还可以在给定的几种运动规律中选择，如 Linear、Cubic、Quarter-Sine、Half-Cosine 及 3-4-5 Polynomial 等，如图 5-2 所示。

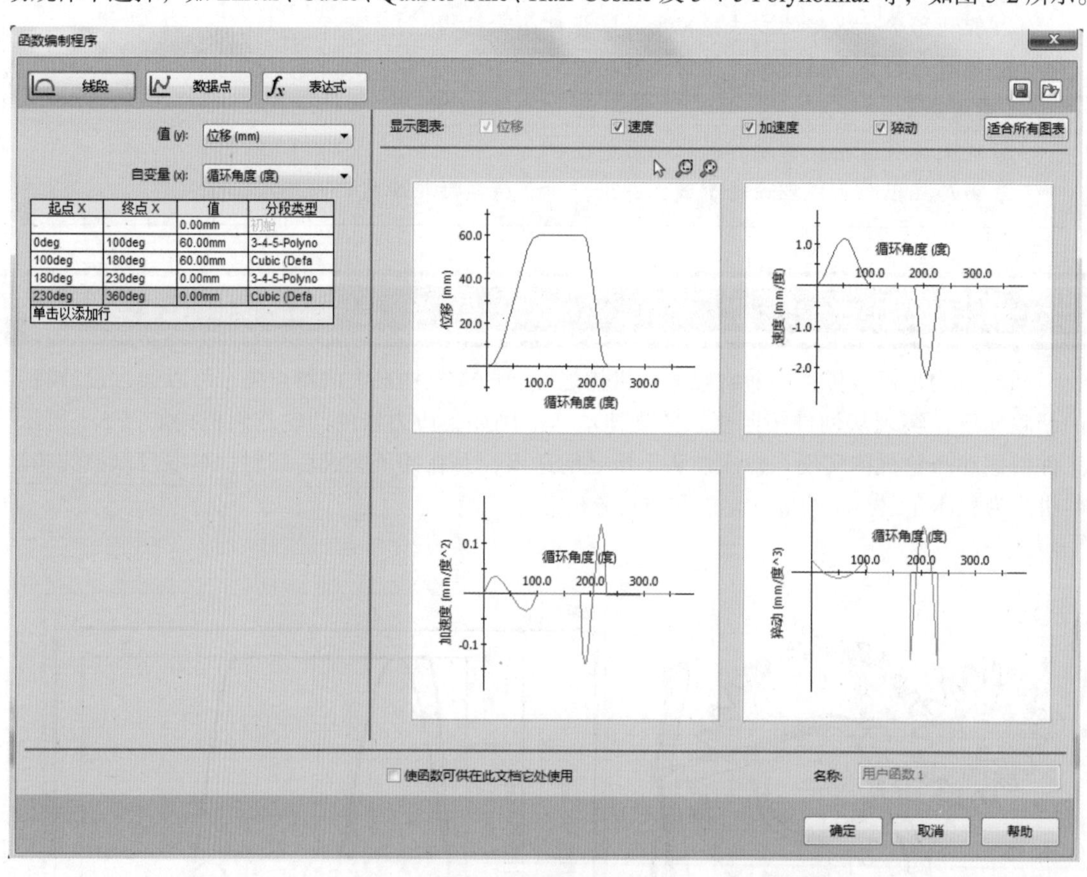

图5-2　用线段定义函数

（2）用数据点定义函数　单击“函数编制程序”对话框中的“数据点”按钮，进入数据点编辑界面。单击输入数据，选择一个 Excel 文件制作成 csv 格式文件，即可将数据全部输入并绘制出图表。其中，csv 格式的电子表格的第一列为自变量，如时间；第二列为函数值，如位移值。利用数据点定义函数更加灵活方便。

（3）用表达式定义函数　函数编制程序提供了多个表达式，见表 5-1，可以用于定义函数。

在函数编制程序的表达式界面中，每个函数都有参数和使用说明。

例如，步进函数 STEP(x,x0,h0,x1,h1), 以时间作为自变量定义函数规律，表达式为 STEP(time,1,0,2,50)+ STEP(time,3,0,4,−50)，其规律如图 5-3 所示。

表 5-1　常用表达式

函数	定　义	函数	定　义
ABS	求绝对值	MIN	求最小值
ACOS	求反余弦	MOD	求余数
AINT	求不大于某数的最接近整数	SIGN	符号函数
ANINT	求最接近某数的整数	SIN	正弦
ASIN	求反正弦	SINH	双曲正弦
ATAN	求反正切	SQRT	平方根
ATAN2	求反正切	STEP	带平滑阶跃
COS	余弦	TAN	正切
COSH	双曲余弦	TANH	双曲正切
DIM	正差	DTOR	角度换算弧度算子
EXP	指数函数	PI	圆周率
LOG	自然对数	RTOD	弧度换算角度算子
LOG10	以 10 为底的对数	TIME	当前仿真时间
MAX	求最大值	IF	条件语句

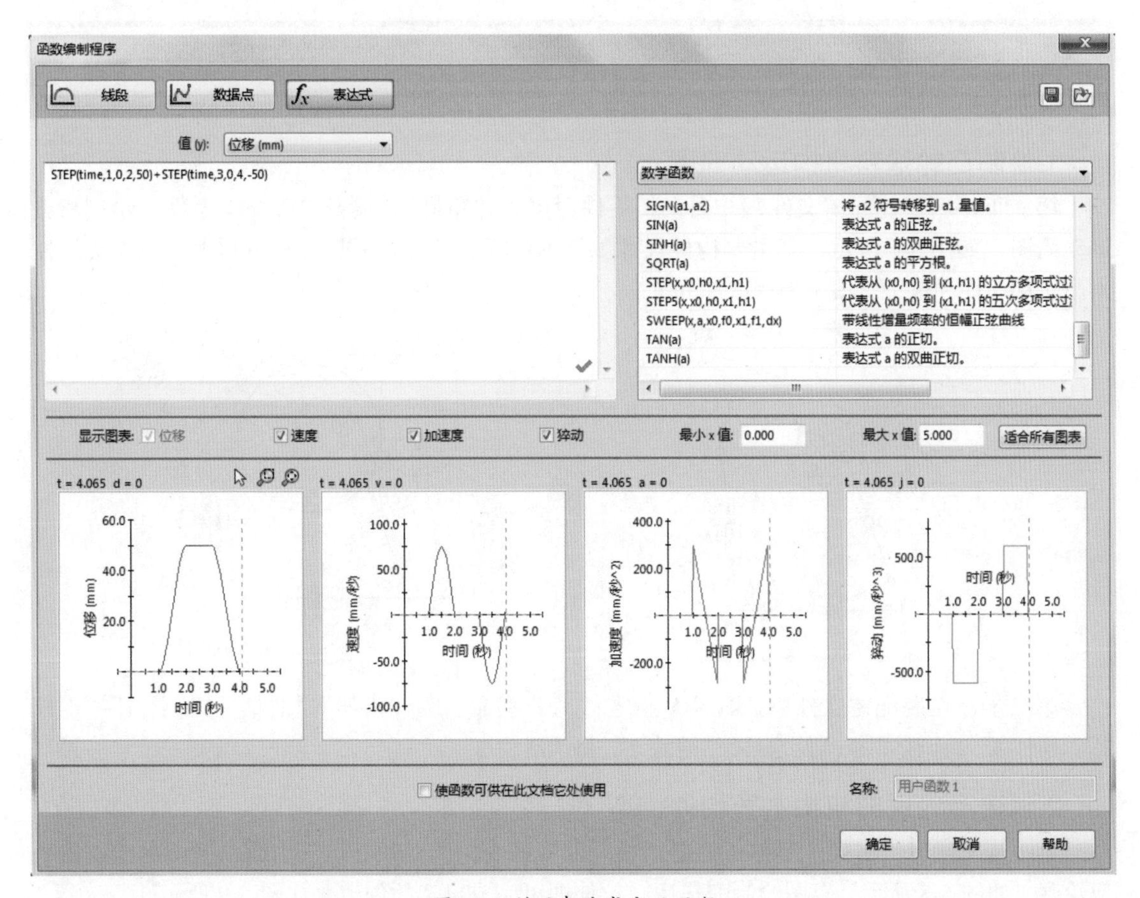

图5-3　利用表达式定义函数

2.利用轨迹跟踪设计凸轮轮廓

凸轮机构是通过凸轮的轮廓推动从动件实现预定运动规律的。由此可见，凸轮设计最关键的就是设计其轮廓。凸轮设计有两种常用的方法：第一种是解析法，这种方法设计精度高，但需要编写程序；第二种是图解法，该方法基于反转法原理将从动件运动轨迹包络在凸轮上，如图 5-4 所示。

在 SolidWorks 中，运动仿真可以通过轨迹跟踪合成凸轮轮廓，即以与凸轮同步旋转的轴为参考，跟踪从动件的轨迹，即在轴上看从动件运动轨迹，这正是反转法原理，如图 5-5 所示。

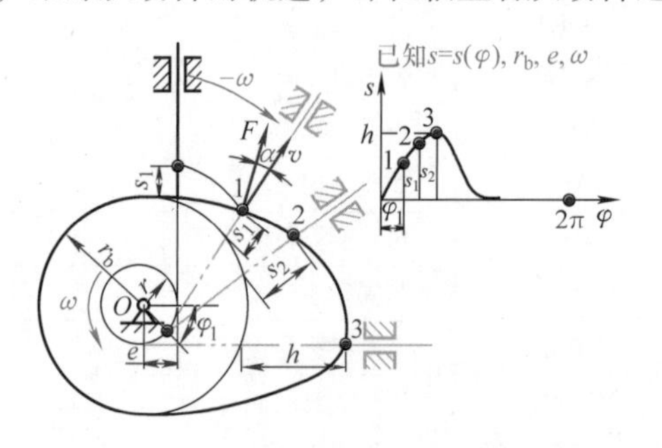

图5-4　反转法设计原理

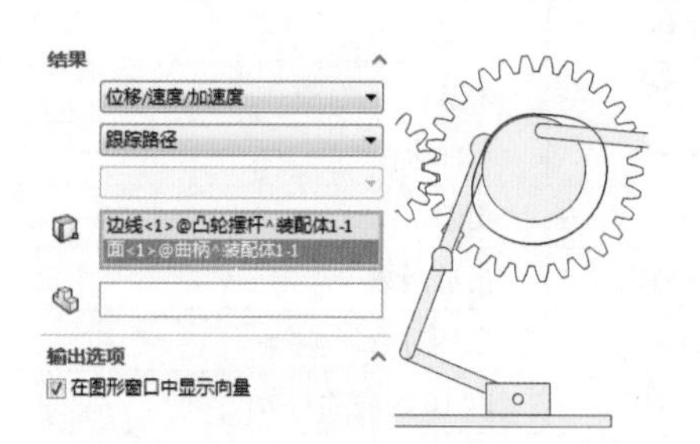

图5-5　以圆盘为参考的轨迹跟踪

三、项目实施

1.绘制凸轮送料机构运动简图

第一步，新建装配体文件，并插入新零件命名为“布局”。编辑“布局”零件，绘制机构运动简图，如图 5-6 所示，其主要构件尺寸如图 5-7 所示。注意：凸轮不用画出，但需要绘制出凸轮从动件和滚子，滚子半径取 20mm。

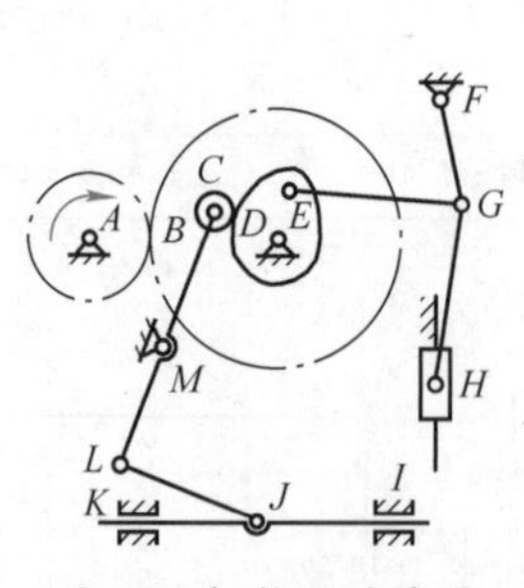

图5-6　机构运动简图

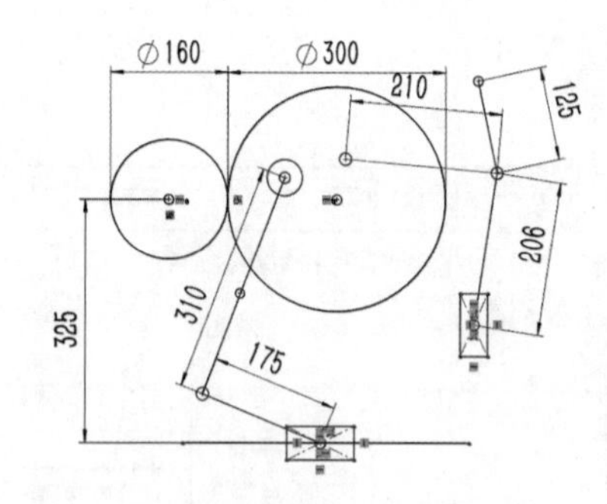

图5-7　绘制布局草图

第二步，在装配体文件中插入 9 个新零件，分别命名为“机架”“曲柄”“连杆 1”“连杆 2”“连杆 3”“连杆 4”“凸轮摆杆”“滑块 1”和“滑块 2”。

2.创建凸轮送料机构主要构件模型

第一步，编辑“机架”零件。捕捉“布局”零件中的机架中心点，用简易的图形绘制出机架轮廓，如图 5-8 所示。草图绘制完毕后，拉伸即可完成机架的创建，如图 5-9 所示。

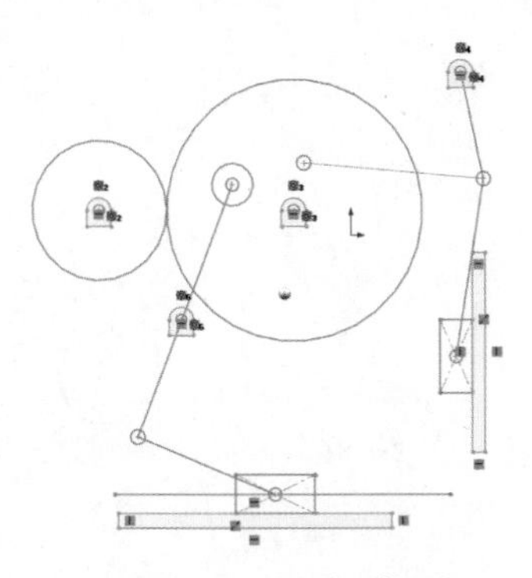

图5-8 绘制机架草图

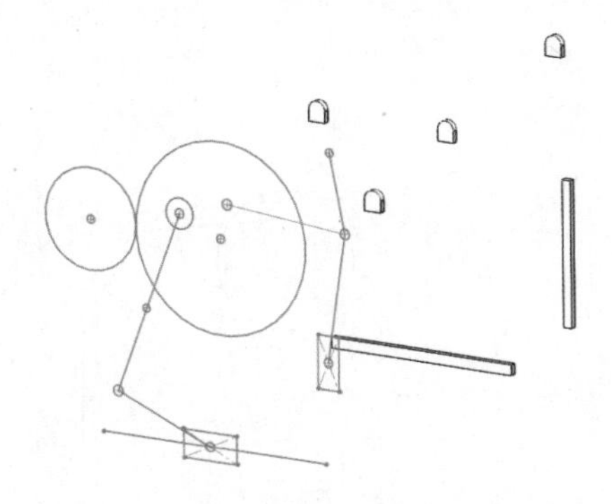

图5-9 创建机架模型

第二步，编辑“曲柄”零件。捕捉相应机架中心，绘制盘形曲柄草图，如图 5-10 所示。拉伸该草图即可创建曲柄实体，如图 5-11 所示。

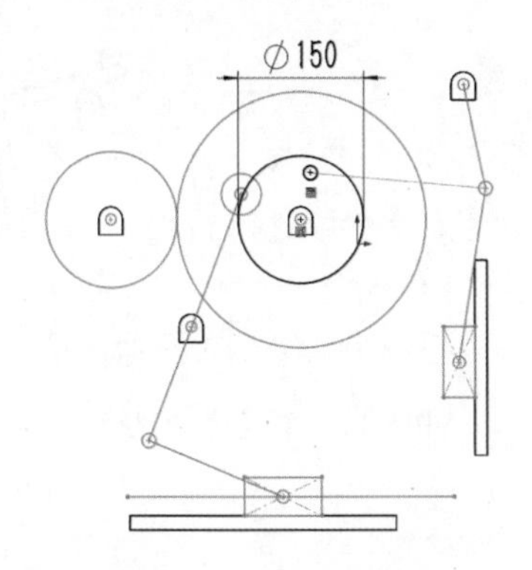

图5-10 绘制曲柄草图

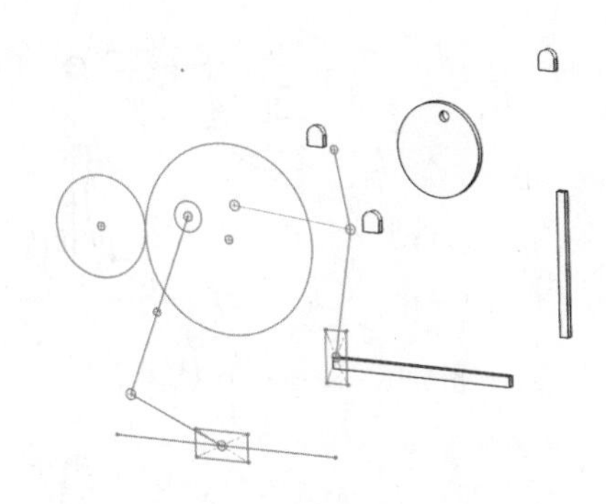

图5-11 创建曲柄模型

第三步，编辑“连杆 1”零件。捕捉相应的铰链中心点，绘制槽口线作为连杆 1 的草图，如图 5-12 所示。拉伸该草图即可得草图实体，如图 5-13 所示。

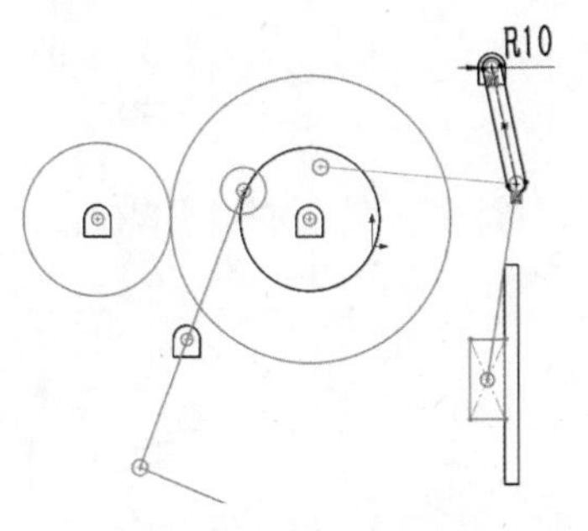

图5-12 绘制连杆1草图

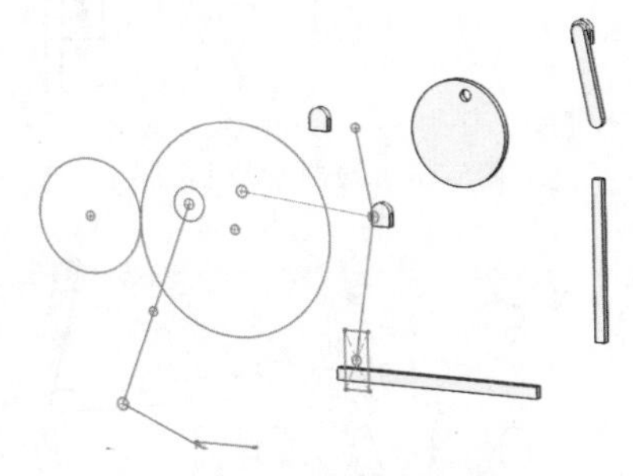

图5-13 创建连杆1模型

第四步，参照第三步的方法，创建“连杆 2”和“连杆 3”，如图 5-14~ 图 5-17 所示。

第五步，编辑“滑块 1”零件。捕捉相应的铰链中心点，绘制中心点矩形作为滑块 1 的草图，如图 5-18 所示。拉伸该草图即可得到滑块 1 实体，如图 5-19 所示。

第六步，参照第三步的方法，创建“凸轮摆杆”和“连杆 4”，如图 5-20~ 图 5-23 所示。

第七步，参照第五步的方法，创建“滑块 2”，如图 5-24 和图 5-25 所示。

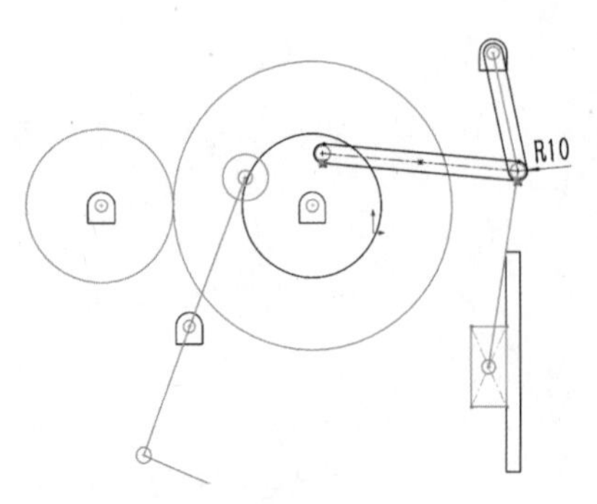

图5-14　绘制连杆2草图

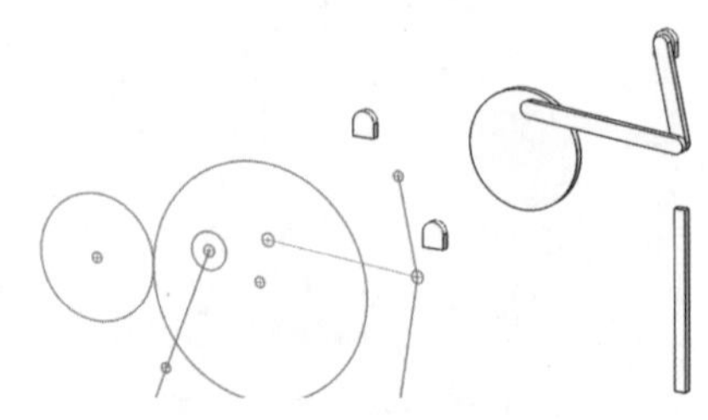

图5-15　创建连杆2模型

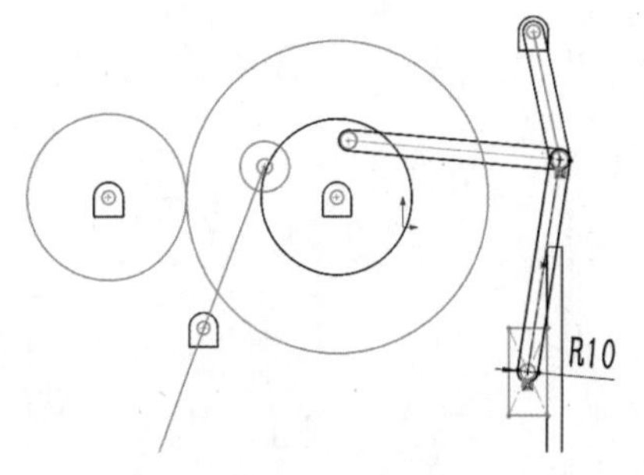

图5-16　绘制连杆3草图

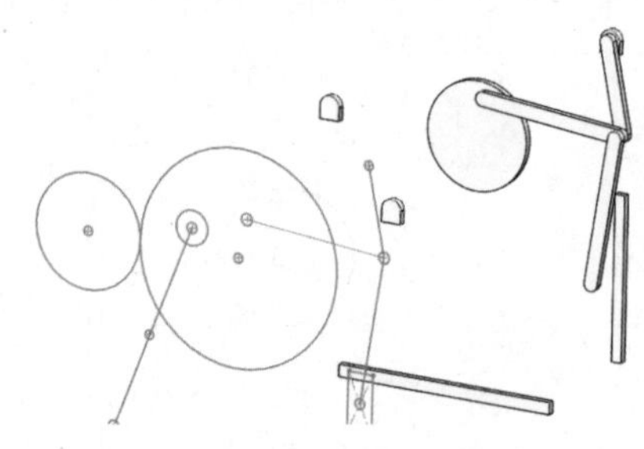

图5-17　创建连杆3模型

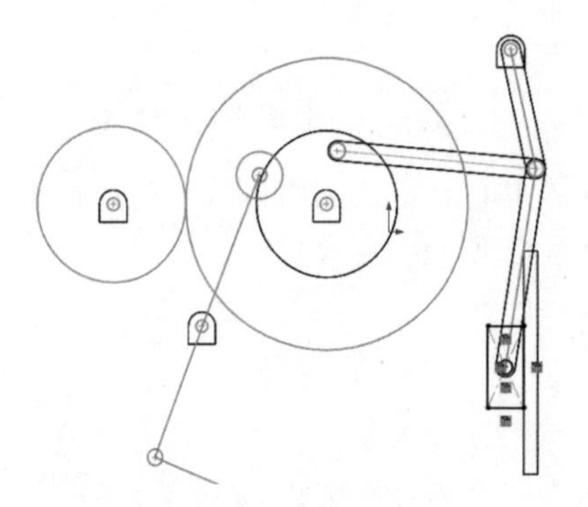

图5-18　绘制滑块1草图

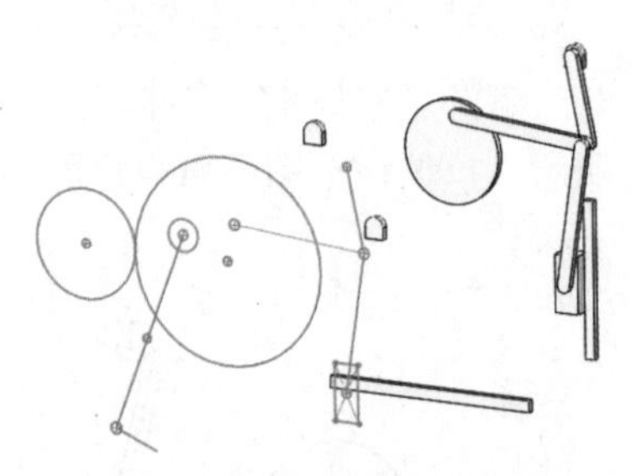

图5-19　创建滑块1模型

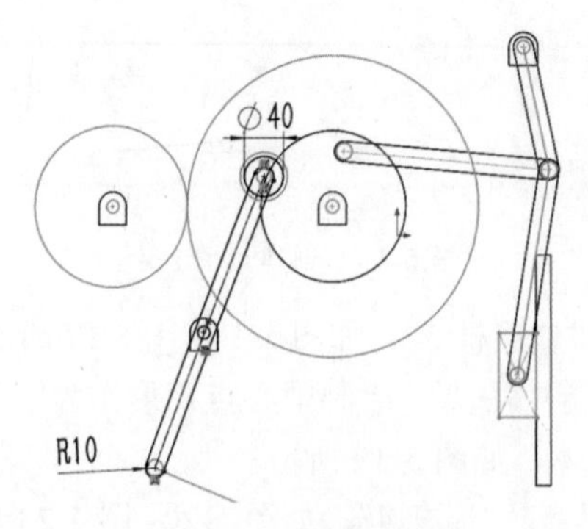

图5-20　绘制摆杆草图

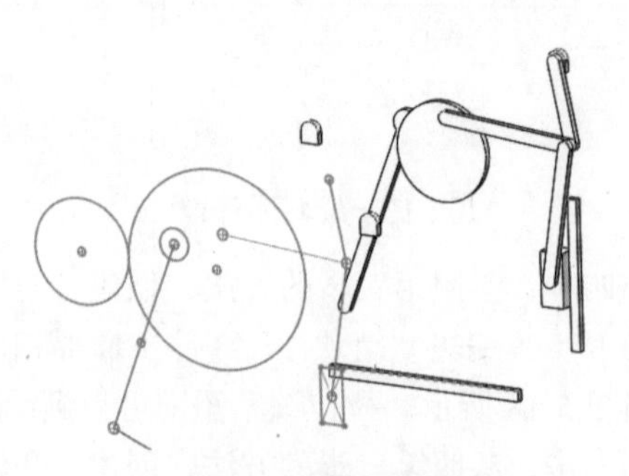

图5-21　创建摆杆模型

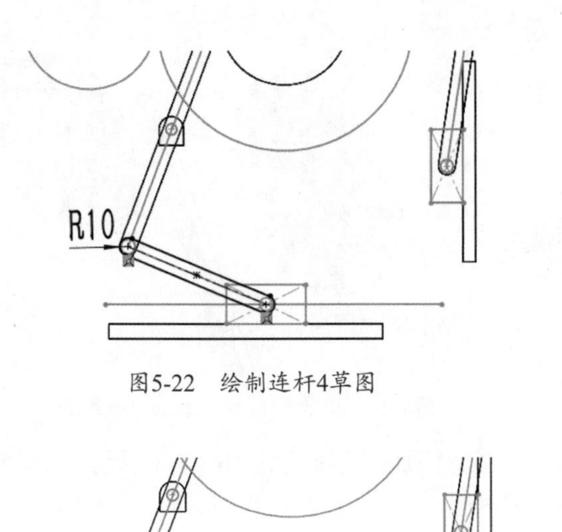

图5-22　绘制连杆4草图

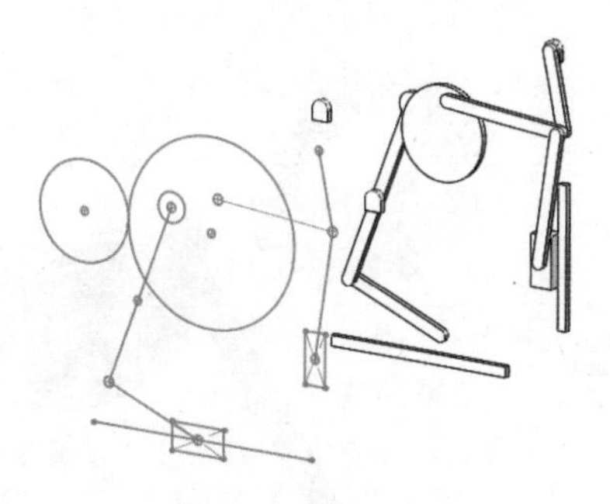

图5-23　创建连杆4模型

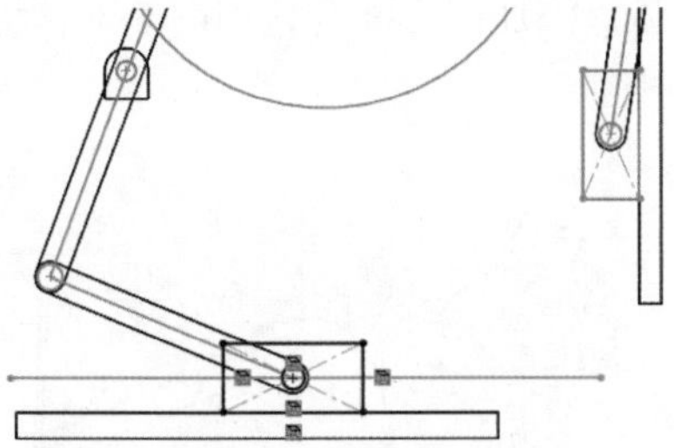

图5-24　绘制滑块2草图

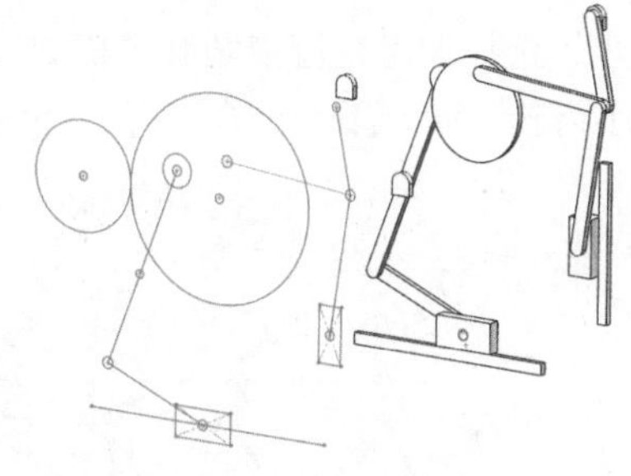

图5-25　创建滑块2模型

第八步，利用 Toolbox 生成模数为 10mm、齿数分别为 16 和 30 的两个齿轮，并插入装配体，如图 5-26 和图 5-27 所示。

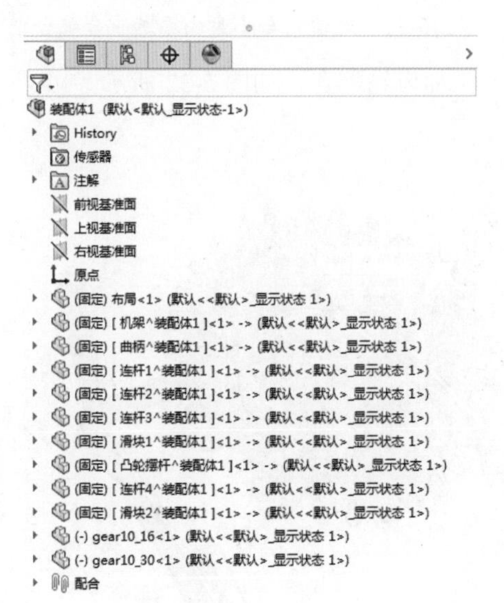

图5-26　零件列表

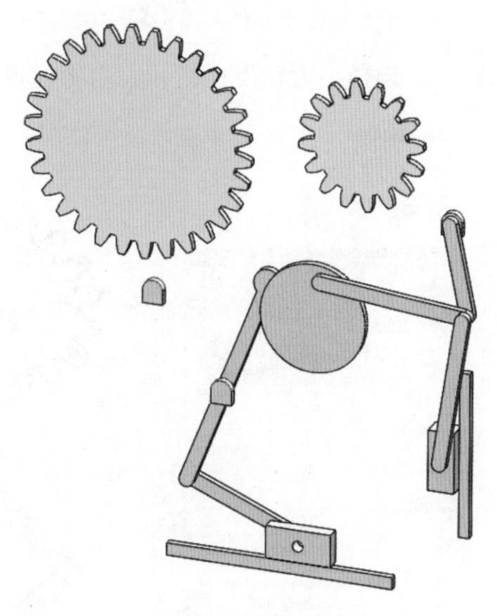

图5-27　插入齿轮

3.装配凸轮送料机构模型

第一步，将除“布局”和“机架”以外的所有零件设置为浮动。

第二步，选择小齿轮齿根圆和机架外圆弧，添加同心配合，如图 5-28 所示。选择小齿轮端面和机架端面，添加重合配合，如图 5-29 所示。

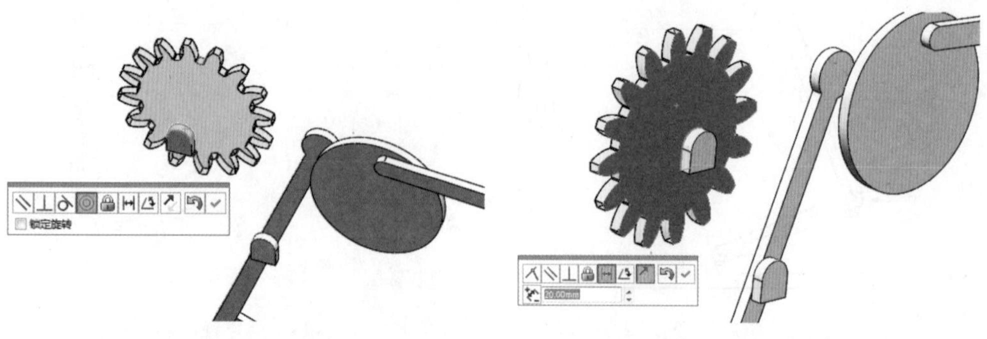

图5-28　小齿轮与机架添加同心配合　　　　图5-29　小齿轮与机架添加重合配合

第三步，选择大齿轮齿根圆和“机架”外圆弧，添加同心配合，如图 5-30 所示。选择大齿轮端面和小齿轮端面，添加重合配合，如图 5-31 所示。

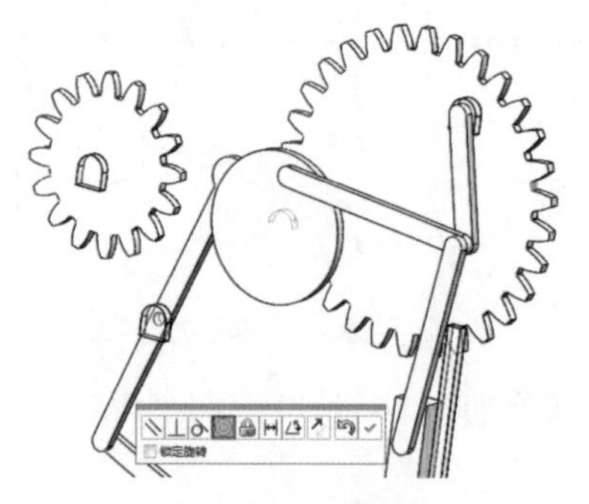

图5-30　大齿轮与机架添加同心配合

图5-31　大齿轮与小齿轮添加重合配合

第四步，选择小齿轮齿根圆和大齿轮齿根圆，添加齿轮配合，如图 5-32 所示。

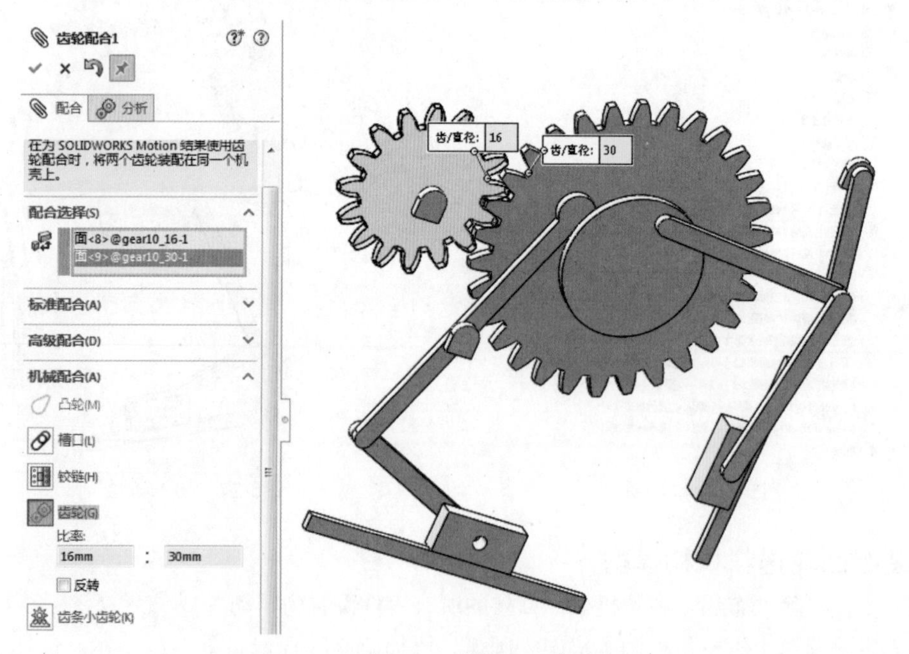

图5-32　大齿轮与小齿轮添加齿轮配合

第五步，选择“连杆 1”和“机架”圆弧面，添加同心配合，如图 5-33 所示。选择“连杆

1”端面和“机架”端面，添加重合配合，如图 5-34 所示。

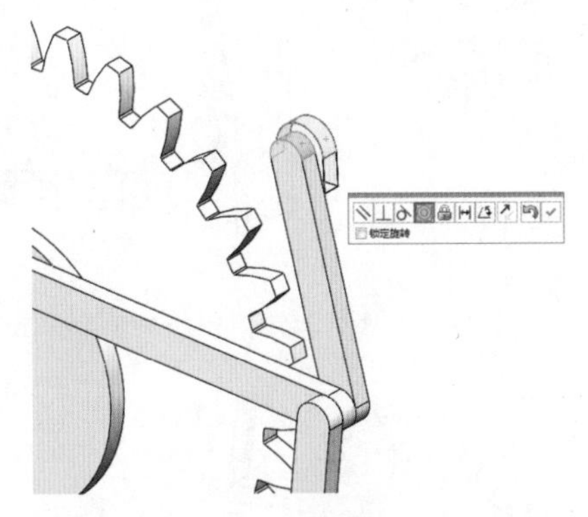

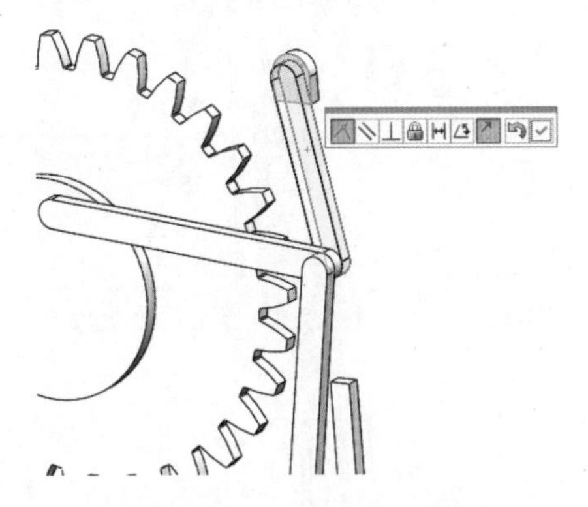

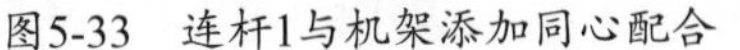

图5-33　连杆1与机架添加同心配合

图5-34　连杆1与机架添加重合配合

第六步，选择“连杆 1”和“连杆 2”的外圆弧，添加同心配合，如图 5-35 所示。选择“连杆 1”端面和“连杆 2”端面，添加重合配合，如图 5-36 所示。

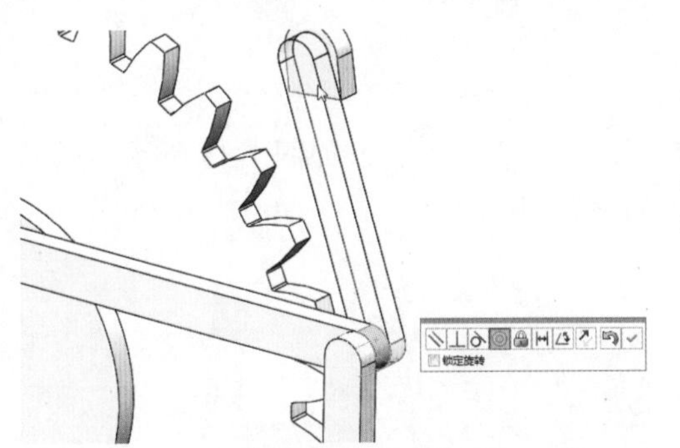

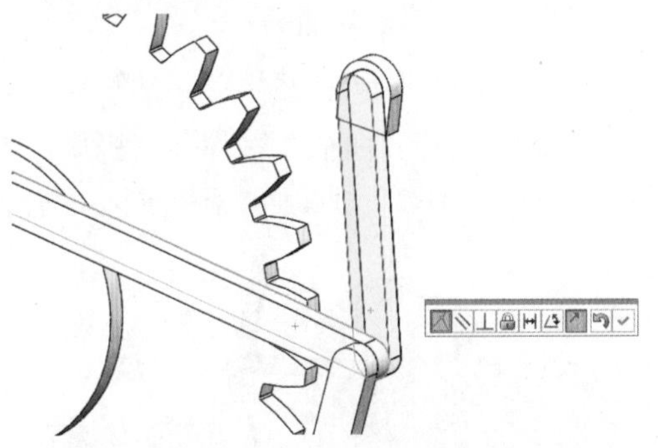

图5-35　连杆1与连杆2添加同心配合

图5-36　连杆1与连杆2添加重合配合

第七步，选择“连杆 2”和“连杆 3”的外圆弧，添加同心配合，如图 5-37 所示。选择“连杆 2”端面和“连杆 3”端面，添加重合配合，如图 5-38 所示。

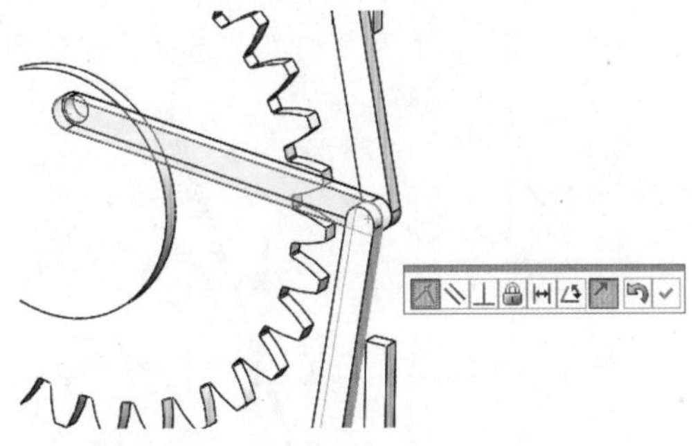

图5-37　连杆2与连杆3添加同心配合

图5-38　连杆2与连杆3添加重合配合

第八步，选择“滑块 1”圆孔和“连杆 3”外圆弧，添加同心配合，如图 5-39 所示。选择“滑块 1”端面和“连杆 3”端面，添加重合配合，如图 5-40 所示。

第九步，选择“滑块 1”侧面和“机架”侧面，添加重合配合，如图 5-41 所示。选择“曲柄”外圆弧面和“机架”圆弧面，添加同心配合，如图 5-42 所示。

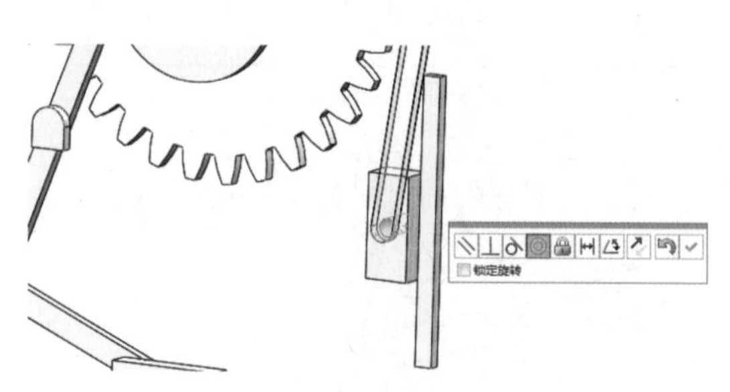

图5-39　连杆3与滑块1添加同心配合

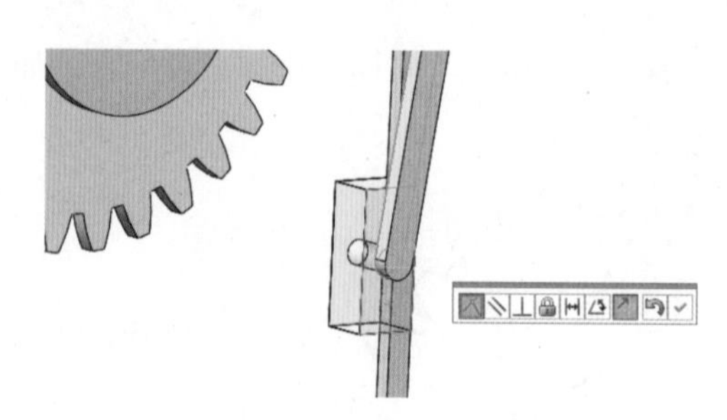

图5-40　连杆3与滑块1添加重合配合

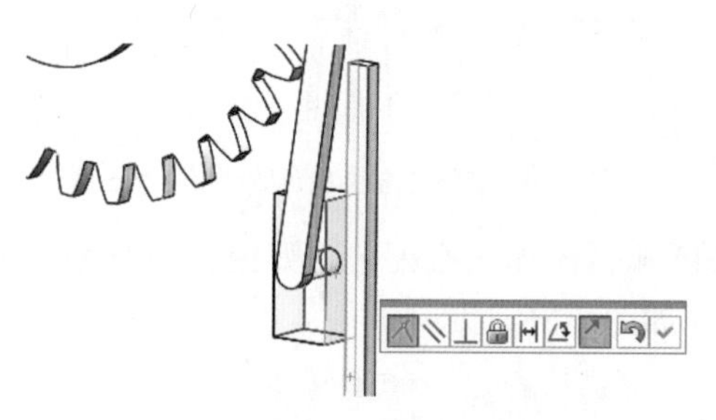

图5-41　机架与滑块1添加重合配合

图5-42　曲柄与机架添加同心配合

第十步，选择“曲柄”端面和“机架”端面，添加重合配合，如图 5-43 所示。选择“曲柄”圆孔和“连杆 2”圆弧面，添加同心配合，如图 5-44 所示。

图5-43　曲柄与机架添加重合配合

图5-44　曲柄与连杆2添加同心配合

第十一步，选择“凸轮摆杆”圆孔和“机架”外圆弧面，添加同心配合，如图 5-45 所示。选择“凸轮摆杆”端面和“机架”端面，添加重合配合，如图 5-46 所示。

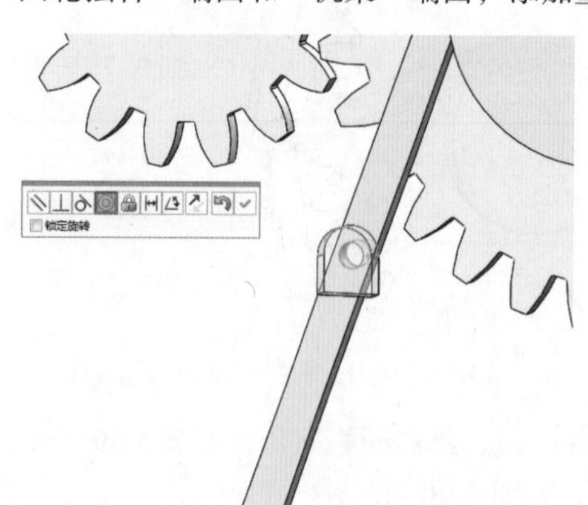

图5-45　凸轮摆杆与机架添加同心配合

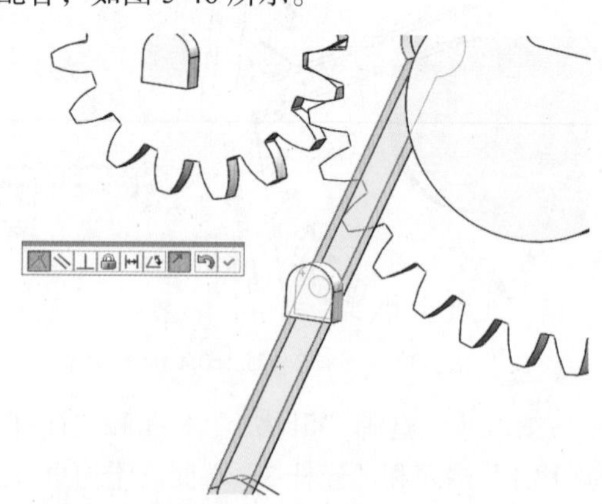

图5-46　凸轮摆杆与机架添加重合配合

第十二步，选择“凸轮摆杆”圆弧面和“连杆 4”外圆弧，添加同心配合，如图 5-47 所示。选择“凸轮摆杆”端面和“连杆 4”端面，添加重合配合，如图 5-48 所示。

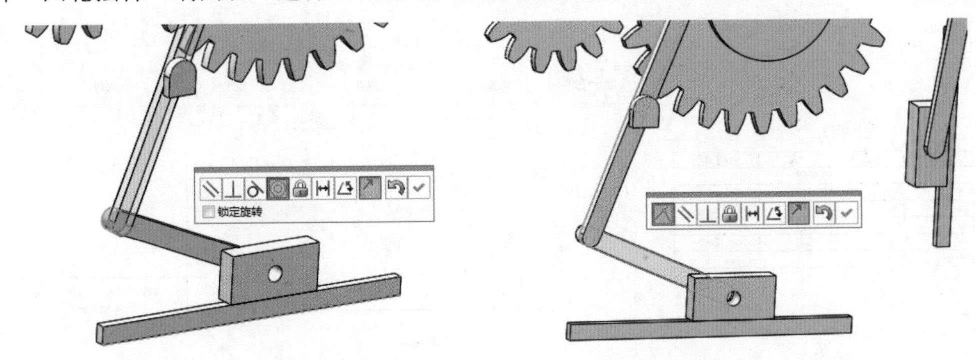

图5-47　凸轮摆杆与连杆4添加同心配合　　　图5-48　凸轮摆杆与连杆4添加重合配合

第十三步，选择“滑块 2”圆孔和“连杆 4”外圆弧，添加同心配合，如图 5-49 所示。选择“滑块 2”端面和“连杆 4”端面，添加重合配合，如图 5-50 所示。选择“滑块 2”底面和“机架”顶面，添加重合配合，如图 5-51 所示。

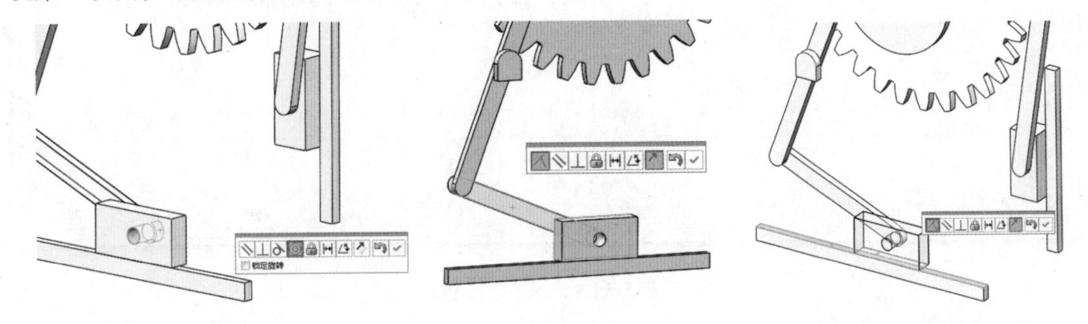

图5-49　滑块2与连杆4同心配合　图5-50　滑块2与连杆4重合配合　图5-51　滑块2与机架重合配合

4.通过运动仿真分析求出凸轮轮廓曲线

第一步，在曲柄上添加旋转马达，运动规律设定为“等速”，转速设定为“12RPM”，如图 5-52 所示。

第二步，在凸轮摆杆的孔上添加旋转马达，运动规律设定为“线段”，如图 5-53 所示。在弹出的“函数编制程序”对话框中，按照图 5-54 所示，定义从动件的四段位移线图。

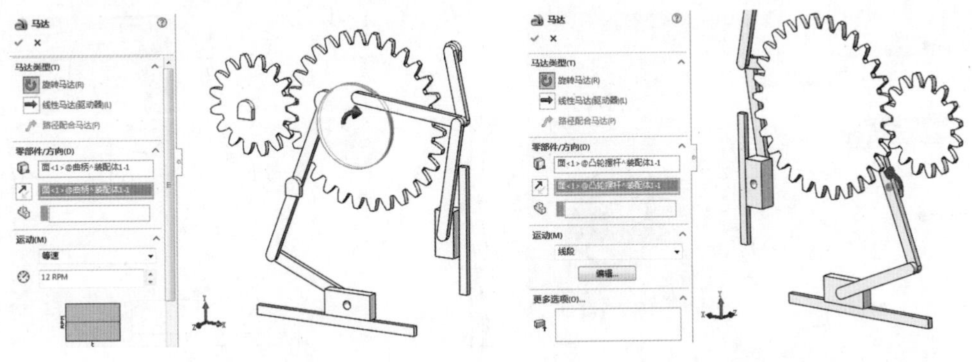

图5-52　在曲柄上添加马达　　　图5-53　在凸轮摆杆的孔上添加马达

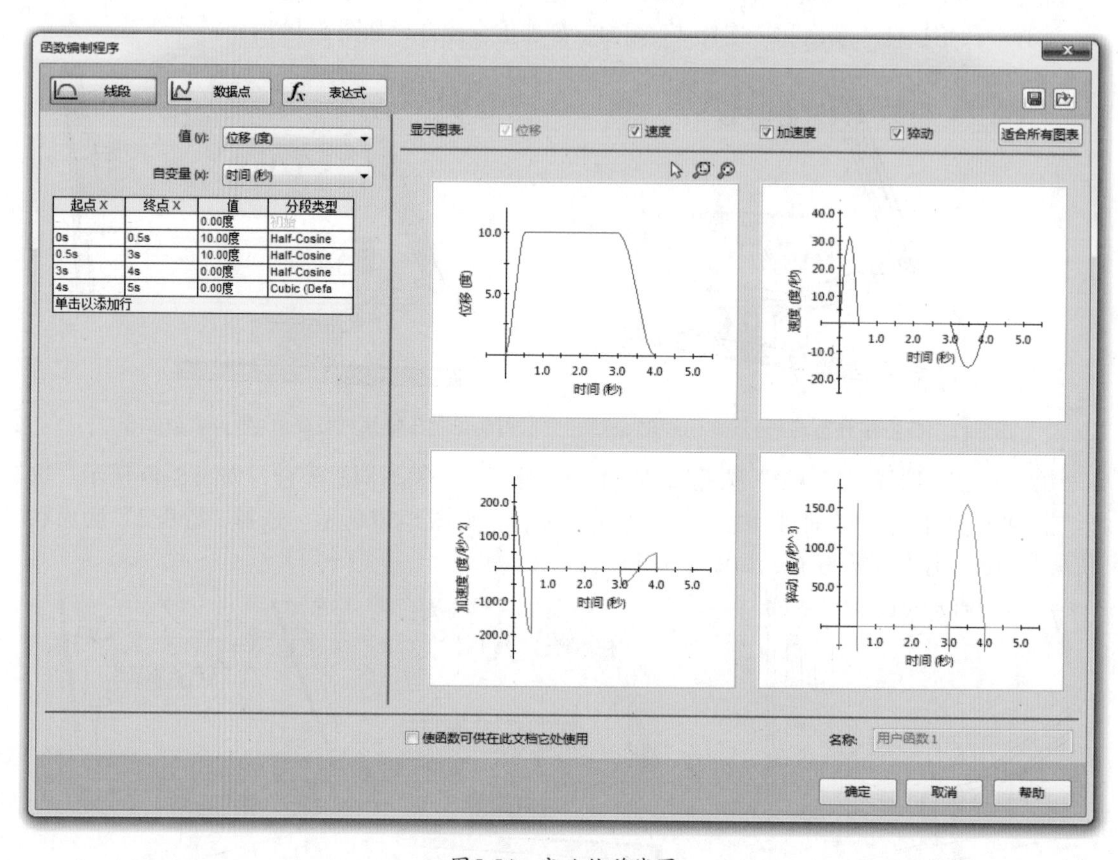

图5-54　定义位移线图

第三步，执行仿真分析。查询结果，选择“位移 / 速度 / 加速度”“跟踪路径”，先单击选择凸轮摆杆上的滚子边线，即出现黑色弧线轨迹，此轨迹默认以机架为参考对象，如图 5-55 所示，再单击选择曲柄，单击“确定”按钮，即可生成以曲柄为参考对象的运动轨迹，如图 5-56 所示。

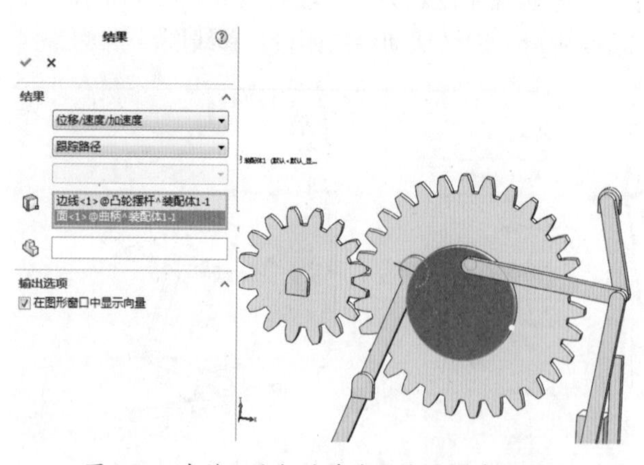

图5-55　查询以曲柄为基准输出滚子中心轨迹

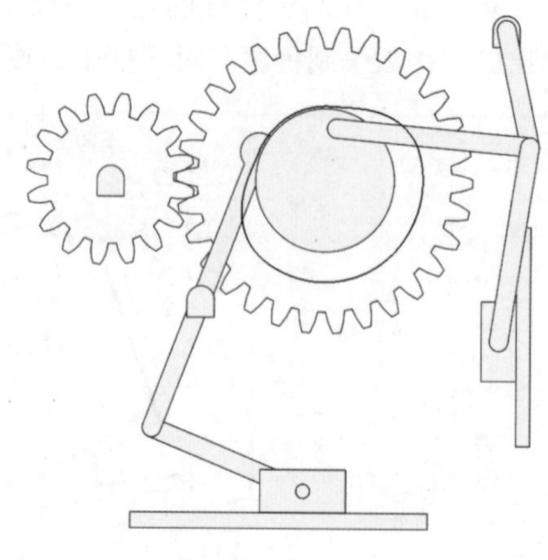

图5-56　轨迹显示

5.创建凸轮模型并进行运动学分析

第一步，在特征树中，打开结果，选中图解右击，选择“在参考零件中从路径生成曲线（A）”，如图 5-57 所示。此时轨迹曲线复制到参考零件（即曲柄）中，如图 5-58 所示。

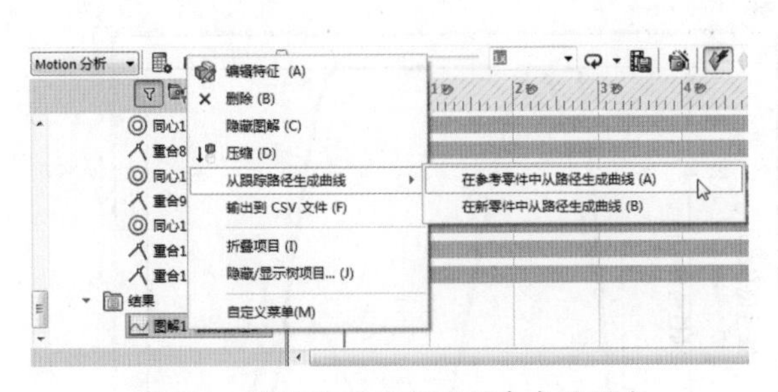

图5-57　将轨迹曲线复制到参考零件中

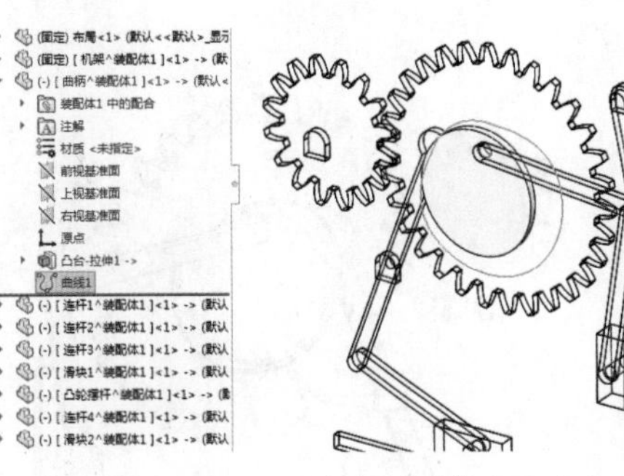

图5-58　将轨迹曲线复制到参考零件中

第二步，编辑“曲柄”零件，新建草图，将曲线转换引用到草图中，此时所得到的是凸轮理论轮廓线。右击生成的草图曲线，选择检查最小曲率半径，显示为 20.7mm，大于滚子半径，因此判定不会发生运动失真，如图 5-59 所示。再向内等距 20mm，即得到凸轮实际轮廓线，如图 5-60 所示。注意：需要将理论轮廓线转为构造线才能拉伸建模。

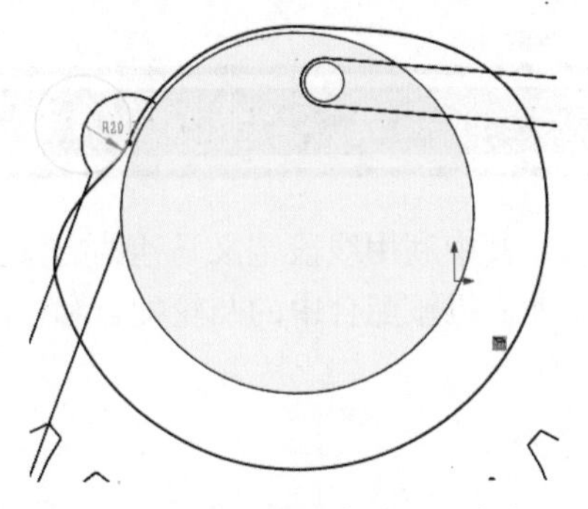

图5-59　分析实际轮廓最小曲率半径

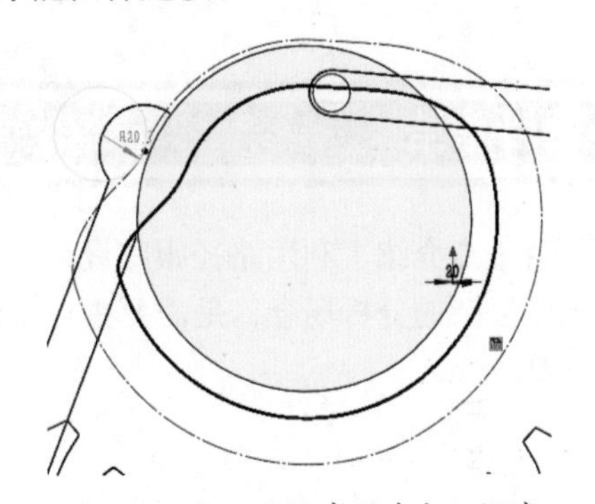

图5-60　由理论轮廓创建实际轮廓

第三步，拉伸出凸轮实体，拉伸厚度要和原先创建的曲柄错开，如图 5-61 所示。

第四步，添加机械配合类型下的凸轮配合，其中“凸轮槽”选择凸轮外轮廓线，“凸轮顶杆”选择凸轮摆杆端部的滚子外轮廓，如图 5-62 所示。

图5-61　在曲柄零件中拉伸出凸轮

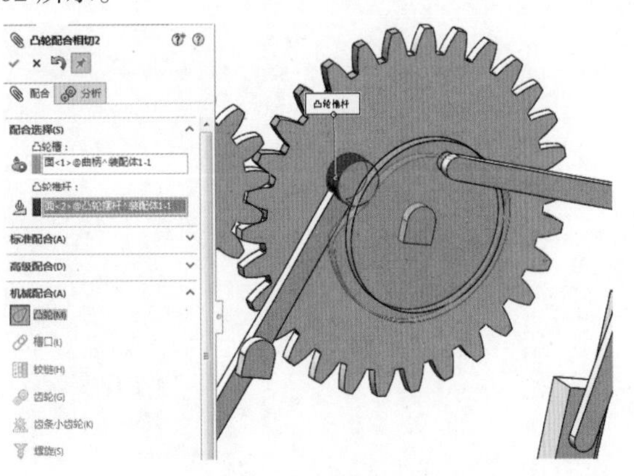

图5-62　添加凸轮配合

第五步，进入运动算例，新建运动算例，此时只需要在曲柄上添加一个旋转马达即可，转速为“12RPM”。完成仿真后，查阅线图，将两个滑块线性位移同时放在同一副线图中就可以验证运动顺序是否符合要求，如图 5-63 所示。

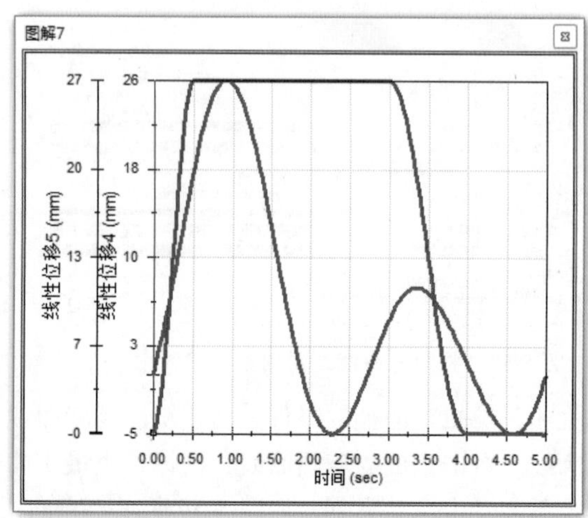

图5-63　机构运动顺序分析

四、项目总结

本项目重点介绍了利用路径跟踪设计凸轮的方法，其中利用线段定义马达的方法可适用很多运动规律复杂的分析场合，是需要重点掌握的。此外，机械配合中的凸轮配合和运动学仿真也较为重要。

项目 6 槽轮机构设计与仿真

【学习目标】

1. 掌握槽轮机构设计建模方法。
2. 能针对存在接触问题的机构进行运动分析。
3. 能进行动力学分析，并基于相关结果利用有限元分析进行结构分析。

【重难点】

1. 基于等效机构分析的槽轮机构建模。
2. 槽轮机构动力学分析以及基于动力学分析的结构分析。

一、项目说明

槽轮机构是一种常用的间歇机构，如图 6-1 所示，它可将连续的运动转化为时而运动、时而静止的运动。槽轮机构在自动化设备中应用广泛，如回转工作盘、输送线等。本项目通过槽轮机构的设计建模和仿真，深入分析该机构的特性。

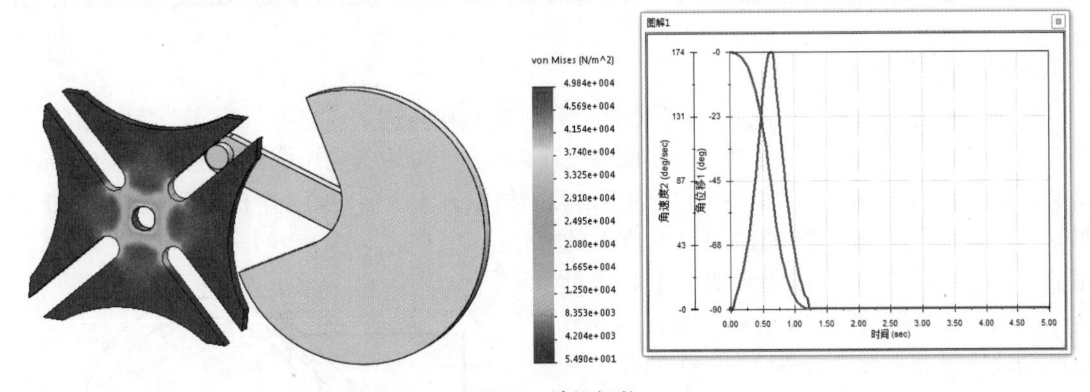

图6-1　槽轮机构

二、预备知识

1.常见的槽轮机构

常见的槽轮机构有外啮合槽轮机构、内啮合槽轮机构和空间槽轮机构三种，分别如图 6-2~图 6-4 所示。前两种实现的是平行轴传动，内啮合比外啮合运动会更加平缓一些。空间槽轮则为相交轴传动。

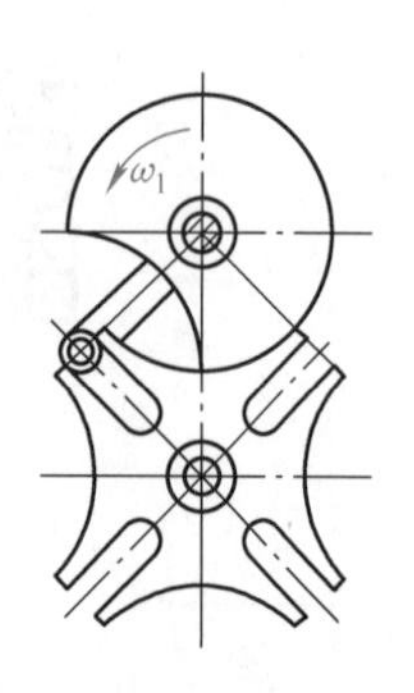

图6-2　外啮合槽轮机构

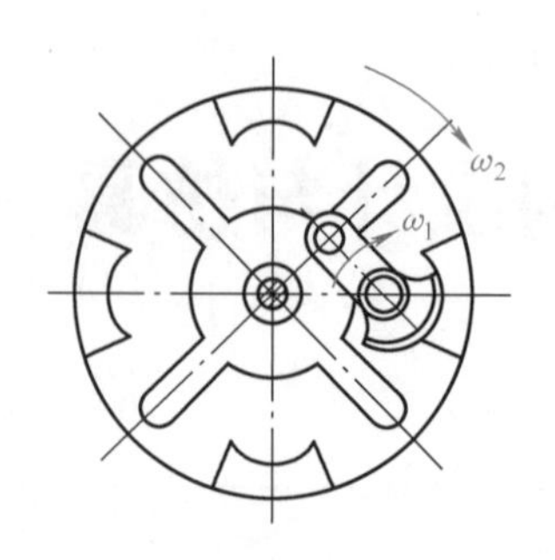

图6-3　内啮合槽轮机构

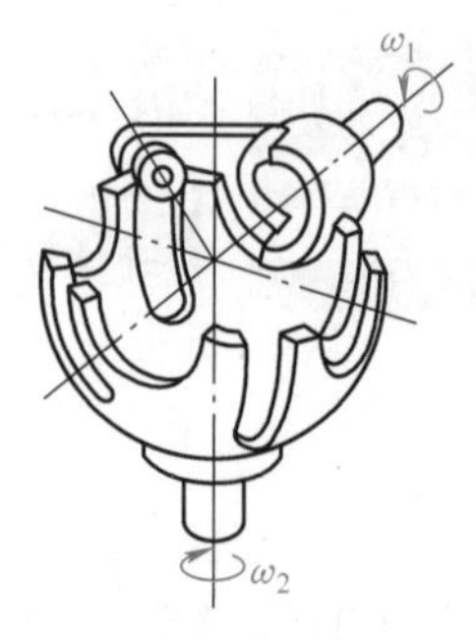

图6-4　空间槽轮机构

2.槽轮机构等效分析方法

槽轮机构是一种比较复杂的高副，拨轮的圆销相对槽轮既有转动也有滑动，难以分析其运动特性。可使用高副低代的方法将槽轮等效为连杆机构来考虑，如图 6-5 所示。通过观察等效机构不难发现，槽轮机构本质上和摆动导杆机构的运动规律是一样的，因此可以借助摆动导杆机构的几何特点来进行槽轮机构的建模。

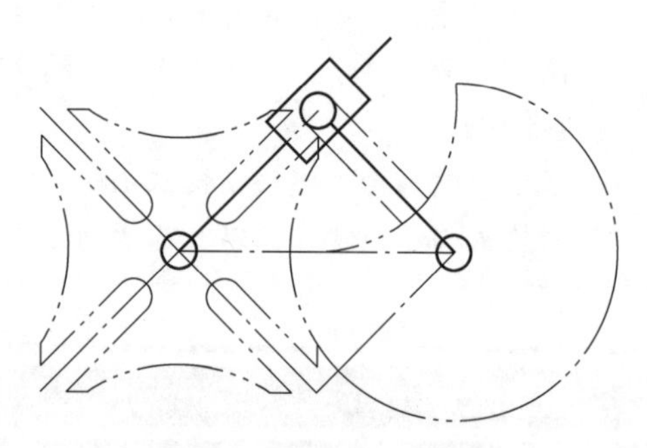
图6-5　槽轮机构等效分析

三、项目实施

1.槽轮机构建模

第一步，新建装配体并插入四个新零件，分别命名为“布局”“机架”“拨轮”和“槽轮”。

第二步，编辑“布局”零件，绘制槽轮设计草图。不妨取拨轮中圆销回转半径为 100mm，则圆销的运动轨迹为直径为 200mm 的圆。槽轮不妨取有 4 个槽，则 4 个槽的顶点轨迹为正方形。由等效机构可知，圆销如同套在槽上的滑块，因此圆销的圆心需要和槽的中心线重合，圆销的轨迹圆和槽的中心线相切，接下来在圆销轨迹圆和矩形中心各绘制一个圆作为回转中心孔，直径为 15mm。最后绘制与圆销轨迹圆同心的圆，用于创建止动圆弧，直径可取 170mm。由此即可得到槽轮机构设计草图，如图 6-6 所示。

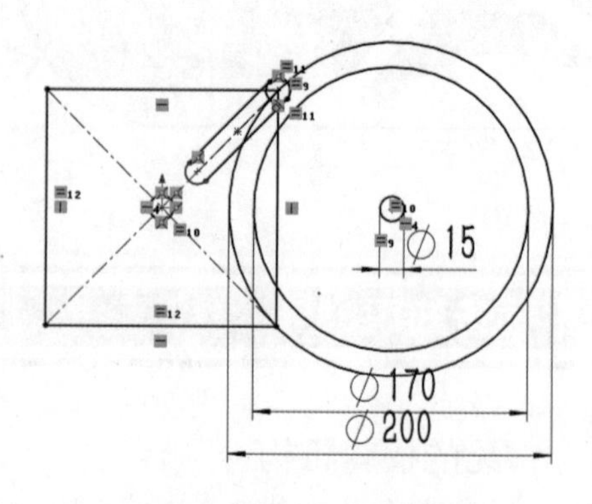

图6-6　槽轮机构设计草图

第三步，创建机架。编辑“机架”零件，将设计草图中的两个中心圆孔转换引用下来，如图 6-7 所示。拉伸 20mm，即可得到机架模型，如图 6-8 所示。

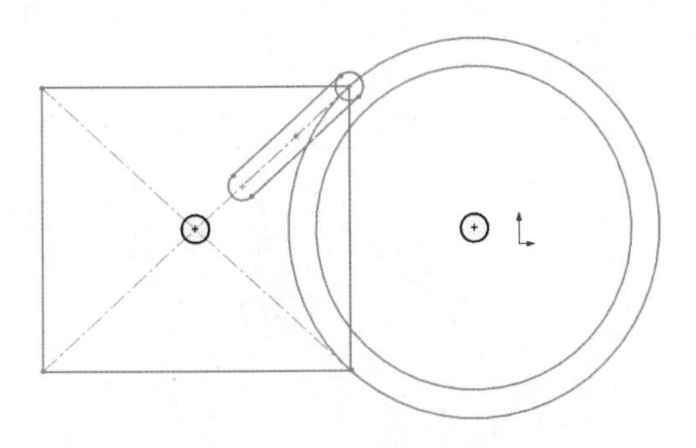

图6-7　绘制机架草图

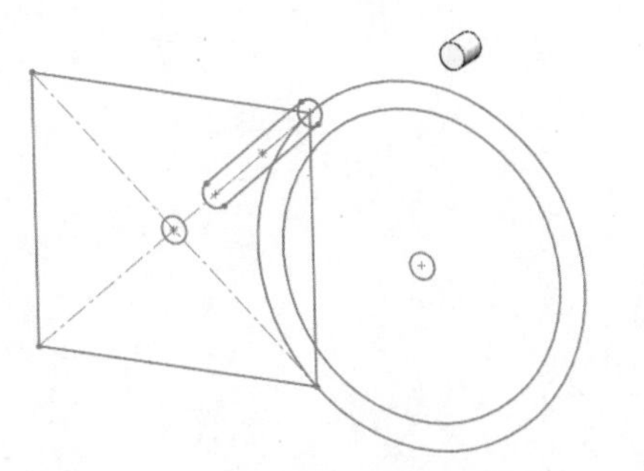

图6-8　创建机架模型

第四步，创建槽轮。编辑“槽轮”零件，将设计草图中的矩形和止动圆转换引用到本零件草图中，并捕捉矩形对角线绘制槽口线、圆周阵列槽口线和止动圆，剪裁多余线段即可得到槽轮的轮廓，如图6-9所示。拉伸10mm，即可得到槽轮模型，如图6-10所示。

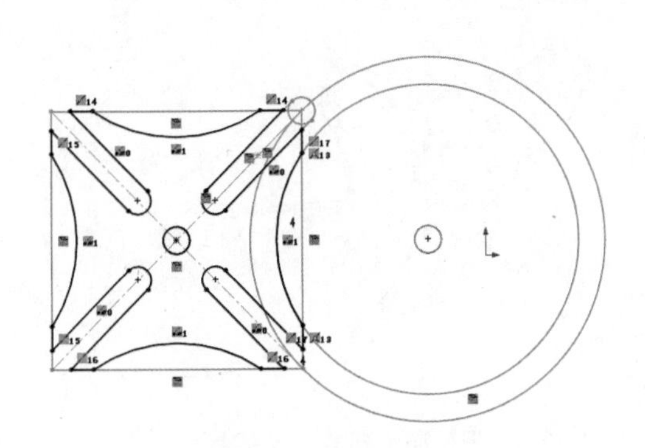

图6-9　绘制槽轮草图

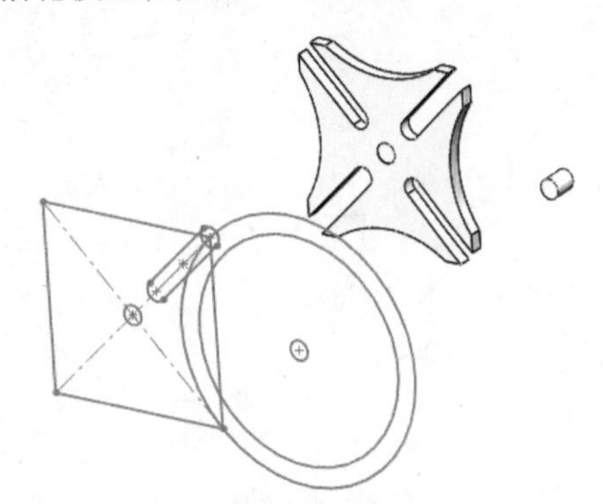

图6-10　创建槽轮模型

第五步，创建拨轮拨杆。编辑“拨轮”零件，以其回转中心和圆销中心为基准绘制槽口线，如图6-11所示。拉伸10mm，即可得到拨轮拨杆模型，如图6-12所示。

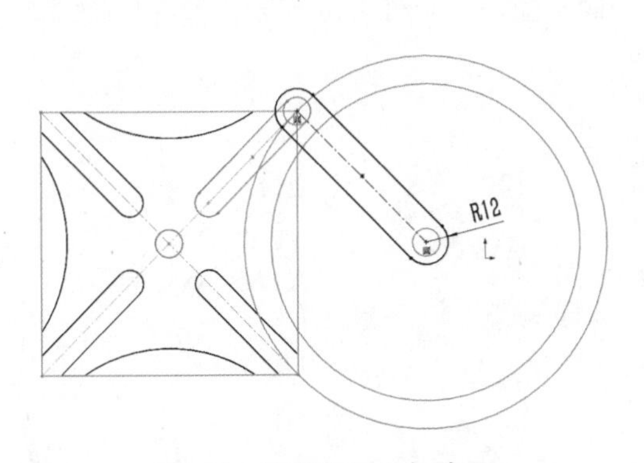

图6-11　绘制拨轮拨杆草图

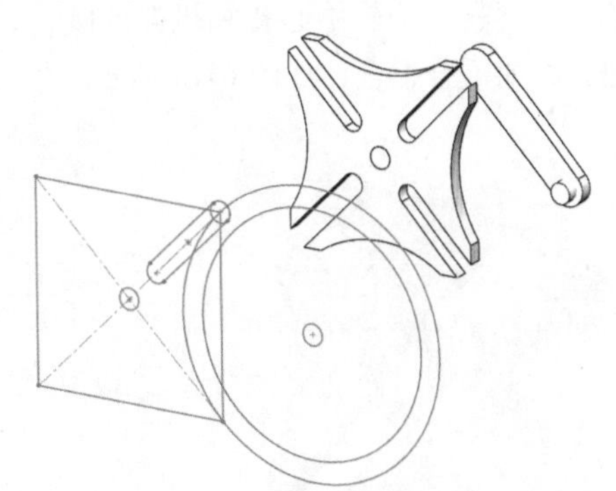

图6-12　创建拨轮拨杆模型

第六步，创建拨轮拨销。编辑“拨轮”零件，在拨轮拨杆上将设计草图中的圆销转换引用下来，如图6-13所示。拉伸10mm，即可得到拨轮拨销，如图6-14所示。

第七步，创建止动圆弧。编辑“拨轮”零件，将设计草图中的止动圆转换引用下来，并以拨杆中心线为对称轴，绘制90°的豁口，如图6-15所示。拉伸10mm，即可得到止动圆弧模型，如图6-16所示。至此拨轮创建完成。

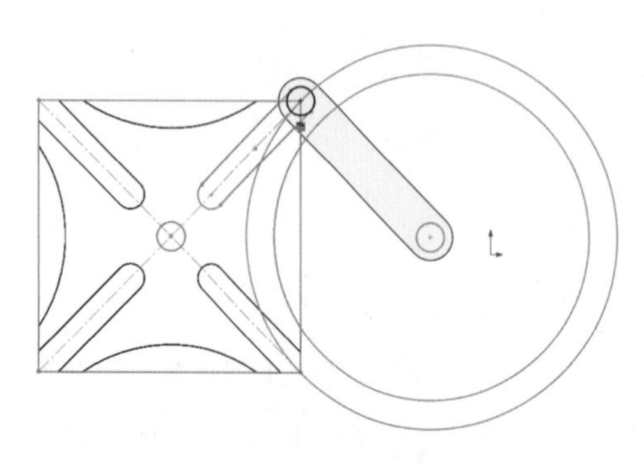

图6-13　绘制拨轮拨销草图

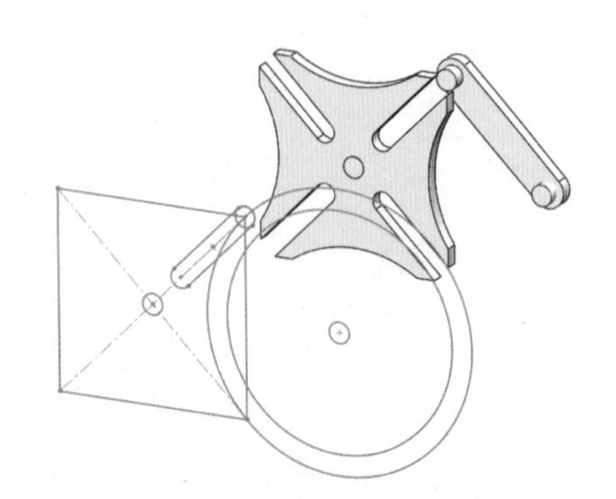

图6-14　创建拨轮拨销模型

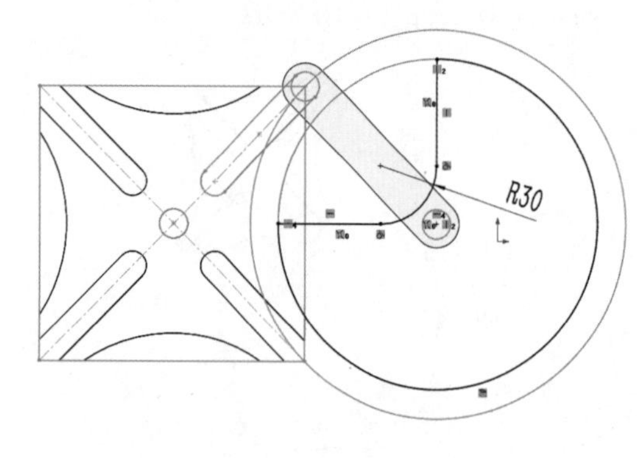

图6-15　绘制止动弧板草图

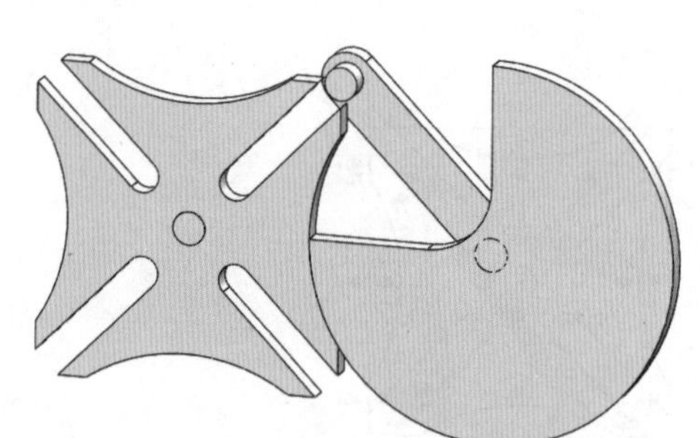

图6-16　创建止动弧板模型

2.装配槽轮机构

第一步，在装配特征树中选择“槽轮”“拨轮”，并设置为浮动。

第二步，选择槽轮中心孔和机架外圆，添加同心配合，如图 6-17 所示。选择槽轮端面和机架端面，添加重合配合，如图 6-18 所示。

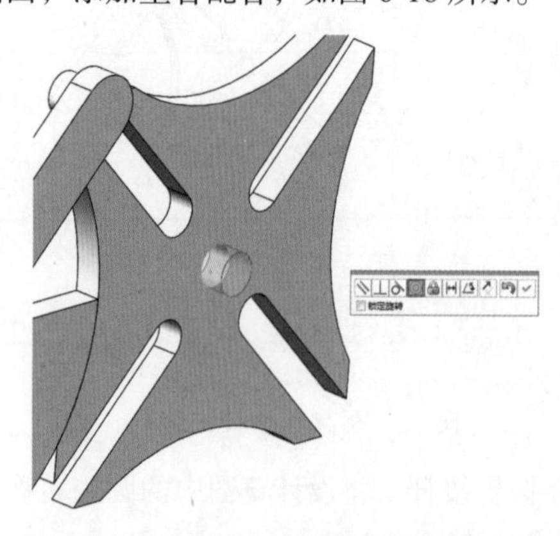

图6-17　槽轮与机架添加同心配合

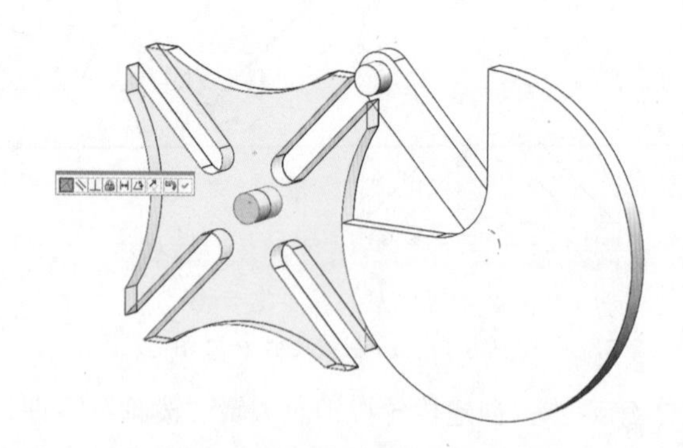

图6-18　槽轮与机架添加重合配合

第三步，选择拨轮拨杆端面圆弧和机架外圆，添加同心配合，如图 6-19 所示。选择拨轮止动圆弧端面和槽轮端面，添加重合配合，如图 6-20 所示。

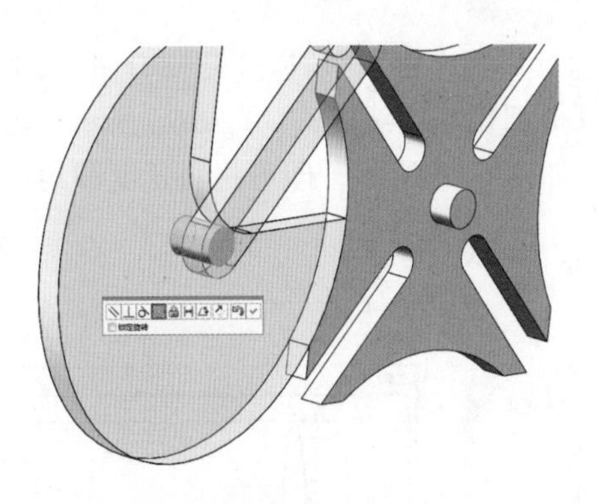

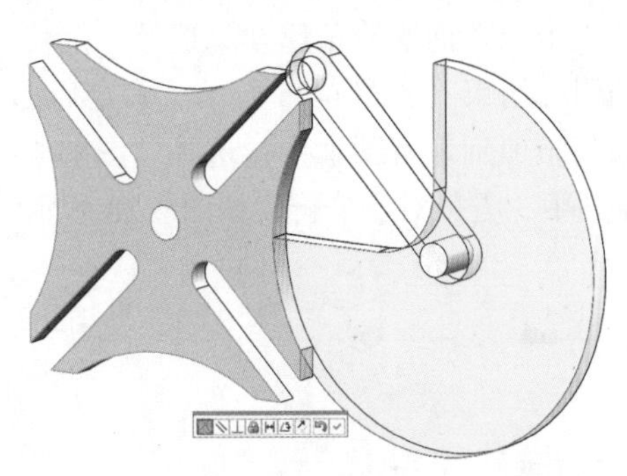

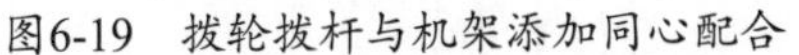

图6-19　拨轮拨杆与机架添加同心配合　　　　图6-20　拨轮与槽轮添加重合配合

3.槽轮机构运动学仿真

第一步，启动 SolidWorks Motion 插件。

第二步，单击图标，打开“接触”对话框，选择槽轮和拨轮添加接触，材料和摩擦系数取默认值，如图 6-21 所示。

第三步，选择拨轮拨杆端面圆弧添加旋转马达，运动选择“等速”，转速设置为“12RPM”，如图 6-22 所示。

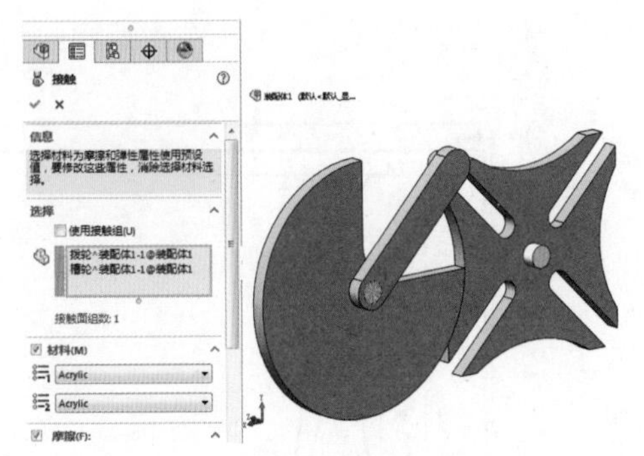

图6-21　槽轮与拨轮添加接触

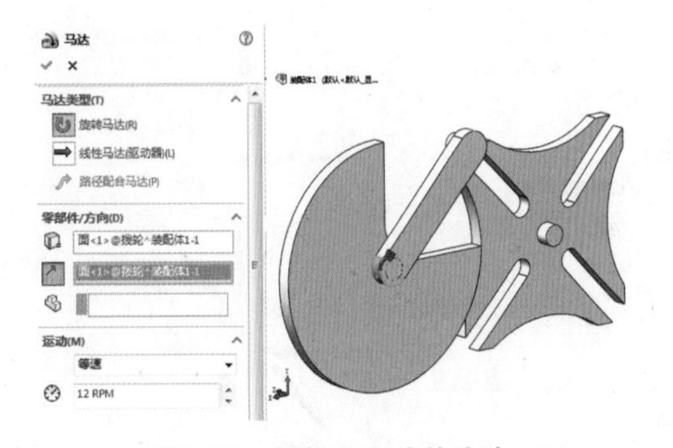

图6-22　拨轮添加旋转马达

第四步，执行仿真，此时可以看到槽轮的运动效果。

第五步，查询槽轮角位移。选择“位移 / 速度 / 加速度”“角位移”“幅值”，选择槽轮与机架的同心约束，如图 6-23 所示。确定后即可得到角位移线图，如图 6-24 所示。

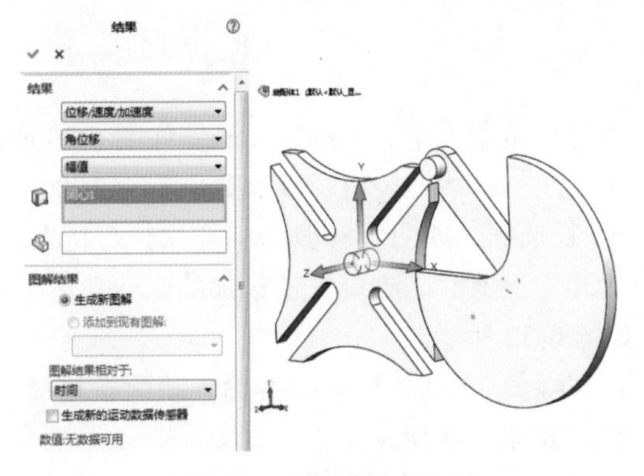

图6-23　查询槽轮角位移

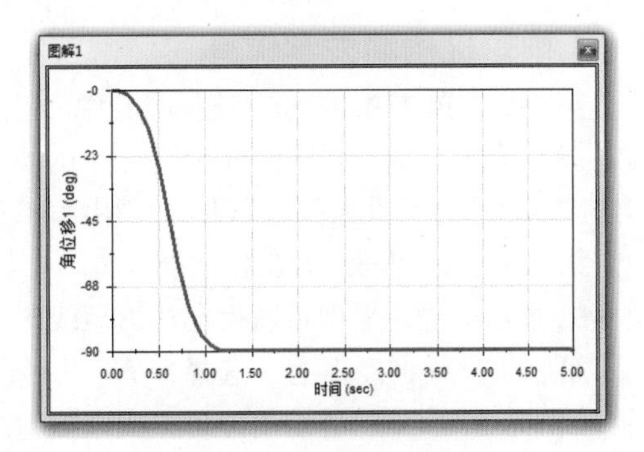

图6-24　槽轮角位移线图

第六步，查询槽轮角速度。选择“位移 / 速度 / 加速度”“角速度”“z 分量”，选择槽轮与机架的同心约束，如图 6-25 所示。确定后即可得到角速度线图，如图 6-26 所示。还可以将角速度图解添加到现有图解中，选择“图解 1”，如图 6-27 所示，即可将角速度和角位移放置在同一幅图中，方便对比分析，如图 6-28 所示。

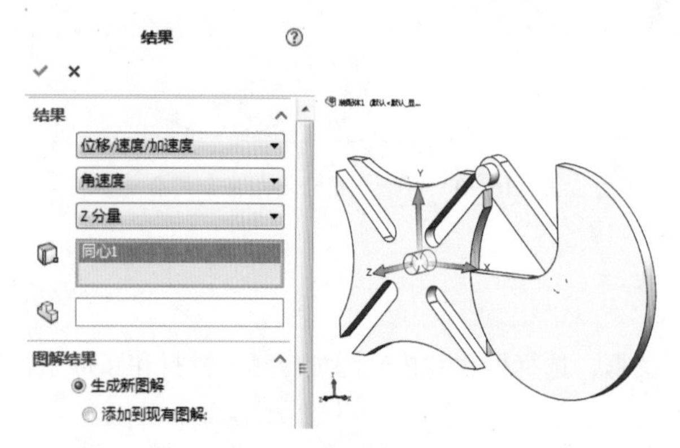

图6-25　查询槽轮角速度

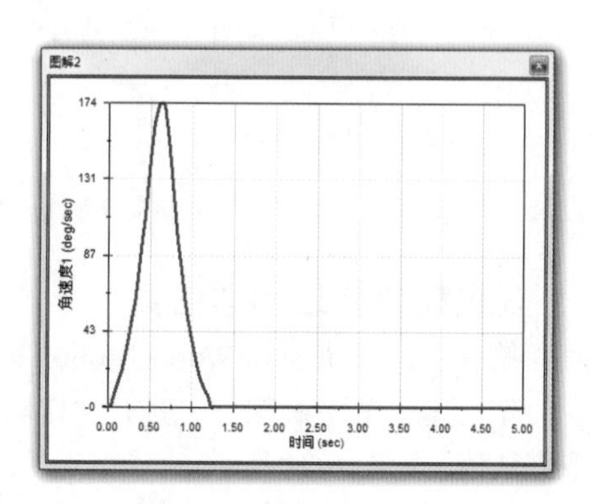

图6-26　槽轮角速度线图

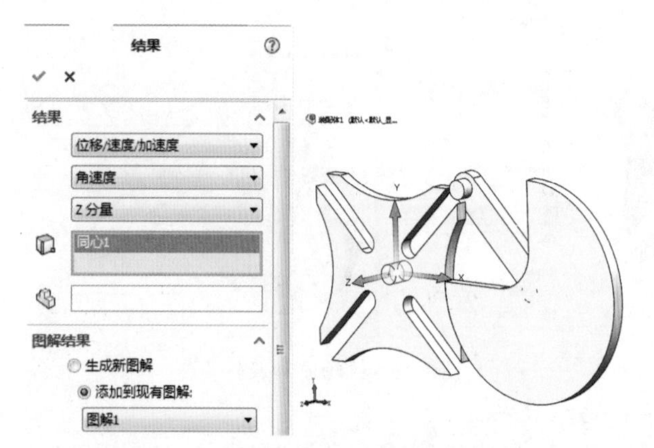

图6-27　将角速度线图添加到角位移线图中

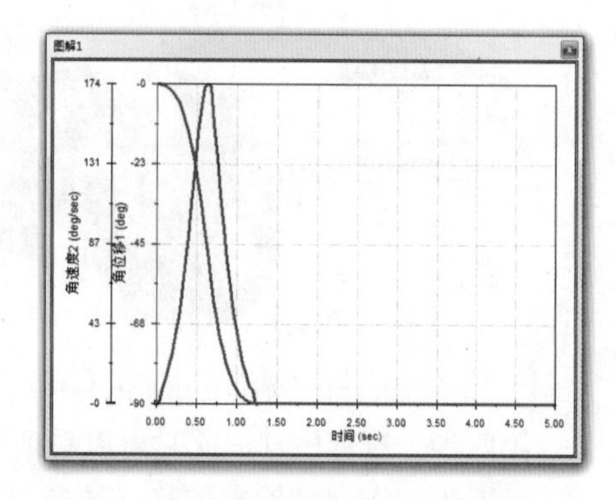

图6-28　角速度线图和角位移线图对比

4.槽轮机构动力学仿真

第一步，单击↖图标，选择槽轮中心孔，添加外负载力矩为 100N · mm，如图 6-29 所示。为了提高精度，右击算例图标，打开“运动算例属性”对话框，将每秒帧数设置为 100，同时勾选“以套管替换冗余配合”和“使用精确接触”复选框，如图 6-30 所示。再次执行仿真。

第二步，查询马达力矩，选择“力”“马达力矩”“幅值”，选择先前添加的旋转马达 1，如图 6-31 所示。确定后即可获得马达力矩线图，如图 6-32 所示。

第三步，查询摩擦力，选择“力”“摩擦力”“幅值”，选择槽轮与拨轮止动圆弧相接触的面，如图 6-33 所示。确定后即可得到摩擦力线图，如图 6-34 所示。

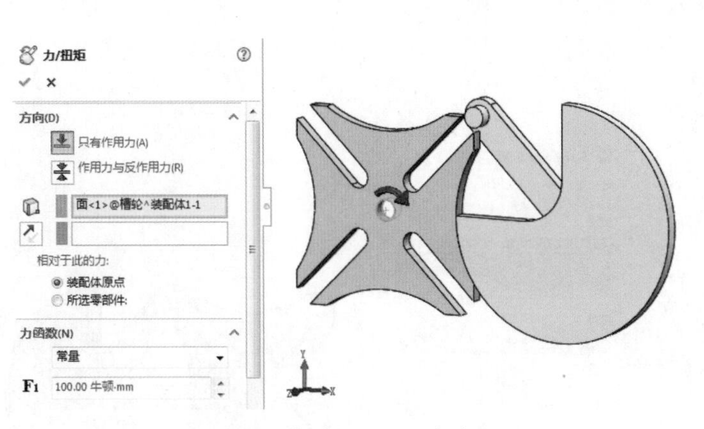

图6-29　在槽轮上添加负载力矩

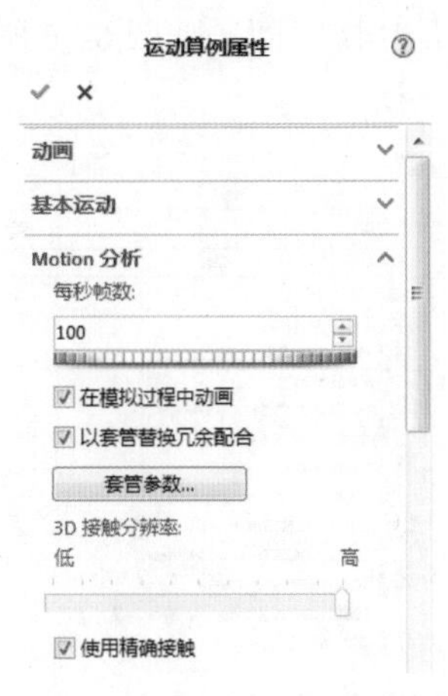

图6-30　设置动力学分析精度

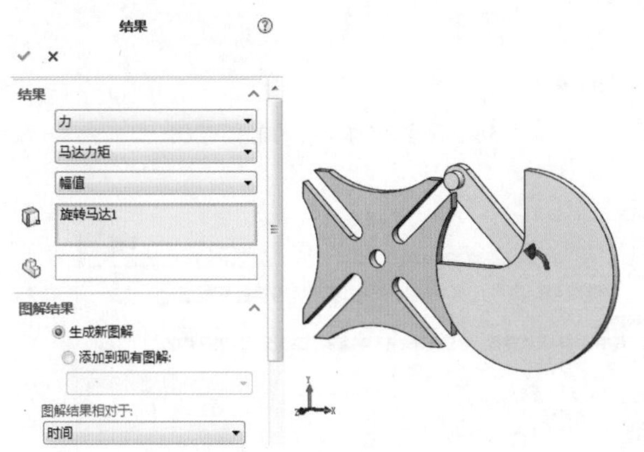

图6-31　查询马达力矩

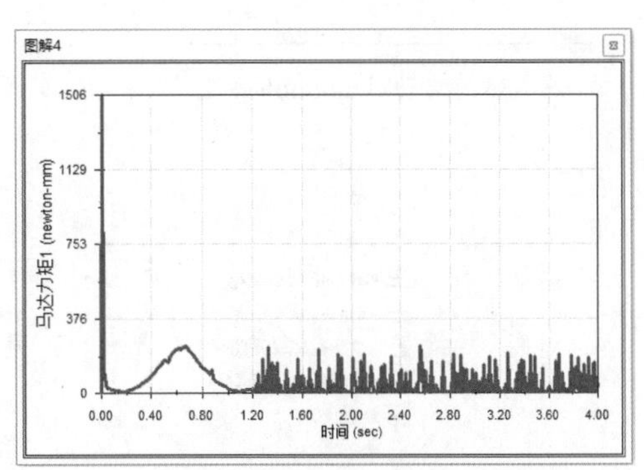

图6-32　马达力矩线图

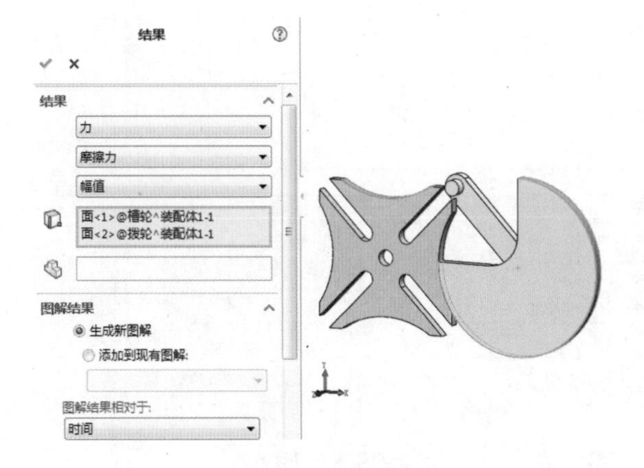

图6-33　查询摩擦力

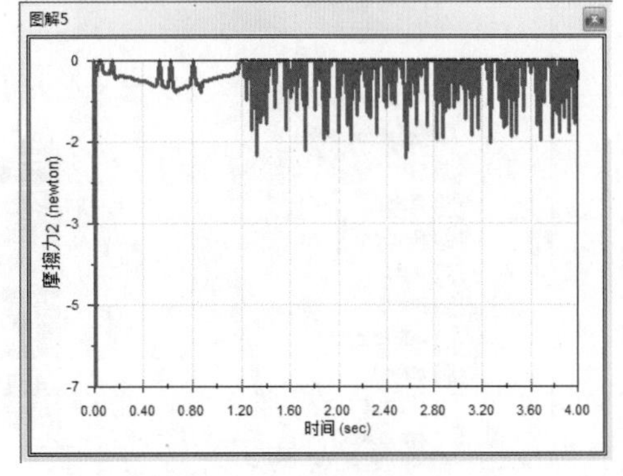

图6-34　摩擦力线图

5.基于动力学分析结果进行结构分析

第一步，启动 Simulation 插件，如图 6-35 所示。

第二步，单击图标，对结构仿真进行设置。首先选择槽轮为分析对象，并在下方添加 0~1s 时间，如图 6-36 所示。确认后系统提示需要设置材料，选择“普通碳钢”，如图 6-37 所示。

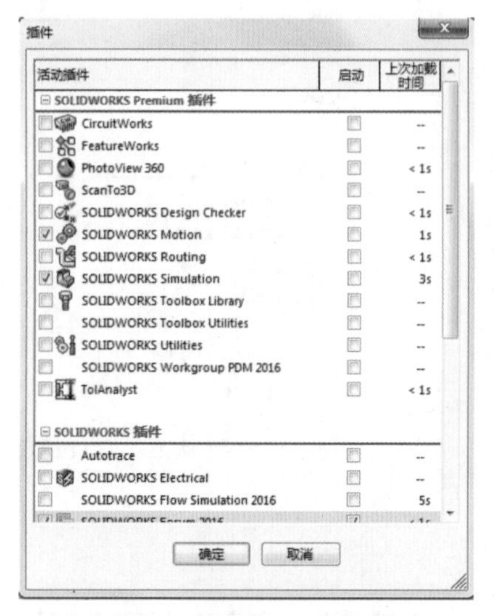

图6-35　启动Simulation插件

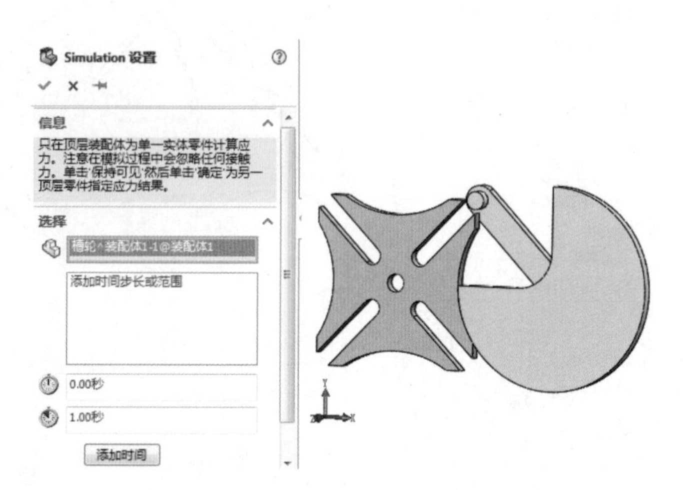

图6-36　设置结构分析的时间范围

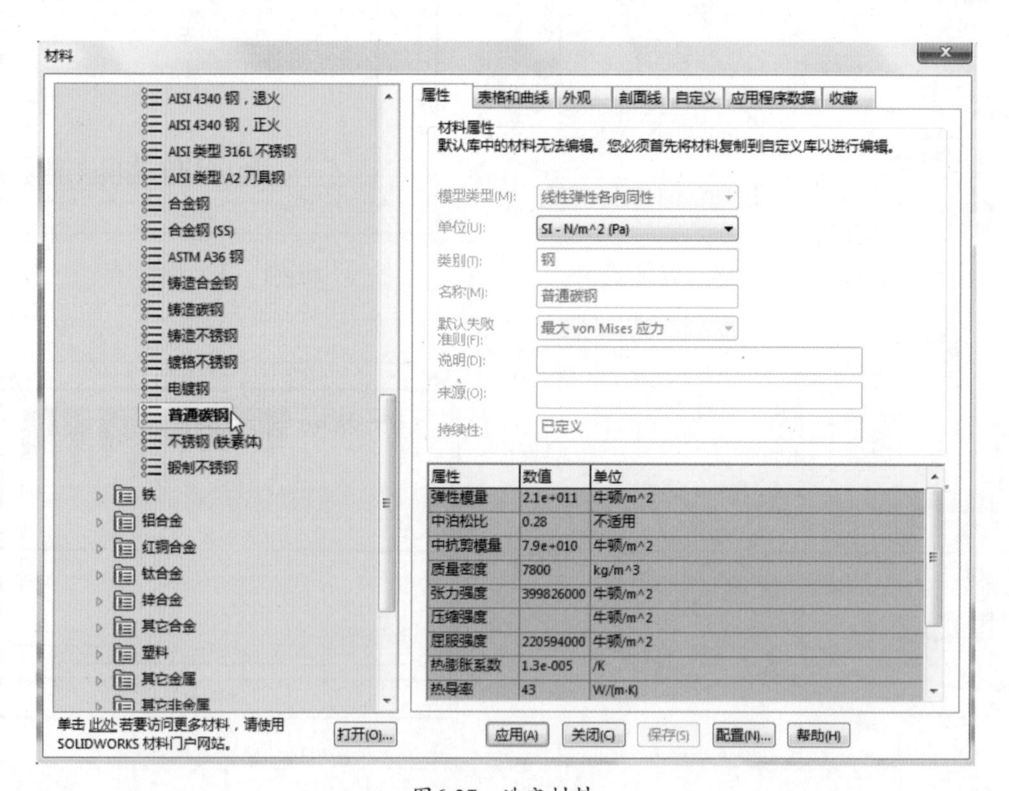

图6-37　选定材料

第三步，单击 图标，开始结构仿真分析。仿真完毕后，就会出现应力云图图解。可以拖动时间轴，选定 0~1s 的某一时刻查阅结果，以分析最危险的时刻，如图 6-38 所示。

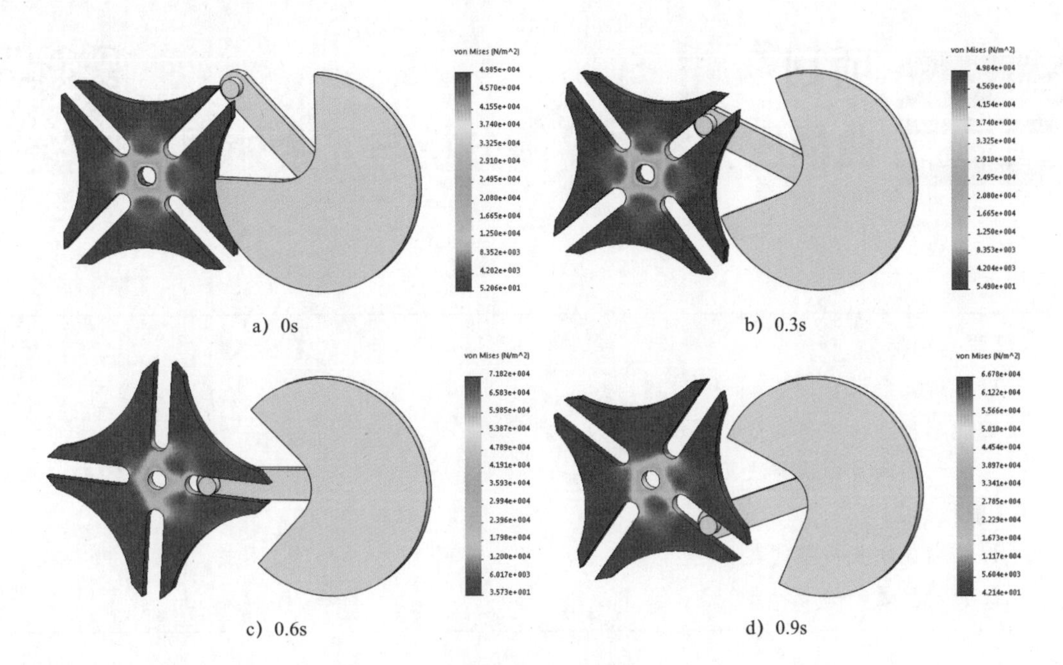

a）0s　　b）0.3s

c）0.6s　　d）0.9s

图6-38　结果分析

四、项目总结

本项目重点介绍了槽轮机构设计建模和仿真。通过运动学仿真可以了解槽轮的工作特性，通过动力学仿真可以了解其载荷和驱动特点。此外，还进行了结构仿真，以校核槽轮强度。这里的结构仿真用的是有限元分析技术，有限元分析会在后续项目中详细介绍。

项目 7 曲柄压力机力平衡分析与冗余处理

【学习目标】

1. 了解冗余配合。
2. 能利用动力学仿真分析解决机构力平衡问题。
3. 能利用两种方法解决冗余配合问题。

【重难点】

1. 自由度的分析与计算。
2. 套管参数的确定。

一、项目说明

在实际工程中，工程师经常需要考虑设备的力平衡问题，即静力学计算问题。由前面的项目可知，SolidWorks 可以解决动力学计算问题，而静力学可以认为是动力学的一种特殊情况，即当系统的加速度和速度都等于零时的状态。在某些场合匀速运动也可以近似认为是静力平衡问题。本项目以图 7-1 所示的曲柄压力机为例，将具体的力学解析计算和仿真分析做对比验证。此外，本项目将重点介绍冗余约束问题以及处理方法，这对保证动力学计算精度有很大的影响。

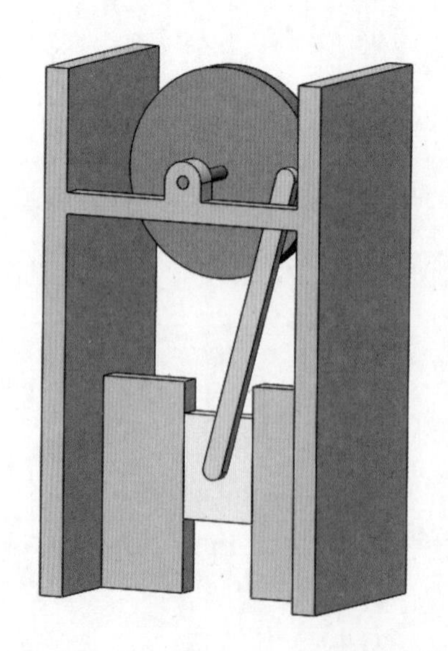

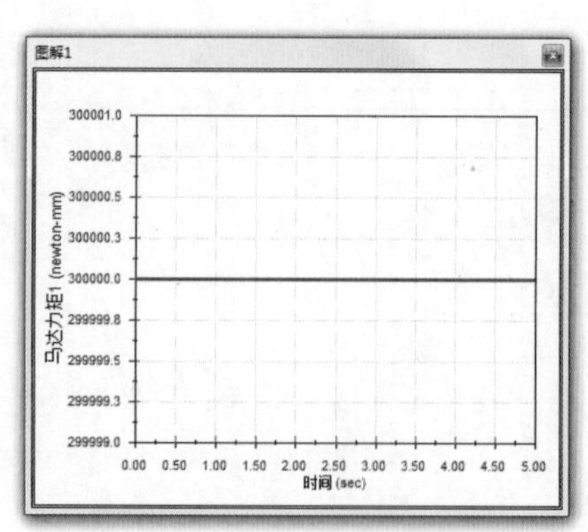

图7-1 曲柄压力机

二、预备知识

1.曲柄压力机静力平衡计算

静力平衡计算即对物系进行受力分析，建立坐标系，列出方程，由已知力求出未知力。

如图 7-2a 所示，曲柄压力机由曲柄Ⅰ、连杆 AB 和冲头 B 组成。$\overline{OA}=R$，$\overline{AB}=l$。忽略摩擦和自重，当 OA 在水平位置、冲压力为 F 时，系统处于平衡状态。求：1）作用在曲柄Ⅰ上的力偶矩 M 的大小；2）轴承 O 处的约束力；3）连杆 AB 受的力；4）冲头对导轨的侧压力。

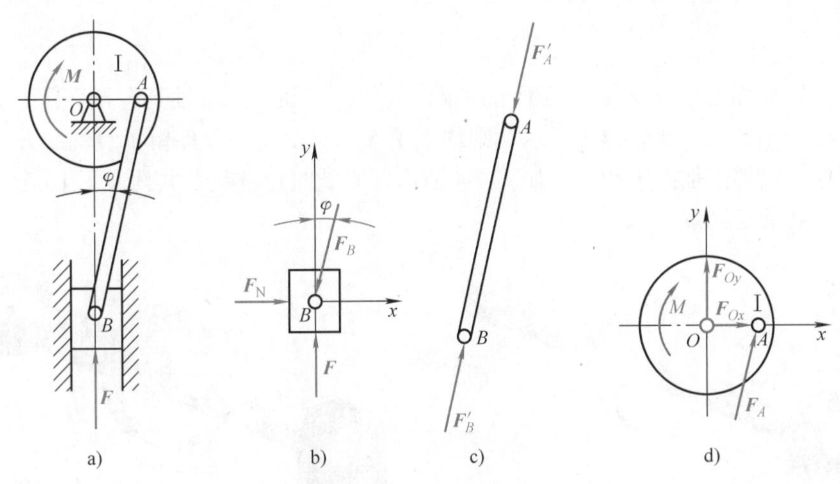

图7-2　曲柄压力机受力分析

分析：1）首先以冲头为研究对象。冲头受冲压力 F、导轨约束力 F_N 以及连杆（二力杆）的作用力 F_B 作用，受力如图 7-2b 所示，为一平面汇交力系。

设连杆与铅垂线间的夹角为 φ，按图示坐标轴列平衡方程，得

$$\sum F_y=0$$

$$F-F_B\cos\varphi=0 \quad 即\ F_B=F/\cos\varphi$$

F_B 为正值，说明假设 F_B 的方向是对的，即连杆受压力，如图 7-2c 所示。

$$\sum F_x=0$$

$$F_N-F_B\sin\varphi=0$$

$$F_N=F_B\sin\varphi=F\tan\varphi=F\frac{R}{\sqrt{l^2-R^2}}$$

冲头对导轨侧压力的大小等于 F_N，方向与 F_N 相反。

2）再以曲柄Ⅰ为研究对象。曲柄Ⅰ受平面任意力系作用，包括力偶矩为 M 的力偶，连杆作用力 F_A 以及轴承的约束力 F_{Ox}、F_{Oy}，如图 7-2d 所示。按图示坐标轴列平衡方程，得

$$\sum M_O(F)=0 \qquad F_A\cos\varphi R-M=0$$

$$F_A=F_B$$

$$M=F_A\cos\varphi R=FR$$

$\sum F_x=0$　　　　$F_{Ox}+F_A\sin\varphi=0$

$$F_{Ox}=-F_A\sin\varphi=-F\frac{R}{\sqrt{l^2-R^2}}$$

$\sum F_y=0$　　　　$F_{Oy}+F_A\cos\varphi=0$

$$F_{Oy}=-F_A\cos\varphi=-F$$

负号说明力 F_{Ox}、F_{Oy} 的方向与图示假设的方向相反。

由于计算机动力学仿真都是定量计算，为了便于对比，不妨取 R=30mm，φ=15°，F=10000N，带入计算得：M=300000N · mm，F_A=F_B=10353N，F_{Ox}=−2679N，F_{Oy}=−10000N，F_N=2679N（以上结果精度均取整数）。

2.冗余配合

冗余配合，简而言之就是多余的配合约束。例如，空间中一根轴具有 6 个自由度，如果在单边增加一个固定铰链，如图 7-3 所示，则约束了 5 个自由度，仅保留了绕轴线方向的旋转自由度。如果在双边都添加固定铰链，如图 7-4 所示，则此时铰链就总共约束了 10 个自由度，其中就有自由度被重复约束了。

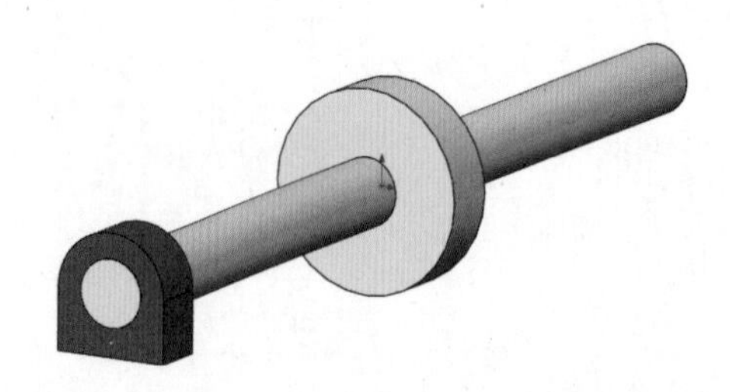

图7-3　单边固定铰链的轴

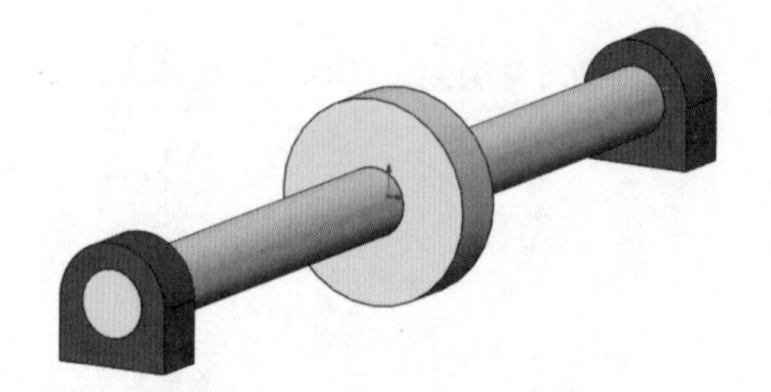

图7-4　双边固定铰链的轴

从理想化的刚体运动角度来看，轴是刚体，铰链是刚性约束，因此单边铰链已经能够完全确定轴的运动。然而在现实中，构件和约束都不是绝对刚体，所以单边约束刚度不足，会导致轴无法正常工作。为了保证机构的整体刚度，就要双边约束。同理，机构设计中经常会出现的虚约束就是冗余的，从运动分析的角度来看是多余的，但是虚约束能增强机构的刚度，如图 7-5 中的滑动副 I 和图 7-6 中的滑动副 K。

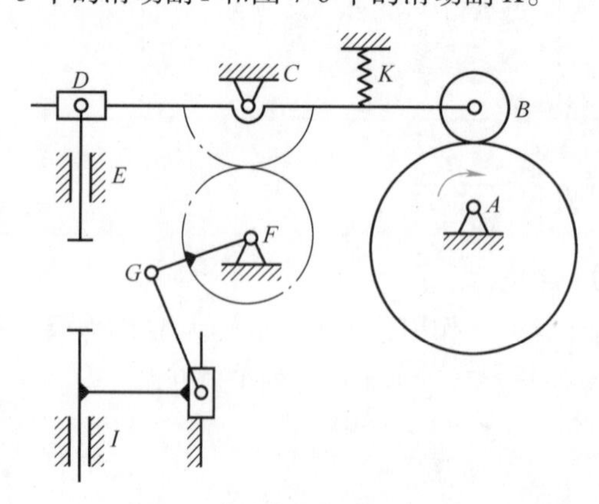

图7-5　虚约束机构案例（一）

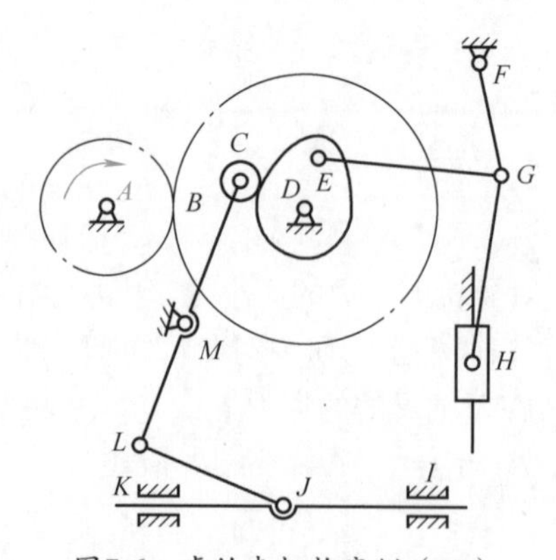

图7-6　虚约束机构案例（二）

在 SolidWorks 的动力学仿真中，冗余配合可能造成载荷传递路线错误或力计算错误，因此在动力学分析时需要避免。主要有两种解决方法。第一种方法是合理减少配合约束，如图 7-3 所示，这种方法比较简单和理想化，适于分析可以忽略刚度的机构动力学问题。第二种方法是用软件提供的以套管代替冗余配合，即将刚性约束转为弹性约束，如图 7-7 所示，这样在动力学计算中可以根据约束的弹性去分担载荷。这种方法更加贴近现实，但是计算量会显著加大，同时也需要根据实际设置套管参数，如图 7-8 所示。

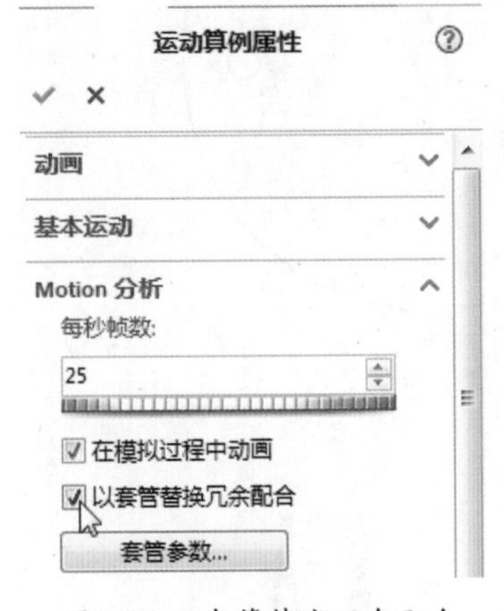

图7-7　以套管替代冗余配合

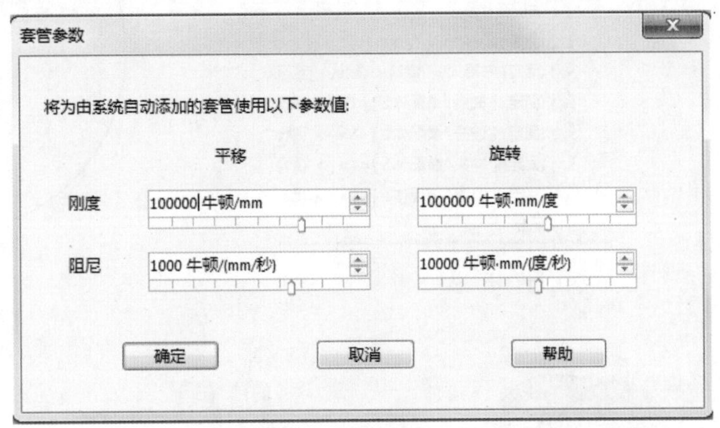

图7-8　套管参数

三、项目实施

1.绘制曲柄压力机机构简图

新建装配体，插入新零件并命名为“布局”。编辑“布局”零件，根据前面计算的相关参数，绘制的曲柄压力机机构简图如图 7-9 所示。

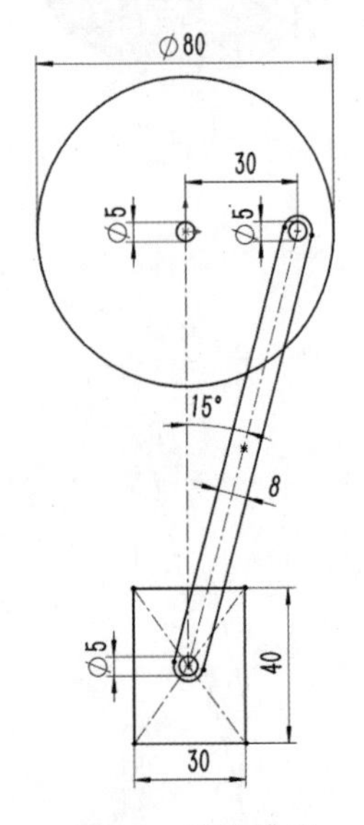

图7-9　设计草图

2.曲柄压力机三维建模

第一步，在装配体中插入四个新零件，分别命名为“曲柄”“连杆”“冲头”和“机架”，如图 7-10 所示。

第二步，编辑“曲柄”零件，转换引用布局中的线条，如图 7-11 所示。拉伸 20mm 后，在中心创建轴，长度为 80mm，如图 7-12 所示。再切除中部创建曲柄，如图 7-13 和图 7-14 所示。

第三步，编辑“连杆”零件，转换引用布局中的线条，如图 7-15 所示。拉伸 5mm，如图 7-16 所示。

第四步，编辑“冲头”零件，转换引用布局中的线条，如图 7-17 所示。拉伸 10mm，如图 7-18 所示。

第五步，编辑“机架”零件，先绘制外框，如图 7-19 所示。拉伸 80mm，如图 7-20 所示。再创建固定支座并镜像，如图 7-21~ 图 7-24 所示。最后创建导轨，如图 7-25 和图 7-26 所示。

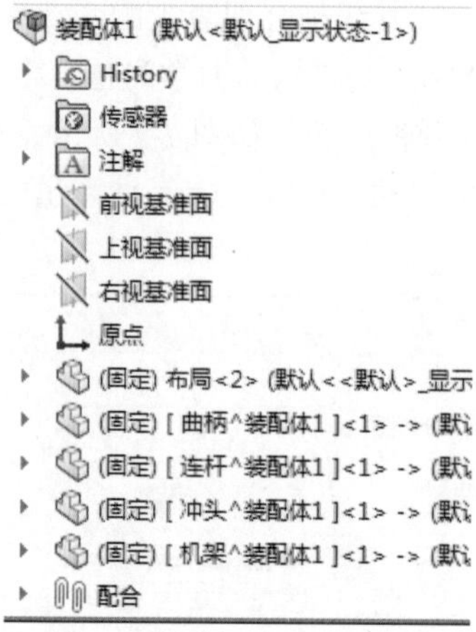

装配体1 (默认<默认_显示状态-1>)
History
传感器
注解
前视基准面
上视基准面
右视基准面
原点
(固定) 布局<2> (默认<<默认>_显示
(固定) [曲柄^装配体1]<1> -> (默认
(固定) [连杆^装配体1]<1> -> (默认
(固定) [冲头^装配体1]<1> -> (默认
(固定) [机架^装配体1]<1> -> (默认
配合

图7-10　插入新零件

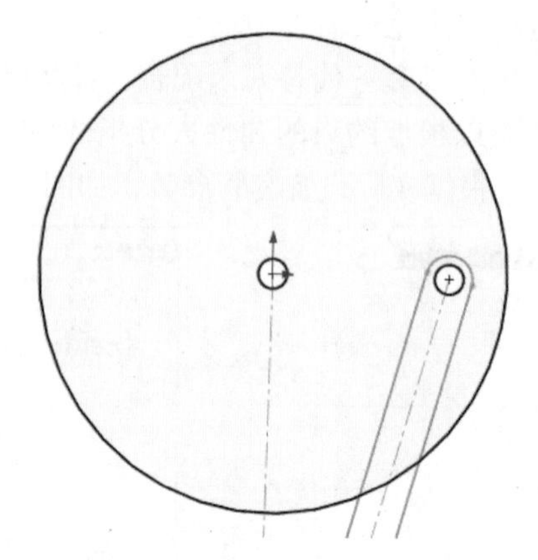

图7-11　曲柄草图

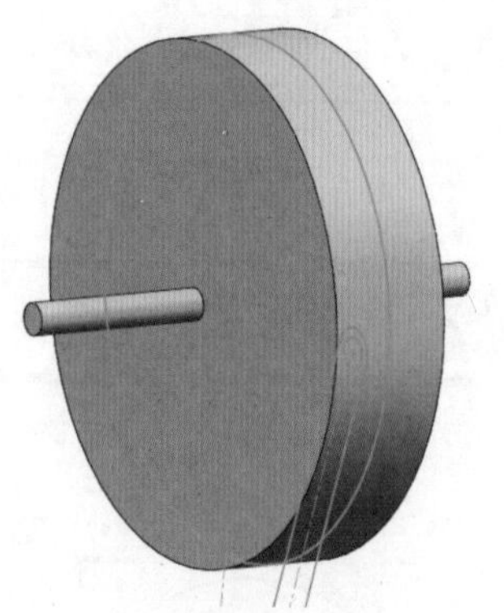

图7-12　曲柄拉伸成形

图7-13　拉伸切除

图7-14　拉伸曲柄

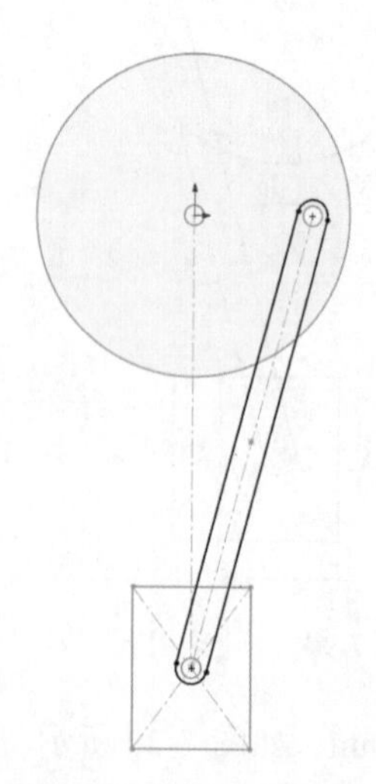

图7-15　绘制连杆草图

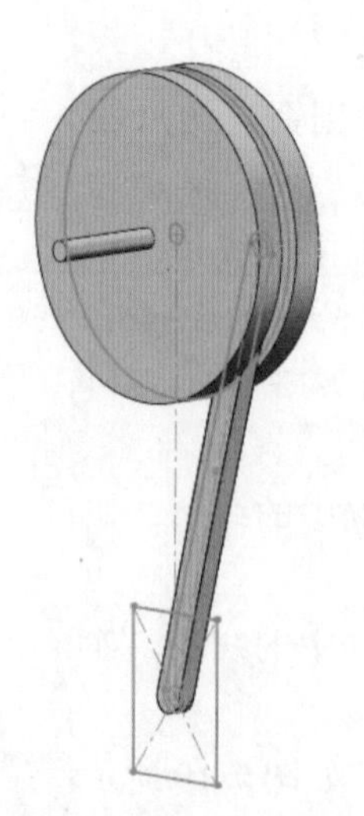

图7-16　拉伸连杆模型

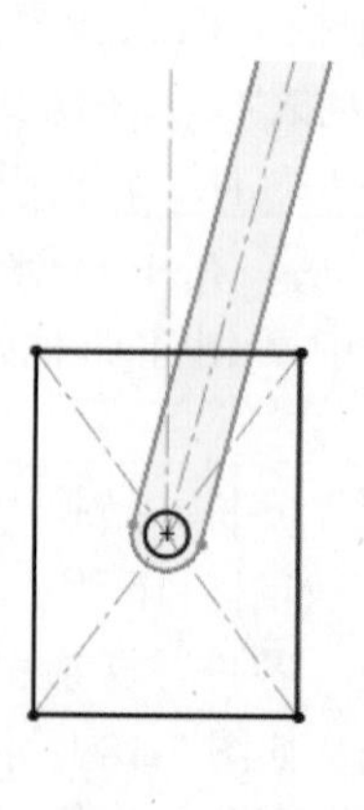

图7-17　绘制冲头草图

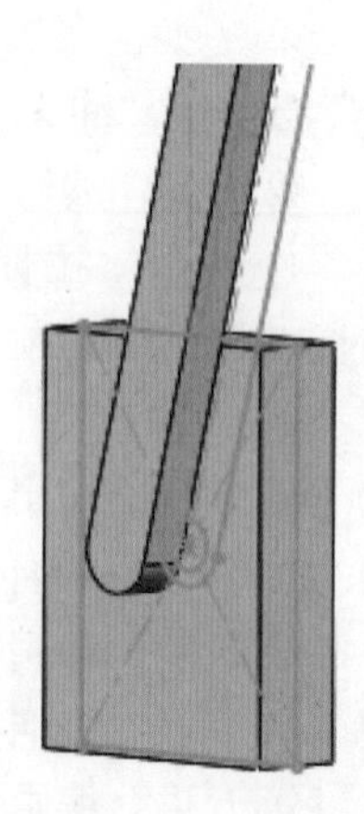

图7-18　拉伸冲头模型

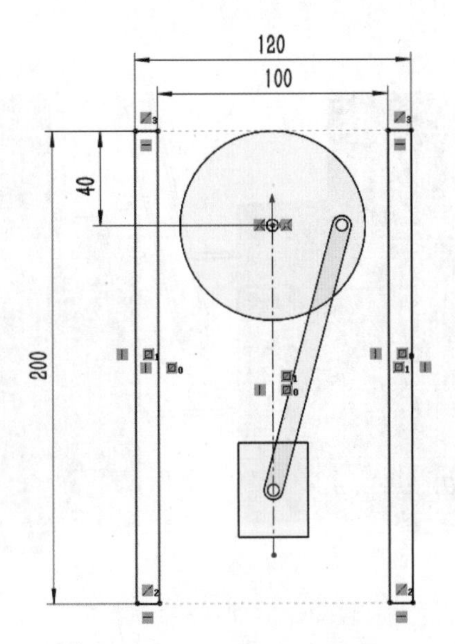

图7-19 绘制机架外框草图

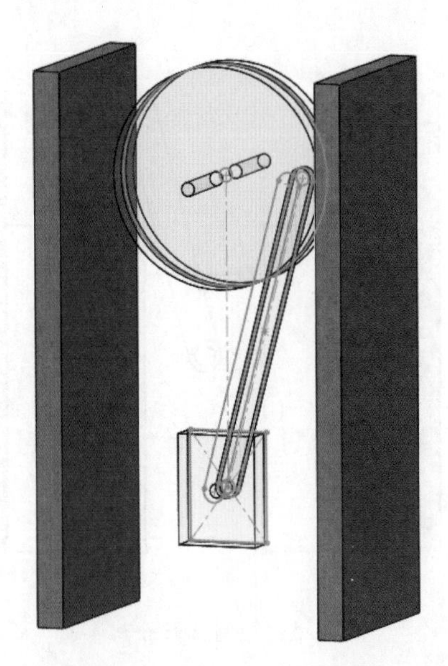
图7-20 拉伸机架外框模型

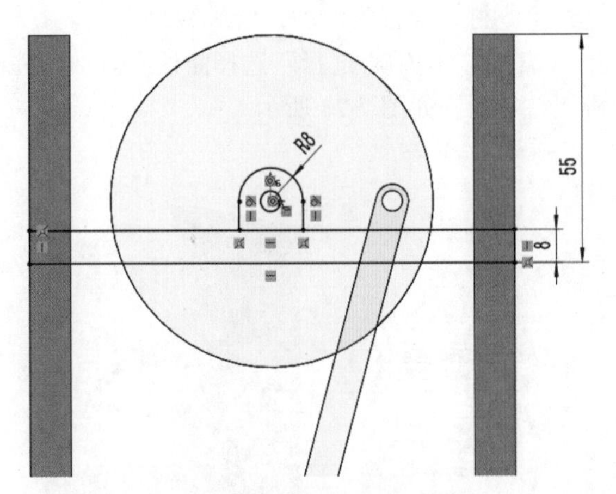

图7-21 绘制机架固定支座草图

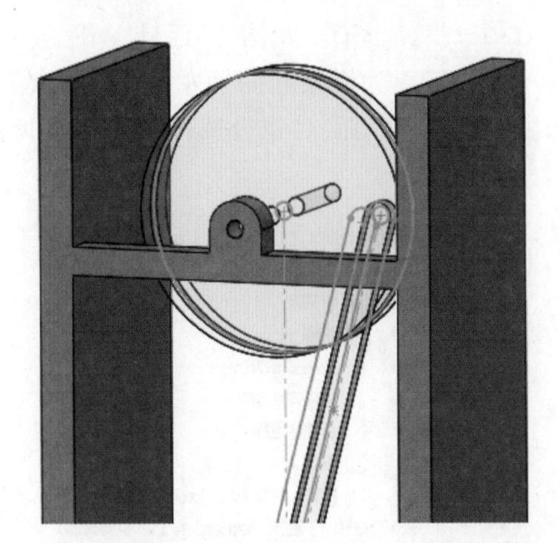
图7-22 拉伸机架固定铰支座模型

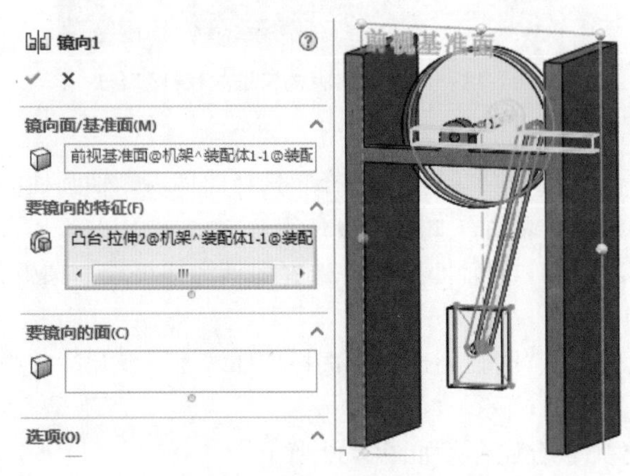

图7-23 镜像机架固定支座

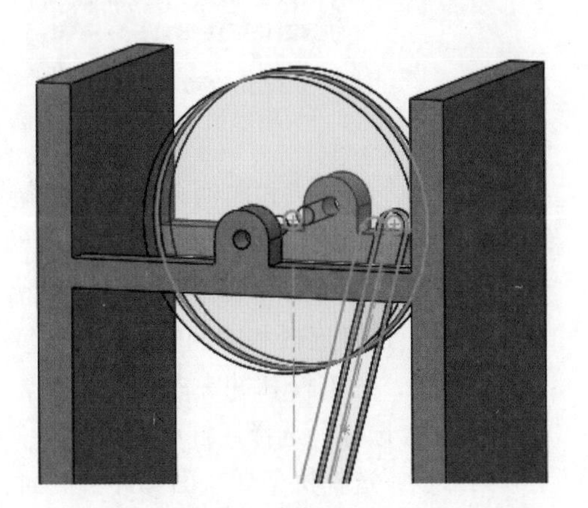
图7-24 镜像后的效果

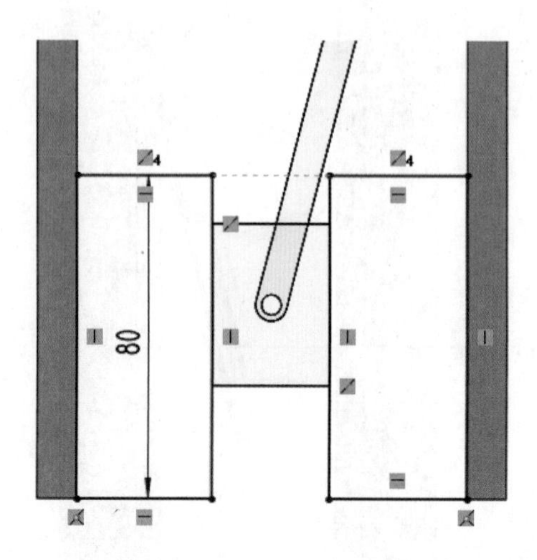

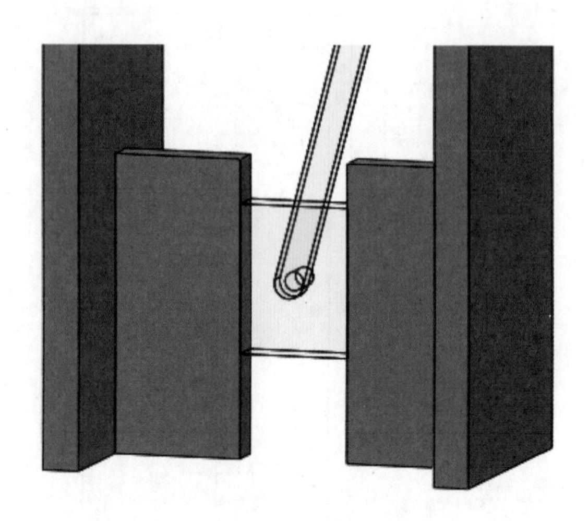

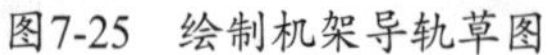

图7-25　绘制机架导轨草图　　　　图7-26　拉伸机架导轨模型

3.装配曲柄压力机

第一步，选中“曲柄”“连杆”和“冲头”三个零件，设置为浮动，如图 7-27 所示。

第二步，为机架和曲柄左侧添加铰链配合 1，其中“同轴心选择”选择曲柄左侧轴圆柱面和机架支座圆弧面，“重合选择”选择曲柄和机架左端面，如图 7-28 所示。

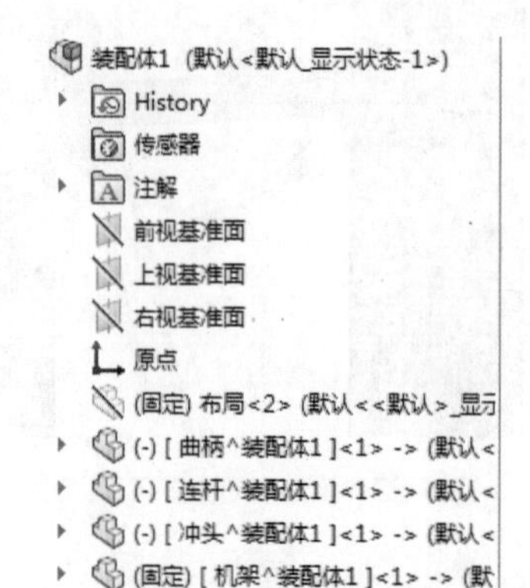

图7-27　设置活动构件为浮动

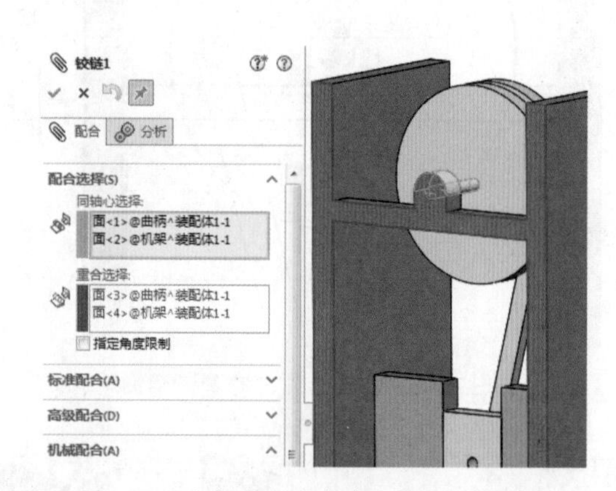

图7-28　曲柄左侧和机架添加铰链配合1

第三步，为机架和曲柄右侧添加铰链配合 2，其中“同轴心选择”选择曲柄右侧轴圆柱面和机架支座圆弧面，“重合选择”选择曲柄和机架右端面，如图 7-29 所示。

第四步，为曲柄和连杆添加铰链配合 3，其中“同轴心选择”选择曲柄和连杆端面圆弧，“重合选择”选择连杆和曲柄端面，如图 7-30 所示。

第五步，为连杆和冲头添加铰链配合 4，其中“同轴心选择”选择连杆端面圆弧和冲头中心孔，“重合选择”选择连杆和冲头端面，如图 7-31 所示。

第六步，选择机架导轨面和冲头侧面，添加重合配合，如图 7-32 所示。

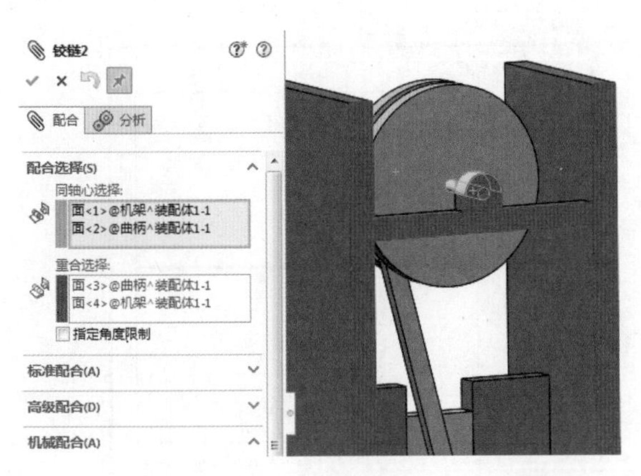

图7-29　曲柄右侧和机架添加铰链配合2

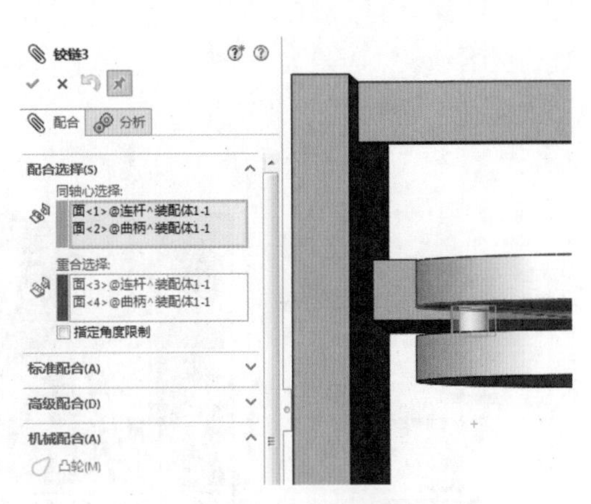

图7-30　曲柄和连杆添加铰链配合3

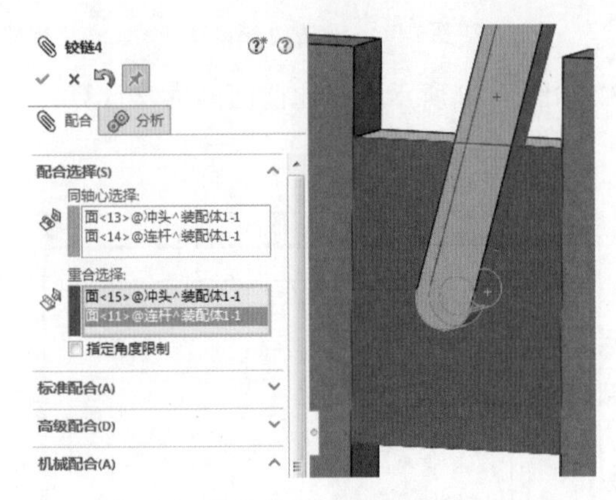

图7-31　连杆和滑块添加铰链配合4

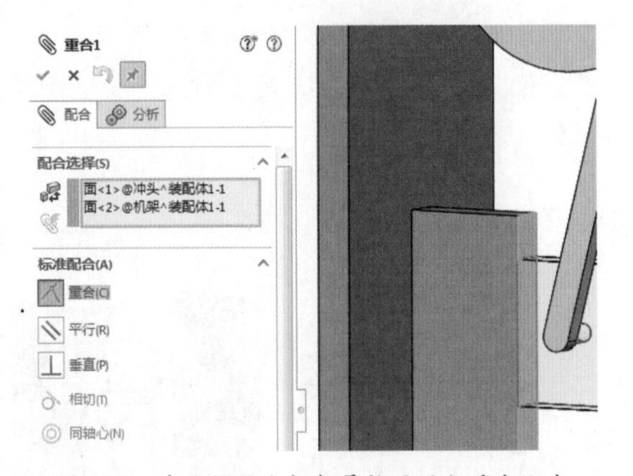

图7-32　冲头侧面和机架导轨面添加重合配合

4.曲柄压力机动力学分析

第一步，选择曲柄轴的圆柱面，添加旋转马达，转速设置为“0RPM”，如图 7-33 所示。

第二步，选择冲头底面，添加力，方向向上，大小为 10000N，如图 7-34 所示。

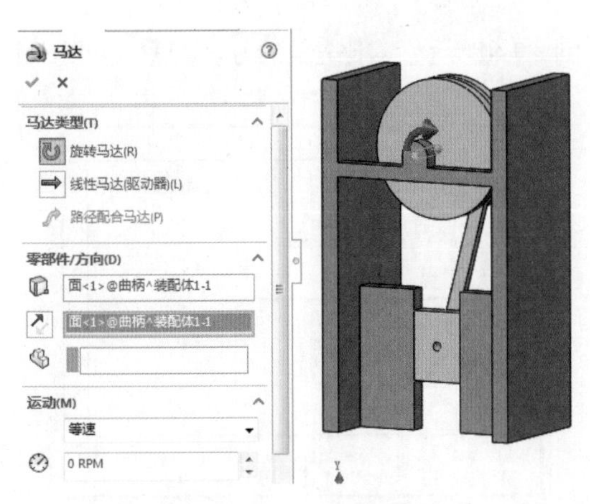

图7-33　在曲柄上添加旋转马达

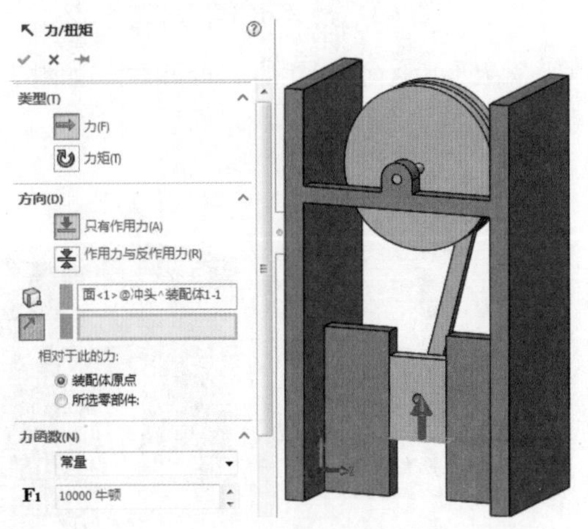

图7-34　在冲头上添加力

第三步，查询马达力矩，如图 7-35 和图 7-36 所示。对比前面的力学计算，结果一致。

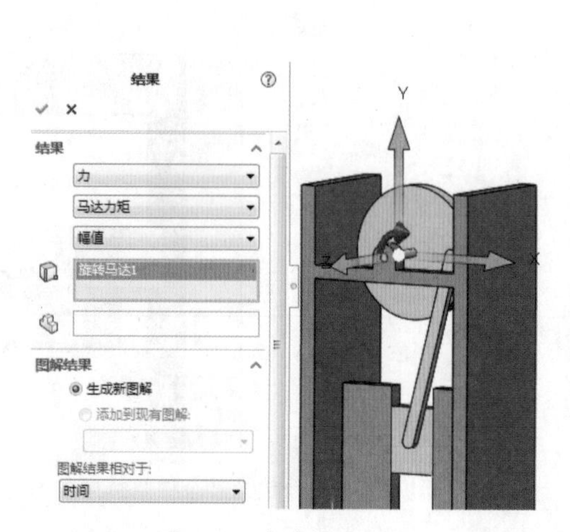

图7-35 查询马达力矩

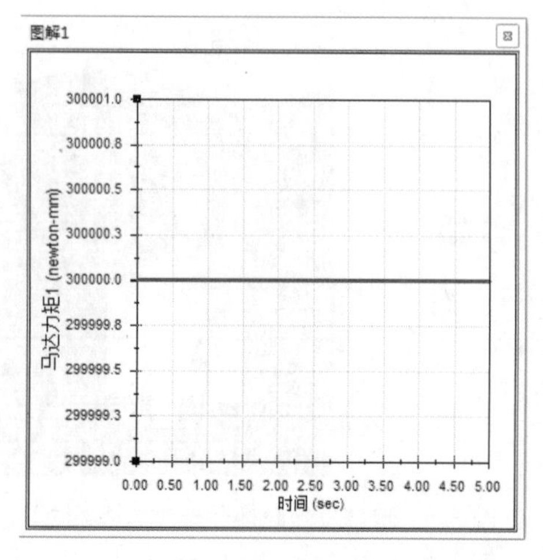

图7-36 马达力矩线图

第四步，查询冲头与导轨侧压力，如图 7-37 和图 7-38 所示。对比前面的力学计算，结果一致。

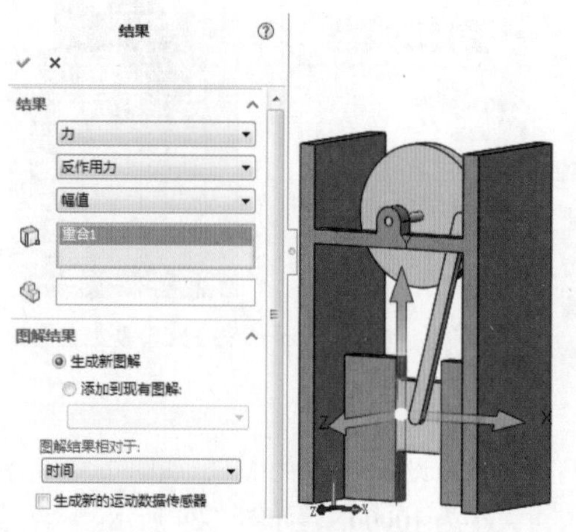

图7-37 查询冲头与导轨侧压力

图解2

2680

反作用力1 (newton)

2679

0.00 0.50 1.00 1.50 2.00 2.50 3.00 3.50 4.00 4.50 5.00

时间 (sec)

图7-38 冲头与导轨侧压力线图

第五步，查询铰链 1 的 x 向约束力，如图 7-39 和图 7-40 所示。对比先前的力学计算，结果不同。

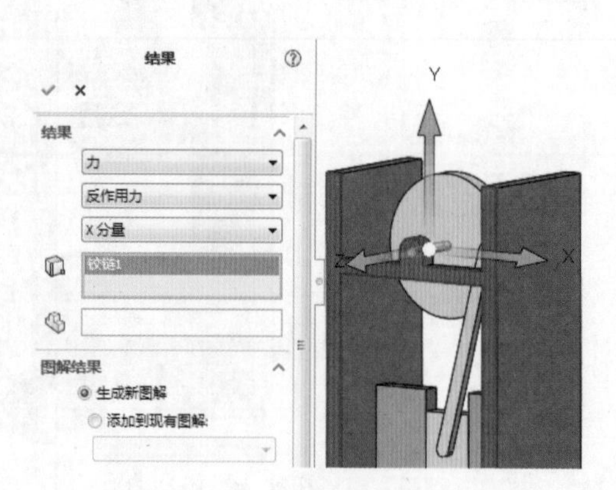

图7-39 查询铰链1的x向约束力

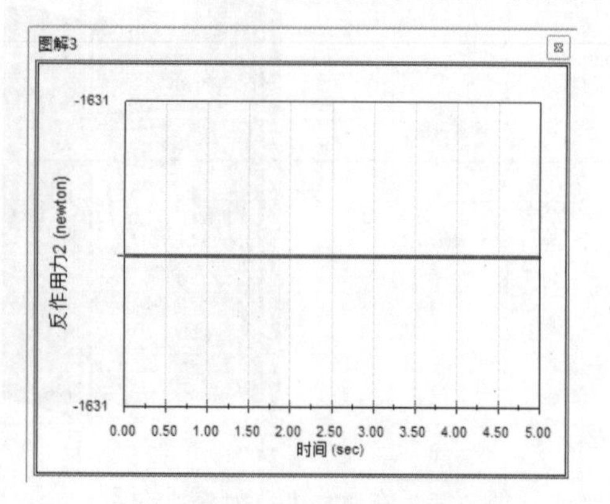

图7-40 铰链1的x向约束力线图

第六步，查询铰链 1 的 y 向约束力，如图 7-41 和图 7-42 所示。对比先前的力学计算，结果不同。

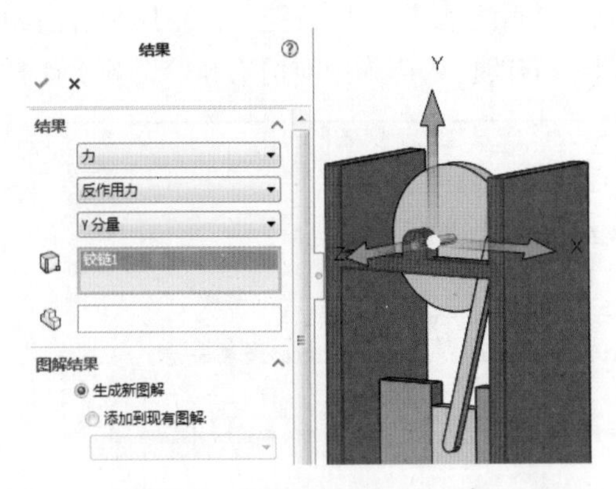

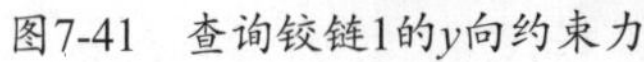
图7-41　查询铰链1的y向约束力

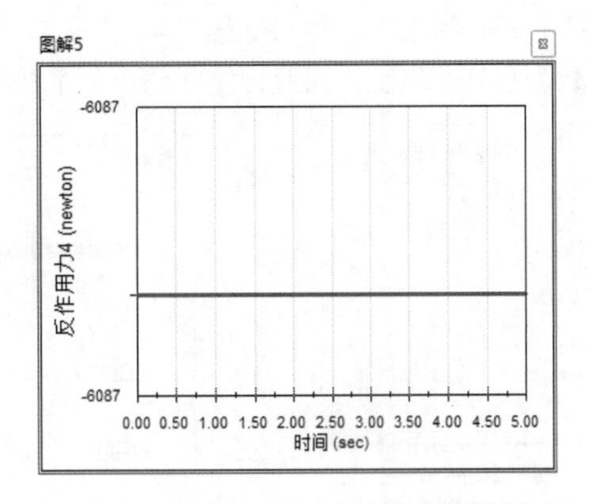

图7-42　铰链1的y向约束力线图

此时注意：在动力学分析界面中已经提示了冗余，如图 7-43 所示。右键单击“自由度”，即可查询自由度被重复约束的具体情况，如图 7-44 所示。根据先前的分析可知，铰链 1 和铰链 2 是重复约束的，因此可以用以下两种方法分别处理：

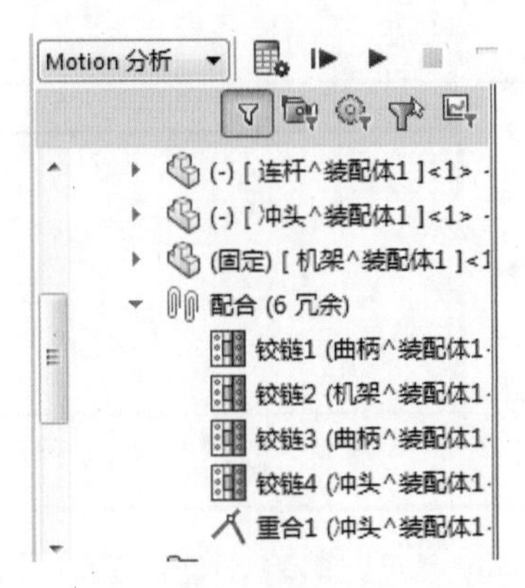

图7-43　冗余配合提示

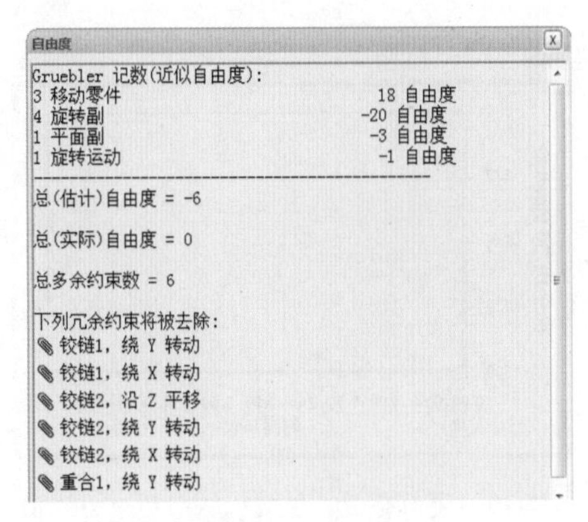

图7-44　查询自由度

1）删除铰链 2 再次计算，此时结果如图 7-45 和图 7-46 所示，与计算结果一致。

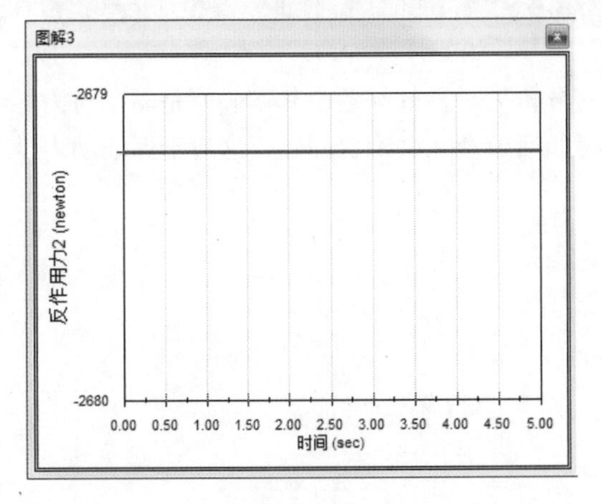

图7-45　去除冗余配合后铰链1的x向约束力线图

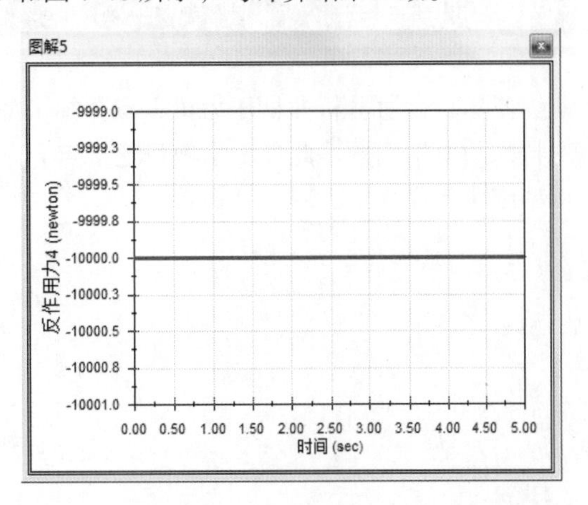

图7-46　去除冗余配合后铰链1的y向约束力线图

2）打开“运动算例属性”对话框，勾选“以套管替换冗余配合”复选框，如图 7-47 所示，套管参数均取默认值，如图 7-48 所示。此时约束力会分摊在铰链 1 和铰链 2 上，分别查询两个铰链的 x 向约束力，结果如图 7-49 和图 7-50 所示。由于铰链 2 与铰链 1 在添加时方向相反，力的参考方向也相反。因此，实际约束力都是水平向右的，大小为绝对值之和，也等于计算值。

图7-47　以套管替换冗余配合

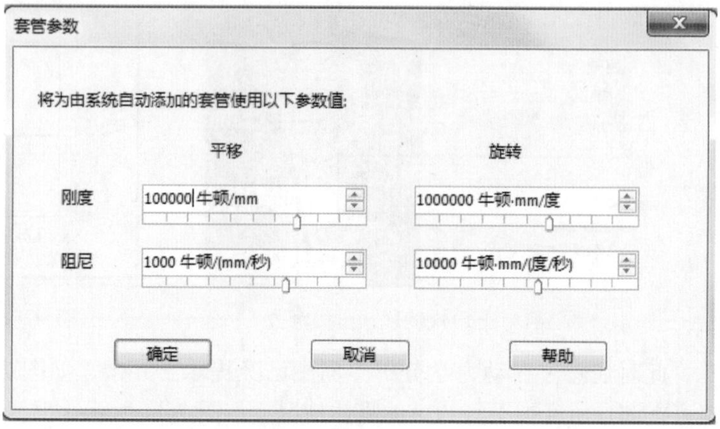

图7-48　套管参数

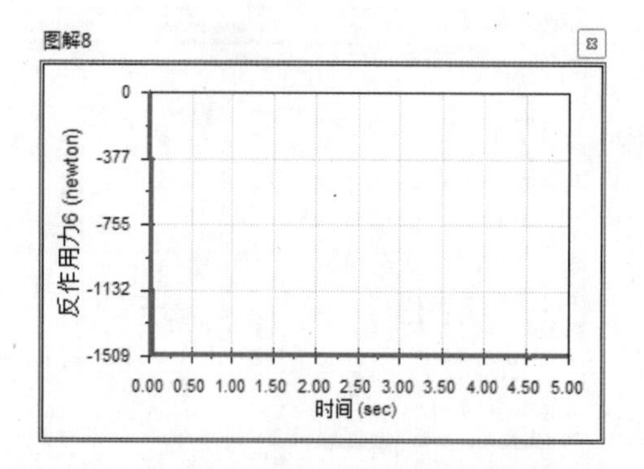

图7-49　使用套管后铰链1的x向约束力线图

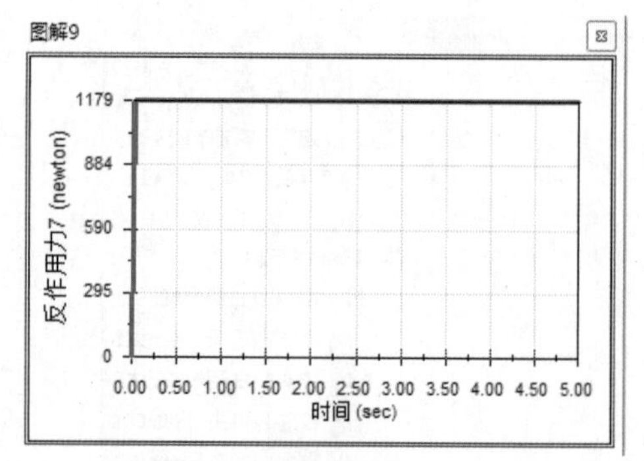

图7-50　使用套管后铰链2的x向约束力线图

四、项目总结

本项目通过分析曲柄压力机重点介绍了如何分析力平衡的问题，其本质就是驱动力为零时的特殊动力学问题。此外，本项目还重点介绍了如何处理冗余配合问题，这对于保证动力学分析精度非常有意义。

项目 8 双摇杆自动供料设备执行机构设计

【学习目标】

1. 了解在 SolidWorks 中利用图解法设计机构的思路方法。
2. 能利用自顶向下建模法，由机构运动简图建立机构装配模型。
3. 能有效进行评估分析仿真。

【重难点】

1. 根据机构使用工况确定设计条件。
2. 利用中垂线几何性质设计连杆机构。

一、项目说明

机构设计通常是机械产品开发的第一步，即根据机械的工作情况确定出机构的运动形式以及主要构件的尺寸。机构设计一般有图解法和解析法两种方法。传统图解法是利用尺规作图，通过几何原理进行机构设计，思路清晰但是精度不够高。解析法是基于线性代数和矩阵相关理论进行计算，要求较高的数理基础。在 SolidWorks 中利用图解法设计可以有效提高设计精度，从而便于一线设计开发技术人员提高设计效率。

本项目以一款双摇杆自动供料设备执行机构为例，介绍在 SolidWorks 中进行图解法设计的过程。该设备是一款自动供料机构，采用双摇杆机构来实现，要求将从左侧斜板滚落下的工件准确地放入右侧的料斗中，如图 8-1 所示。

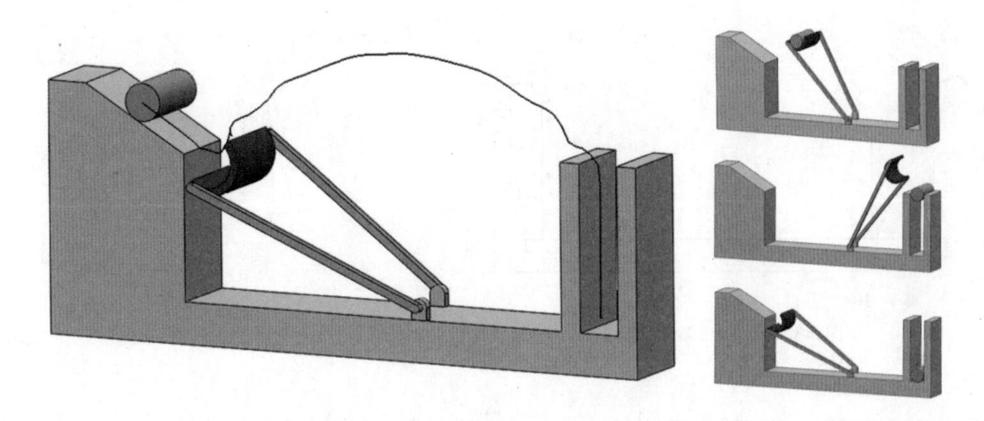

图8-1　双摇杆自动供料设备执行机构工作示意图

二、预备知识

传统图解法是基于几何学的相关原理，利用尺规作图求解出机构的，在 SolidWorks 中可用草图相关工具来实现作图求解过程。图解法的核心思想是：跟踪刚性连杆的运动轨迹，连架杆活动端的轨迹是一个以固定铰支座为圆心、半径为连架杆长度的圆弧，如图 8-2a 所示。因此，当圆弧已知时，可以利用中垂线来求出机架中心，如图 8-2b 所示。

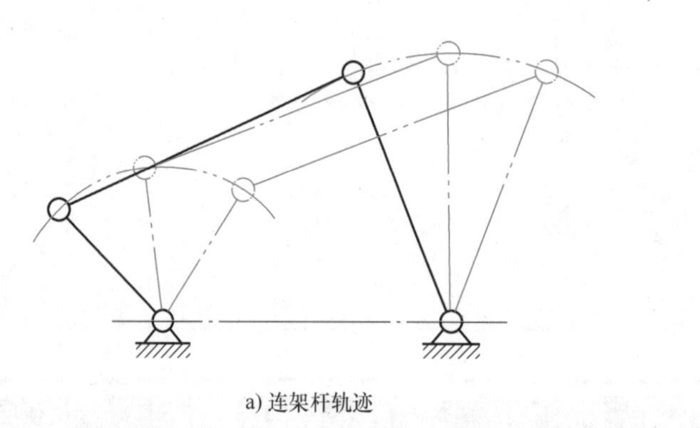

a) 连架杆轨迹　　b) 利用中垂线求机架

图8-2　图解法的设计原理

三、项目实施

1.创建机架和工件模型

第一步，创建机架模型。打开 SolidWorks，新建装配体。在装配体中插入新零件，命名为“机架”，编辑该零件，完成图 8-3 所示的草图。拉伸 200mm，即得到机架模型，如图 8-4 所示。

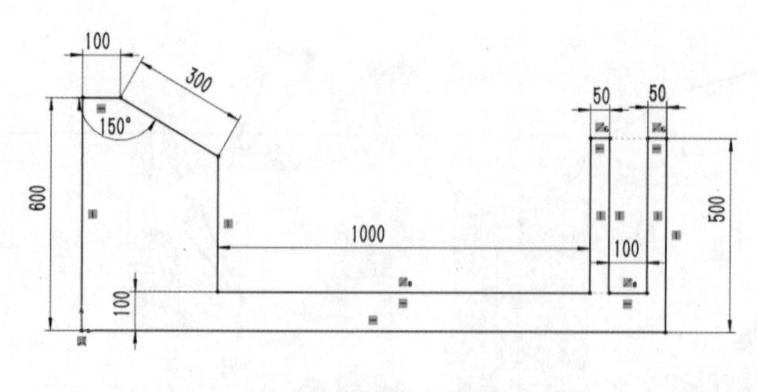

图8-3　绘制机架草图

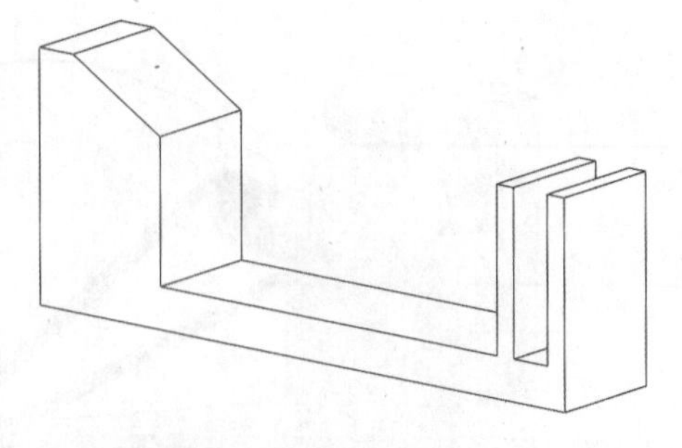

图8-4　创建机架模型

第二步，在装配体中插入新零件，命名为“工件”，编辑该零件，完成图 8-5 所示的草图。注意：绘制的圆要和机架斜板相切。拉伸 200mm，即得到工件模型，如图 8-6 所示。

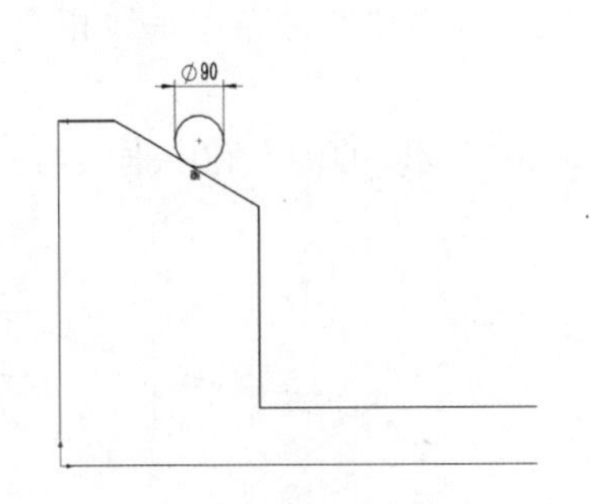

图8-5　绘制工件草图

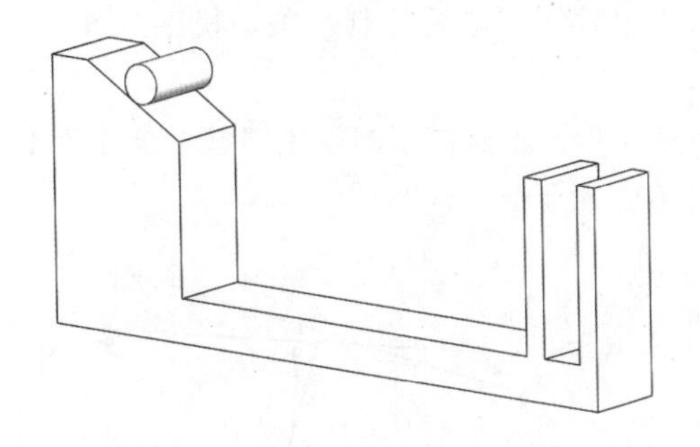

图8-6　创建工件模型

2.根据工件大小建立接盘模型

第一步，在装配体中插入新零件，命名为“图解法设计”，编辑该零件，绘制用于承接工件的接盘构件草图，如图 8-7 所示。

第二步，将之前绘制好的草图制作成图块，观察工件的位置，并拖动、旋转接盘图块到工件下方，确保工件落下时接盘可以接住工件，如图 8-8 所示。

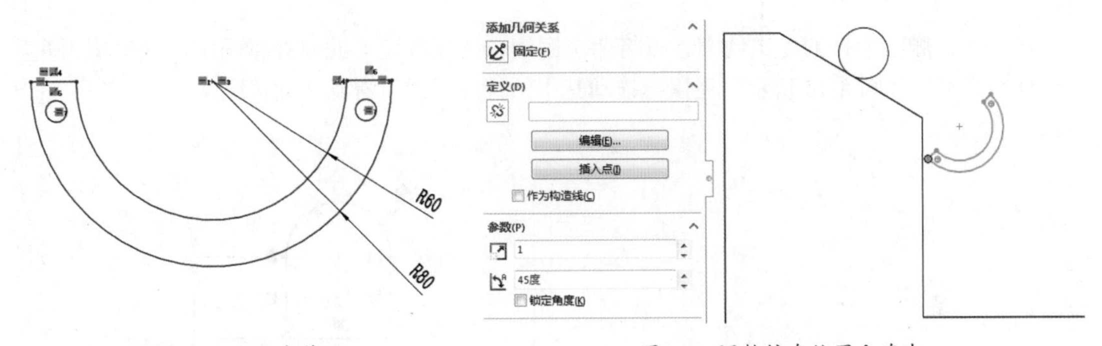

图8-7　绘制接盘草图　　　　图8-8　调整接盘位置和姿态

第三步，在草图中再次插入接盘图块，并调整其位置和姿态，确保工件可以放入料斗，如图 8-9 所示。

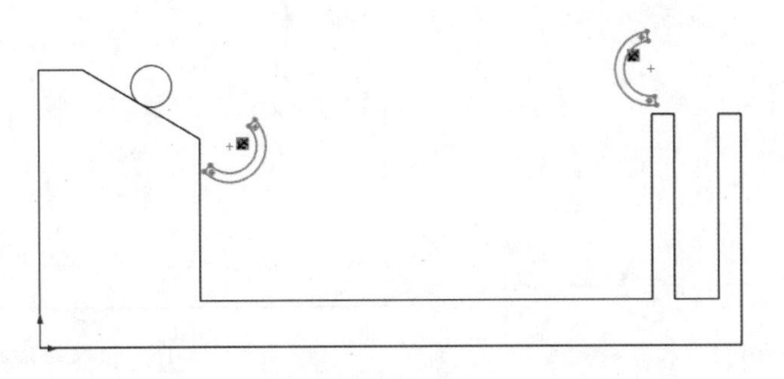

图8-9　确定运动初始和终止状态的姿态

3.利用图解法设计连杆

第一步，依据图解法设计原理绘制设计辅助线确定构件尺寸和机架。在“图解法设计”

零件中，利用草图直线连接接盘上同一个铰链在两个位置的圆心，并在所得的两条直线上分别作出中垂线，最后绘制一条与机架底面高度为30mm的线段与两条中垂线相交，如图8-10所示。

第二步，绘制槽口线。槽口线的两个圆心分别是相应线段的端点和中垂线与底边的交点，如图8-11所示。

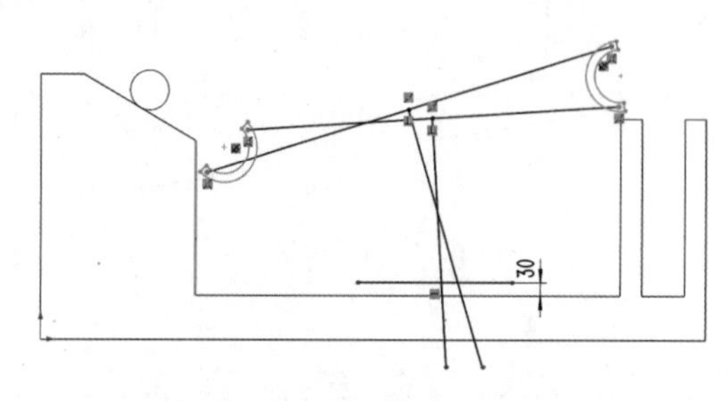

图8-10　绘制设计辅助线

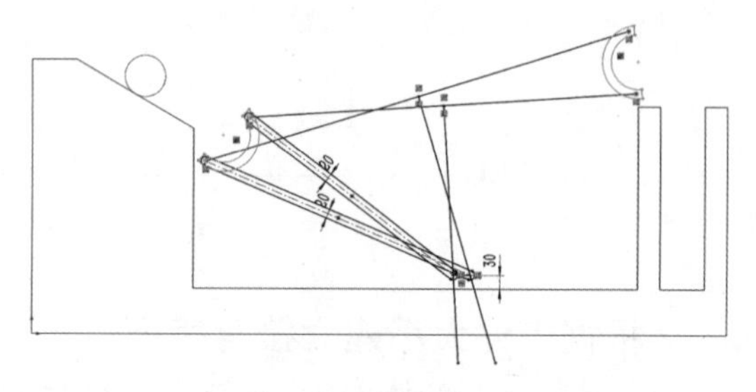

图8-11　绘制槽口线

第三步，将绘制出的槽口线分别做成图块并固定，删除辅助线，如图8-12所示。

第四步，用直线和圆弧绘制固定铰链草图，如图8-13所示。绘制完后将其制作成图块，利用和连杆底端同心和机架重合的约束关系，将两个固定铰链放置到合适的位置，如图8-14所示。

第五步，删除连杆的固定约束，再将两个固定铰支座固定，此时在草图中已经模拟出真实的配合关系了，如图8-15所示。用鼠标拖动其中的杆件，即可看到运动情况。

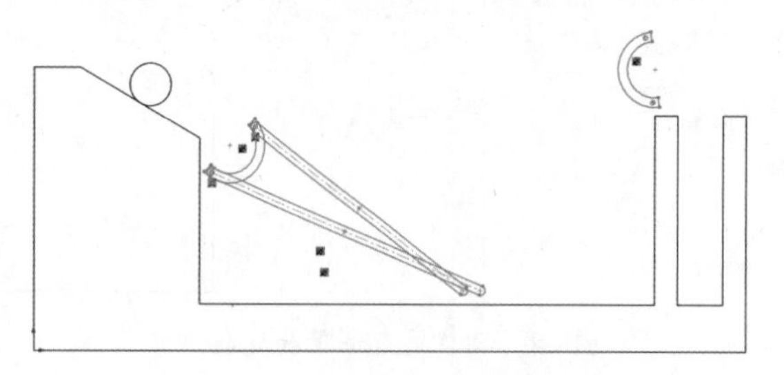

图8-12　固定连杆图块

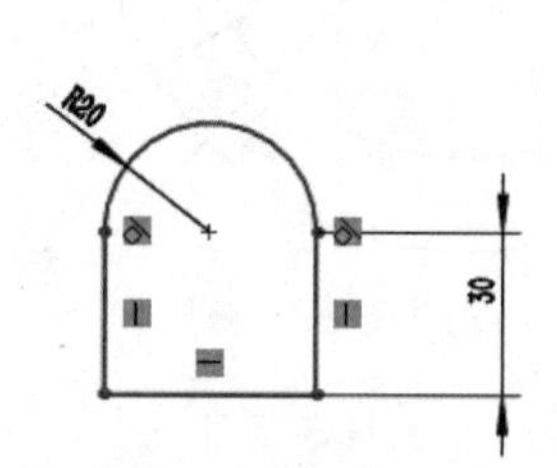

图8-13　绘制固定铰链草图

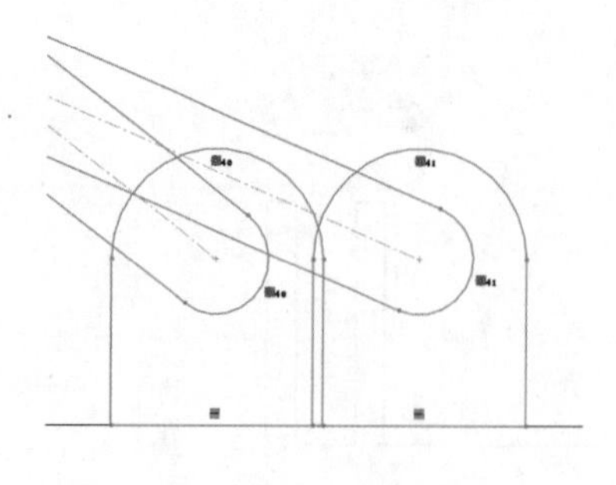

图8-14　约束固定铰链

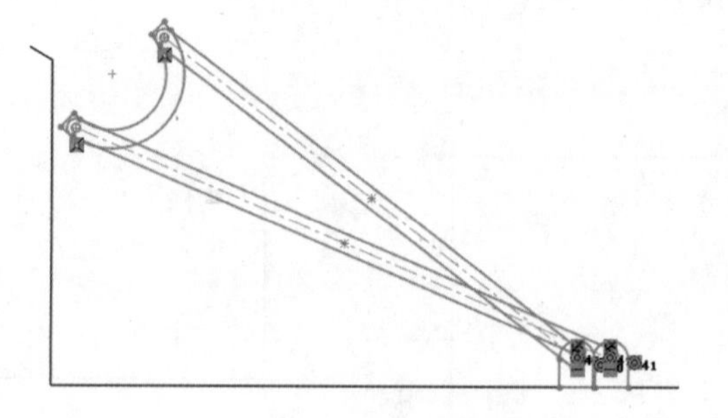

图8-15　修改约束关系

4.建立整套装配模型

第一步，在装配体中再次插入5个新零件，分别命名为“接盘”“连杆1”“连杆2”“支座1”和“支座2”，如图8-16所示。

第二步，编辑“接盘”零件，选择合适的基准面绘制草图，将图解法设计中的接盘图块转换应用，即可得到图 8-17 所示的草图。拉伸 200mm，即得到接盘模型，如图 8-18 所示。

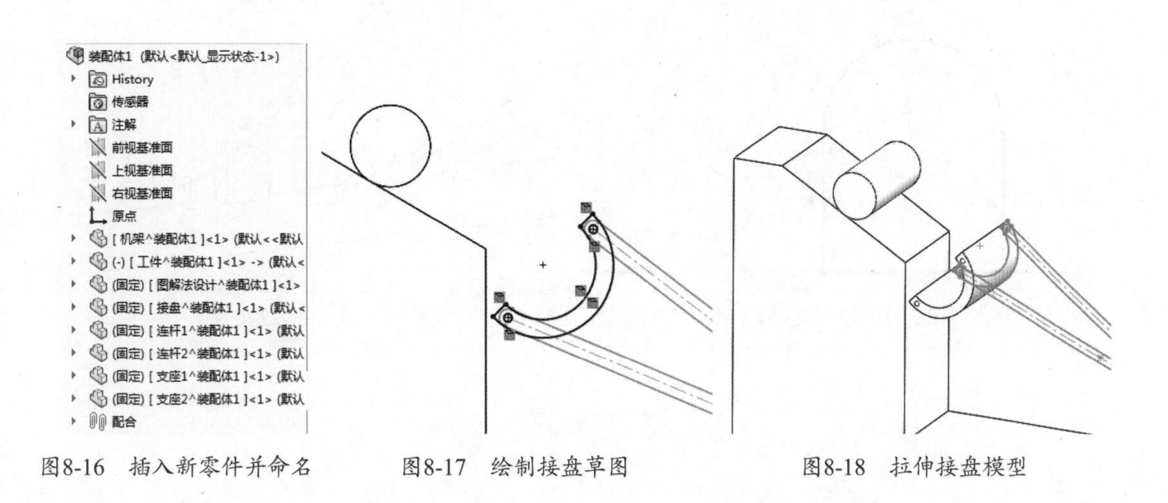

图8-16　插入新零件并命名　　图8-17　绘制接盘草图　　图8-18　拉伸接盘模型

第三步，参照第二步方法，分别编辑每个零件，将图解法设计中相应的图块转换应用，再拉伸 10mm，即得连杆 1、连杆 2、支座 1 和支座 2 的模型，如图 8-19~ 图 8-26 所示。

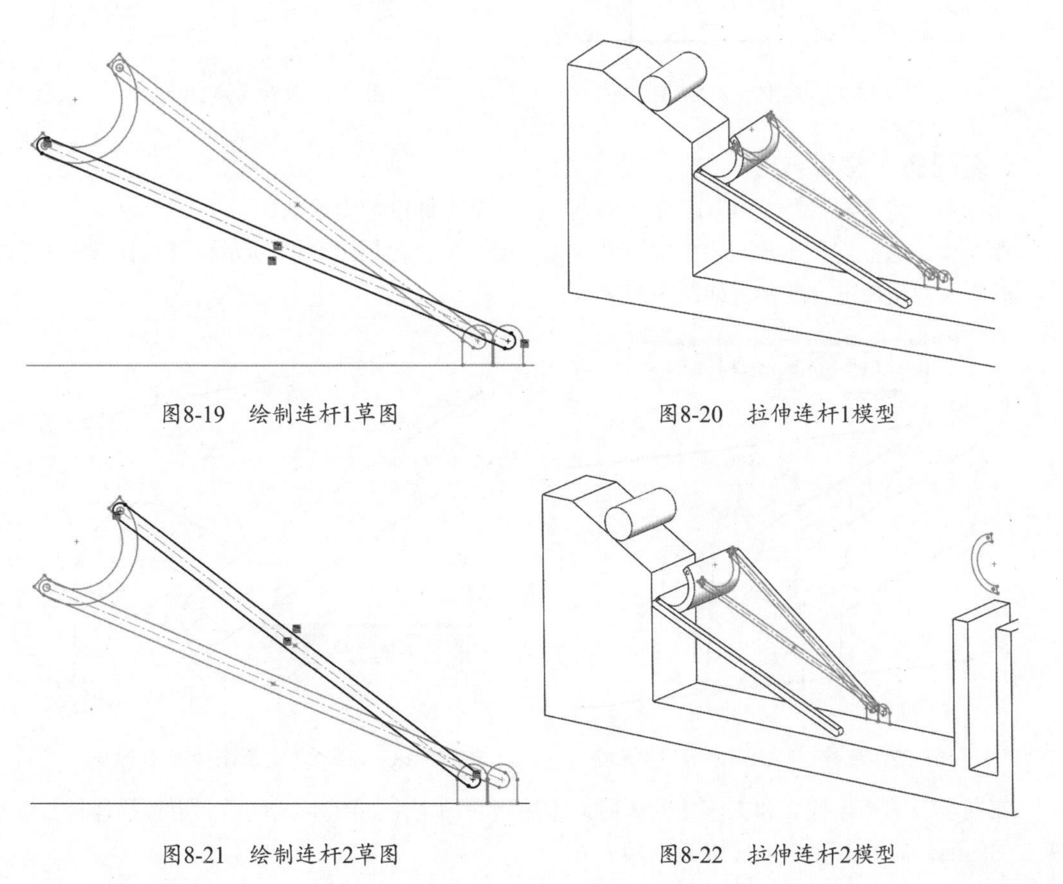

图8-19　绘制连杆1草图　　图8-20　拉伸连杆1模型

图8-21　绘制连杆2草图　　图8-22　拉伸连杆2模型

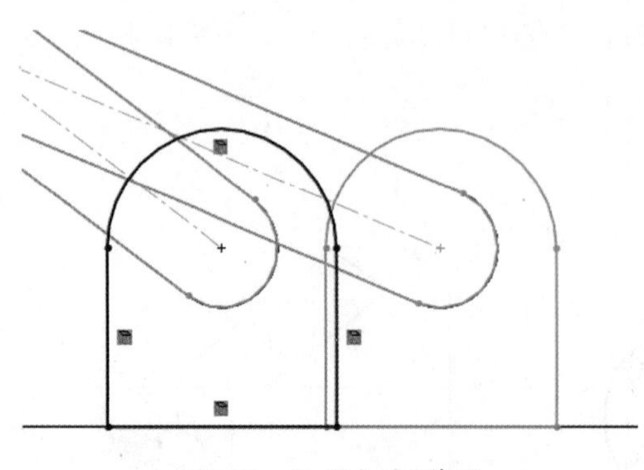

图8-23 绘制支座1草图

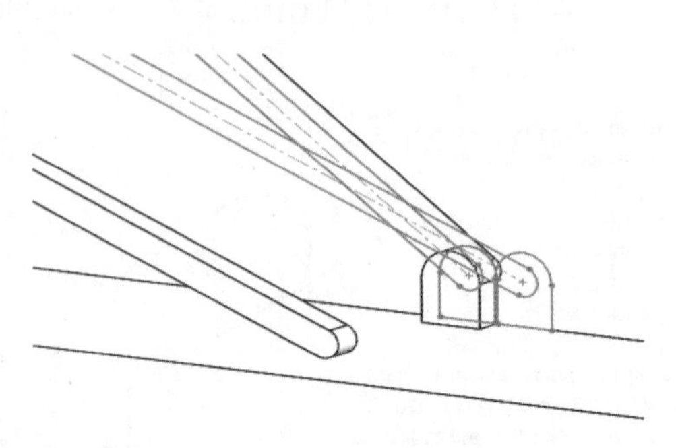

图8-24 拉伸支座1模型

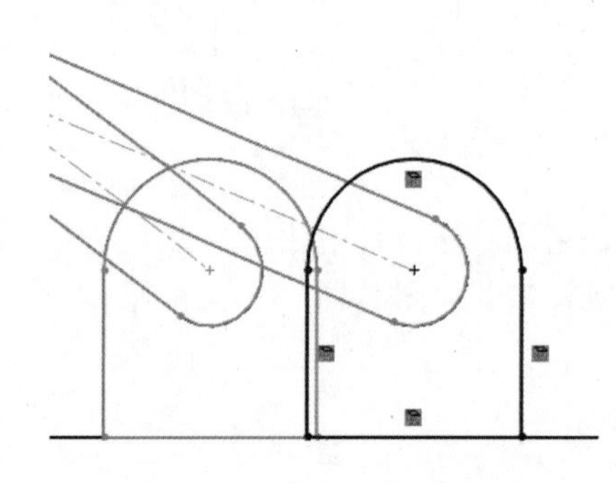

图8-25 绘制支座2草图

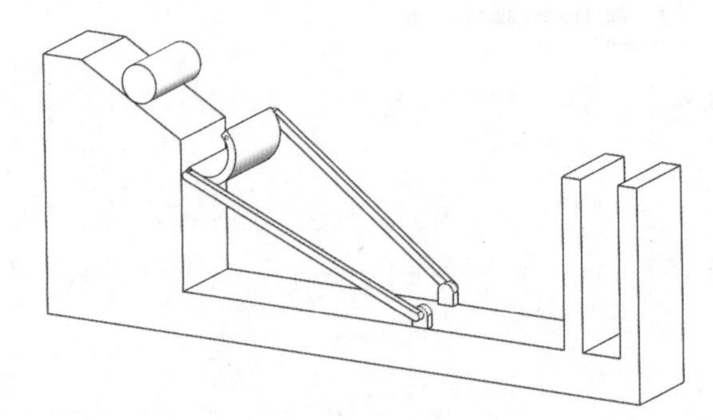

图8-26 拉伸支座2模型

5.装配各个构件

第一步，将“接盘”“连杆 1”和“连杆 2”三个零件设置为浮动。

第二步，选择连杆 1 和支座 1 的弧面，添加同心配合，如图 8-27 所示。再选择连杆 1 和支座 1 的侧面，添加重合配合，如图 8-28 所示。

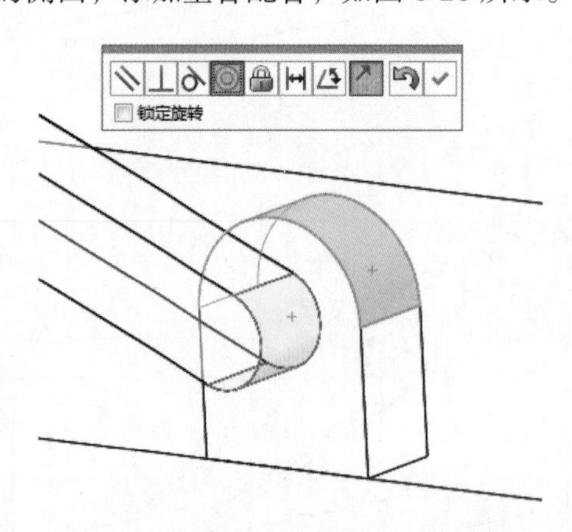

图8-27 连杆1与支座1添加同心配合

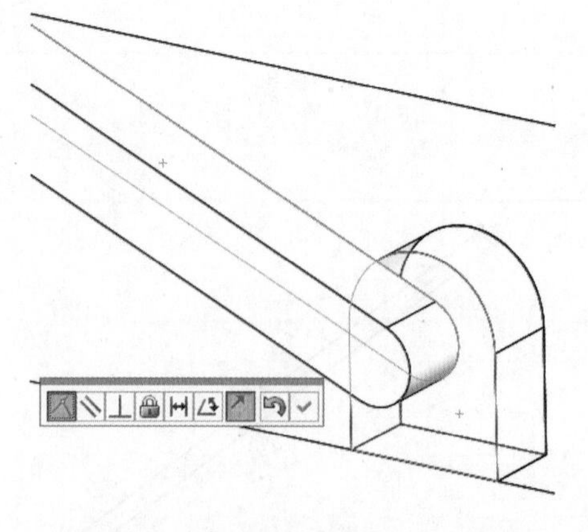

图8-28 连杆1与支座1添加重合配合

第三步，选择连杆 2 和支座 2 的弧面，添加同心约束，如图 8-29 所示。再选择连杆 2 和支座 2 的侧面，添加重合约束，如图 8-30 所示。

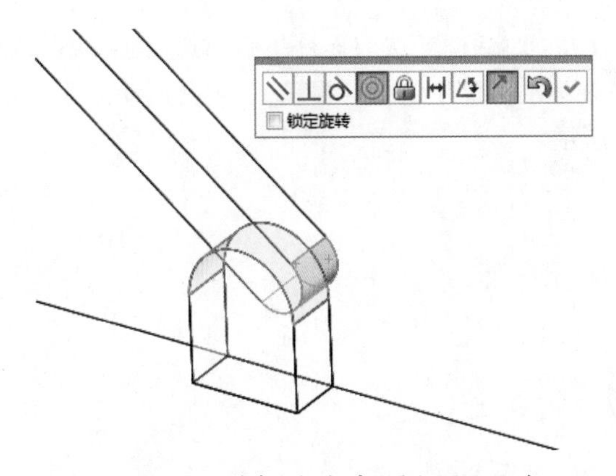

图8-29　连杆2与支座2添加同心配合

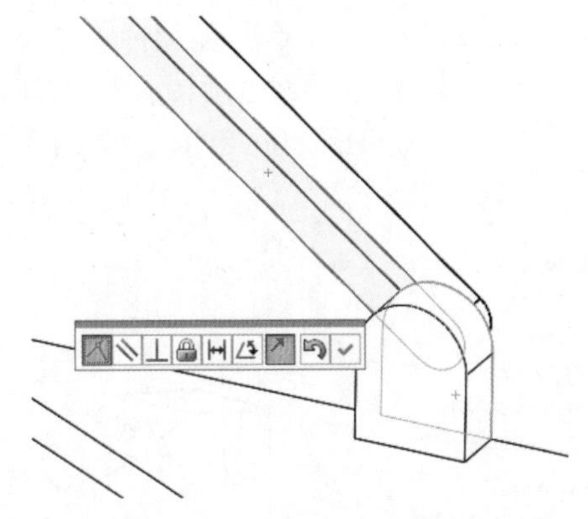

图8-30　连杆2与支座2添加重合配合

第四步，选择连杆 1 和接盘相应的孔，添加同心配合，如图 8-31 所示。再选择连杆 1 和接盘的侧面，添加重合配合，如图 8-32 所示。

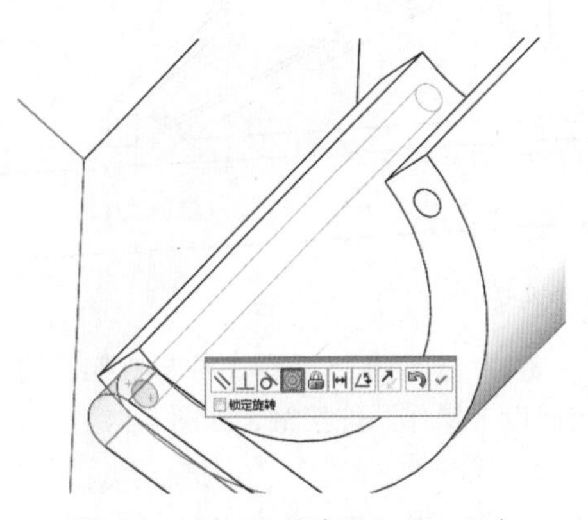

图8-31　连杆1与接盘添加同心配合

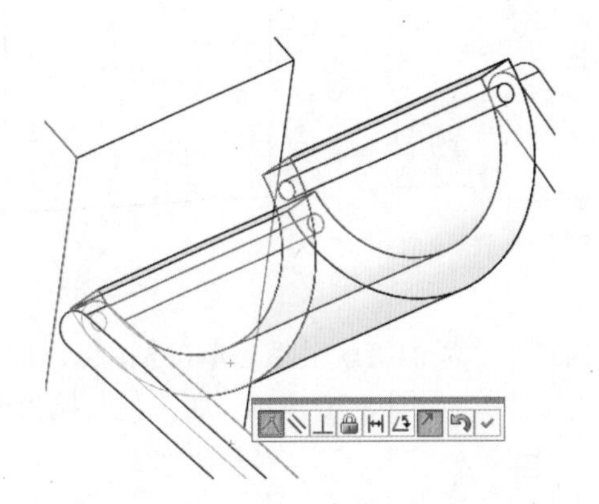

图8-32　连杆1与接盘添加重合配合

第五步，选择连杆 2 和接盘相应的孔，添加同心配合，如图 8-33 所示。再选择连杆 2 和接盘的侧面，添加重合配合，如图 8-34 所示。

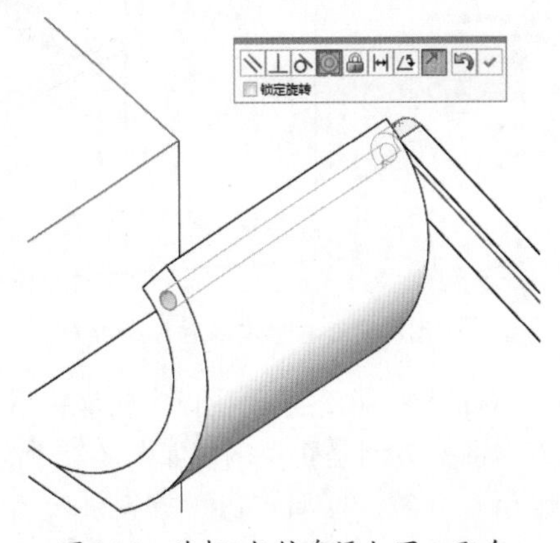

图8-33　连杆2与接盘添加同心配合

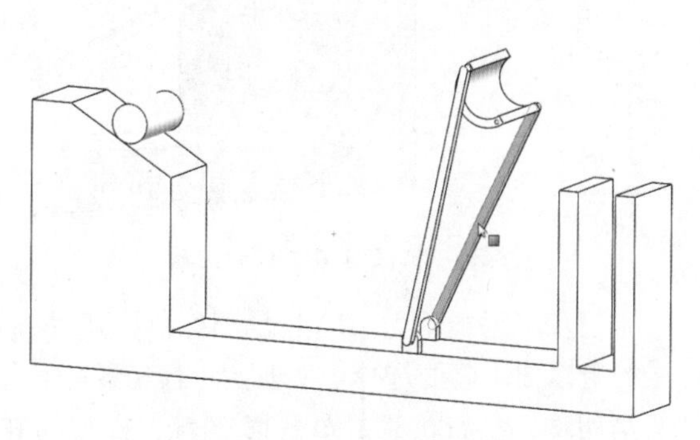

图8-34　连杆2与接盘添加重合配合

6.执行运动仿真

第一步，添加马达。单击图标，打开“马达”对话框，选取连杆 1 底部圆弧面，添加旋转马达，注意观察出现的红色旋转箭头的方向。在运动类型中选择“振荡”，在其运动参数中分别输入“90 度”“0.5Hz”和“0 度”，如图 8-35 所示。

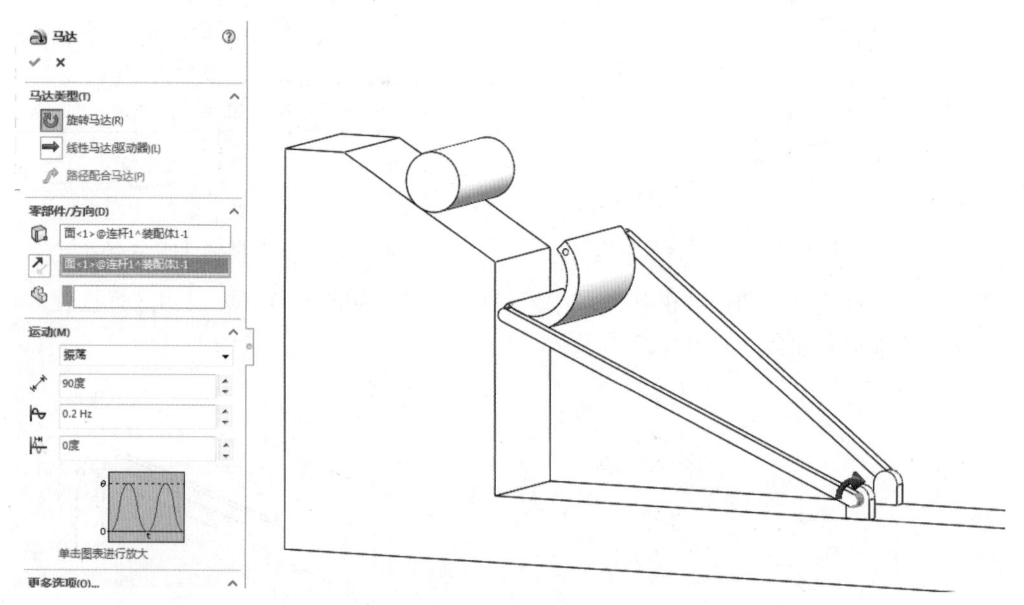

图8-35 添加马达

第二步，添加接触关系。单击图标，打开“接触”对话框，选择工件与机架，接触类型选择“实体”，如图 8-36 所示。将工件与接盘也按照以上操作添加接触，如图 8-37 所示。

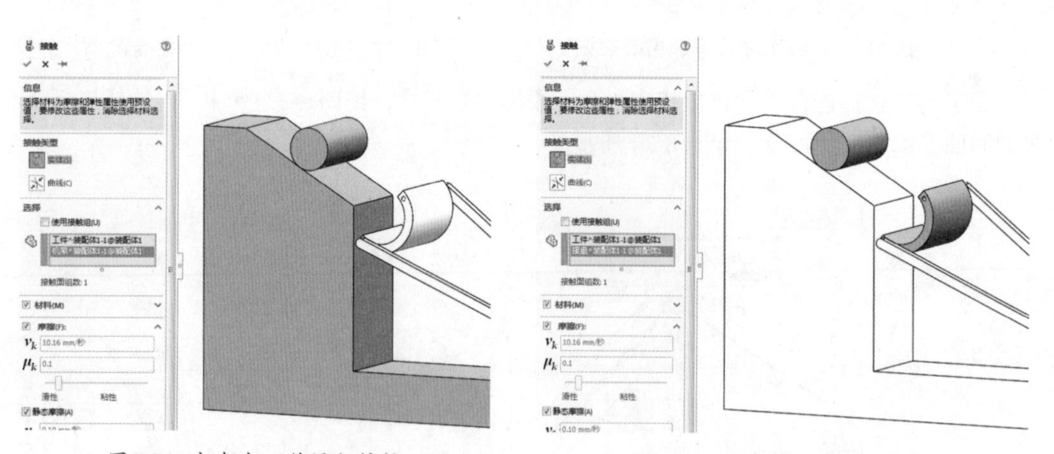

图8-36 机架与工件添加接触　　　图8-37 接盘与工件添加接触

第三步，添加重力。单击图标，打开“引力”对话框，观察建模窗口中的坐标系，选择合适的坐标轴，此处选择了 y 轴，注意观察右下方重力箭头方向是否正确，如图 8-38 所示。

第四步，执行仿真。单击图标，模型即开始仿真计算。此时可以观察到机构的运动情况，如图 8-39 所示。

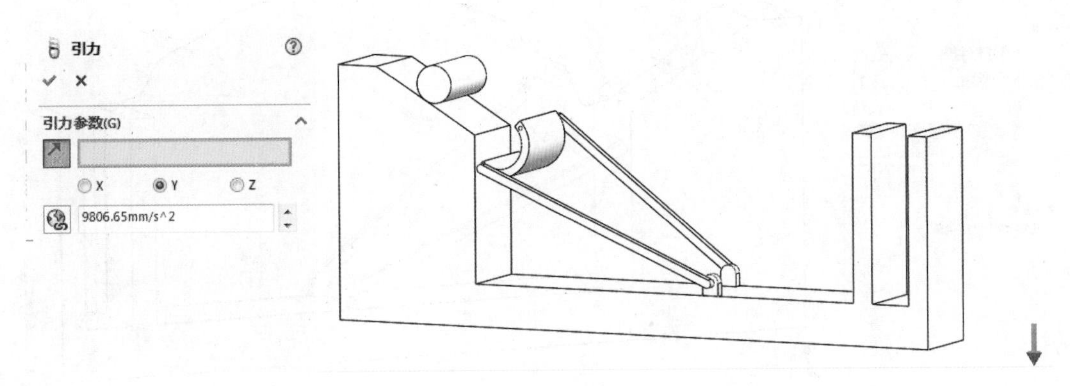

图8-38　添加重力

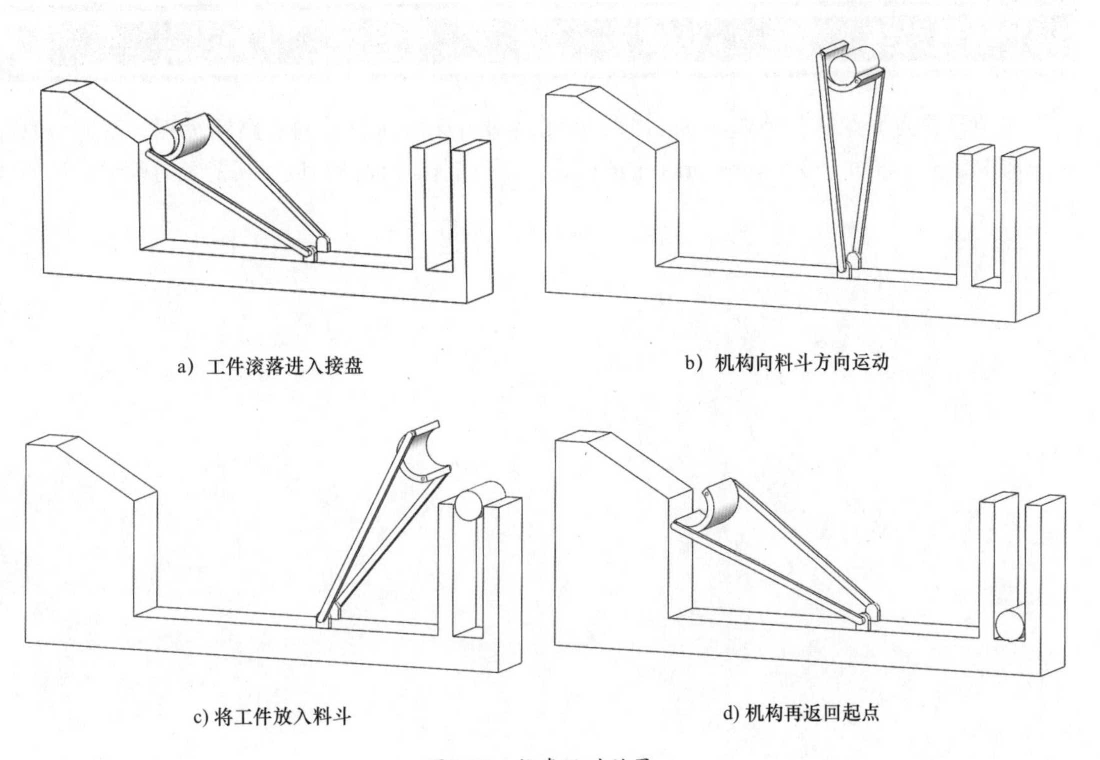

a）工件滚落进入接盘

b）机构向料斗方向运动

c) 将工件放入料斗

d) 机构再返回起点

图8-39　仿真运动效果

第五步，查询观阅工件运动轨迹。单击图标，选择结果选项下的“位移 / 速度 / 加速度”“跟踪路径”，再选择工件边线，即捕捉出工件圆心的运动轨迹，如图 8-40 所示。通过分析轨迹曲线，有助于分析机构设计是否满足使用要求。

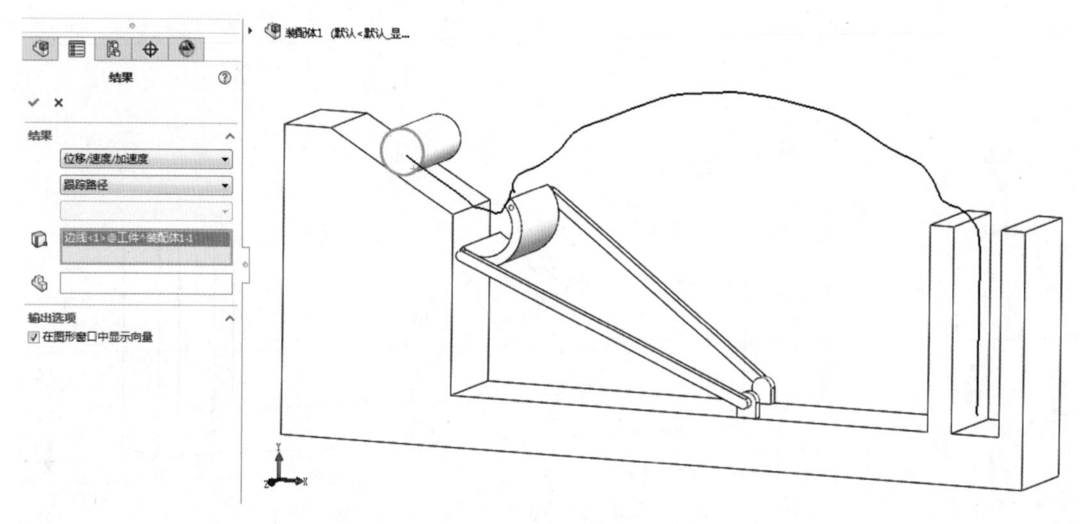

图8-40　跟踪工件路径

四、项目总结

本项目重点介绍了如何基于SolidWorks平台进行图解法设计的思路和过程。图解法原理直观清晰，易于理解，在SolidWorks中进行设计不仅能保证设计精度，还能及时验证设计的合理性。

项目 9 双摇杆自动供料设备驱动机构设计

【学习目标】

1. 强化在 SolidWorks 中利用图解法设计机构的方法。
2. 能利用自顶向下建模法，由机构运动简图建立机构装配模型。
3. 能基于事件进行仿真模拟自动化设备运行。

【重难点】

1. 理解事件触发控制的逻辑思想。
2. 应用传感器、伺服马达定义事件，模拟控制器运行。

一、项目说明

本项目是项目 8 的进一步优化。考虑工业自动化中经常使用气缸作为动力源，因此本项目在项目 8 的基础上再增加气缸驱动机构。(基于事件的仿真模拟自动控制系统工作原理)，如图 9-1 所示。

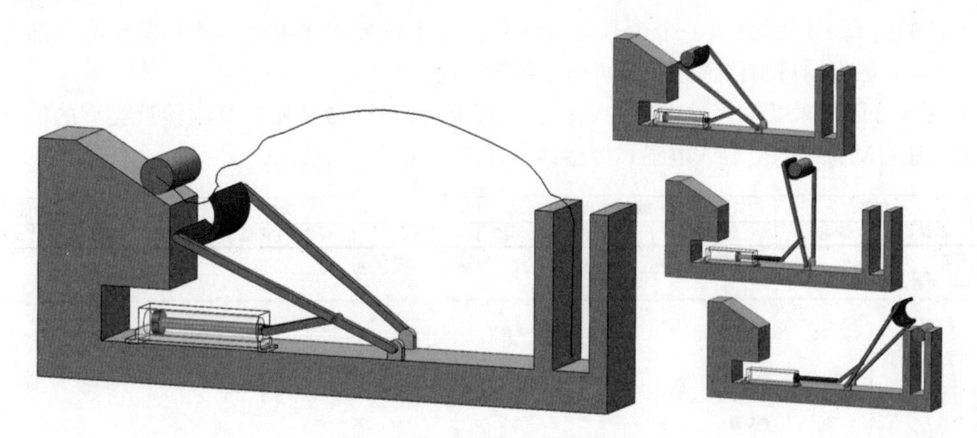

图9-1　利用气缸驱动自动送料机构

二、预备知识

1.基于事件的运动仿真

基于事件的仿真体现了工业自动化的控制思想，这种类型的仿真基于控制器原理，可以利用传感器、计时器等作为触发条件，并结合一些逻辑判断去控制执行机构的动作。

下面借助工业自动化中一个简单典型的案例——送料小车自动控制系统，对控制原理加以说明。该送料小车往返于自动生产线两站之间，将料斗中的物料输送到生产线的另一站，如图 9-2a 所示。由控制流程分析可知，该控制系统通过获取限位开关的信号和计时器信号触发小车左行、右行以及翻门打开等动作，如图 9-2b 所示。

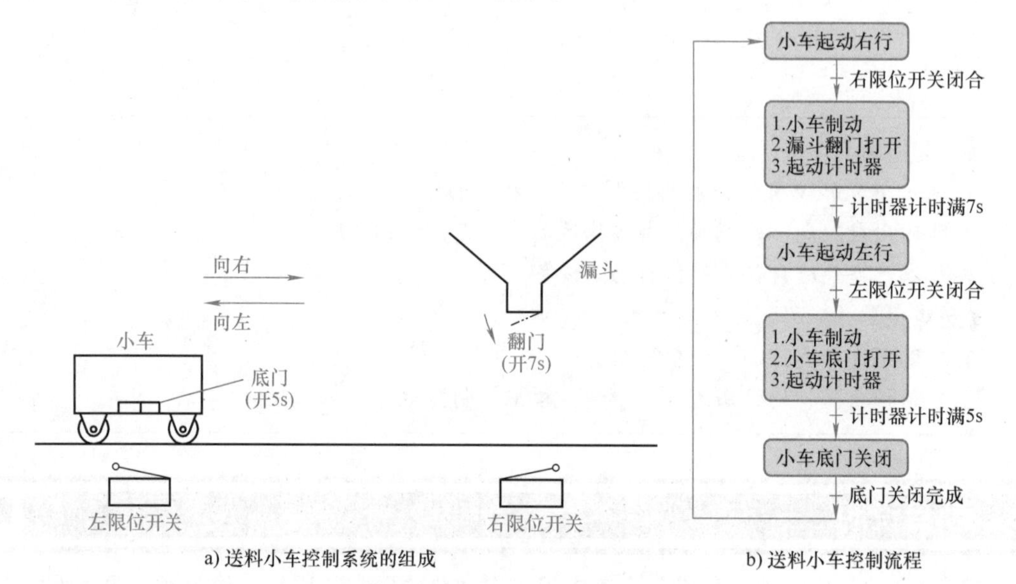

a) 送料小车控制系统的组成　　b) 送料小车控制流程

图9-2　工业控制案例分析

2.事件的定义

事件的仿真可以细分成一个个具体的任务，每个任务主要由触发器和操作两个部分，如图 9-3 所示。触发器可由传感器、时间和任务来实现。

传感器可以用来获取多种类型的数据，如图 9-4 和图 9-5 所示。其中接近类型的传感器可以模拟工业自动化中的电容或电感式传感器，捕捉工件到位的信息。

任务		触发器			操作					时间	
名称	说明	触发器	条件	时间/延缓	特征	操作	数值	持续时间	轮廓	开始	结束
任务1		时间		0s	终止运动分						
+ 单击此处添加											

图9-3　事件定义窗口

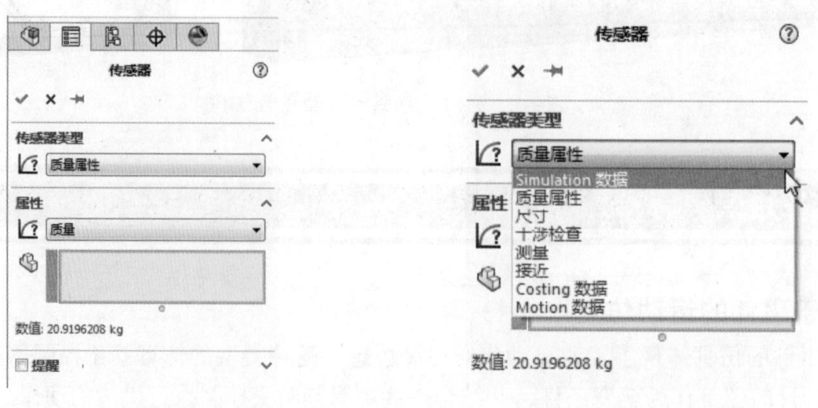

图9-4　“传感器”对话框　　图9-5　传感器的类型

三、项目实施

1.利用图解法计算驱动机构的尺寸

第一步，显示项目 8 中的图解法设计，编辑设计草图。根据机构自由度要求，气缸需要通过连杆驱动送料机构，该连杆长度暂定为 200mm，气缸活塞杆距离底面 50mm，因此绘制图 9-6 所示的设计草图。

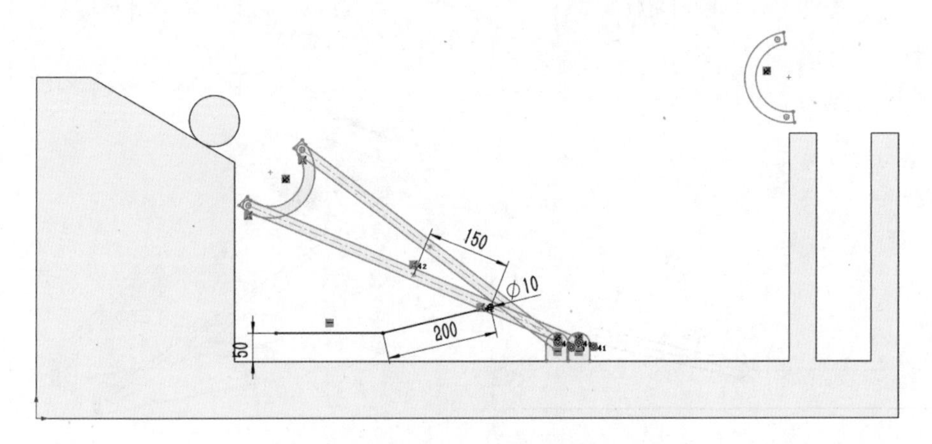

图9-6 绘制气缸活塞杆和连杆机构示意图

第二步，利用图解法确定机构终止位置时气缸的位置，求得气缸的行程为 291.41mm，如图 9-7 所示。

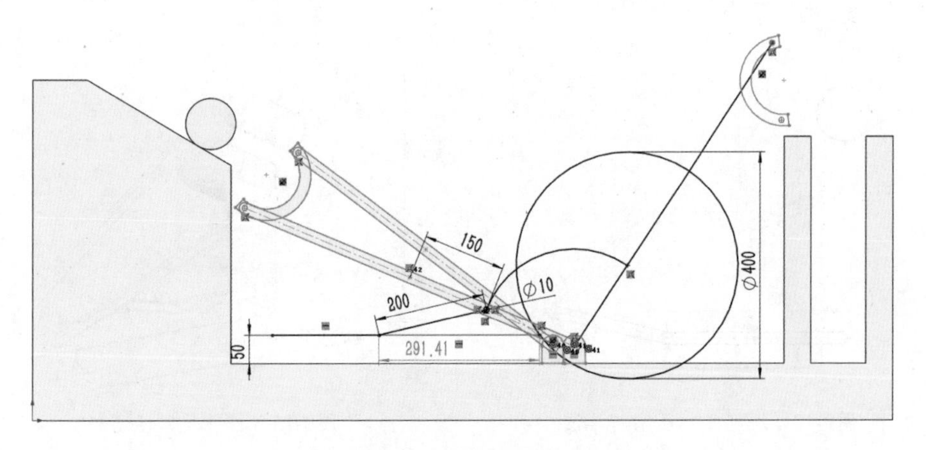

图9-7 利用图解法确定气缸行程

2.驱动机构构件建模

第一步，编辑连杆 1，增加气缸连杆驱动的安装孔，如图 9-8 和图 9-9 所示。

第二步，在装配体中插入新零件，命名为“连杆”，绘制如图 9-10 所示的草图。拉伸 10mm 得到连杆模型，如图 9-11 所示。

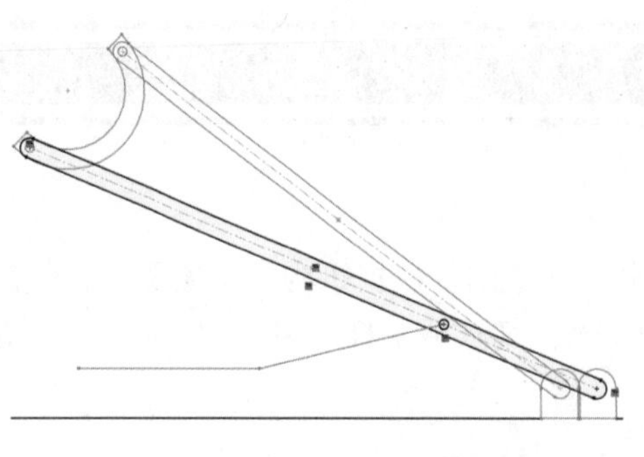

图9-8　编辑连杆1零件草图

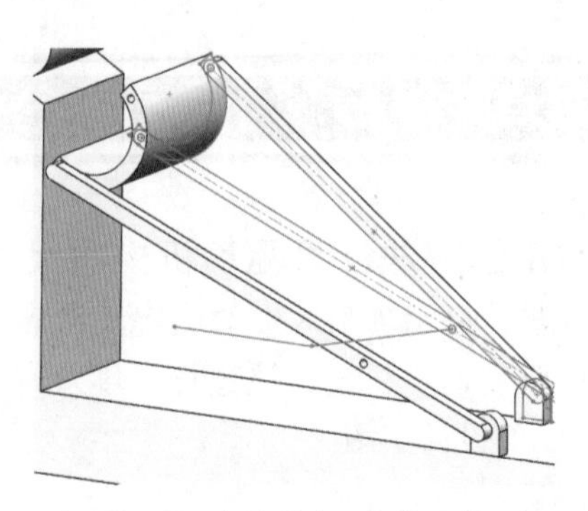

图9-9　完成连杆1零件编辑

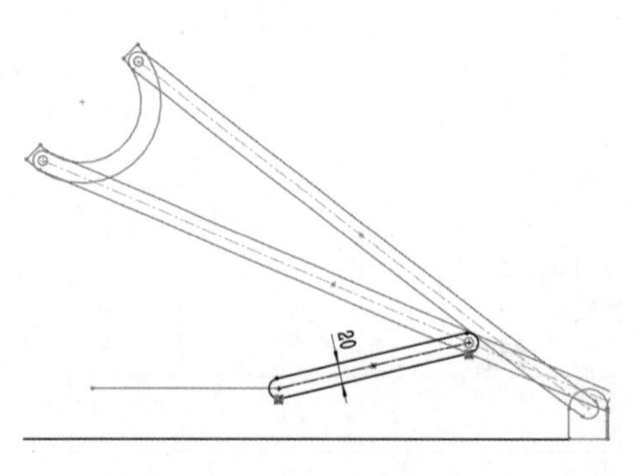

图9-10　绘制连杆零件草图

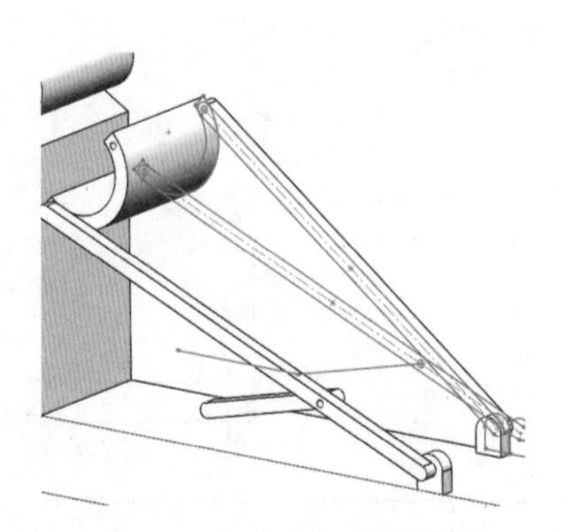

图9-11　拉伸连杆零件模型

第三步，在装配体中插入新零件，命名为“气缸活塞杆”，绘制如图 9-12 所示的草图。拉伸 10mm，得到气缸活塞杆模型，如图 9-13 所示。

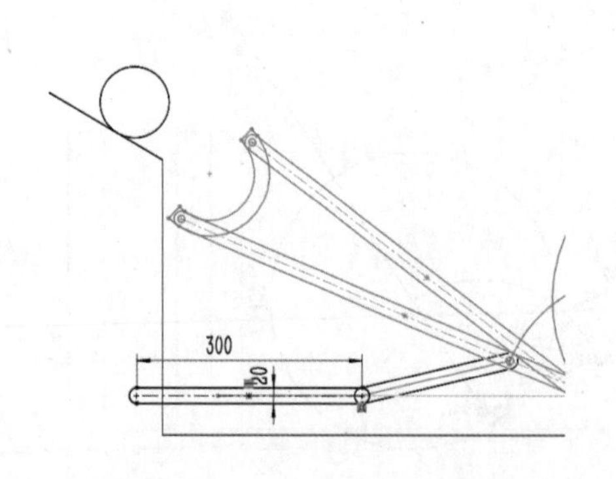

图9-12　绘制气缸活塞杆草图

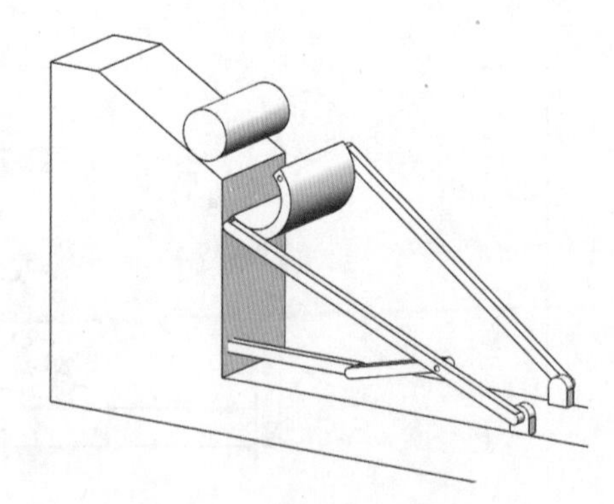

图9-13　拉伸气缸活塞杆

第四步，优化气缸活塞杆模型，可在原模型上增加圆柱特征，如图 9-14 所示。特征尺寸可根据整体模型选择确定合适的数值。

第五步，在装配体中插入新零件，命名为“气缸缸体”，创建如图 9-15 所示的模型。模型尺寸可根据整体模型选择确定合适的数值。

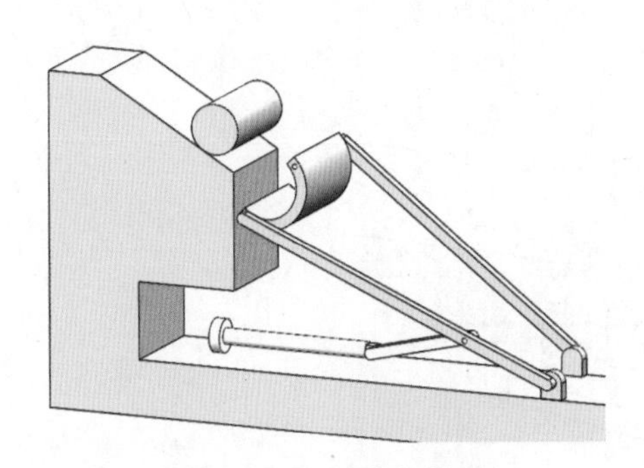

图9-14　优化活塞杆模型

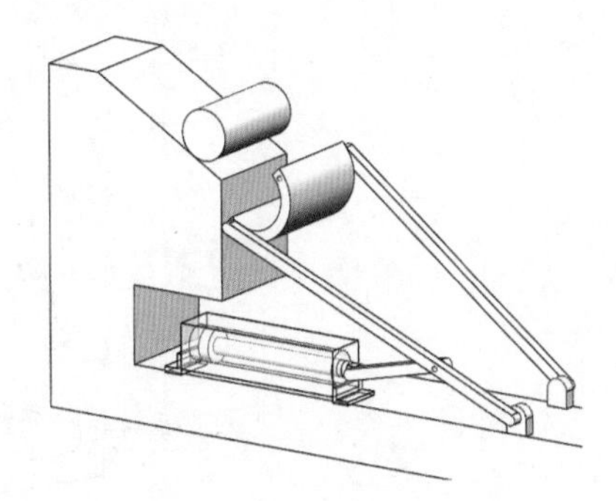

图9-15　创建气缸缸体模型

3.驱动机构装配

第一步，将连杆和气缸活塞杆两个零件设置为浮动。

第二步，选择连杆的端面圆弧和连杆 1 的孔，添加同心配合，如图 9-16 所示。选择连杆的和连杆 1 的侧面，添加重合配合，如图 9-17 所示。

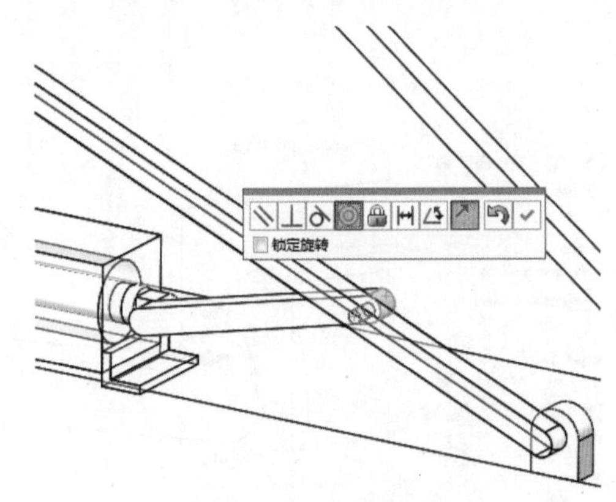

图9-16　连杆与连杆1添加同心配合

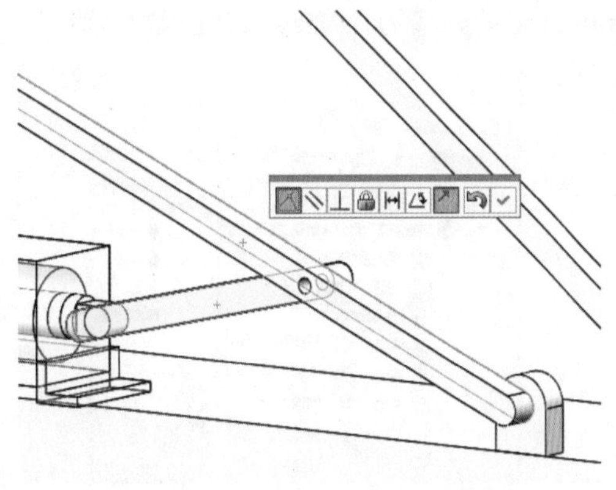

图9-17　连杆与连杆1添加重合配合

第三步，选择连杆和活塞杆的端面圆弧，添加同心配合，如图 9-18 所示。选择连杆和活塞杆的侧面，添加重合配合，如图 9-19 所示。选择活塞杆下部平面和底面，添加距离为 40mm 的配合，如图 9-20 所示。

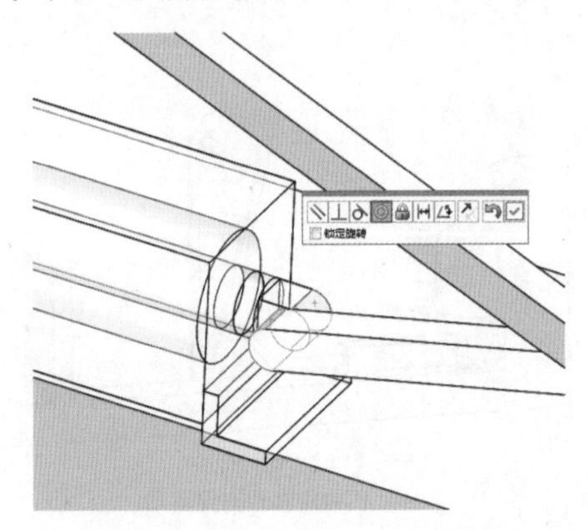

图9-18　连杆与活塞杆添加同心配合

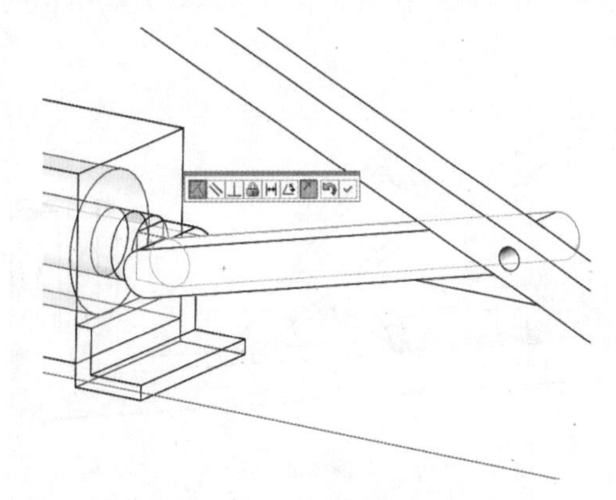

图9-19　连杆与活塞杆添加重合配合

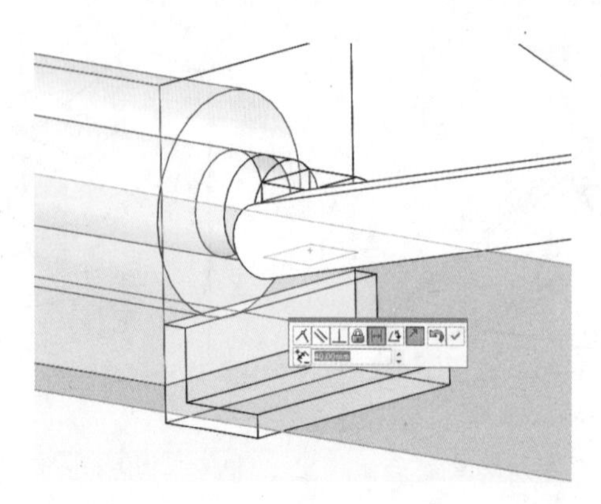

图9-20　活塞杆下部平面与底面添加距离配合

4.驱动机构仿真

第一步，编辑项目 8 中的旋转马达，将马达类型改为线性马达，如图 9-21 所示。

第二步，修改马达参数。运动属性为振荡，根据之前的图解法，将气缸行程取整为 292mm，运动频率为 0.2Hz，如图 9-22 所示。

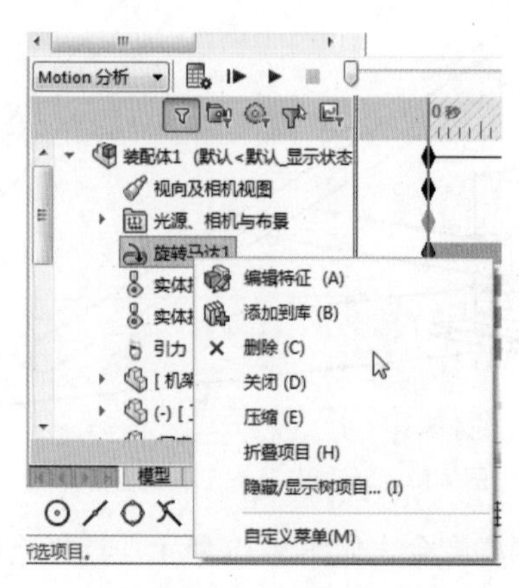

图9-21　编辑马达

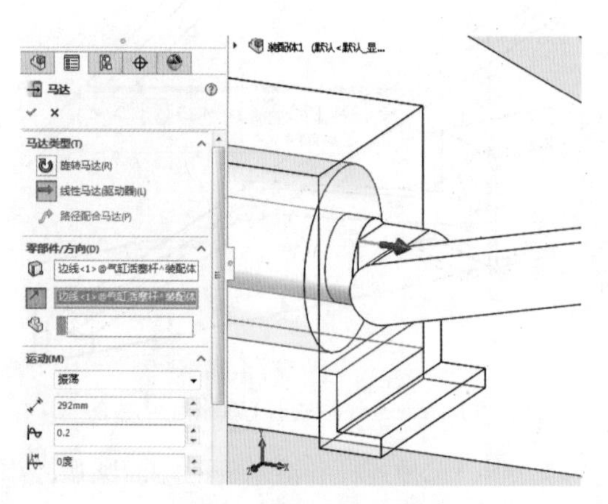

图9-22　修改马达参数

第三步，执行仿真。此时可以观察到机构的运动情况，如图 9-23 所示。

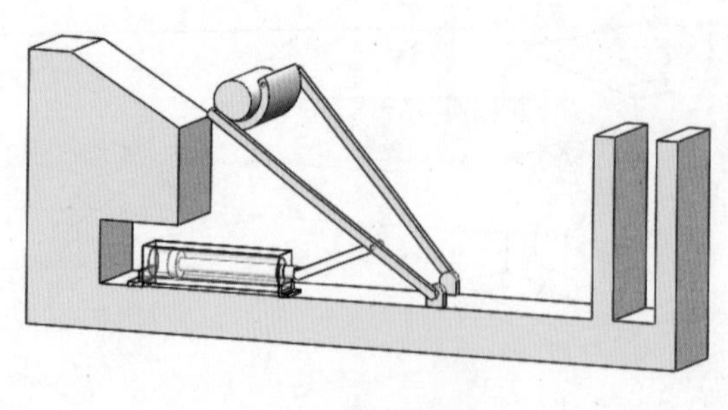

a）工件滚落进入接盘

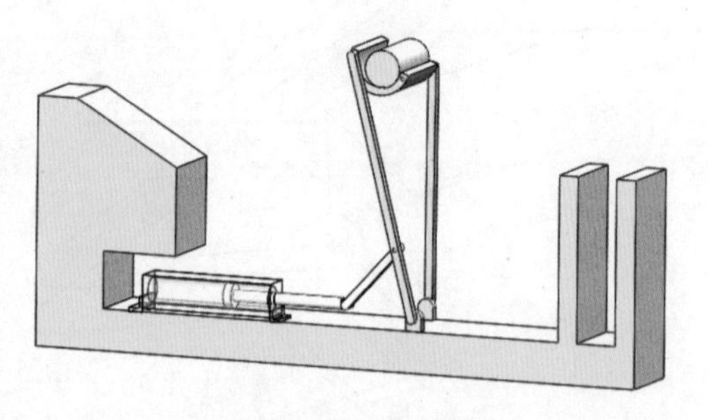

b）机构向料斗方向运动

图9-23　仿真运动过程

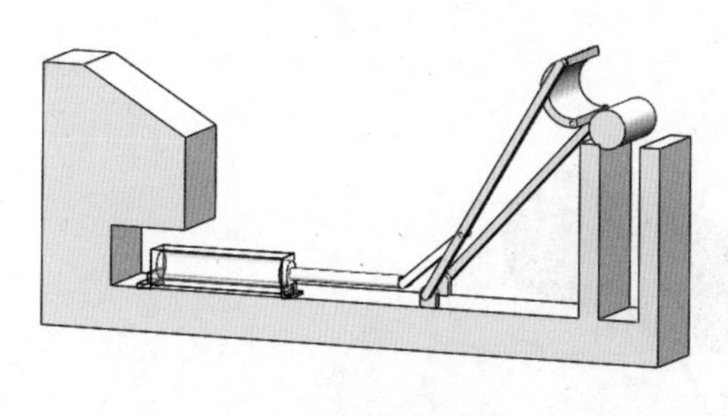

c）将工件放入料斗

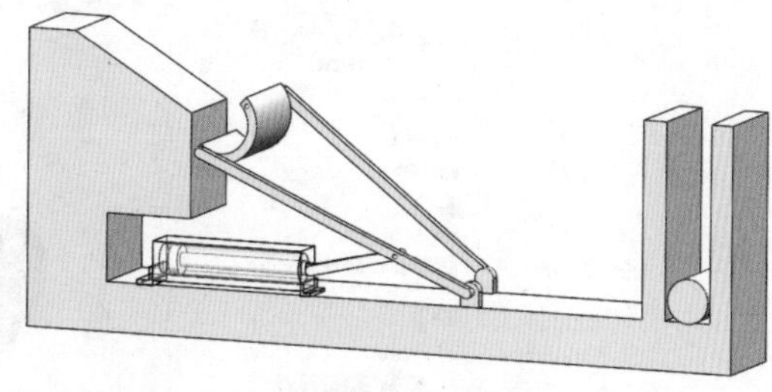

d）机构再返回起点

图9-23　仿真运动过程（续）

5.利用事件定义实现自动化设计建模

第一步，编辑马达，将运动属性改为伺服马达，如图 9-24 所示。

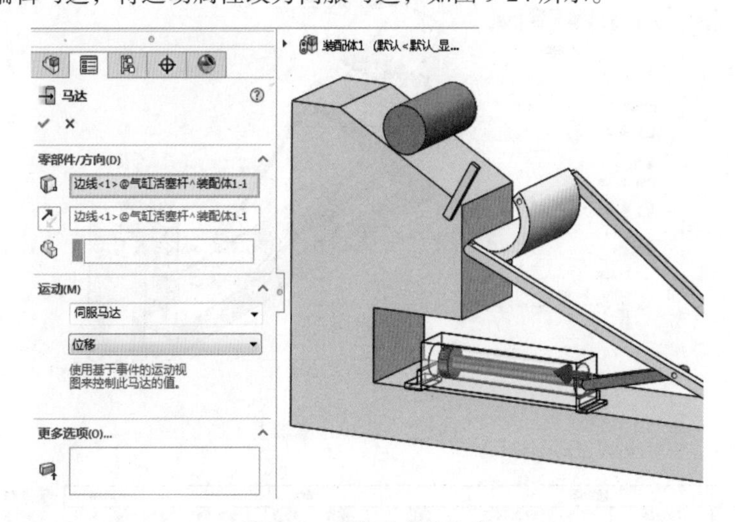

图9-24　设置为伺服马达

第二步，编辑机架零件，在工件下落的斜板处和料斗中下部，各拉伸一个矩形特征，以放置传感器获取工件运动信号，如图 9-25 所示。其中斜板上的传感器获得信号，即可判断工件落下，以驱动送料机构起动；料斗上的传感器获得信号，即可判断工件进入料斗，使送料机构返回。

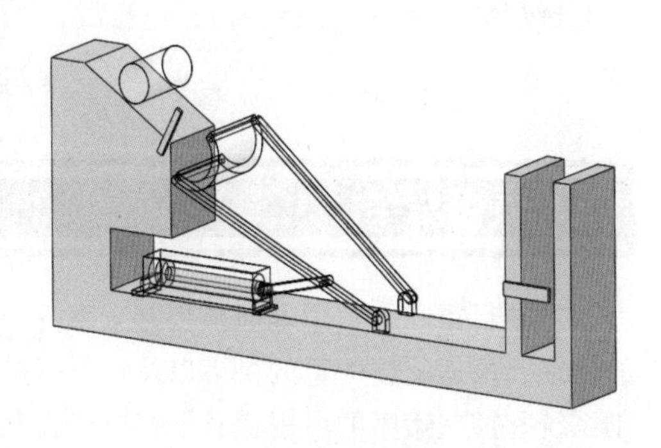

图9-25　在机架上创建传感器

第三步，添加传感器。选择斜板处的矩形特征内侧面添加传感器 1，如图 9-26 所示。选择料斗中下部的矩形特征内侧面添加传感器 2，如图 9-27 所示。

第四步，定义事件。打开事件定义面板，添加两个任务。在触发器中选择传感器，在操作中选择更改线性马达，并给出位移值和时间，运行仿真即可观看动画，并计算出任务实施起止时间，如图 9-28 所示。

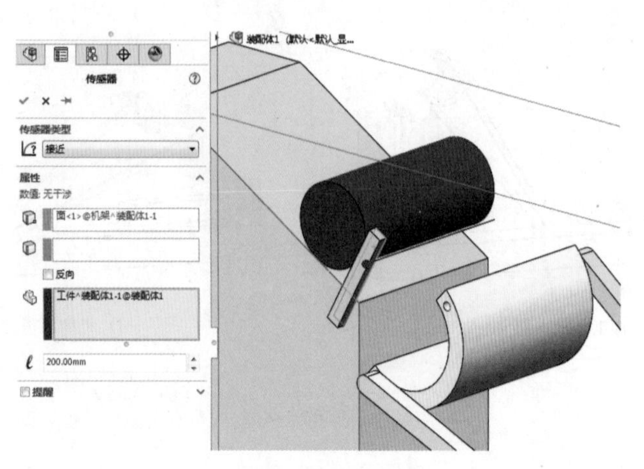

图9-26　添加传感器1

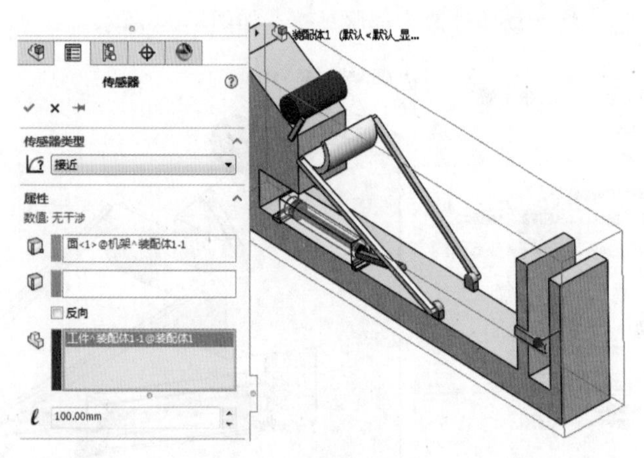

任务		触发器			操作					时间	
名称	说明	触发器	条件	时间/延缓	特征	操作	数值	持续时间	轮廓	开始	结束
任务1		接近1	提醒打	0.5s 延缓	线性马达1	更改	-292m	2s		0.58s	2.58s
任务2		接近2	提醒打	<无>	线性马达1	更改	292mm	1s		2.86s	3.86s
+ 单击此处添加											

0 秒　2 秒　4 秒

图9-28　定义事件

四、项目总结

本项目重点介绍了如何模拟基于事件的运动。这种仿真包含了对机械运行过程中相关信息的反馈、根据反馈信息的决策以及对执行机构的精确控制，从而可以看出这本质上是对整机控制系统和控制策略的可视化验证，对于自动化专机设备以及生产线的开发，这种仿真方法具有很好的适用性。

项目 10 剪式举升机机构优化设计

【学习目标】

1. 了解机构运动优化的一般流程。
2. 能利用传感器监控仿真过程中的参数。
3. 能利用优化设计获取最佳的设计方案。

【重难点】

1. 优化设计三要素的设置。
2. 传感器的定义和使用。

一、项目说明

剪式举升机是一种工业中常用的提升设备，如图 10-1 所示。该设备利用液压缸提供直线驱动力，利用连杆机构传递动力并实现物料提升，其结构简单，控制方便，承载能力大。观察这套机构不难发现，液压缸的安装位置对升降机的性能有很显著的影响。如果液压缸安装的铰接点靠近下端，举升高度就会增大，但是驱动力也会增大；如果液压缸安装的铰接点远离下端，驱动力会减小，但是举升高度也减小了。因此，如何选择铰链点关系整机的工作要求和性能。

针对此问题，可以基于 SolidWorks 对该机构进行优化设计。首先绘制机构运动简图，如图 10-2 所示。确定 h 为设计变量，求当 h 取何值时机构的举升高度达到最大，同时还要保证液压缸的驱动力不能超过 4500N，以防止过载。

图10-1　剪式举升机

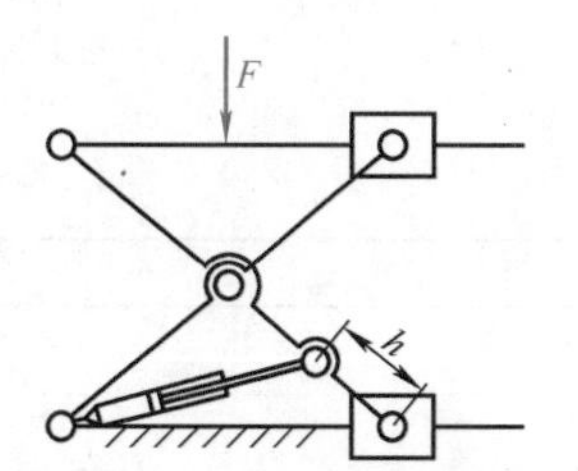

图10-2　机构运动简图

二、预备知识

优化设计是从多种方案中选择最佳方案的设计方法。它以数学中的最优化理论为基础，

以计算机为工具，根据设计所追求的性能目标，建立目标函数，在满足给定的各种约束条件下，寻求最优的设计方案。SolidWorks 提供的设计算例功能可以帮助设计者轻松地实现优化设计。

优化设计最重要的就是构建优化模型，具体来说就是确定优化三要素。

1）设计变量，即能影响机构运动的相关参数。它可以是控制机构的形状和尺寸，也可以是动力学系统中的相关要素（如弹性系数或者阻尼系数等）。

2）设计目标，即机械产品想实现的最优化性能指标，例如升降机高度最大、铰链的反作用力最小或者功耗最小等。

3）约束条件，即机械产品设计中需要满足的特定条件，例如驱动力必须小于某一个值以避免过载，机构的某个构件位移必须大于一个值以避免干涉等。

基于 SolidWorks 设计算例进行优化设计，最重要的工作就是指定优化三要素。对本项目来说，根据前面的分析可以确定其优化三要素，记为如下形式：

1）设计变量：h（取值范围为 10 ~ 30mm）。

2）设计目标：举升高度→最大化。

3）约束条件：在外负载为 1000N 时，液压缸驱动力≤ 4500N。

三、项目实施

1.建立各个构件模型

第一步，首先明确机构优化设计建模和普通建模有所区别。由于机构优化设计仅是确定构件尺寸，不涉及具体零件的结构和强度问题，因此在建模时，建议用最简化的模型保证关键尺寸即可，以减小计算量。以连杆为例，只有连杆的杆长才有意义，其他尺寸诸如宽度、厚度都没有意义。同时，此模型主要涉及平面力系问题，因此机构在厚度方向没有特别要求，在建模时可以简化处理。

第二步，新建零件。绘制草图，如图 10-3 所示，拉伸 10mm 获得实体模型后保存，命名为“机架杆”。

第三步，新建零件。绘制草图，如图 10-4 所示，拉伸 10mm 获得实体模型后保存，命名为“动力杆”。

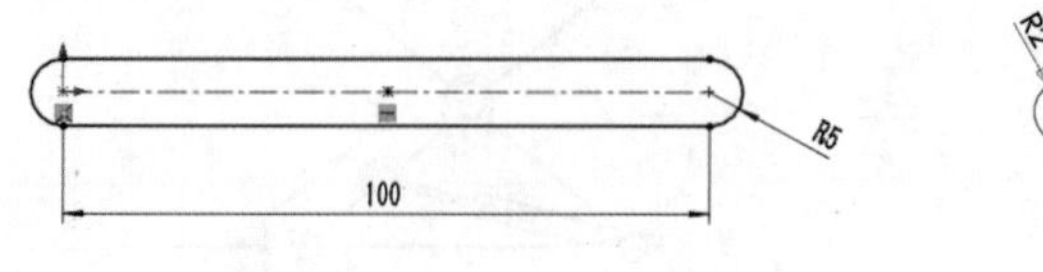

图10-3　机架杆草图

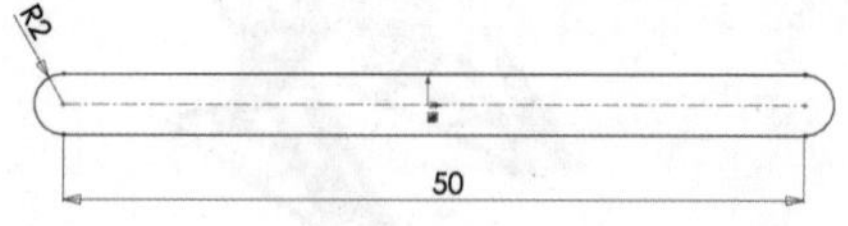

图10-4　动力杆草图

第四步，新建零件。绘制草图，如图 10-5 所示，拉伸 10mm 获得实体模型后保存，命名为“支承杆”。

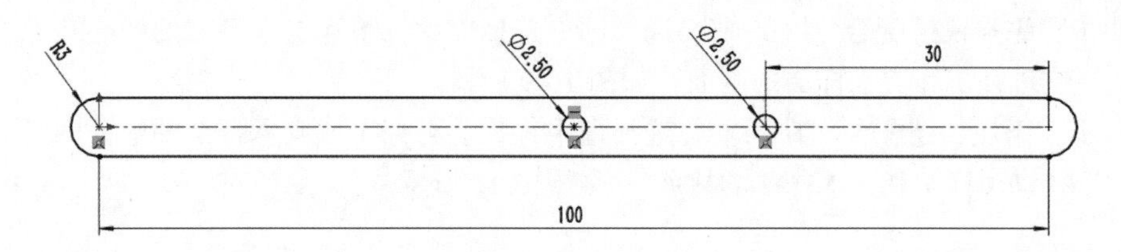

图10-5　支承杆草图

2.装配整套机构

第一步，新建装配体，将所有零件都导入两次，如图 10-6 所示。其中构件 1、2 用以模拟举升机的上下平台，构件 3、4 用以模拟构成剪式机构的支承杆，构件 5、6 用以模拟液压缸的缸体和活塞杆。

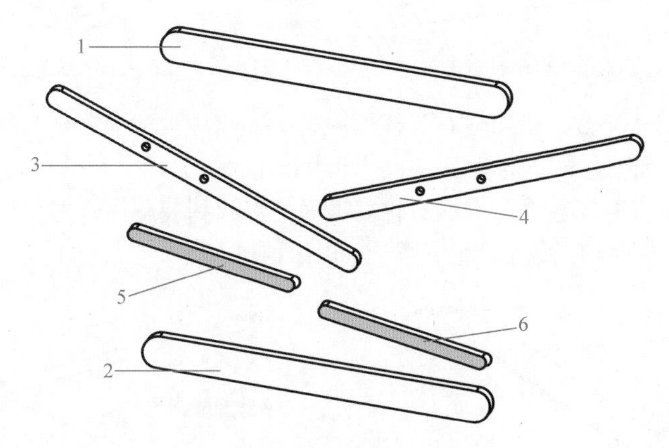

图10-6　将零件插入装配体

1—机架杆 1　2—机架杆 2　3—支承杆 1　4—支承杆 2　5—动力杆 1　6—动力杆 2

第二步，添加铰链配合，在同轴心选择框中选择机架杆 1 和支承杆 1 的端面圆弧，在重合选择框中选择机架杆 1 和支承杆 1 的侧面，如图 10-7 所示。

第三步，添加铰链配合，在同轴心选择框中选择机架杆 2 和支承杆 2 的端面圆弧，在重合选择框中选择机架杆 2 和支承杆 2 的侧面，如图 10-8 所示。

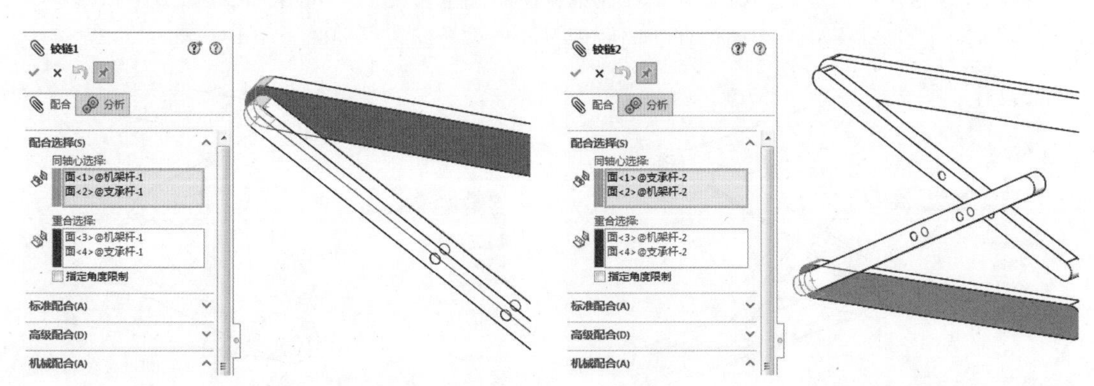

图10-7　机架杆1和支承杆1添加铰链配合　　图10-8　机架杆2和支承杆2添加铰链配合

第四步，添加铰链配合，在同轴心选择框中选择支承杆 1 和支承杆 2 的中心孔，在重合选择框中选择支承杆 1 和支承杆 2 的侧面，如图 10-9 所示。

第五步，添加铰链配合，在同轴心选择框中选择动力杆 1 和支承杆 2 的端面圆弧，在重合选择框中选择动力杆 1 和支承杆 2 的侧面，如图 10-10 所示。

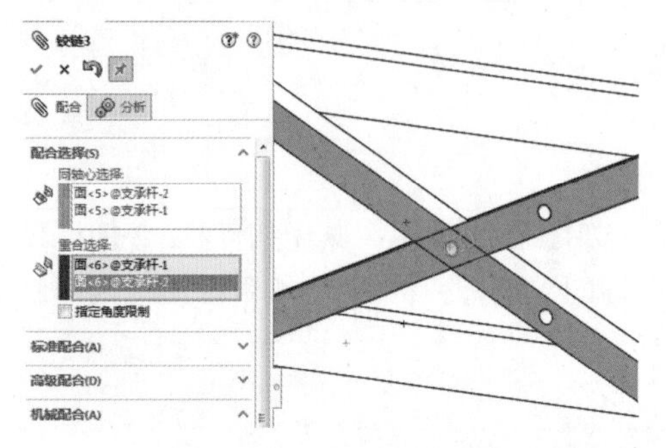

图10-9　支承杆1和支承杆2添加铰链配合

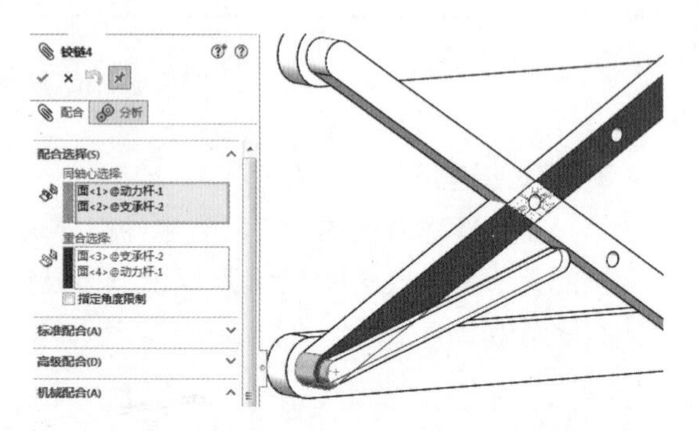

图10-10　动力杆1和支承杆2添加铰链配合

第六步，添加铰链配合，在同轴心选择框中选择支承杆 1 和动力杆 2 的中心孔，在重合选择框中选择支承杆 1 和动力杆 2 的侧面，如图 10-11 所示。

第七步，先编辑机架杆零件，增加对称基准面，再回到装配体选择机架杆 1 中间对称面和支承杆 2 端面圆弧的临时轴，添加重合配合，如图 10-12 所示。

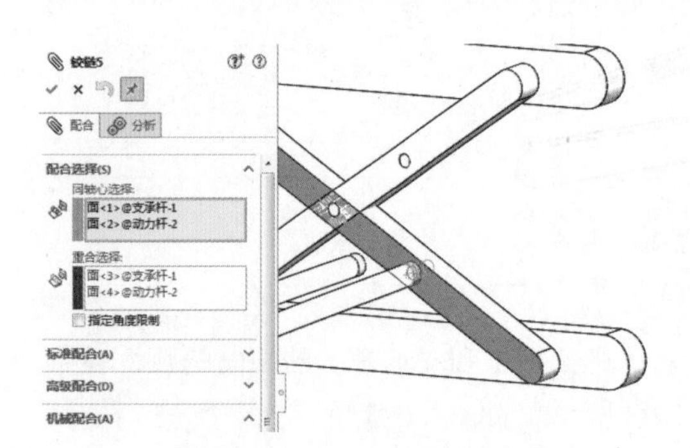

图10-11　动力杆2和支承杆1添加铰链配合

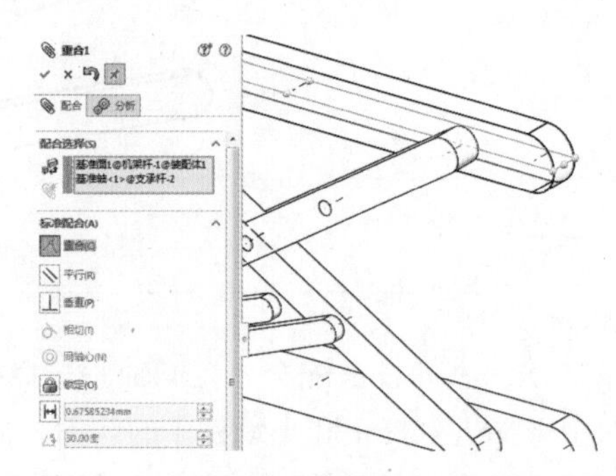

图10-12　机架杆1和支承杆2添加重合配合

第八步，参照第七步，为机架杆 2 和支承杆 1 添加重合配合，如图 10-13 所示。

第九步，选择动力杆 1 和动力杆 2 的侧面，添加重合配合，如图 10-14 所示。

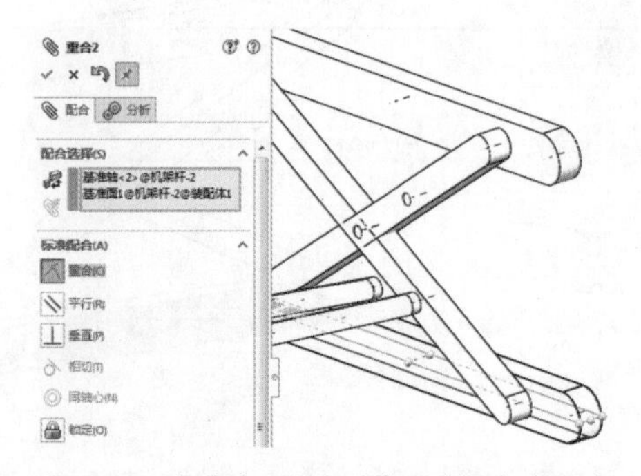

图10-13　机架杆2和支承杆1添加重合配合

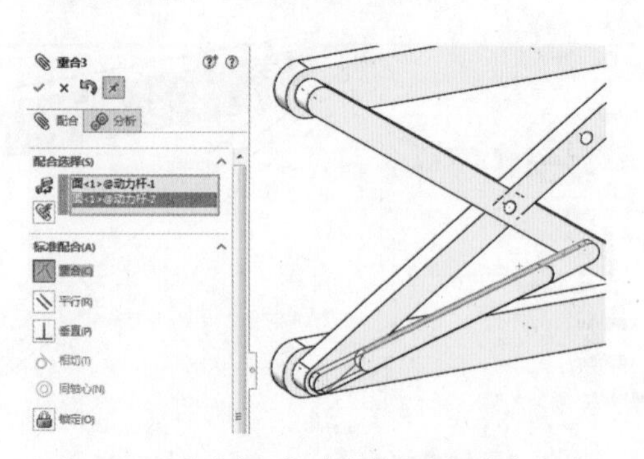

图10-14　动力杆1和动力杆2添加重合配合

第十步，利用距离约束确定机构初始位置。在机架杆 1 的下表面和机架杆 2 的上表面增加距离为 20mm 的距离配合，如图 10-15 所示。确定之后再删除该距离配合，如图 10-16 所示。

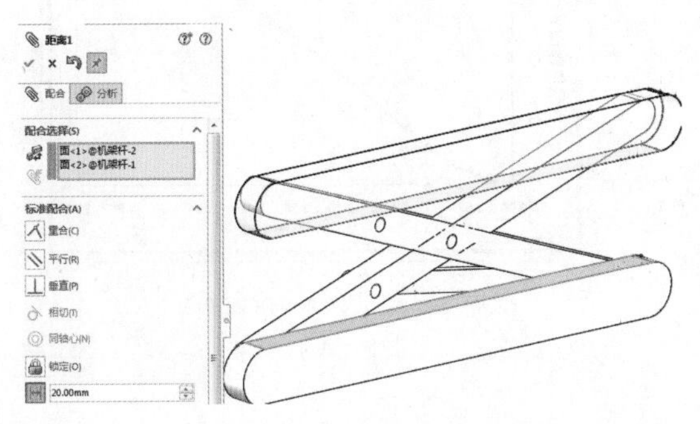

图10-15　机架杆1和机架杆2之间添加距离配合

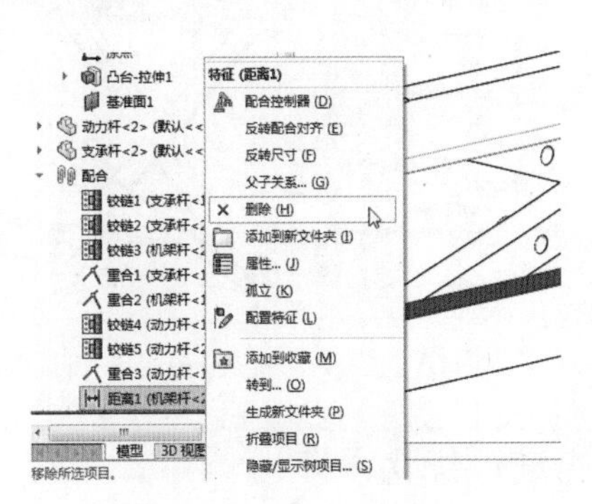

图10-16　删除距离配合

3.执行动力学仿真

第一步，选择动力杆 2 的边线，添加线性马达。注意：马达方向要指向机架杆方向。其他设置如图 10-17 所示。

第二步，选择机架杆 1 的上表面，添加力。注意：力的方向指向下方。力函数选择为常量，其他设置如图 10-18 所示。

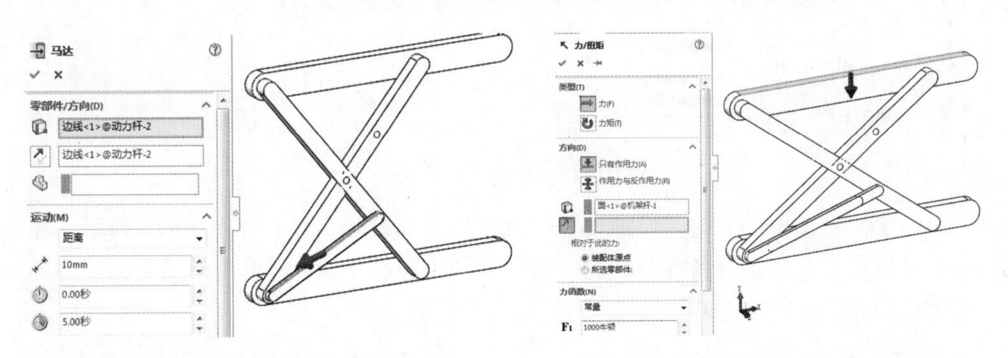

图10-17　在动力杆2上添加线性马达　　　　图10-18　在机架杆1上添加向下的力

第三步，查询马达力，如图 10-19 和图 10-20 所示。查询机架杆 1 的 y 轴位移，如图 10-21 和图 10-22 所示。

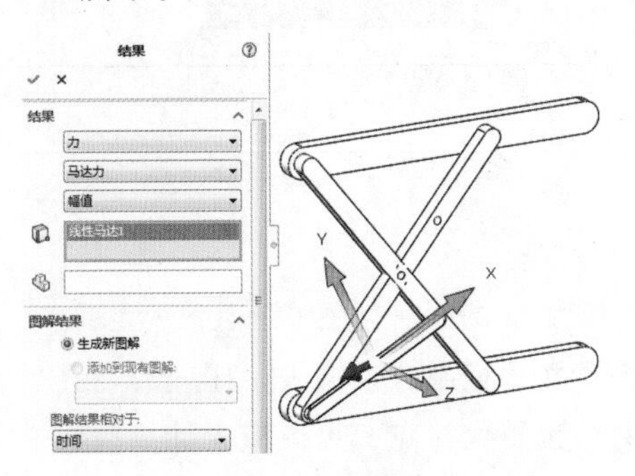

图10-19　查询马达力

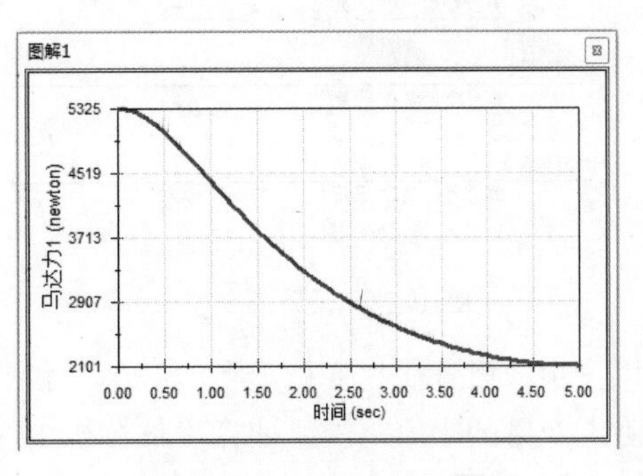

图10-20　马达力线图

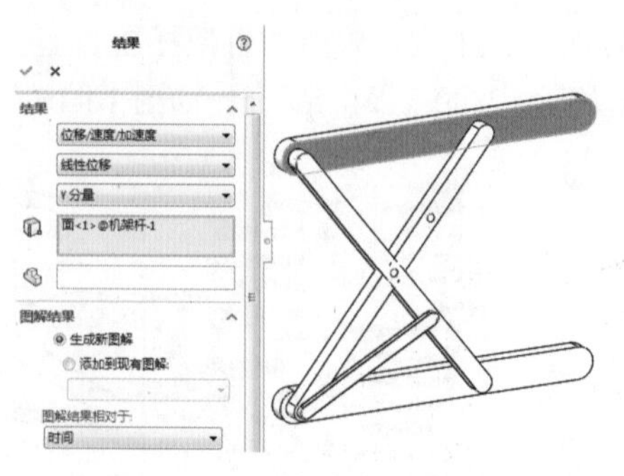

图10-21　查询机架杆1的 y 轴位移

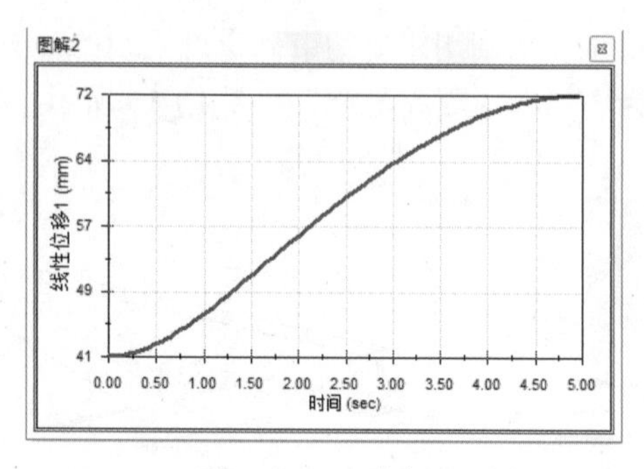

图10-22　位移线图

4.进行优化设计

第一步，新建设计算例。右击状态栏，在弹出的快捷菜单中选择“生成新设计算例”，如图 10-23 所示。打开设计算例界面，如图 10-24 所示。

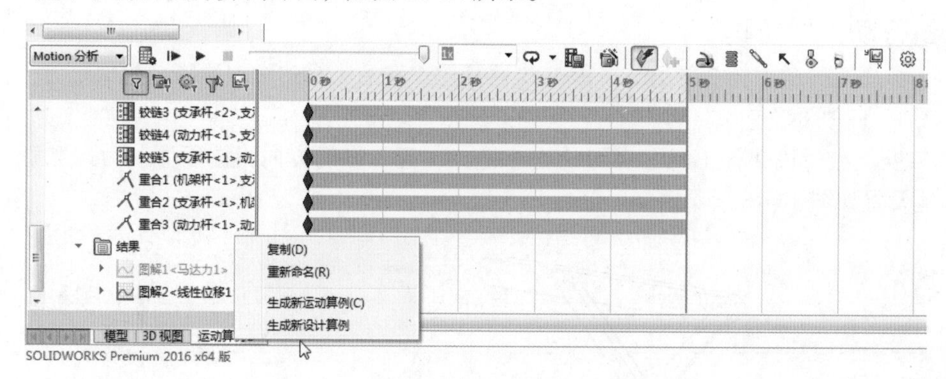

图10-23　新建设计算例

第二步，单击“变量”下的“添加参数”就可以添加设计变量，如图 10-25 所示。在弹出的“参数”对话框中，把参数名称命名为“h”，如图 10-26 所示。再单击模型中的尺寸“30”，即将该尺寸定义为设计变量，如图 10-27 所示。

图10-24　设计算例界面

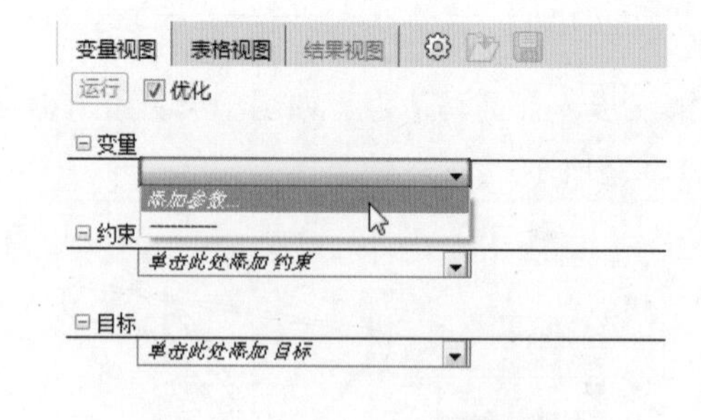

图10-25　添加设计变量

第三步，设置优化变量。在“最小”和“最大”文本框中分别输入“10mm”和“30mm”，即可确定变量的取值范围。计算步长在初步优化时可设置大一点，可以减少计算次数，此时设为“5mm”，如图 10-28 所示。

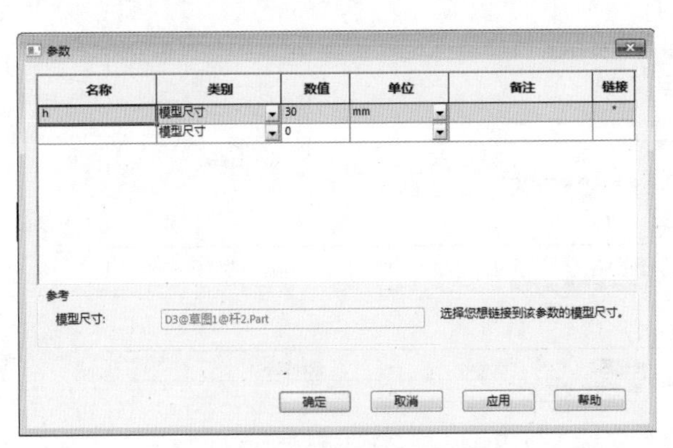

图10-26　定义变量

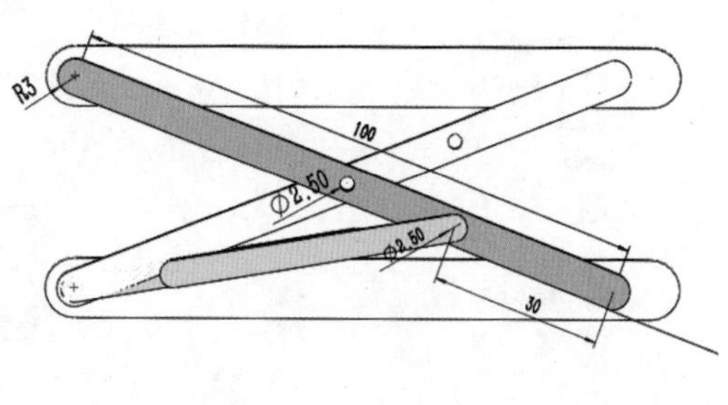

图10-27　选择模型尺寸

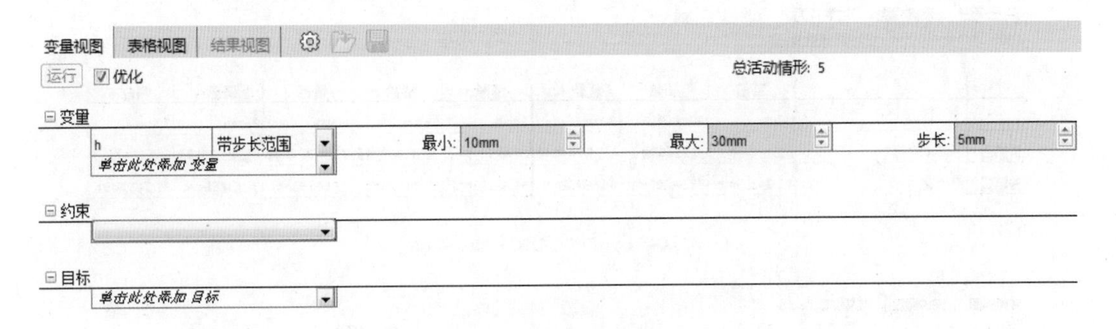

图10-28　设置变量范围和步长

第四步，添加约束条件。定义传感器 1，选择算例 1 中的图解 1，即可实现监控马达力，如图 10-29 所示。在优化界面中指定该传感器小于“4500”，如图 10-30 所示。

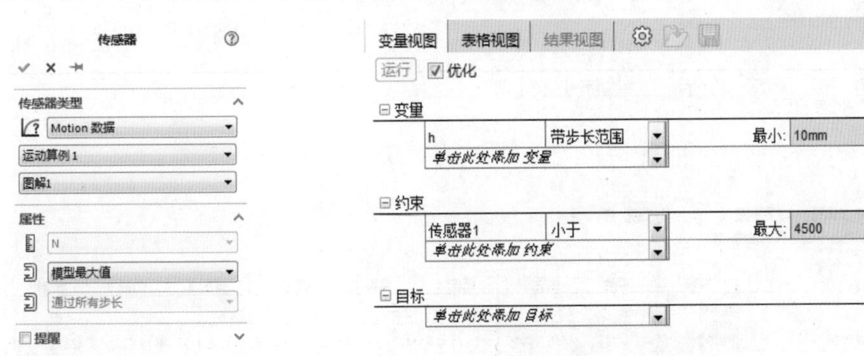

图10-29　定义力传感器

图10-30　设置约束条件

第五步，添加优化目标。定义传感器 2，选择算例 1 中的图解 2，即可实现监控举升机位移，如图 10-31 所示。在优化界面中指定该传感器为“最大化”，如图 10-32 所示。

第六步，运行算例查阅结果，如图 10-33 所示。可确定 h 的最优值大于 20mm 且在 20mm 附近。

第七步，再次设置设计变量，缩小取值范围的同时细化步长。此时变量范围设置为 20 ~ 25mm，步长设置为“1mm”，如图 10-34 所示。

第八步，再次运行算例，即可得到最终优化结果，如图 10-35 所示。

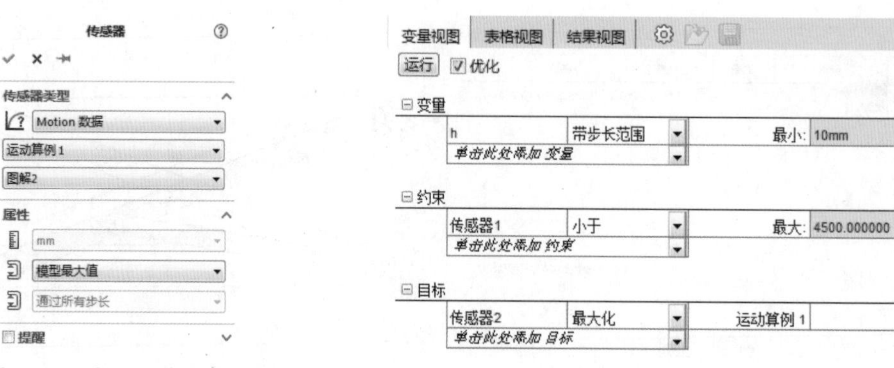

图10-31　定义位移传感器　　图10-32　设置优化目标

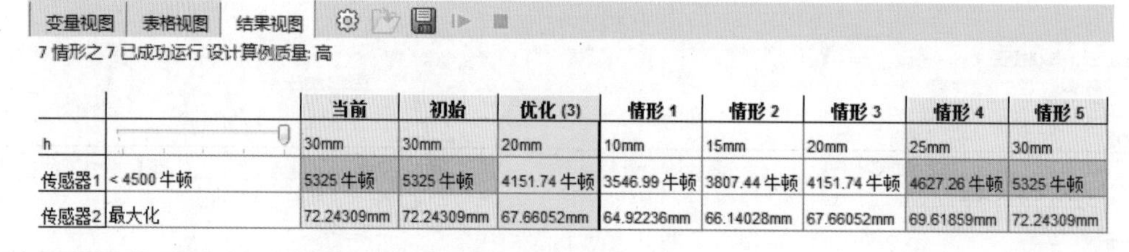

		当前	初始	优化 (3)	情形 1	情形 2	情形 3	情形 4	情形 5
h		30mm	30mm	20mm	10mm	15mm	20mm	25mm	30mm
传感器1	< 4500 牛顿	5325 牛顿	5325 牛顿	4151.74 牛顿	3546.99 牛顿	3807.44 牛顿	4151.74 牛顿	4627.26 牛顿	5325 牛顿
传感器2	最大化	72.24309mm	72.24309mm	67.66052mm	64.92236mm	66.14028mm	67.66052mm	69.61859mm	72.24309mm

图10-33　初步优化计算结果

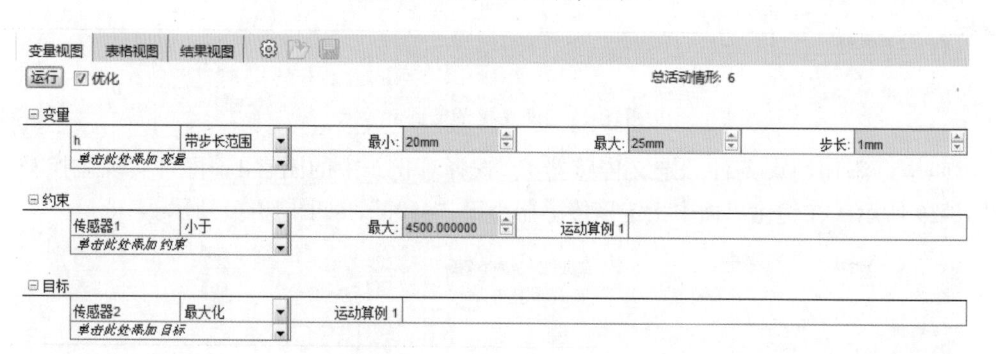

图10-34　将设计变量精密化

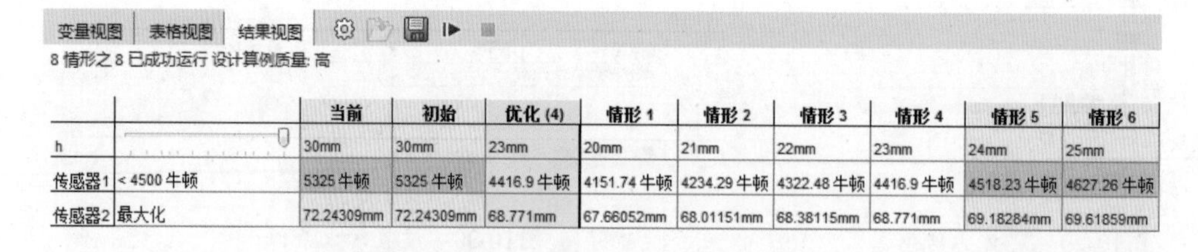

		当前	初始	优化 (4)	情形 1	情形 2	情形 3	情形 4	情形 5	情形 6
h		30mm	30mm	23mm	20mm	21mm	22mm	23mm	24mm	25mm
传感器1	< 4500 牛顿	5325 牛顿	5325 牛顿	4416.9 牛顿	4151.74 牛顿	4234.29 牛顿	4322.48 牛顿	4416.9 牛顿	4518.23 牛顿	4627.26 牛顿
传感器2	最大化	72.24309mm	72.24309mm	68.771mm	67.66052mm	68.01151mm	68.38115mm	68.771mm	69.18284mm	69.61859mm

图10-35　最终优化计算结果

四、项目总结

本项目介绍了利用优化设计的方法实现一款剪式举升机的方案设计。优化设计是一种非常高效的设计方法，能帮助设计者快速地综合考虑机构设计中的各项性能参数，最终实现性价比最好的设计。

项目 11 支架结构静应力分析

【学习目标】

1. 了解普通实体零件有限元分析的一般流程。
2. 能根据分析要求划分合适的实体单元及局部细化。
3. 能依据材料属性有效评估分析仿真结果。

【重难点】

1. 实体网格控制参数和局部细化方法。
2. 针对弹塑性材料和脆性材料选择合适的结果加以评估。

一、项目说明

已知一支架零件放置在水平工作台面上，底部两个孔用短销采用间隙配合进行定位。该支架零件中通过螺纹配合一个轴，并且已知轴作用在支架上有 5000N 的径向力和 2000N 的轴向力，如图 11-1a 所示。该零件用受力分析简图表示如图 11-1b 所示。该零件模型大小已经确定，材料为铸造碳钢，需要了解该零件的承载情况。

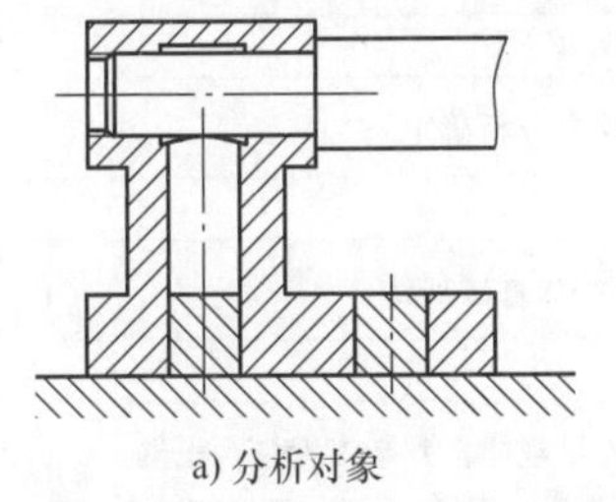

a) 分析对象

b) 受力分析简图

图11-1　分析问题图示

此类问题用传统的材料力学及弹性力学理论都不易计算，利用基于现代计算机数值模拟的有限元分析技术，则非常容易解决。通过有限元分析技术，可以按照实际工况分析出零件的承载能力，并清晰直观地通过丰富的图形化后处理工具表现出来，如图 11-2 所示。因此，掌握有限元结构分析技术，对现代机械行业的开发设计人员提升专业能力具有积极的促进作用。

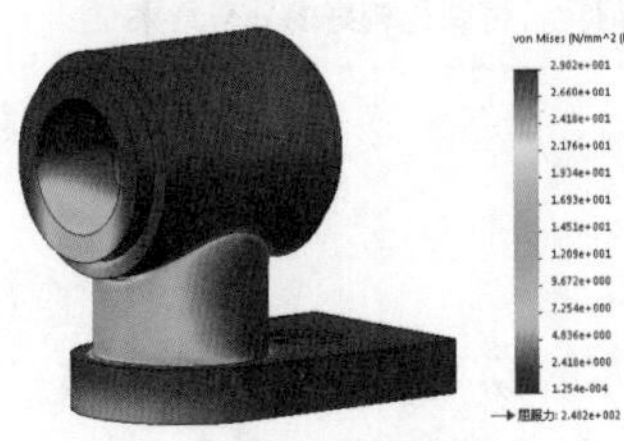

a）应力云图

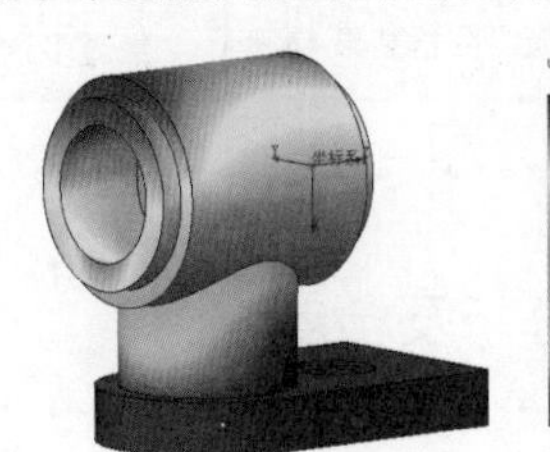

b）位移云图

图11-2　分析结果

二、预备知识

1.有限元分析概述

有限元分析方法是将问题的区域离散为有限个单元网格，问题的控制方程在区域上采用全部满足或部分满足边界条件的函数。有限元方法作为一种数值方法，有着广泛的应用价值。有限元法能解决一般结构和连续体问题，是适合于利用计算机解决许多工程疑难问题的有效方法。通过计算机模拟分析，利用多种方案解决其强度问题，可提高产品的可靠性。

2.有限元分析典型流程

在实际工作中，做分析往往不是一遍就可以得出精确结构的，需要经过多次试算和模型修正。参照实际工作，总结有限元分析的典型流程如图 11-3 所示。

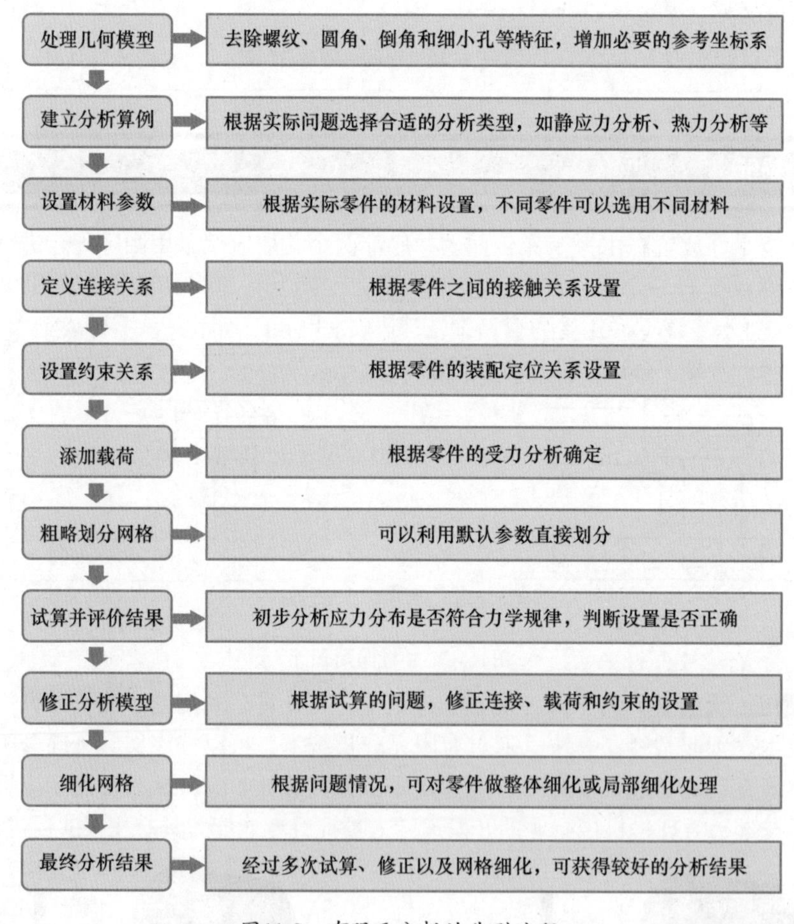

图11-3　有限元分析的典型流程

3.有限元分析及精度控制

有限元分析虽然容易得出结果，但是结果的精度并不容易控制，若操作不当，分析结果会有较大误差甚至完全错误，因此了解精度控制对于掌握有限元分析技术非常有必要。

（1）模型形状对精度的影响　进行有限元分析时需要将模型划分为有限个单元网格，因此模型形状对于划分网格有很大的影响。较为规则的几何形体容易划分网格，不规则的形体或比较细小的特征都难以划分成高质量网格，因此误差较大。所以建议要压缩螺纹、倒角和圆角之类的特征。

（2）外载荷施加对精度的影响　外载荷一定要按照力的大小、方向和作用点三个要素去仔细考虑如何添加，否则会与实际情况不符。例如，本项目中的支架与轴属于孔轴配合，在传递载荷时会呈现抛物线分布规律。如果在分析操作中，将载荷施加为均匀载荷就与实际工况不符，会造成分析误差，如图 11-4 所示。

（3）约束设置对精度的影响　约束添加需要仔细分析实际的约束限制的自由度，否则会与实际情况不符。例如，本项目中支架零件放置在水平工作台面上，底部两个孔用短销采用间隙配合进行定位。由此可见，支架底面属于光滑面约束，可限制三个自由度。如果在分析操作中，错误地将底平面固定的话，就会限制其六个自由度，等同于支架是直接焊接在平面上的，此时定位销就几乎不受力，这就完全改变了实际工况，分析的结构就会完全错误，如图 11-5 所示。

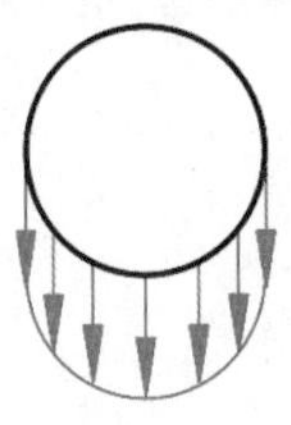

a）均匀载荷

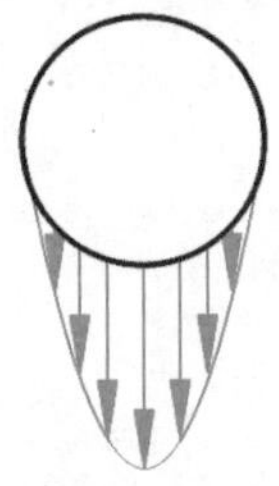

b）轴承载荷

图11-4　两种载荷对比

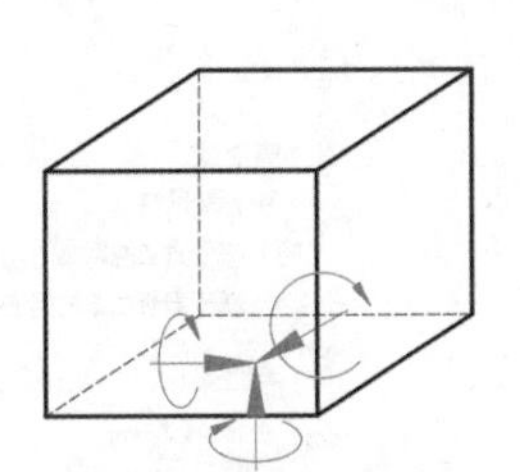

a）底面受固定约束

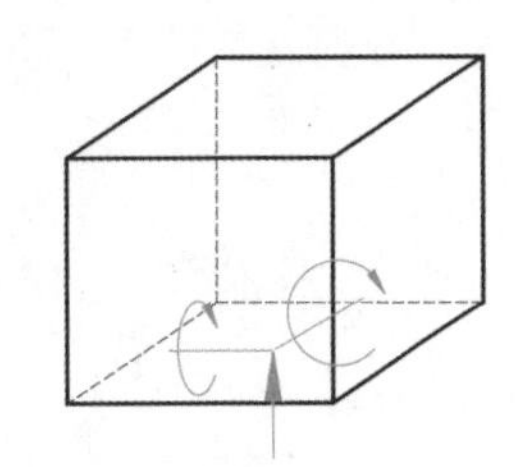

b）底面受滚柱 / 滑杆约束

图11-5　两种约束对比

（4）网格质量对精度的影响　网格质量对于有限元分析精度的影响最为重要，在具体操作过程中要注意以下两个问题：

1）网格类型是否合理。针对实体类、钣金类以及细长杆类零件的几何结构特点，SolidWorks Simulation 提供了三种类型网格：实体单元、壳单元和梁单元，如图 11-6 所示。

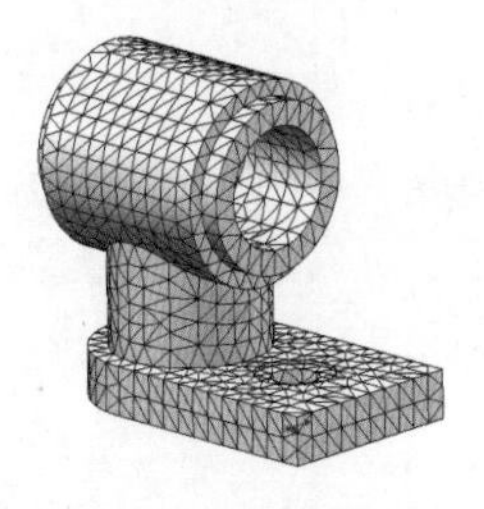

a）实体单元

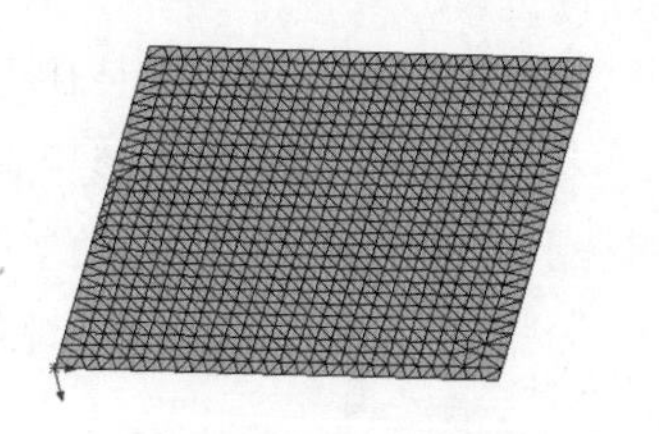

b）壳单元

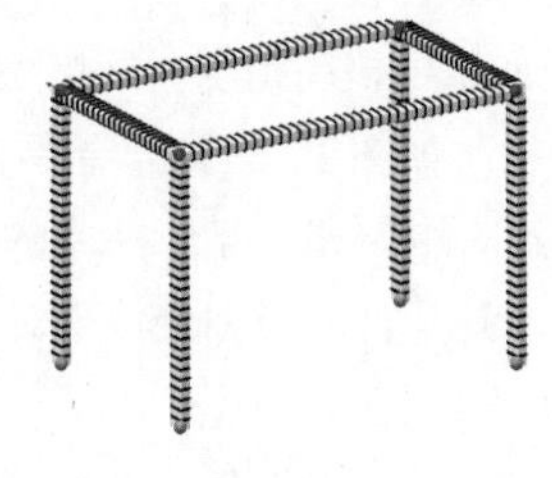

c）梁单元

图11-6　三种网格类型

2）网格疏密程度是否合理。一般情况下，网格越精细，计算精度越高，但是计算资源消耗也越大。因此，经常采用具体细化的方法，即先用粗略网格试算，确定载荷较大的区域，然后仅将载荷较大的区域的网格局部细化，以获得较好的分析性价比。

4.实体单元特性

SolidWorks Simulation 提供了四面体实体单元，一阶单元的节点在四面体顶点，如图 11-7a 所示。单元每个节点都有三个移动自由度，通过节点的位移可以模拟出单元的变形情况，如图 11-7b 所示。二阶单元除四个顶点外，每条边上还有节点，如图 11-7c 所示。因此，二阶单元能模拟更加精确的变形，如图 11-7d 所示。

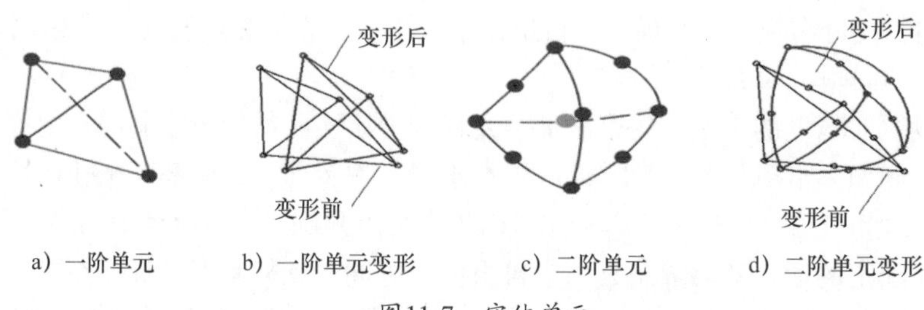

a）一阶单元　b）一阶单元变形　c）二阶单元　d）二阶单元变形

图11-7　实体单元

SolidWorks Simulation 提供了自动化程度非常高的网格划分工具，通过网格工具属性对话框可以看到该软件面对不同层次的用户有不同的方法，如图 11-8 所示。

a）网格密度调节滑杆　b）网格参数设定　c）高级选项

图11-8　网格工具属性对话框

最简单的操作就是网格密度调节滑杆，如图 11-8a 所示。只要拖动滑杆，就可以设置不同密度的网格。单击“重设”按钮，软件能根据模型的尺寸估计网格的密度。这种方法仅仅适用于简单的校核情况，计算精度是难以保证的。

如果要提高精度，网格划分就需要对参数做必要设置，勾选“网格参数”复选框，即可看到相关项目，如图 11-8b 所示。网格参数包括了网格生成计算方法和网格控制参数。网格生成计算方法主要有标准网格、基于曲率的网格和基于混合曲率的网格三种。标准网格还可勾选“自动过渡”复选框。这几种网格划分效果对比如图 11-9 所示，具体网格质量评估参见项目 12 中的相关内容。

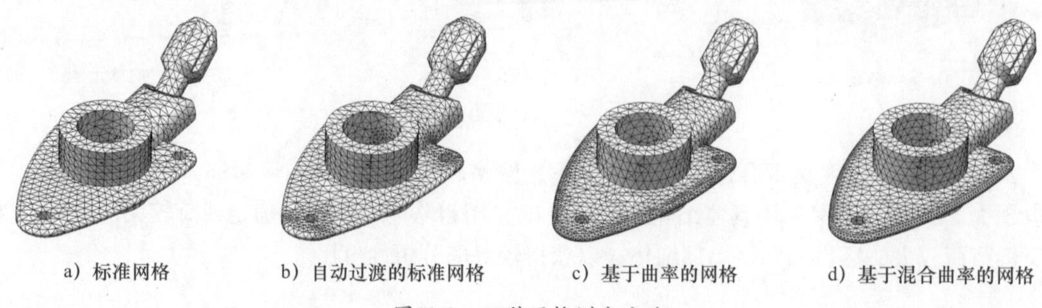

a）标准网格　b）自动过渡的标准网格　c）基于曲率的网格　d）基于混合曲率的网格

图11-9　四种网格划分方法

网格控制参数主要有单元大小和比率。单元大小是控制单个网格体积尺寸的，不同单元大小网格划分效果对比如图 11-10 所示。比率是控制网格从密集到稀疏的变化趋势，不同比率划分效果对比如图 11-11 所示。根据工程经验，用实体单元做分析时，需要精确计算的结构一般最好划分成 4 层网格，例如，壁厚为 10mm 的轴套，网格大小就取 2.5mm。

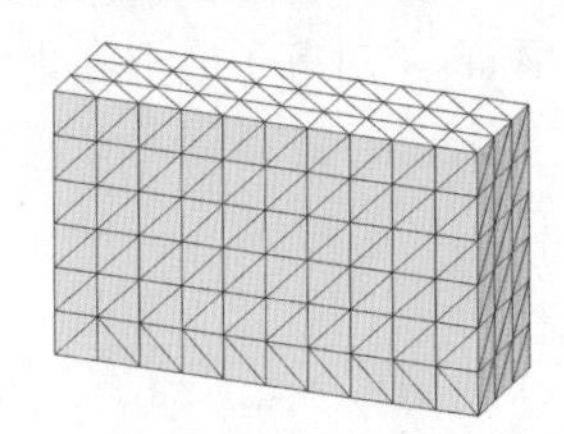

a）网格大小为 5mm

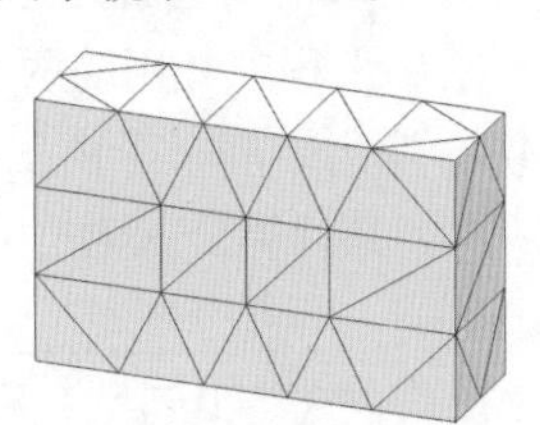

b）网格大小为 10mm

图11-10　不同单元大小网格划分效果对比

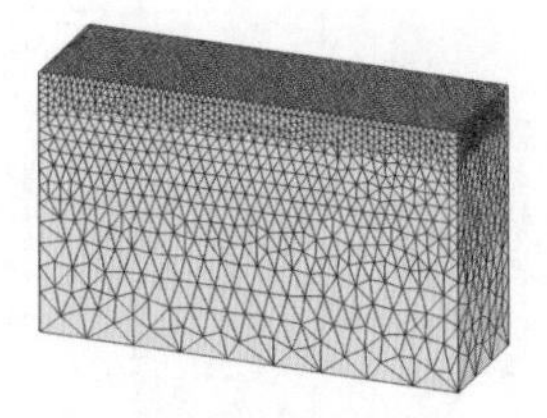

a）比率为 1.1

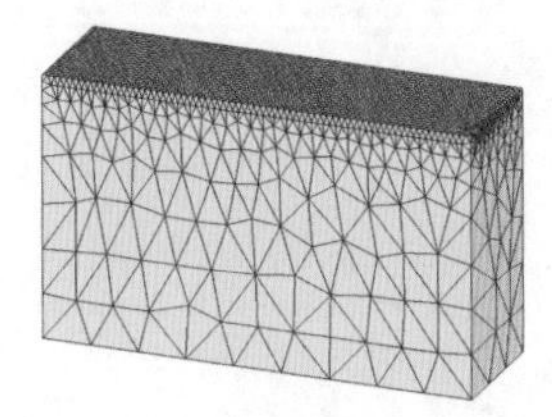

b）比率为 1.5

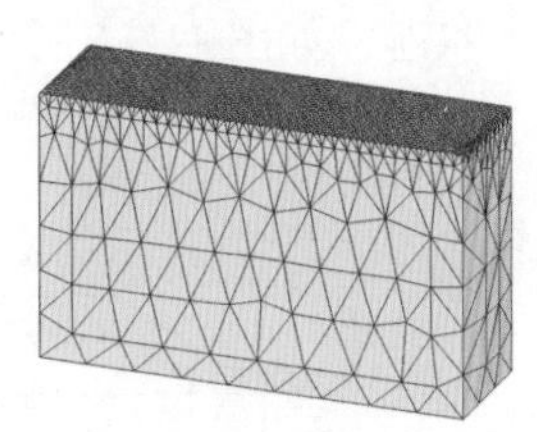

c）比率为 2

图11-11　不同比率划分效果对比

下面以本项目中的支架为例进行分析。直接划分的网格如图 11-12a 所示，通过网格细节查询如图 11-12d 所示，可知此时有 8103 个单元，13419 个节点。观察网格可以发现，轴套部分只有一层网格，根据实体单元特性可知，这样的计算误差会较大。如果按照重点区域 4 层网格的工程经验处理，即按照支座轴套边缘厚度尺寸除以 4 确定单元大小，划分出的效果如图 11-12b 所示。此时网格细节如图 11-12e 所示，总计超过 35 万个节点，虽然计算精度有保证，但是计算量非常庞大。因此就有局部细化的思路，即只在载荷集中的区域进行细化网格，其他区域网格可以稀疏，效果如图 11-12c 所示。此时网格细节如图 11-12f 所示，用 4.5 万个节点即可保证计算精度。

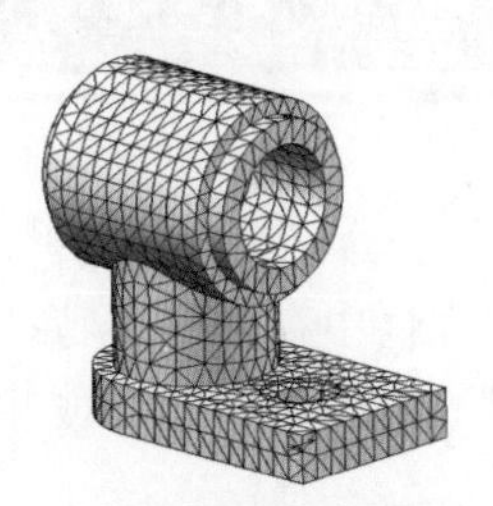

a）稀疏网格划分效果

b）细密网格划分效果

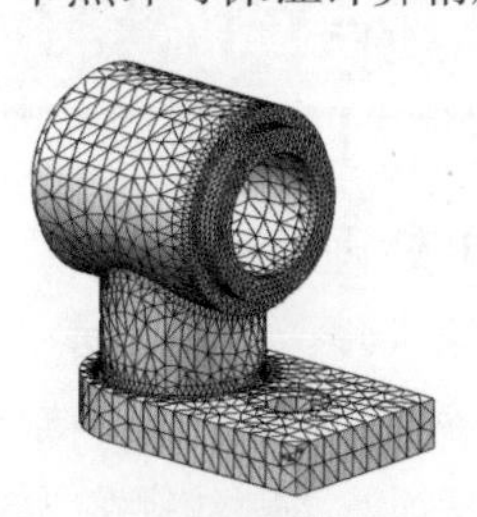

c）局部网格细化效果

网格 细节

算例名称	静应力分析 2(默认-)
网格类型	实体网格
所用网格器	标准网格
自动过渡	关闭
包括网格自动环	关闭
雅可比点	4点
单元大小	5.10328 mm
公差	0.255164 mm
网格品质	高
节总数	13419
单元总数	8103

d）稀疏网格划分网格细节

网格 细节

算例名称	静应力分析 1(默认-)
网格类型	实体网格
所用网格器	标准网格
自动过渡	关闭
包括网格自动环	关闭
雅可比点	4点
网格控制	定义
单元大小	1.5 mm
公差	0.075 mm
网格品质	高
节总数	353057
单元总数	244706

e）细密网格划分网格细节

网格 细节

算例名称	复件 [静应力分析 2](默
网格类型	实体网格
所用网格器	标准网格
自动过渡	关闭
包括网格自动环	关闭
雅可比点	4点
网格控制	定义
单元大小	5.10328 mm
公差	0.255164 mm
网格品质	高
节总数	45068
单元总数	28179

f）局部网格细化网格细节

图11-12　三种网格对比

5.应力状态和结果评估

有限元分析结果有应力、应变和位移等。在机械行业强度校核中，构件实际应力不得超过许用应力是比较常用的标准。但是问题在于，基于不同的强度理论，实际应力有不同的计算方法，如何选择计算结果本质上就是选择用什么强度理论进行分析，这对于结果评估和判断极为重要。下面分析给出工程中常用的两个强度理论，即 Von Mises（对等）应力和主应力。

1）Von Mises 应力，即一个由三维应力状态的 6 个应力分量计算得到的等效应力，应力状态如图 11-13 所示，其计算公式为

$$\sigma_{\mathrm{eq}}=\sqrt{0.5[(\sigma_x-\sigma_y)^2+(\sigma_y-\sigma_z)^2+(\sigma_z-\sigma_x)^2]+3(\tau_{xy}^2+\tau_{yz}^2+\tau_{zx}^2)}$$

2）主应力：P1（σ_1）、P2（σ_2）和 P3（σ_3），即在某一局部坐标起下，切应力为零，只有主应力的状态，如图 11-14 所示。

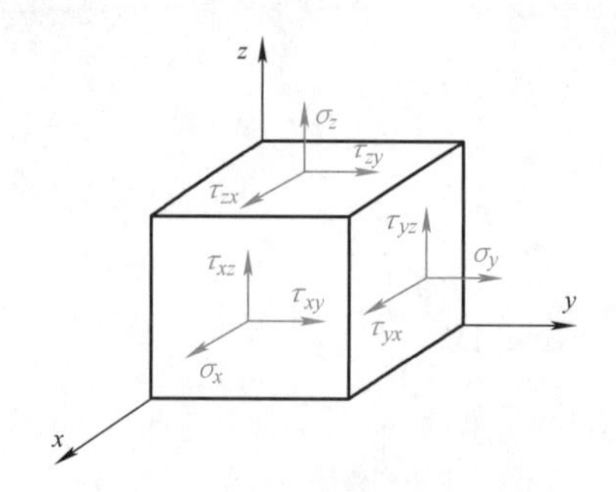

图11-13　Von Mises应力示意图

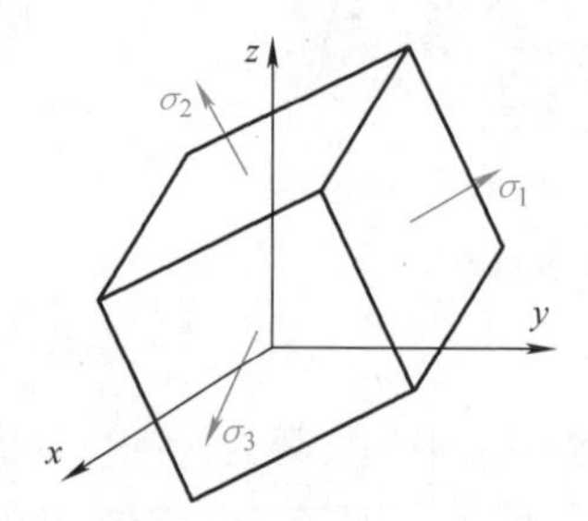

图11-14　主应力示意图

综上可知，Von Mises 应力结果适于评估弹塑性材料零件的安全性，P1 主应力结果适于评估脆性材料零件的安全性，P3 主应力结果适于评估脆性材料的压应力或接触应力。

三、项目实施

1.处理几何模型

第一步，打开需要分析的支架零件，先检查零件结构，发现零件中存在螺纹特征，如图 11-15 所示。由于螺纹特征在划分普通实体网格时容易出错，因此在特征树中压缩或删除扫描切除特征，将螺纹孔变为光孔，如图 11-16 所示。

第二步，考虑支架内部是装配轴，而轴对支架的作用力是一种非均匀的轴承载荷，定义轴承载荷需要参考坐标系。因此先新建草图，在轴孔中间绘制点，如图 11-17 所示。然后在草图点的位置新建参考坐标系 1，注意让该坐标系的 x 轴正向向下，如图 11-18 和图 11-19 所示。

经过以上两步处理后，模型就比较适合进行有限元分析了。

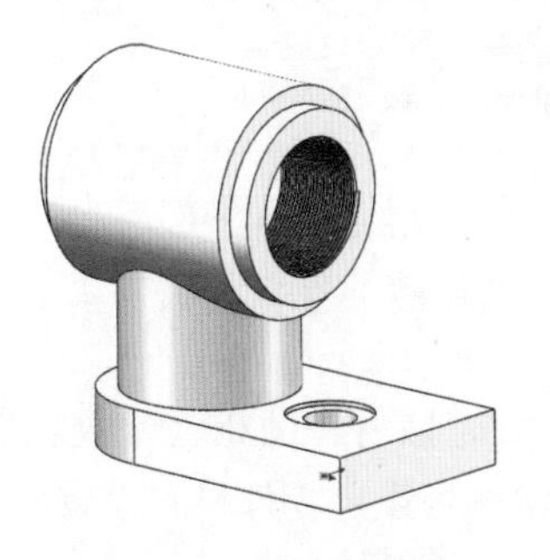

图11-15　原零件模型

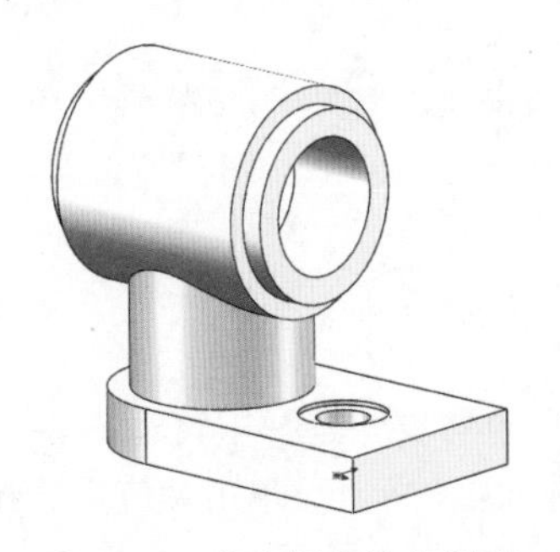

图11-16　去除螺纹特征模型

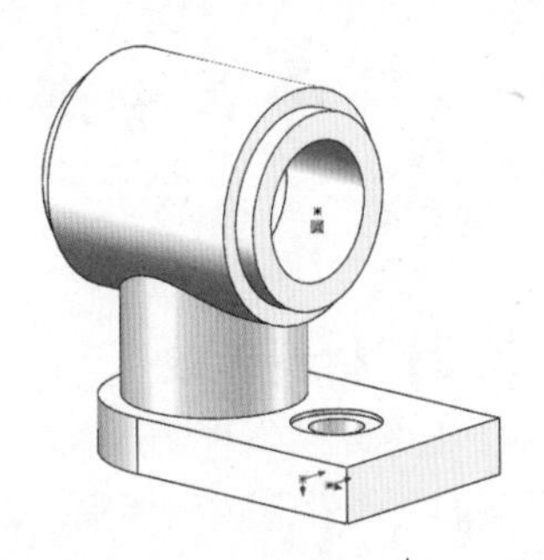

图11-17　在内孔中绘制草图点

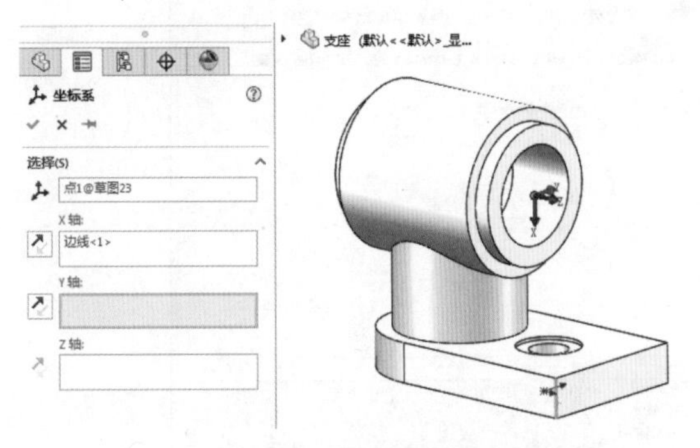

图11-18　在草图点处插入参考坐标系

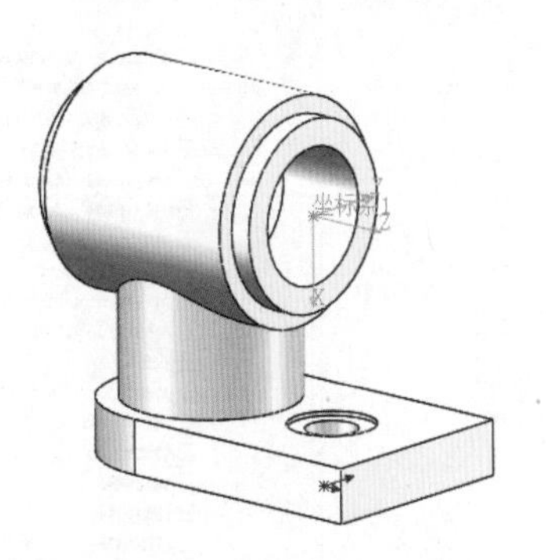

图11-19　完成坐标系插入

2.建立分析算例

第一步，启动 SolidWorks Simulation 插件，如图 11-20 所示。

第二步，在新添加的 Simulation 工具栏中，单击“新算例”，如图 11-21 所示；在分析类型中选择“静应力分析”，如图 11-22 所示。

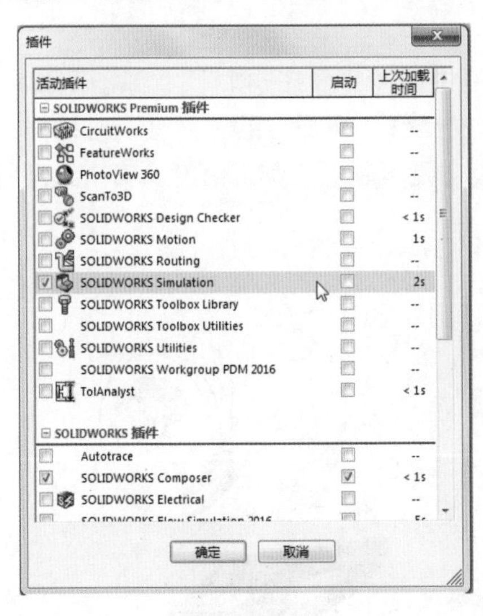

图11-20　启动SolidWorks Simulation插件

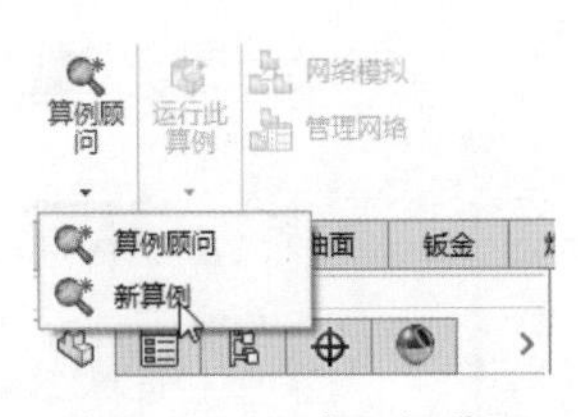

图11-21　新建分析算例

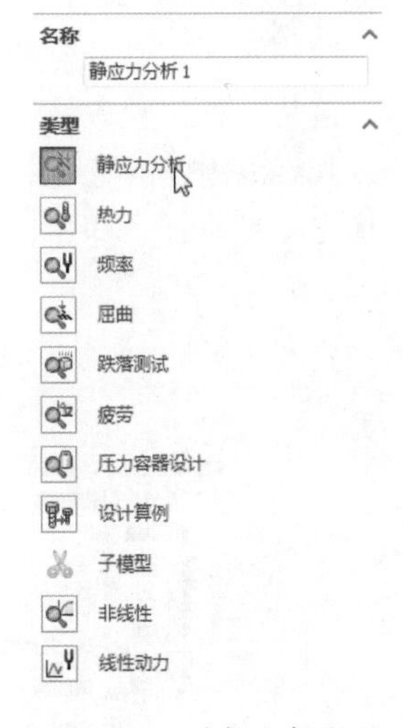

图11-22　选择分析类型

第三步，算例新建后，Simulation 工具栏中的前处理工具都成为可用状态，如图 11-23 所示。按照该工具栏从左到右的顺序，就是分析的基本流程。

图11-23　分析工具栏

3.设置材料参数

打开“材料”对话框。在左侧的列表中选择“铸造碳钢”，此时该材料的相关参数就显示在右侧的“属性”选项卡中，如图 11-24 所示。单击“应用”按钮即可设定零件材料参数。

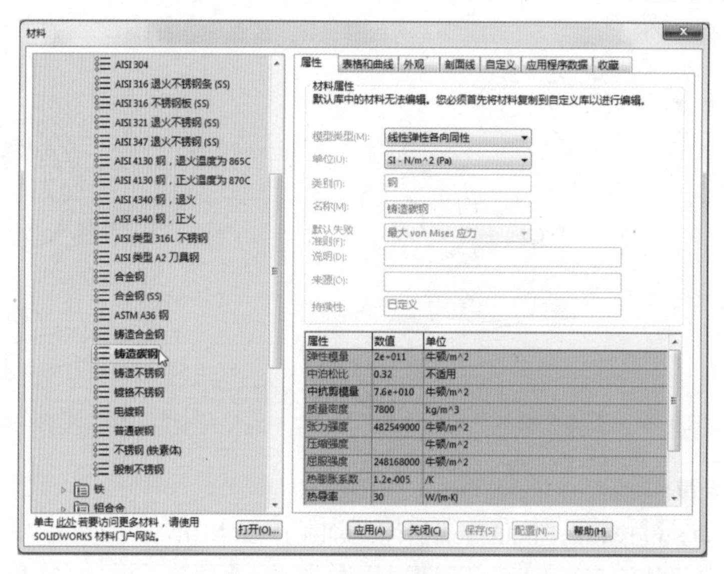

图11-24　设置材料参数

4.设置约束关系

第一步，右击分析特征树中的“夹具”，在快捷菜单中选择“滚柱 / 滑杆”，如图 11-25 所示。这是一种比较方便快捷的方法，可以取代部分工具栏操作。在弹出的“夹具”对话框中，可以观察范例提供的约束动画，判断“滚柱 / 滑杆”约束主要限制了三个自由度。确认无误后，选择支架底平面，如图 11-26 所示。

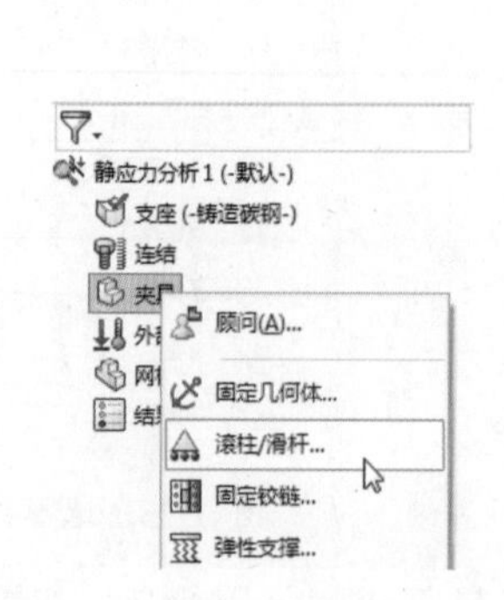

图11-25　添加滚柱/滑杆约束

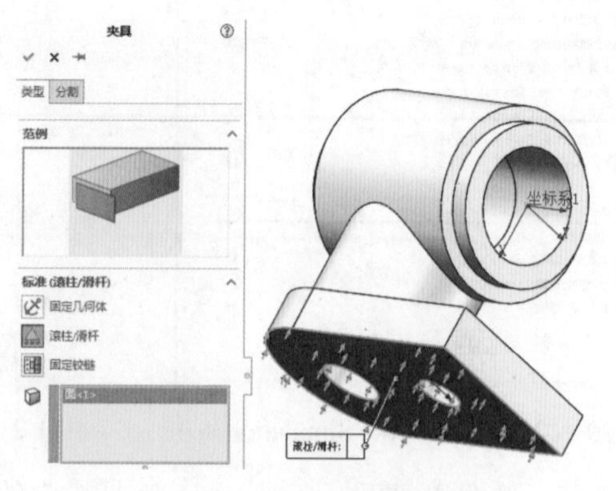

图11-26　选择支架底平面

第二步，右击分析特征树中的“夹具”，在快捷菜单中选择“固定铰链”，如图 11-27 所示。

分别选择支架底部的两个孔为约束面，如图 11-28 所示。

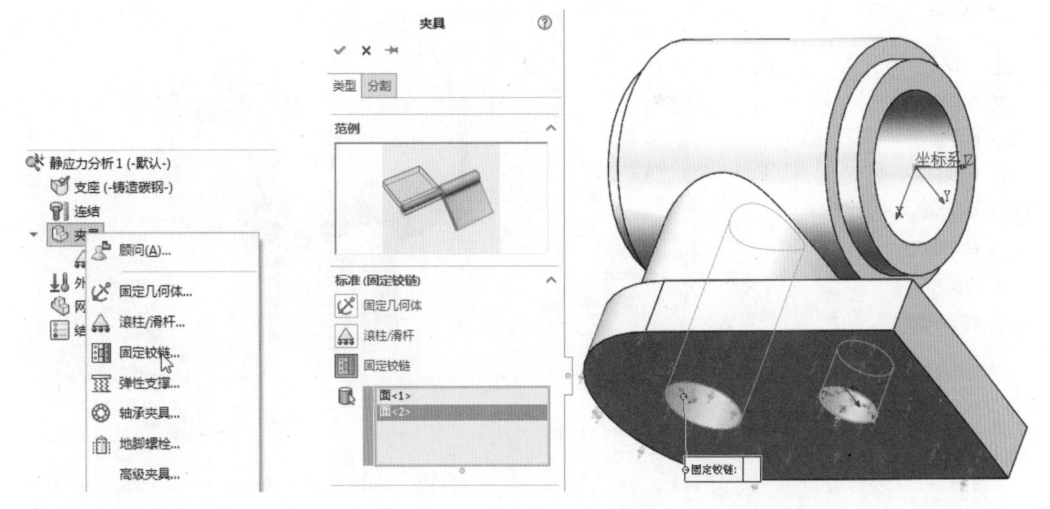

图11-27　添加固定铰链约束　　　图11-28　选择支架底部的两个孔

5.添加载荷

第一步，右击分析特征树中的“外部载荷”，在快捷菜单中选择“轴承载荷”，如图 11-29 所示。这是一种常用于孔轴配合、传递非均匀力的载荷类型。弹出“轴承载荷”对话框后，先选择支架内孔面，再选择坐标系 1，激活 x 向载荷，在数值输入框中输入 5000N，在下方的分布规律选项中选择抛物线分布，如图 11-30 所示。

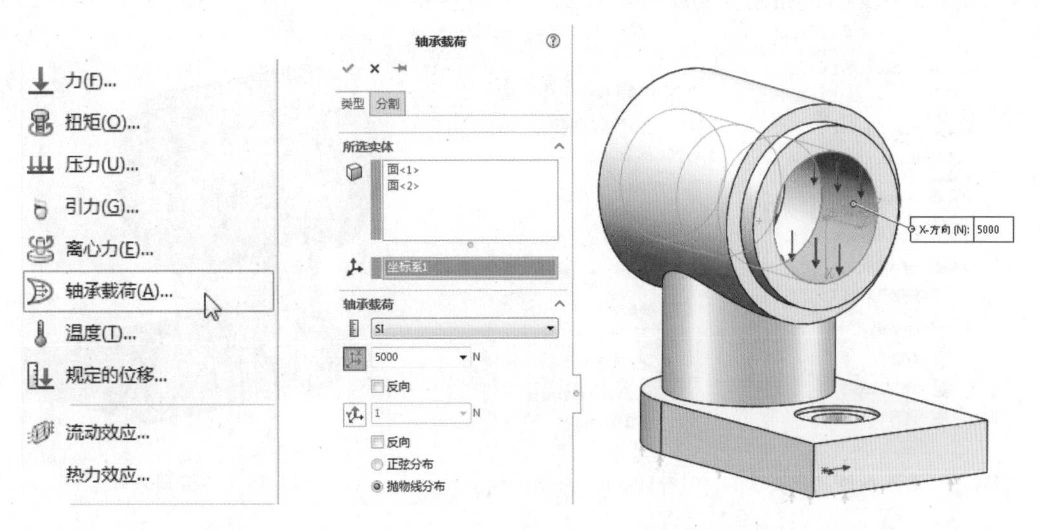

图11-29　添加轴承载荷　　　图11-30　选择支架内圆孔面和坐标系1

第二步，右击分析特征树中的“外部载荷”，在快捷菜单中选择“力”，如图 11-31 所示。弹出“力 / 扭矩”对话框后，先选择支架端面，并在下方的方向选项中选择法向，在数值输入框中输入 1000N，如图 11-32 所示。

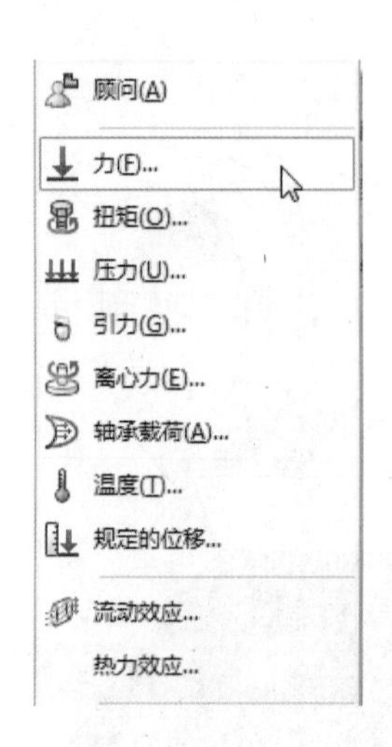

图11-31　添加力

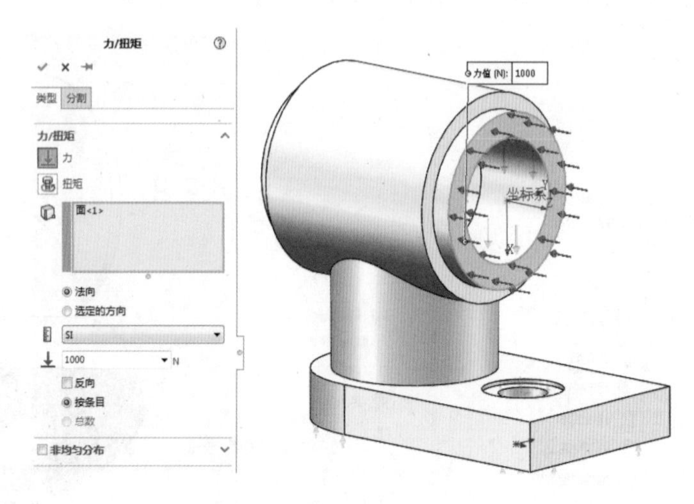

图11-32　选择支架端面

6.初步划分网格并试算

第一步，右击分析特征树中的“生成网格”，如图 11-33 所示。弹出“网格”对话框后，单击“重设”按钮，软件会根据零件的尺寸自动计算网格的参数，如图 11-34 所示。注意：此时的网格比较粗糙，对计算精度有一定影响，但是计算资源消耗少，计算速度快。因此可以先用这样的网格进行初步计算，验证所加的约束和载荷是否合理，待修正模型后，可再细化网格求得比较精确的结果。网格划分完成的效果如图 11-35 所示。

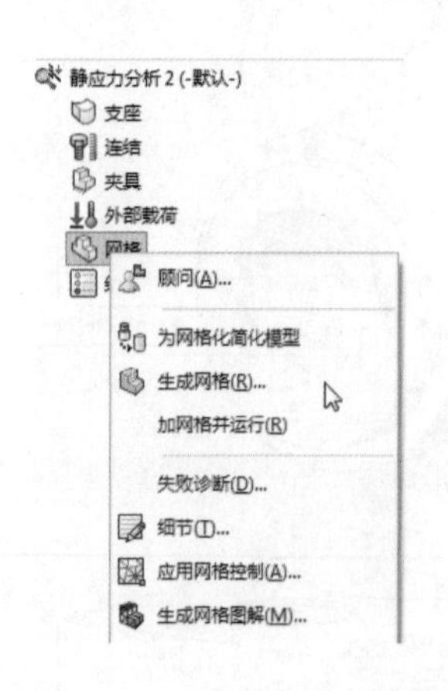

图11-33　进入网格属性界面

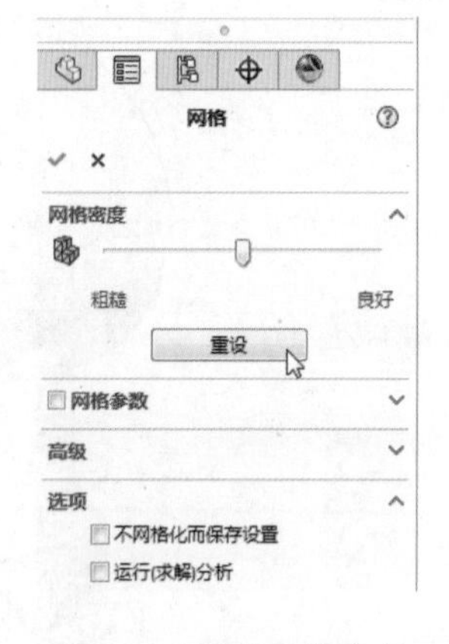

图11-34　调整网格参数

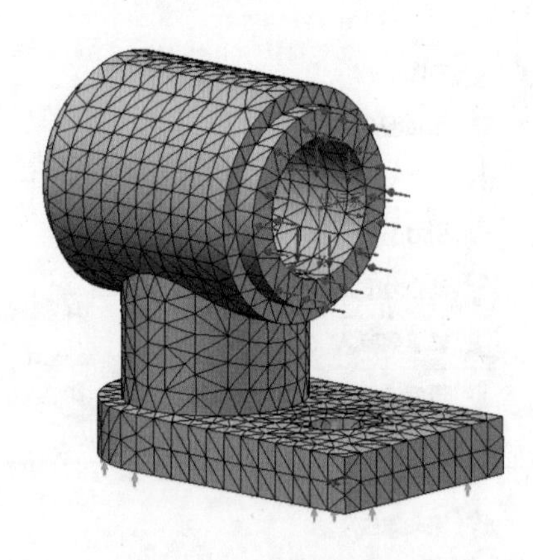

图11-35　网格划分效果

第二步，单击工具栏中的“运行此算例”，软件即开始计算。此时会弹出显示计算进度的对话框，可单击“收敛图表”对话框，查看计算残差的收敛情况，如图 11-36 所示。计算完成后，系统自动弹出等效应力图解，如图 11-37 所示。此时观察分析特征树，结果中除了应力图解，还有应变图解和位移图解，其中位移图解是常用于分析变形的结果，如图 11-38 所示。

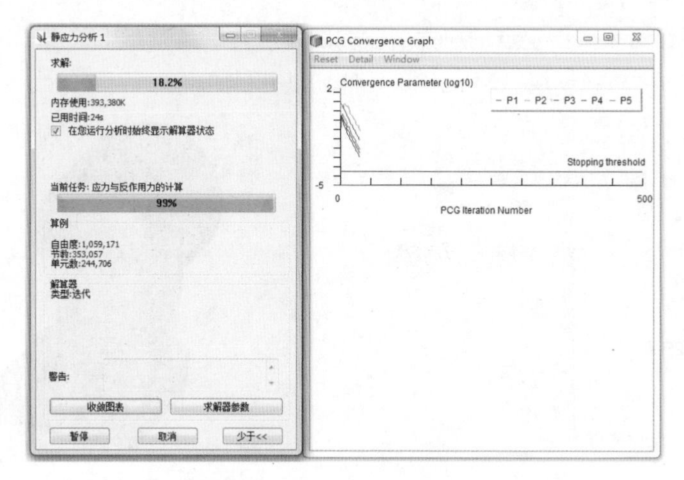

图11-36　计算进度与收敛图表

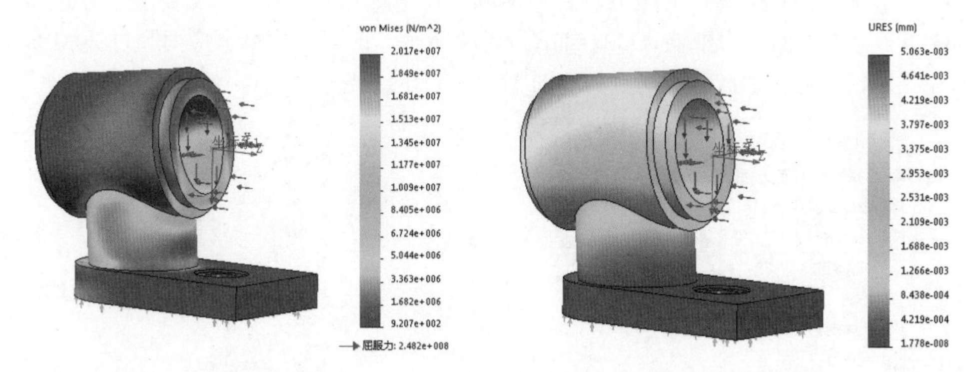

图11-37　等效应力图解　　　　图11-38　位移图解

7.利用图解工具查询分析结果

第一步，右击分析特征树中的应力图解，在快捷菜单中选择“编辑定义”，弹出“应力图解”对话框，如图 11-39 所示。在显示选项中，可以将单位选择为工程中常用的 MPa，在变形形状中，选择真实比例，确定后即可得到修改后的应力图解，如图 11-40 所示。

图11-39　“应力图解”对话框

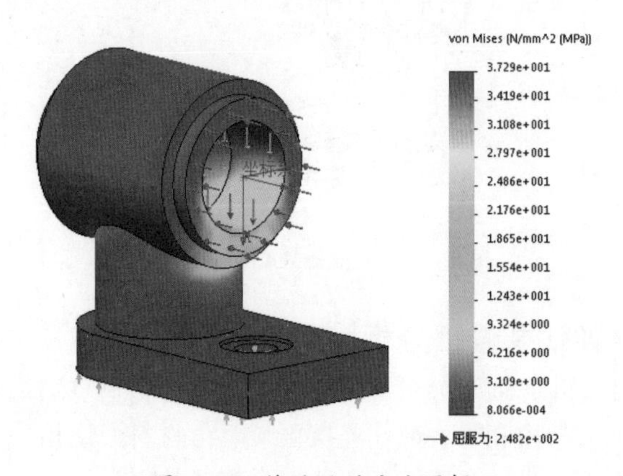

图11-40　修改后的应力图解

第二步，利用探测获取指定点的应力值。在图解工具下拉菜单中单击“探测”，如图 11-41 所示，再单击模型，即可获取该点的应力值，如图 11-42 所示。

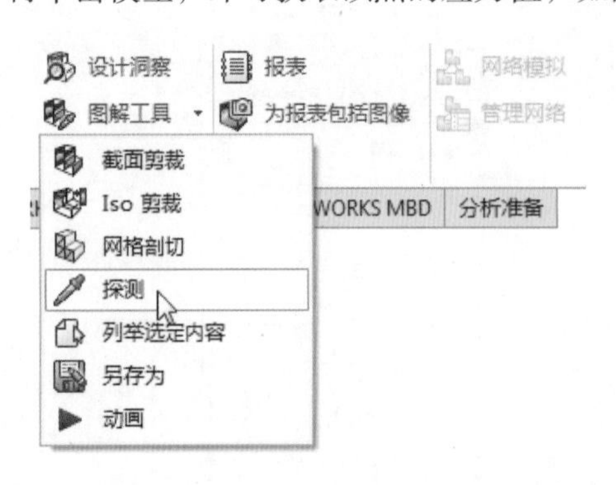

图11-41　选择探测工具

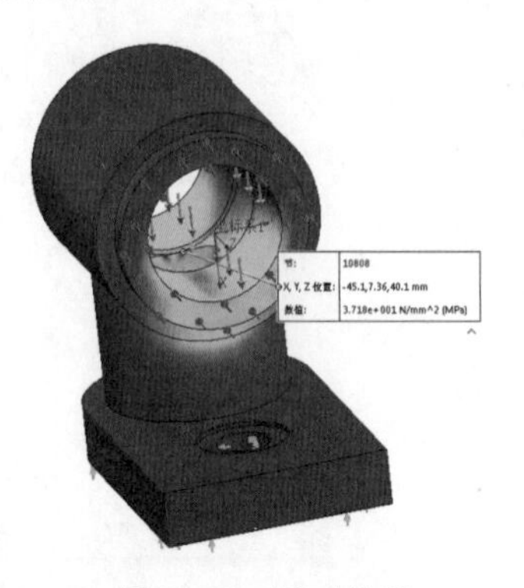

图11-42　探测结果

第三步，利用 Iso 剪裁确定应力较大的区域。在图解工具下拉菜单中选择“Iso 剪裁”，如图 11-43 所示，在等值应力中输入 20，如图 11-44 所示。即可将模型上应力超过 20MPa 的区域单独过滤显示出来，其他区域不显示，如图 11-45 和图 11-46 所示。

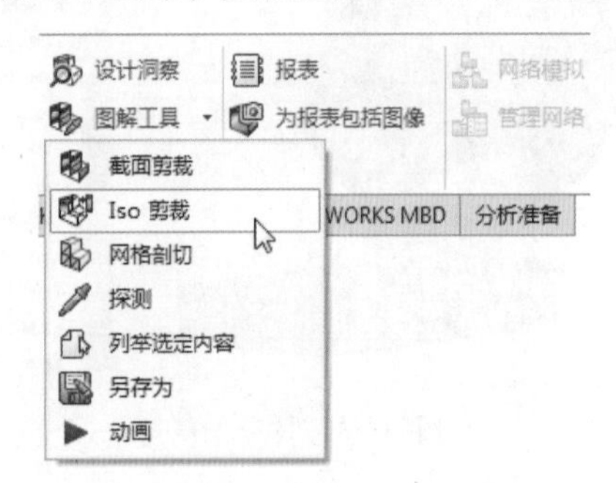

图11-43　利用Iso剪裁工具

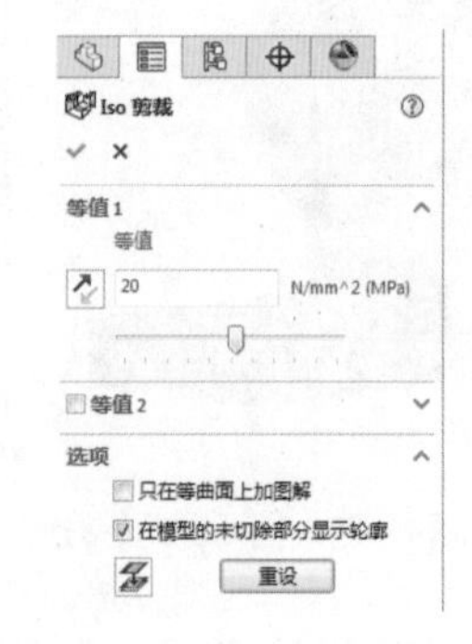

图11-44　设置阈值

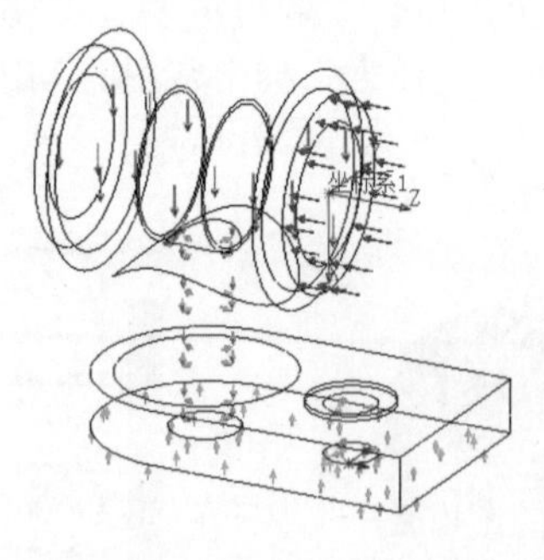

图11-45　视图处理结果

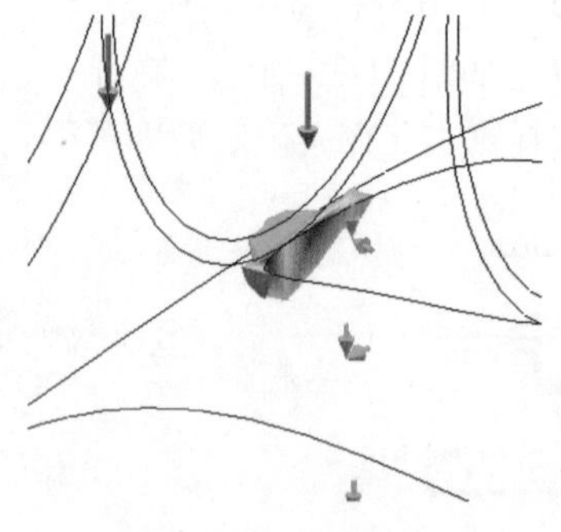

图11-46　局部放大

8.评估并修正分析模型

第一步，通过分析应力分布规律来评估仿真结果是否合理。由步骤 7 可知，最大应力区域分布在支架内孔与底部孔连接区域。由材料力学相关知识可知，支架在承受径向和轴向两个力的作用下，是一个压缩和弯曲组合变形的力学模型，因此最大应力区域应该分布在固定端受压一侧的区域，如图 11-47 所示。所以分析结果是不合理的。通过检查模型可知，主要问题出在约束中，由于原问题中要求的是两个短销定位，而在添加约束中将整个内销孔都选中，从而将弯曲力学模型转为了剪切力学模型，如图 11-48 所示。

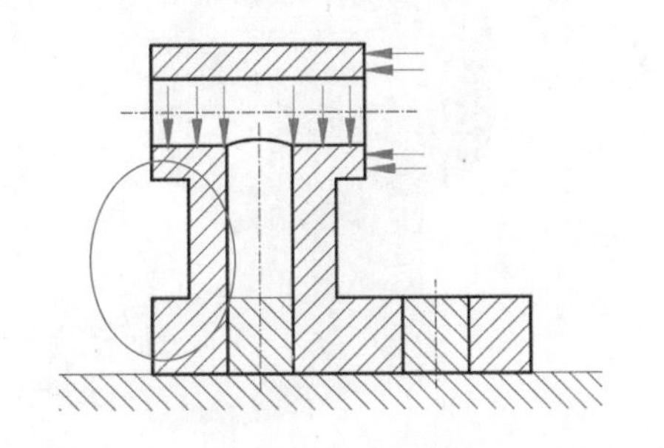

图11-47 正确的力学模型分析

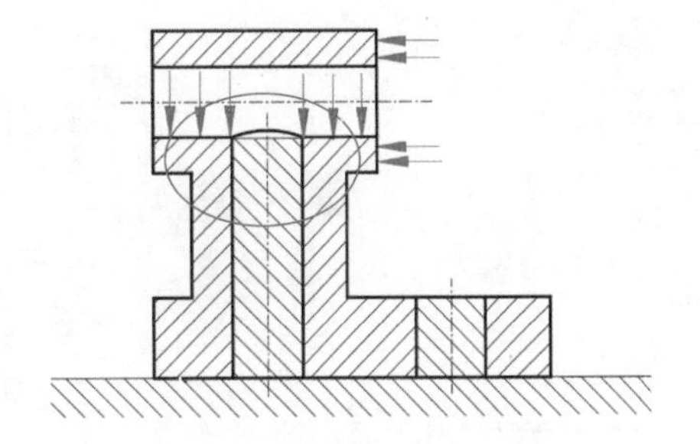

图11-48 错误的力学模型分析

第二步，利用分割线划分约束面，如图 11-49 和图 11-50 所示。

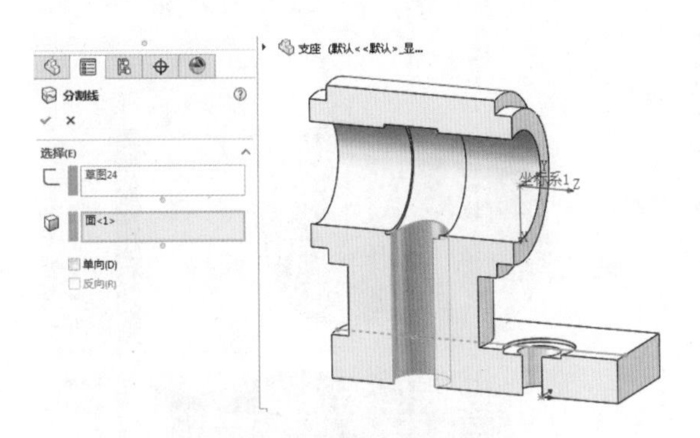

图11-49 利用分割线划分约束面

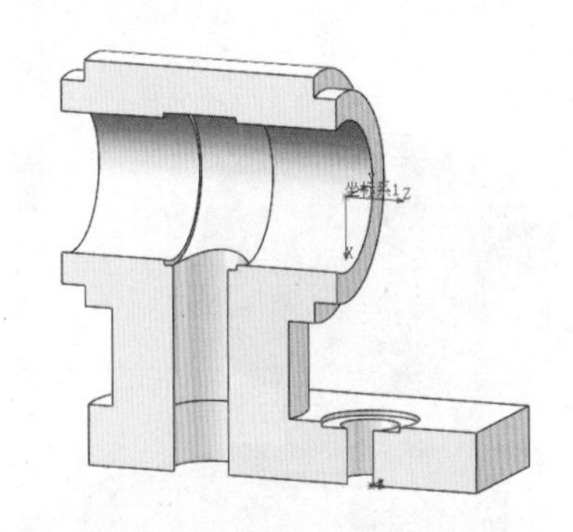

图11-50 重新划分约束面

第三步，重新设置固定铰链，如图 11-51 所示。再次单击“运行此算例”，得到新应力云图，如图 11-52 所示。此时观察发现，最大应力区域和之前用材料力学理论知识分析得出的分布规律基本一致了。

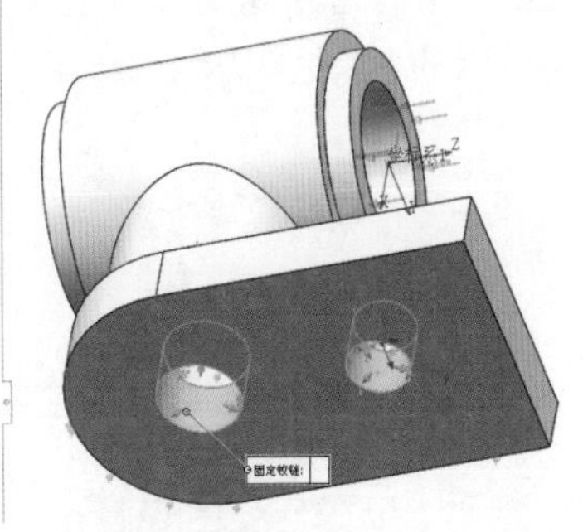

图11-51 重新设置固定铰链

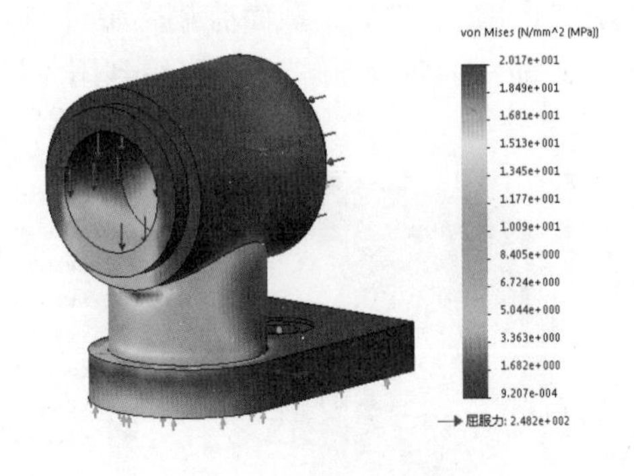

图11-52 新应力云图

9.细化网格获得精确结果

第一步，增加网格控制，将试算结果中应力较大的区域网格局部细化，如图 11-53 所示。

第二步，重新划分网格，即可得到局部网格细化的效果，如图 11-54 所示。

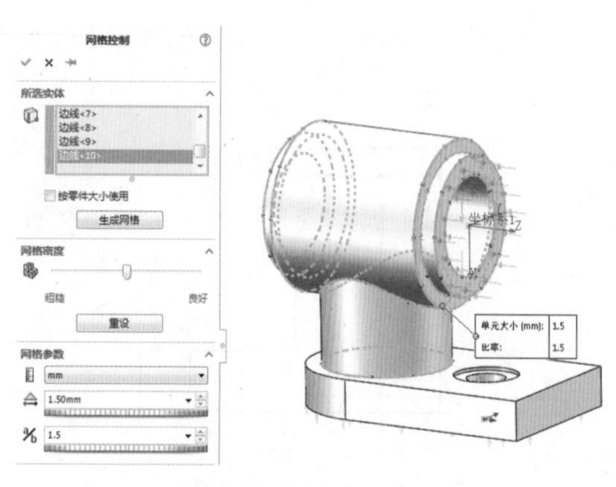

图11-53　添加网格控制

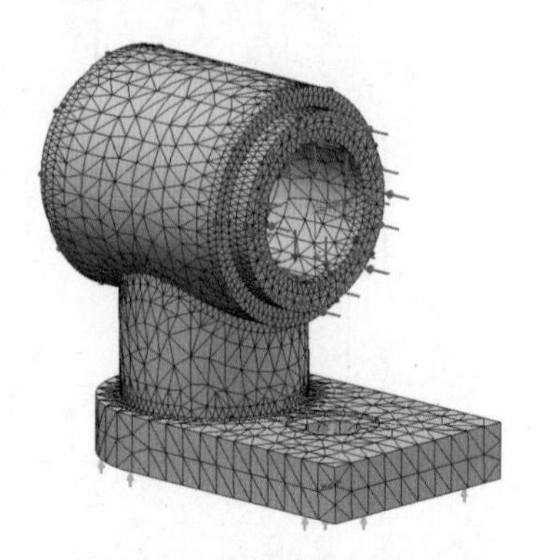

图11-54　局部网格细化结果

第三步，单击工具栏中的“运行此算例”，即可得到更加精确的计算结果，应力云图如图 11-55 所示，位移云图如图 11-56。

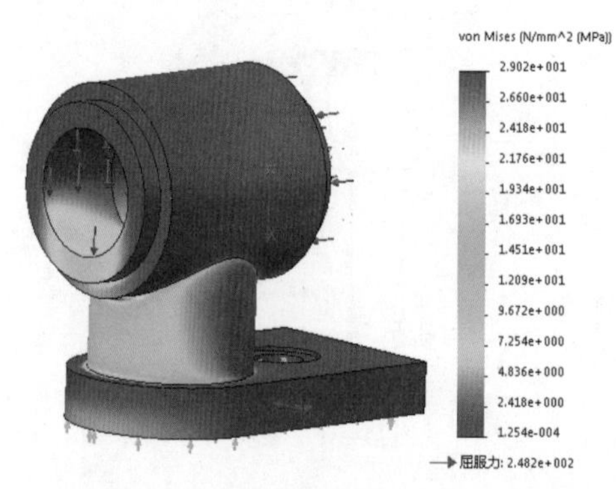

图11-55　最终计算结果——应力云图

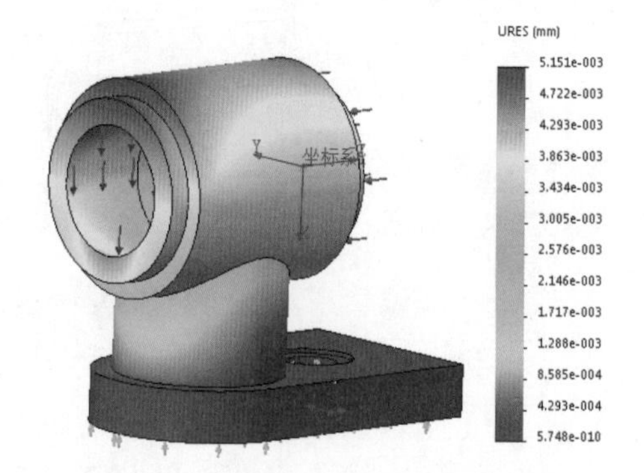

图11-56　最终计算结果——位移云图

第四步，利用图解工具中的截面剪裁处理，便于展示零件内部应力，如图 11-57 所示。

第五步，如果支座是铸铁材料，可以右击结果，选择利用定义应力图解，如图 11-58 所示。新建出 P1 主应力图解，截面剪裁后如图 11-59 所示。再右击新建的应力图解，在其属性对话框中勾选“显示为向量图解”，即可得到用矢量箭头显示的 P1 主应力图解结果，如图 11-60 所示。

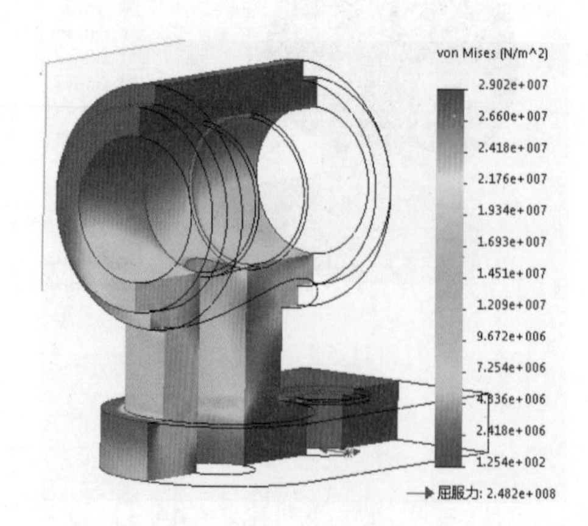

图11-57　利用截面剪裁查询内部应力

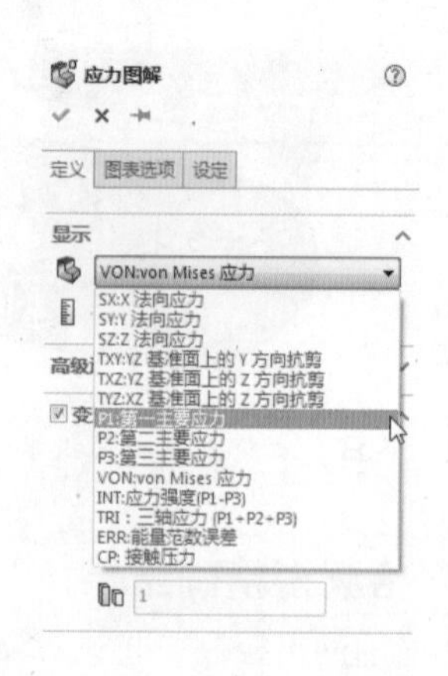

图11-58　新建主应力图解

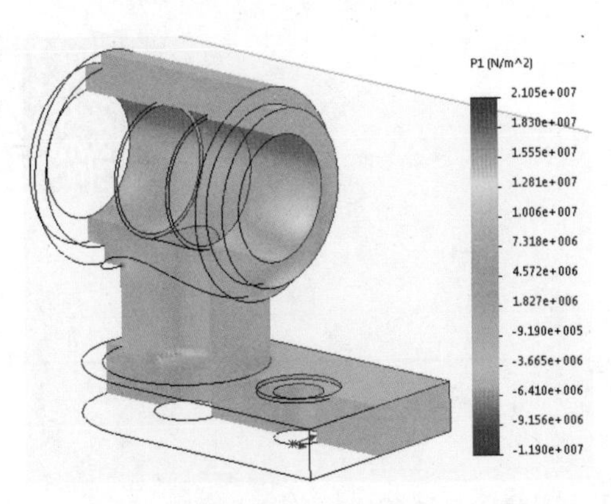

图11-59　利用截面剪裁查询主应力图解

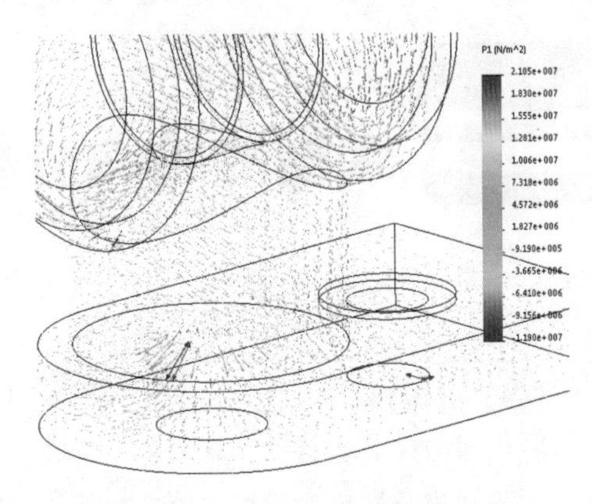

图11-60　主应力图解的向量形式

10.导出分析报告

单击工具栏中的“报表”按钮，在弹出的对框中单击“出版”按钮，即可生成 word 版分析报告。

四、项目总结

通过本项目的学习，读者应掌握以下几点：

1）明确有限元分析的基本流程，能按照流程开展分析。

2）明确载荷和约束对分析精度的影响，能结合力学知识评估分析的合理性，并做出必要修正。

3）明确网格质量对分析精度的影响，能针对分析问题的特点进行网格局部细化处理。

项目 12 水槽的结构分析

【学习目标】

1. 能分析薄板类构件，并正确使用壳单元。
2. 能利用高宽比、雅可比等指标评估网格单元的质量。
3. 能利用探测、Iso 剪裁及设计洞察等工具分析仿真结果。

【重难点】

1. 将实体模型转为壳体模型。
2. 评估网格单元的质量。

一、项目说明

水槽（图 12-1）是由薄板组成的构件。从几何上看，钢板在厚度方向的尺寸远远小于另外两个方向的尺寸，因此这是典型的壳体类型力学模型。在分析时，用壳单元最合适，不仅能达到较高的分析精度，同时消耗的计算资源也比较少。

具体工况说明：一个由普通碳钢板焊接成的水槽放置在平面钢板上，其底面四周采用焊接固定，水槽里装满水，试分析该水槽用板厚 6mm 的钢板是否可行。

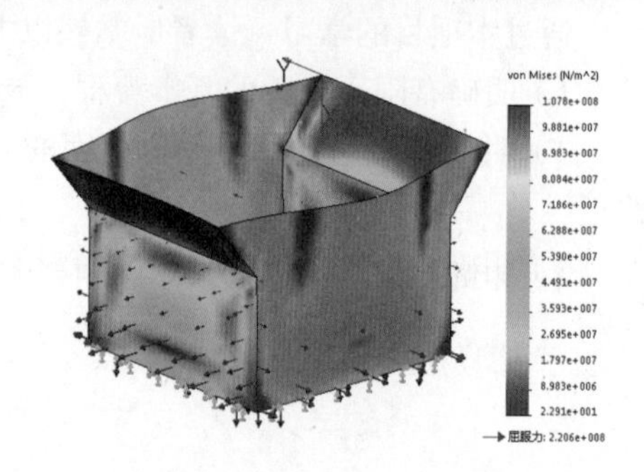

图12-1　水槽结构分析

二、预备知识

1. 壳单元特性

壳单元就是一种针对薄板类工程构件进行分析的网格。壳单元本身没有厚度，厚度是作为单元的常数，是在分析预处理时通过编辑定义进行赋值的。SolidWorks Simulation 提供了一阶三角形壳单元和二阶三角形壳单元，如图 12-2 所示。其中，一阶单元只有三个节点，如图 12-2a 所示；二阶单元除三个顶点还有三个中间节点，共有六个节点，如图 12-2b 所示。因此当分析对象是曲面时，二阶单元能更好地模拟出几何形体。

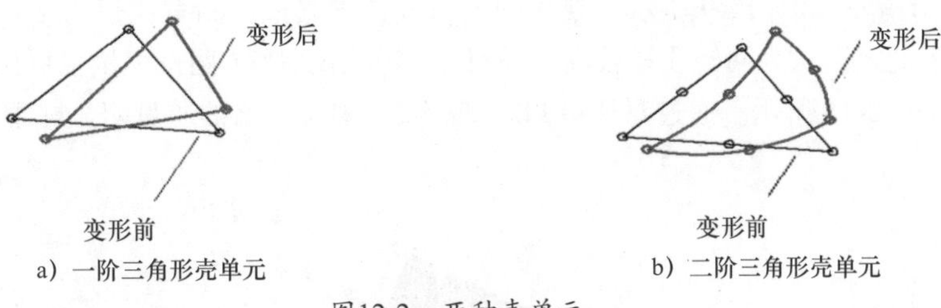

a）一阶三角形壳单元　　b）二阶三角形壳单元

图12-2　两种壳单元

2. 实体转为壳体

在实际工程中，构件都需要经过处理才能转化为壳体模型，方法有两种：一种是转换为钣金件或者直接在钣金模块中建模，如图 12-3a 所示；另一种是通过等距曲面将构件的中性层创建出来，注意此时一定要将实体设置为不包含在分析中，如图 12-3b 所示。

a）利用钣金建模转换为壳体模型　　b）利用等距曲面中性层转换为壳体模型

图12-3　实体转为壳体的两种方法

3.单元质量的评估

根据弹性力学理论，尖角处的应力是无穷大的，因此要避免网格出现尖角，可见网格单元的质量对计算精度有很大影响。SolidWorks Simulation 提供了两个评估单元质量的指标，一是高宽比反应单元的形状，二是雅可比反应单元的扭曲程度。图 12-4a 所示为最佳质量的单元，图 12-4b、c 所示单元的质量较差。在结构分析时，高宽比不能超过 20，雅可比不能超过 40。

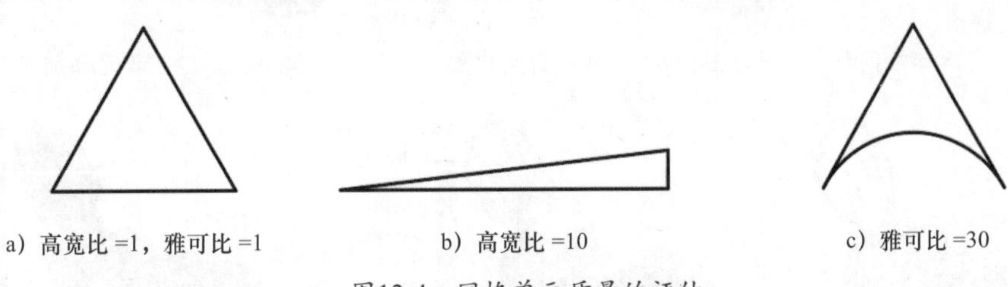

a）高宽比 =1，雅可比 =1　　b）高宽比 =10　　c）雅可比 =30

图12-4　网格单元质量的评估

下面通过实例说明 SolidWorks Simulation 的网格评估过程。建立面体如图 12-5 所示。按照默认参数划分网格，当对象为曲面时，Simulation 会默认用二阶三角形网格划分，如图 12-6 所示。右击网格，选择“生成网格图解”，即打开“网格品质”对话框，如图 12-7 所示。选择“高宽比例”单选按钮并确定，即可得到图解，如图 12-8 所示；选择“雅可比”单选按钮并确

定，即可得到图解，如图 12-9 所示。观察图解可知，网格最大高宽比仅为 2.890，最大雅可比仅为 1.103，因此可以认为网格质量较高。项目 11 中介绍的实体网格案例也可用网格品质检查，如图 12-10 ~ 图 12-15 所示。通过对比可知，基于混合曲率网格的质量明显好于标准网格质量。

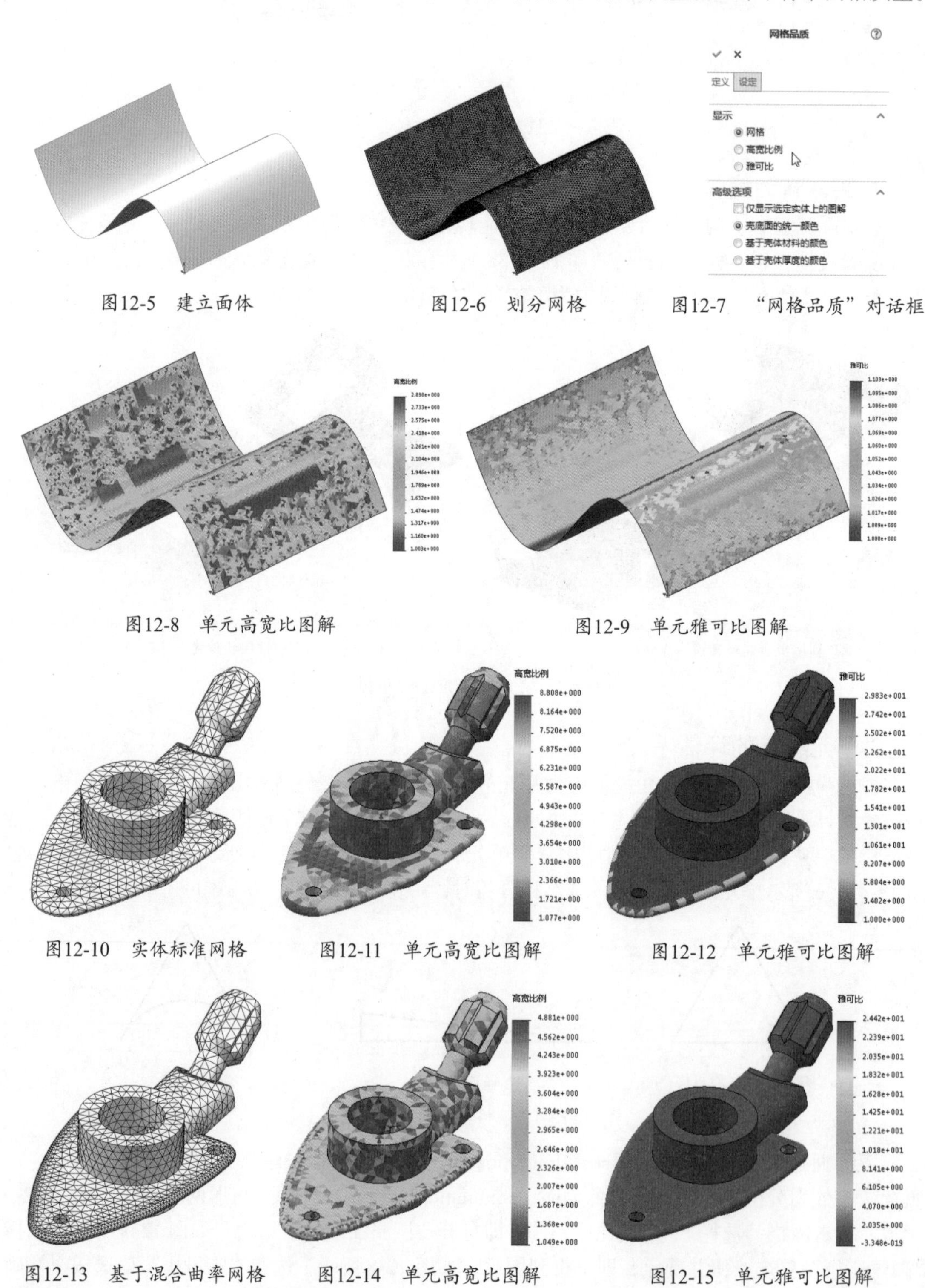

图12-5　建立面体

图12-6　划分网格

图12-7　“网格品质”对话框

图12-8　单元高宽比图解

图12-9　单元雅可比图解

图12-10　实体标准网格

图12-11　单元高宽比图解

图12-12　单元雅可比图解

图12-13　基于混合曲率网格

图12-14　单元高宽比图解

图12-15　单元雅可比图解

三、项目实施

1.创建水槽模型并划分实体网格进行评估

第一步，打开 SolidWorks，新建零件，绘制水槽草图，如图 12-16 所示。再拉伸 2000mm。选择顶面抽壳，厚度为 6mm，即可得到水槽实体模型，如图 12-17 所示。

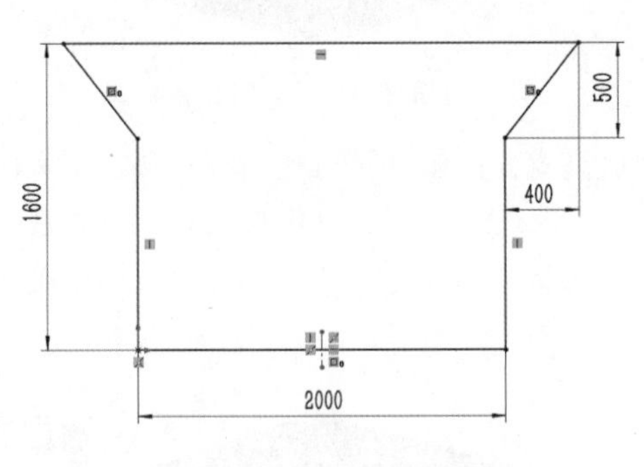

图12-16　水槽草图

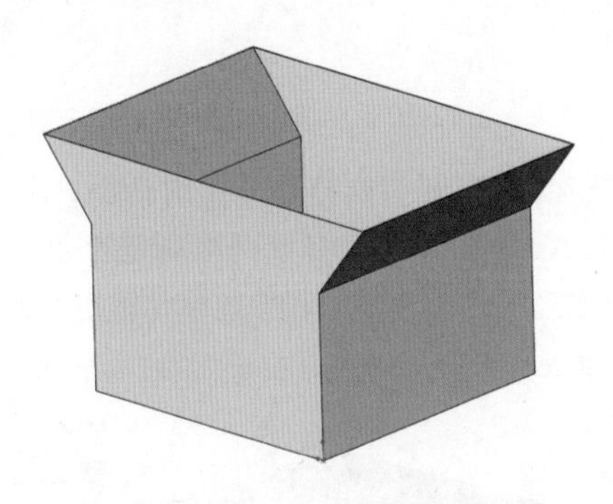

图12-17　水槽实体模型

第二步，启动 SolidWorks Simulation 插件，新建静应力分析算例，先右击分析特征树中的网格，再选择“生成网格”，按照默认参数划分网格，如图 12-18 所示。

第三步，右击网格，选择“生成网格图解”，即打开“网格品质”对话框，生成高宽比图解，如图 12-19 所示。观察图解可知，绝大多数网格高宽比约为 7.9 ~ 36，少数网格高宽比超过 300。由此可见，网格质量非常差，计算的结果无法保证精度。通过这一步也可以确定薄板类的构件使用实体网格是不合适的，应该选用壳单元。

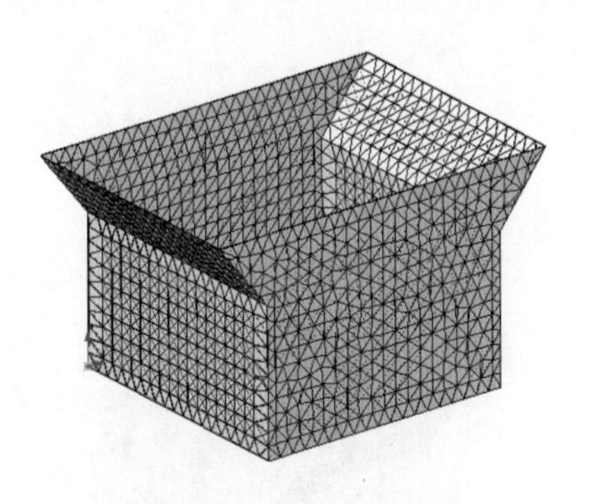

图12-18　实体网格划分

图12-19　网格高宽比图解

2.创建水槽模型面体并划分网格评估

第一步，将在步骤 1 中创建的实体模型中的抽壳特征删除。利用曲面模块中的等距曲面工具，选择水槽的四周和底面，等距距离为 3mm，方向向内，即可创建水槽实体的中性层，如图 12-20 所示。

第二步，新建静应力分析算例，先右击分析特征树中的网格，再选择“生成网格”，按照默认参数划分网格，如图 12-21 所示。

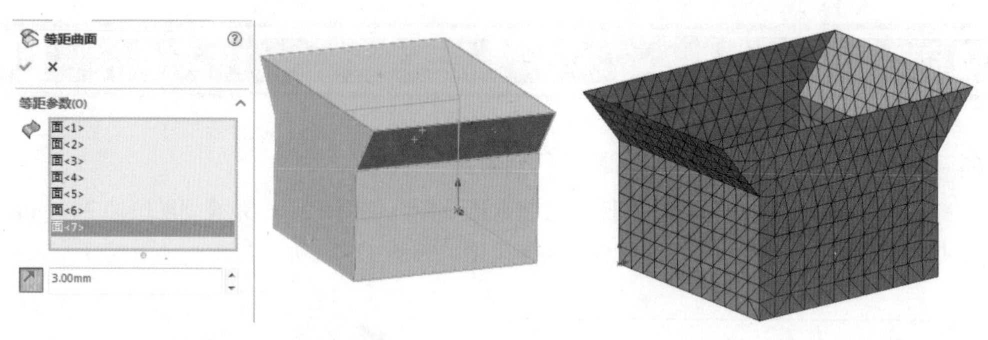

图12-20　水槽实体的中性层　　　　图12-21　划分网格

第三步，打开“网格品质”对话框，分别生成高宽比图解和雅可比图解。观察高宽比图解（图 12-22）可知，绝大多数网格高宽比都在 2.2 以下，最大高宽比也仅为 2.89。观察雅可比图解（图 12-23）可知，几乎所有单元雅可比均为 1，最大雅可比也仅为 1.06。由此可以确定网格质量是非常好的。

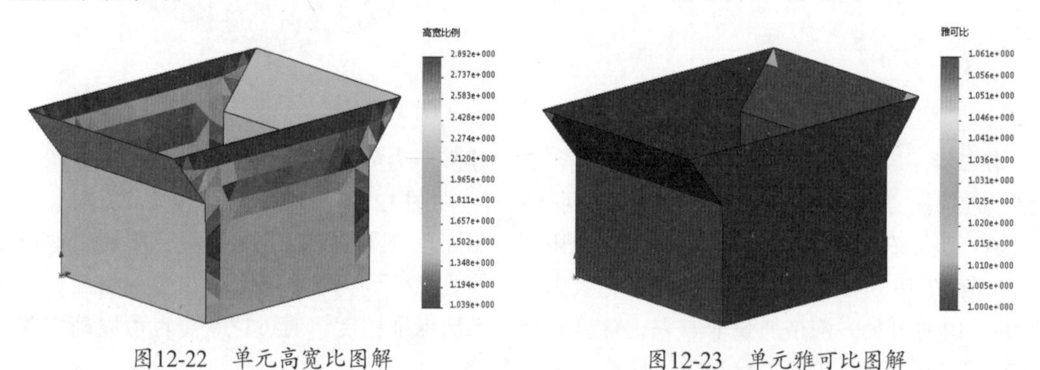

图12-22　单元高宽比图解　　　　图12-23　单元雅可比图解

3.水槽壳体模型分析前处理

第一步，在水槽上方边角插入参考坐标系 1，选择一条垂直的边线来确定坐标系 *X* 轴的方向，如图 12-24 所示。完成后效果如图 12-25 所示。

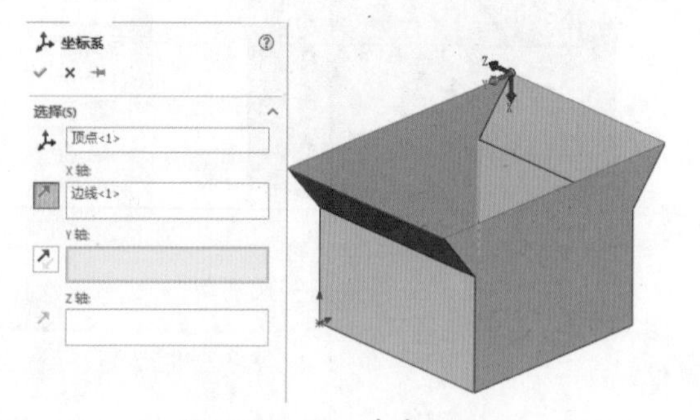

图12-24　插入参考坐标系

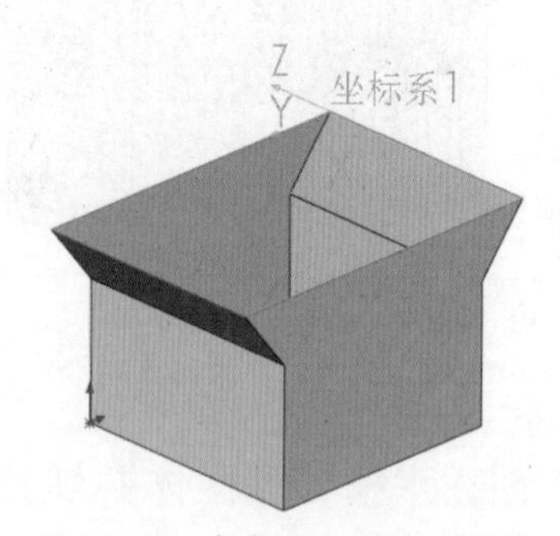

图12-25　参考坐标系插入效果

第二步，右击分析特征树下零件中的实体，选择“不包括在分析中”，即将该实体压缩，如图 12-26 所示。再右击零件下的面体，选择“编辑定义”，如图 12-27 所示。在“壳体定义”对话框中，选择类型为薄板，厚度设为 6mm，如图 12-28 所示。最后设置材料为普通碳钢，如图 12-29 所示。

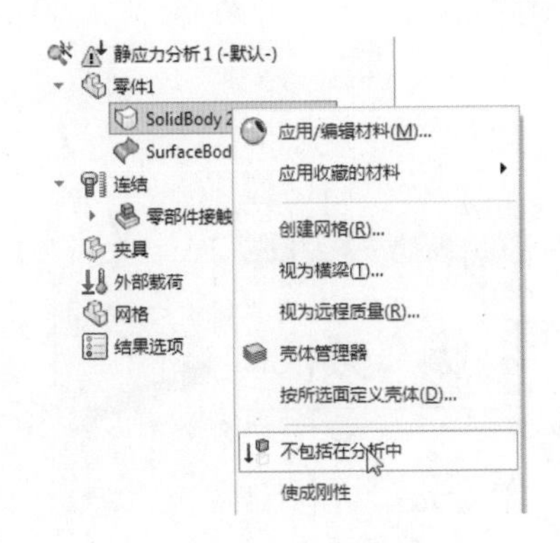

图12-26　压缩实体

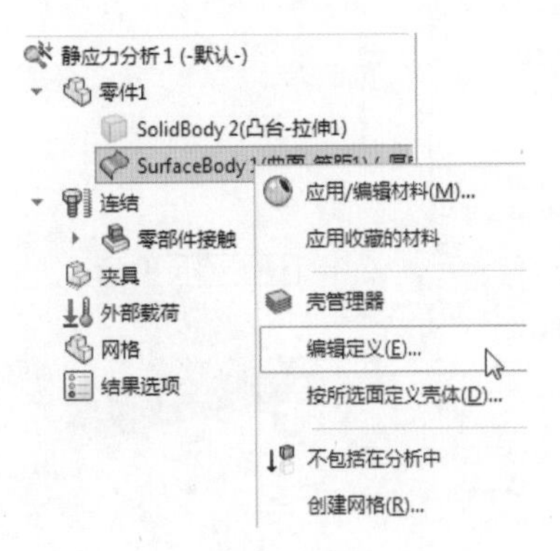

图12-27　编辑壳体模型

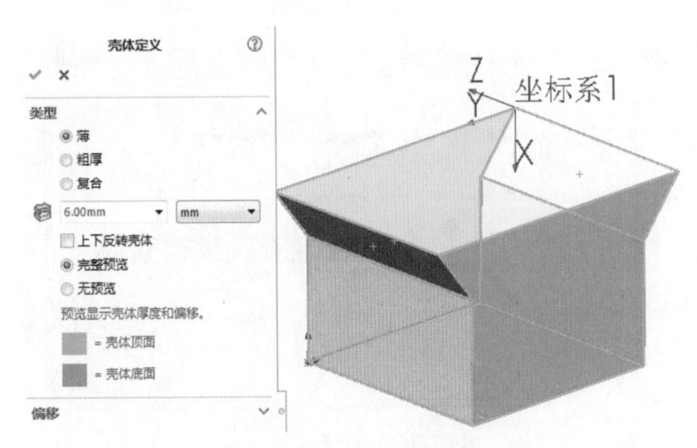

图12-28　设置板厚

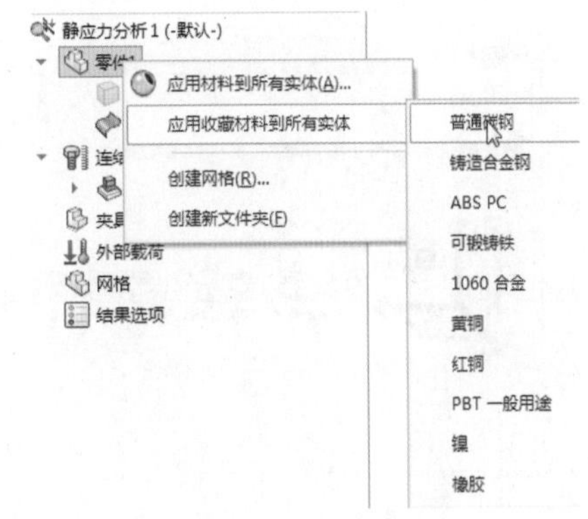

图12-29　设置材料

第三步，添加约束。由于四边焊接固定，因此底面边线设为固定几何体，如图 12-30 所示。由于水槽放置在平面上，因此底面设为滚柱 / 滑杆约束，如图 12-31 所示。

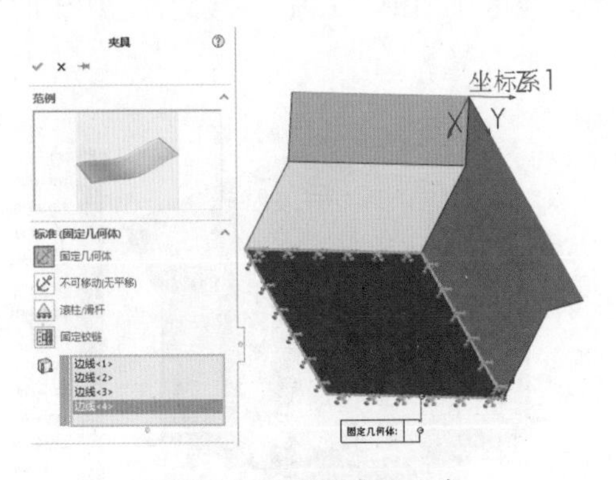

图12-30　固定底边边线

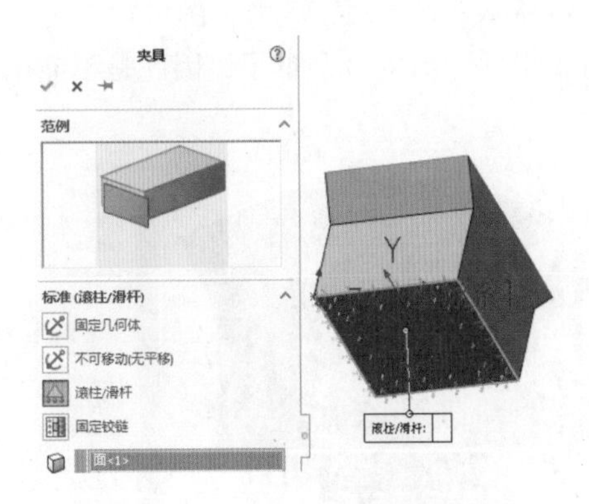

图12-31　底面设置为滚柱/滑杆约束

第四步，添加非均匀压力载荷。选择载荷类型为压力载荷，将载荷方向设为垂直于所选面，并将水槽所有面全部选中，注意力的方向指向外侧，如图 12-32 所示。再勾选“非均匀分布”复选框，选择前面创建的坐标系 1 为加载的基准，如图 12-33 所示。同时弹出“编辑方程式（笛卡儿坐标）”对话框，如图 12-34 所示。将方程输入栏中的方程式改为“1000*9.8*x”即可，如图 12-35 所示。

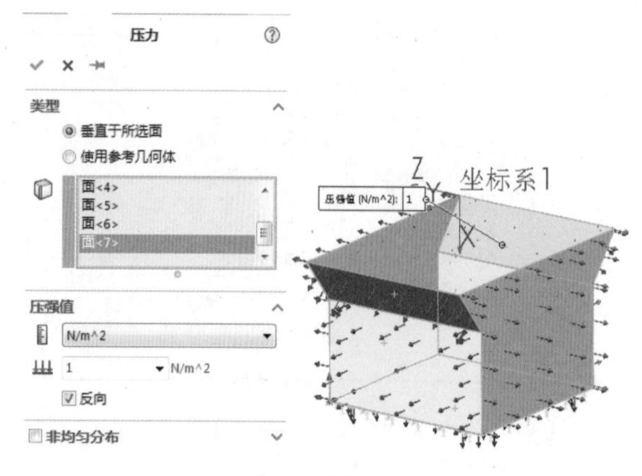

图12-32　选择加载面

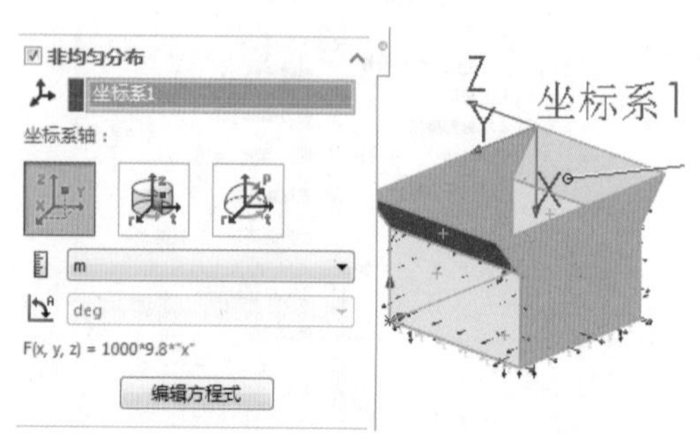

图12-33　选择加载基准

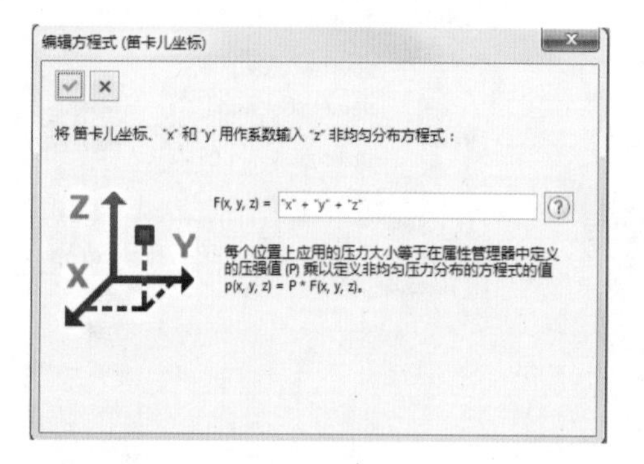

图12-34　“编辑方程式（笛卡儿坐标）”对话框

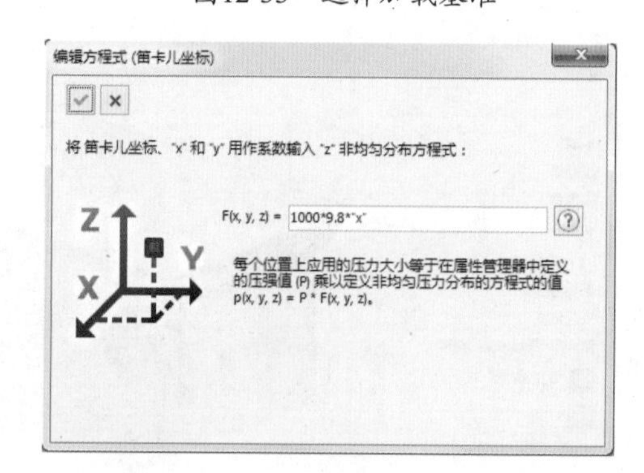

图12-35　按照实际工况输入公式

4.结果分析

第一步，执行分析，算例计算完毕后，会自动生成应力云图和位移云图，如图 12-36 和图 12-37 所示。通过观察应力云图可知，最大应力已经达到 219MPa，已经接近普通碳钢的屈服极限了，几乎没有安全余量了，因此是不能用的。

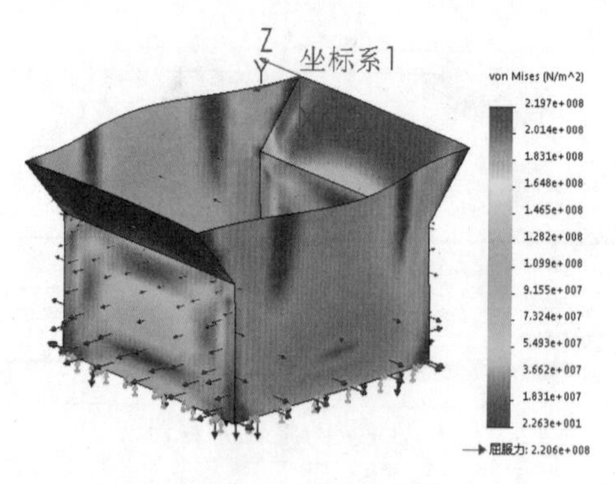

图12-36　应力云图图解

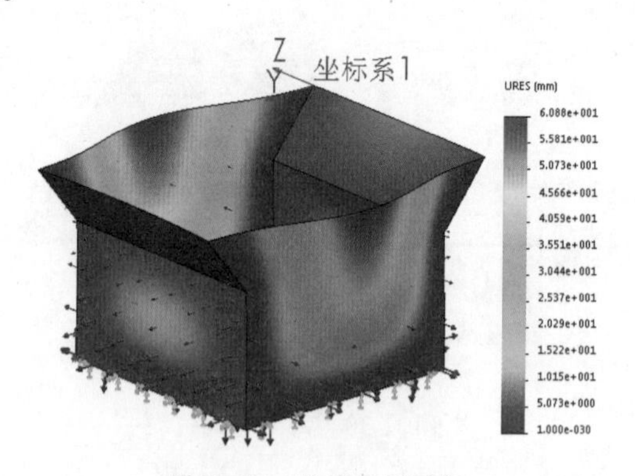

图12-37　位移云图图解

第二步，再次右击面体，选择“编辑定义”，将板厚改成 8mm,，如图 12-38 所示。再次计算，此时可以得到新的应力云图，如图 12-39 所示。此时最大应力约为 108MPa，在危险区域安全系数也能保证大于 2。因此可以得出结论，该水槽设计时要用 8mm 厚的钢板才能保证安全。

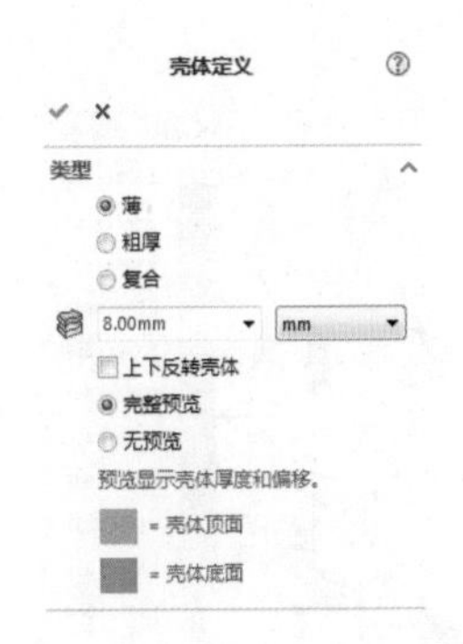

图12-38　重新编辑板厚

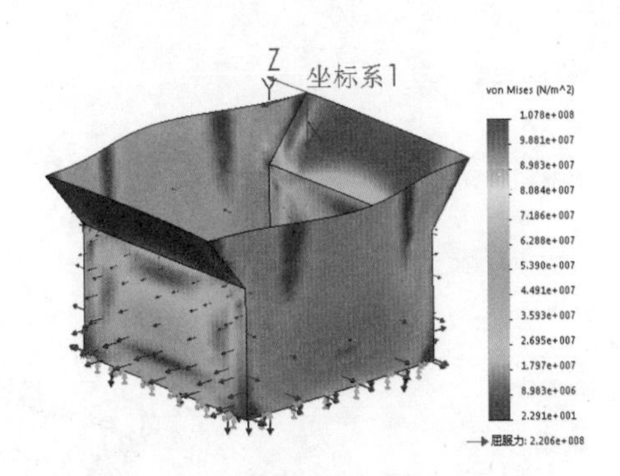

图12-39　更新后的应力云图图解

第三步，编辑图解的属性，勾选“显示最大注解”复选框，可以更清楚地了解最大应力的具体位置，如图 12-40 所示。

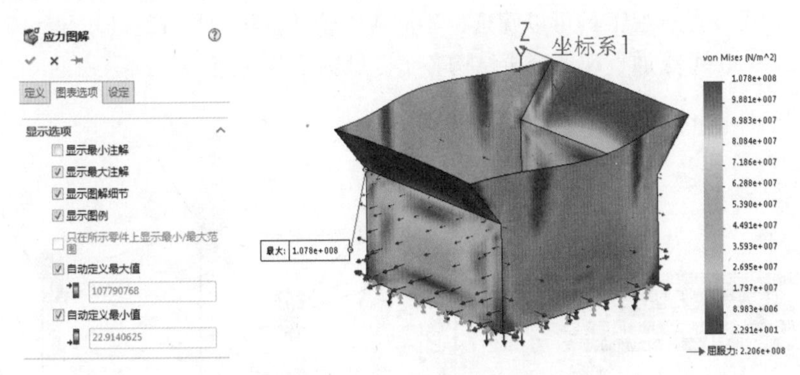

图12-40　显示应力最大注解

第四步，利用图解工具中的探针可以查询出感兴趣的点，如图 12-41 所示。再利用探测结果下报告选项中的图解工具可以将一系列点的结果绘制成线图，便于设计者分析应力变化规律，如图 12-42 所示。利用 Iso 剪裁工具，设定等值为 60MPa，即可将大于该应力值的区域筛选显示出来，从而了解水槽应力大的主要区域在哪些位置，如图 12-43 所示。

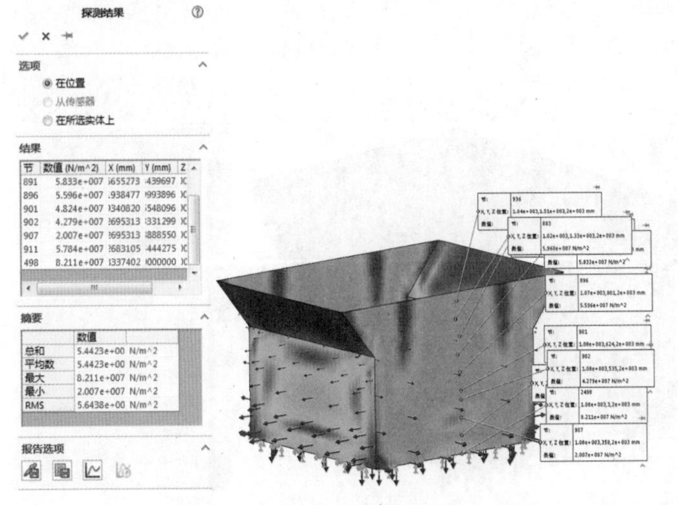

图12-41　利用探测查询结果

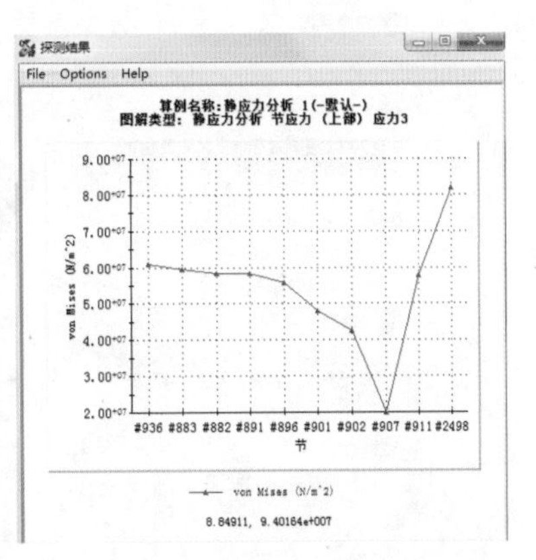

图12-42　利用报告图解分析应力变化规律

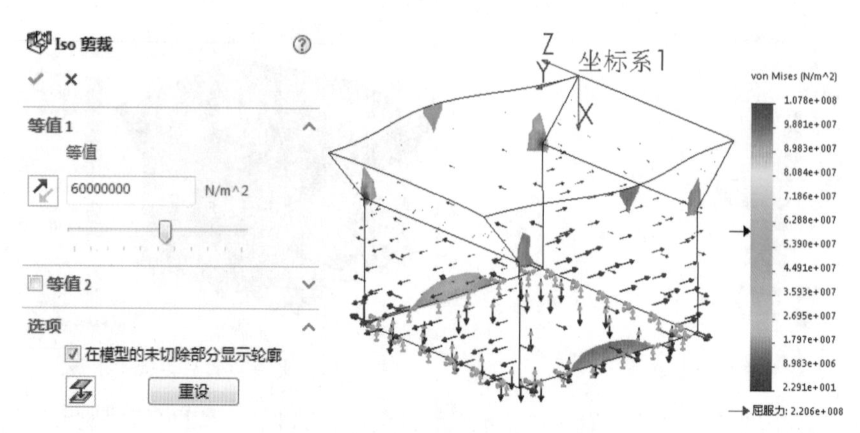

图12-43　应力图解的Iso剪裁

第五步，利用设计洞察工具可以筛选出不同应力值的区域（图 12-44），也可以生成安全系数图解（图 12-45），可更加直观地分析结构各个区域的承载性能。

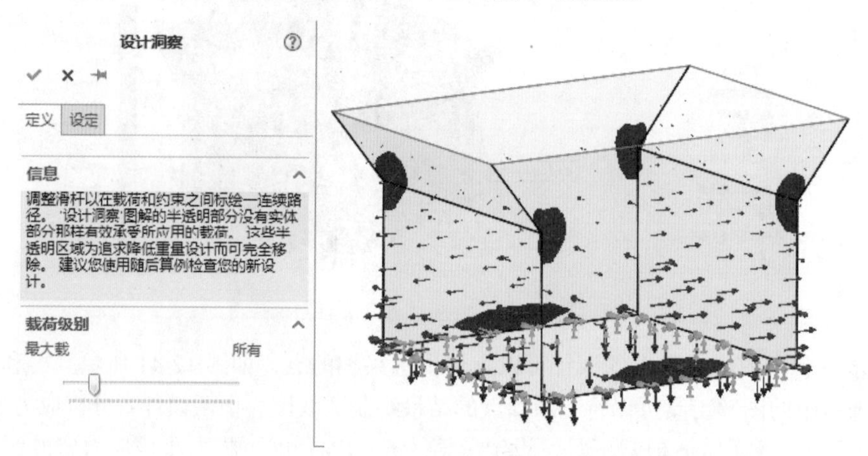

图12-44　设计洞察工具及应用

第六步，利用比较结果，可以勾选多个需要比较的分析结果，使其显示在同一界面中，如图 12-46 所示。最后通过报表可以导出整个分析过程和结果，请读者自行尝试。

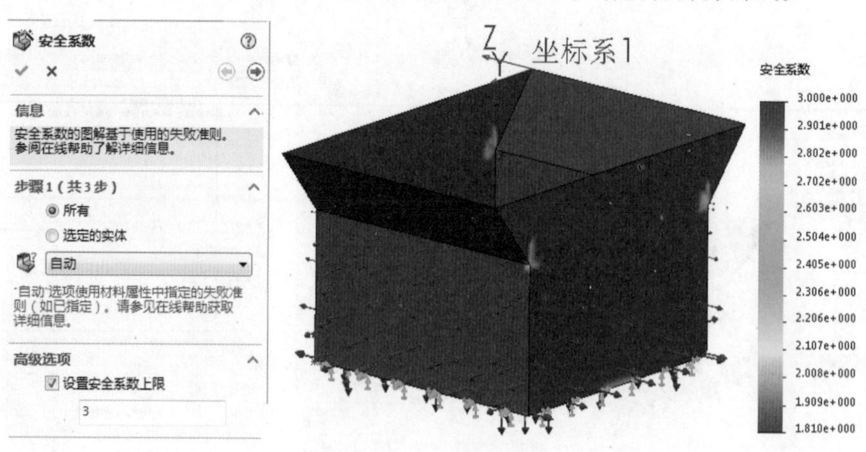

图12-45　安全系数图解

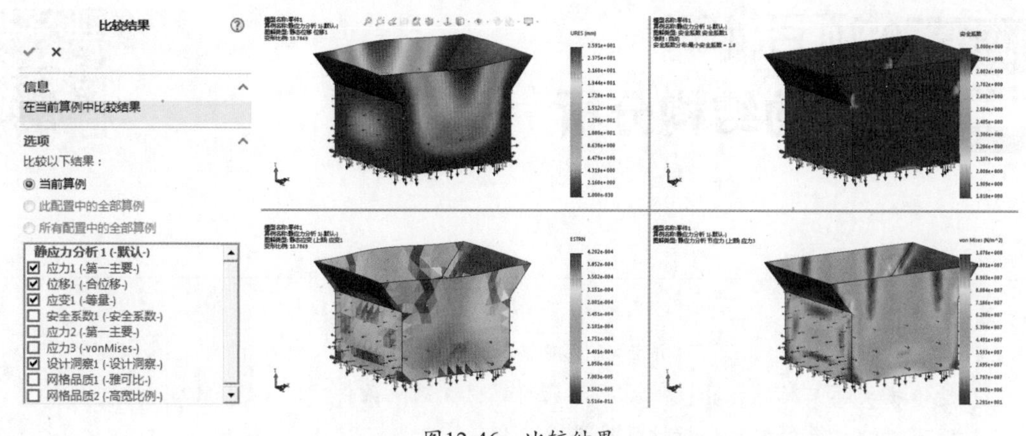

图12-46　比较结果

四、项目总结

本项目重点介绍了如何使用壳单元分析薄板类工程构件以及如何评估单元质量的好坏。通过本项目的实例分析，可以清晰地看到，对于同一个零件划分不同类型网格单元会有很大的差异，因此一定要根据工况选择最合适的单元才能保证分析精度。

项目 13 梁的结构分析

【学习目标】

1. 能分析细长形状的零件，并正确使用梁单元。
2. 能依据实际工况对仿真模型施加正确的载荷和约束条件。
3. 能有效评估梁模型的分析仿真结果。

【重难点】

1. 梁模型的简化及接点计算。
2. 根据实际工况选择合适的约束条件。

一、项目说明

梁是工程力学中一种典型的力学模型，这种模型的特点是：构件在某一个维度方向上的尺寸要远大于另外两个维度，因而工程中细长杆类、型材类和轴类零件在做承载能力分析时都可以简化为梁。

梁的分析有两种方法。在一般情况下，设计者的主要目的是获知梁的内力分布状况、最大应力值以及危险点的位置，不需要具体了解某截面上应力的具体分布，此时用梁单元最合适，不仅计算精度高，且计算资源要求也低。在有特殊要求时，需要具体了解应力在梁截面里的分布，必须要用实体单元，且要保证一定的网格密度，此时计算就比较消耗资源。本项目重点介绍第一种方法，利用梁单元分析并与材料力学计算结果加以对比，如图 13-1 所示。

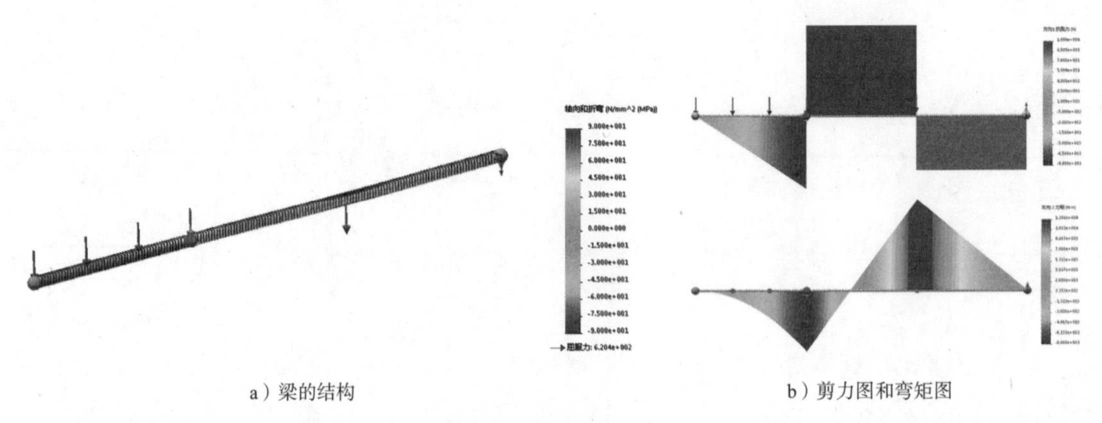

a）梁的结构　　b）剪力图和弯矩图

图13-1　梁的结构分析

二、预备知识

1. 梁的剪力图和弯矩图

为了便于比较，先利用材料力学中的快速作图法，绘制一根梁的剪力图和弯矩图。

一外伸梁如图 13-2a 所示，已知 q=4kN/m，F=16kN，L=4m。其剪力图和弯矩图的绘制过程分为以下六步：

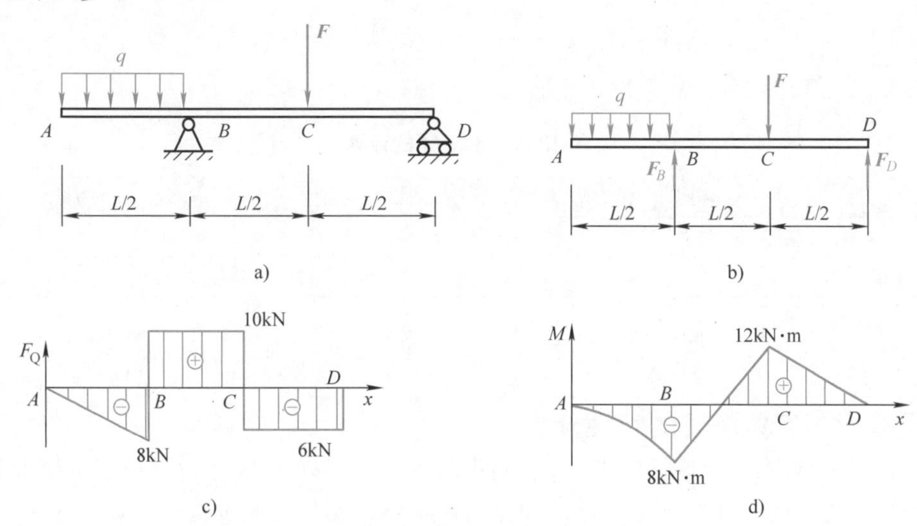

图13-2　外伸梁的受力分析和内力图

第一步，画出梁的受力图，如图 13-2b 所示。

第二步，求支座反力。取梁 AB 为研究对象，列平衡方程

$$\sum M_B = 0，\ F_D L - F\frac{L}{2} + q\frac{L}{2}\frac{L}{4} = 0$$

得

$$F_D = \frac{F}{2} - q\frac{L}{8} = (8-2)\text{kN} = 6\text{kN}$$

$$\sum F_y = 0，\ F_B - F + F_D - q\frac{L}{2} = 0$$

得

$$F_B = F - F_D + q\frac{L}{2} = (16-6+8)\text{kN} = 18\text{kN}$$

第三步，分段。根据各段受力情况将全梁分为 AB、BC 和 CD 三段。

第四步，判断各段 F_Q、M 图的大致形状，见表 13-1。

表 13-1　各段 F_Q、M 图的形状分析

段名	AB	BC	CD
F_Q 图	╲	—	—
M 图	⌒	╲ 或 ╱	╲ 或 ╱

第五步，计算各段 F_Q，见表 13-2，分段绘制 F_Q 图（图 13-2c）。

表 13-2 各段 F_Q 的计算

段名	*AB*		*BC*		*CD*	
截面	A^+	B^-	B^+	C^-	C^+	D^-
F_Q /kN	0	–8	+10	+10	–6	0
	\		+10		–6	

图表中，$F_{QB^-}=-\dfrac{qL}{2}=-8\text{kN}$，$F_{QB^+}=-\dfrac{qL}{2}+F_B=10\text{kN}$，$F_{QC^+}=-F_D=-6\text{kN}$。

第六步，计算各段 M，见表 13-3，分段绘制 M 图（图 13-2d）。

表 13-3 各段 M 的计算

段名	*AB*		*BC*		*CD*	
截面	A^+	B^-	B^+	C^-	C^+	D^-
M/(kN · m)	0	–8	–8	+12	+12	0

图表中，$M_{B^-}=M_{B^+}=-\dfrac{qL}{2}\dfrac{L}{4}=-8\text{kN}\cdot\text{m}$，$M_{C^-}=M_{C^+}=F_D\dfrac{L}{2}=12\text{kN}\cdot\text{m}$。

2. 梁单元与实体单元的特性分析

梁单元每个节点有六个自由度，即三向平移和三向旋转，如图 13-3 所示。因此梁单元能直接模拟出构件的拉伸、压缩、弯曲和扭曲。实体单元只有通过将构件划分为多层网格，通过多个节点的平移叠加才能模拟出相应的效果。因此梁单元的自由度更加灵活，分析精度也更好。梁单元本身是一种一维网格，因此梁的截面形状是作为梁单元的属性参数确定的。在 SolidWorks 中有两种方法确定梁模型，第一种是直接采用焊件建模，第二种是将实体模型视为梁，软件会自动计算截面，不需要用户指定。软件默认边长的方向为方向 1，如图 13-4 所示。

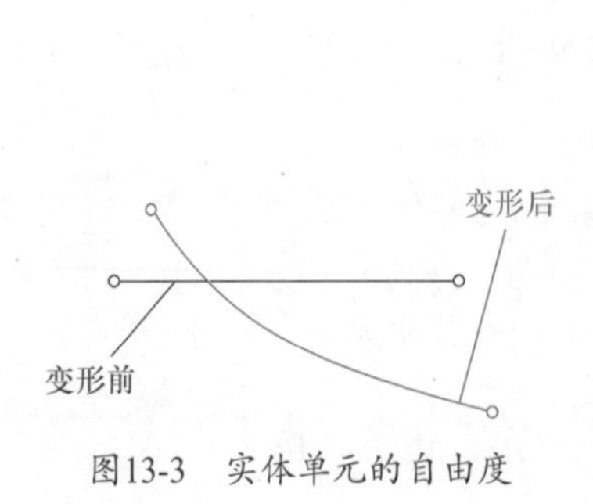

图13-3 实体单元的自由度

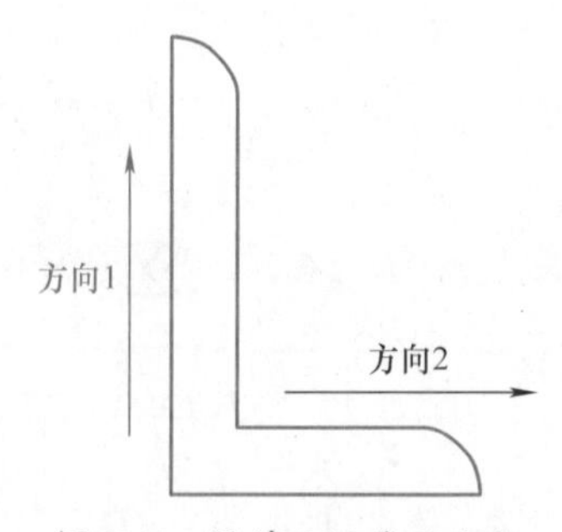

图13-4 梁单元的截面方向

3. 各类约束条件

约束条件对结构分析精度的影响是最大的。下面通过在实际分析中最常遇到的两个案例进行问题。

例一，分析一个放置在平面上的方块承受压力时的应力情况，如图 13-5a 所示。

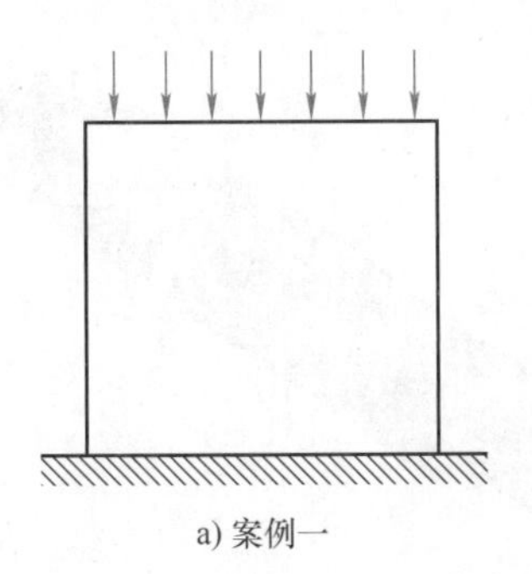

a) 案例一

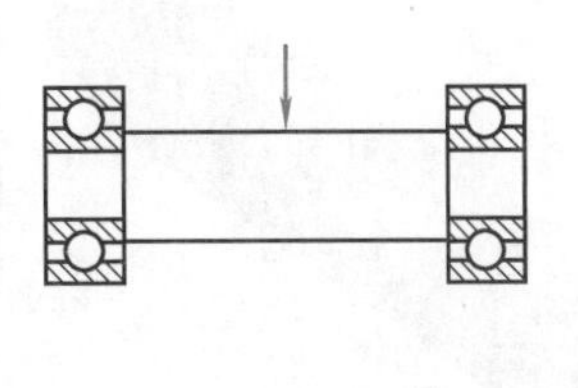

b) 案例二

图13-5　不同约束条件案例

如果将方块底平面固定，施加压力分析结果如图 13-6a 所示，可见方块内部应力变化范围非常大，从 0.7 ~ 2.5MPa，最大应力集中在底部四个角。然而根据材料力学基本原理分析可知，方块内部的应力应该是均匀的。错误的原因是：固定了底面，使底面没有任何变形的余量，造成应力集中的情况。如果改为滚柱 / 滑杆约束，计算结果如图 13-6b 所示，方块内部应力都在 1.3 MPa 附近，微小波动是数值计算的正常情况，此结果合理。

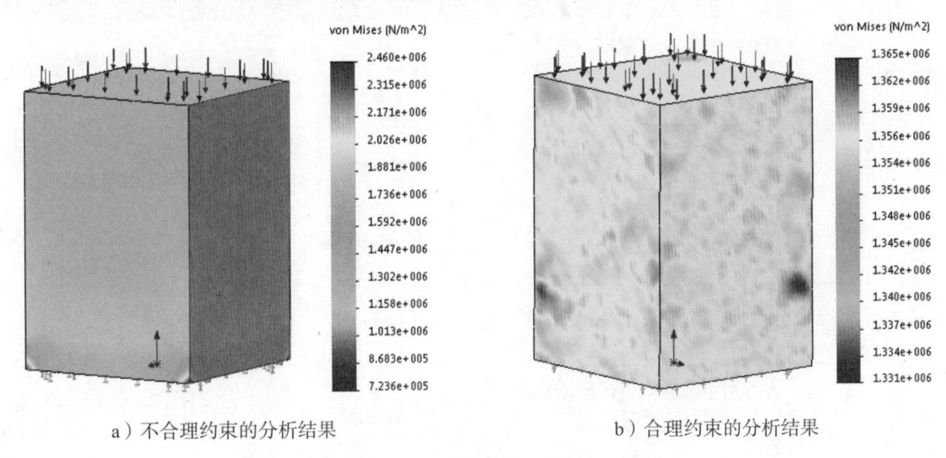

a）不合理约束的分析结果　　b）合理约束的分析结果

图13-6　不同约束效果对比示例一

例二，分析一根轴的应力情况，该轴两端采用轴承支承，中间承受载荷，如图 13-5b 所示。

如果将两端的轴颈都设置为固定，分析结果如图 13-7a 所示。可见，最大应力出现在轴颈处，应力高达近 94MPa，该值超过轴中间区域应力值的近 2 倍，属于严重的应力集中。然而根据材料力学基本原理分析可知，该轴属于简支梁模型，最大应力应在轴的中间，即使轴颈处会有应力集中现象，但不可能太大。错误的原因是：固定约束刚度太大对分析造成了很大的影响。将轴颈都改为轴承约束，再次分析结果如图 13-7b 所示，此时最大应力出现在轴的中间，约为 46MPa，轴颈处也存在应力集中，应力值约为 15 MPa。此分析结果与材料力学的原理以及工程经验基本一致。

由以上两个例子的分析可知，约束对于结构分析的精度影响是非常大的，不合理的约束很有可能导致完全错误的分析结果。所以约束的设置是分析过程中比较难的技术环节，不仅需要分析人员能利用力学原理分析选择合适的假设，还需要有一定的经验能估计相关约束的弹性量或变形量，因此在平时的学习中要注重相关经验的总结。

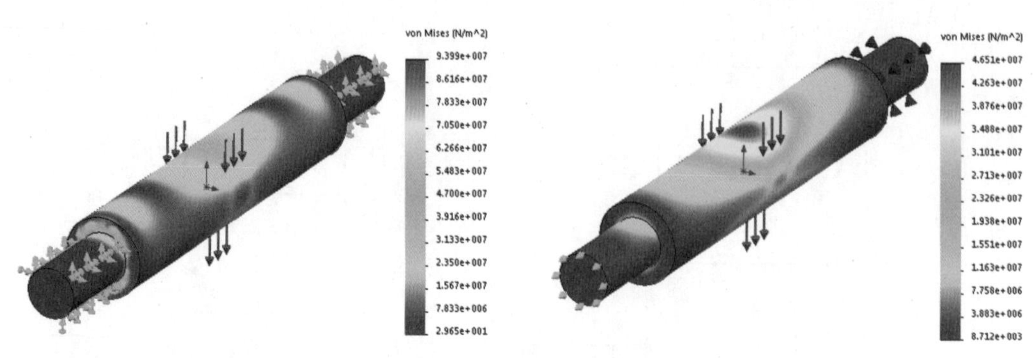

a）不合理约束的分析结果　　　　b）合理约束的分析结果

图13-7　不同约束效果对比示例二

SolidWorks Simulation 提供了 12 种类型的约束，参见表 13-4。

表 13-4　常用的约束

约束类型	使用说明	约束类型	使用说明
固定几何体...	将选中的几何对象的自由度全部固定，且刚度无穷大，很容易引起应力集中	对称	主要用于对称力学模型的简化，以节省计算资源
滚柱/滑杆...	仅提供法向约束力，切向内移动自由度都保留	周期性对称	主要用于轴对称力学模型的简化，以节省计算资源
固定铰链...	主要面向圆孔结构，限制移动自由度，保留转动自由度	使用参考几何体	利用选中的参考几何体来指定方向加以限制
弹性支撑...	提供法向约束力，且自身有弹性会发生变形	在平面上	保持与平面接触，限制相应的三个自由度
轴承夹具...	主要用于轴的约束，限制移动自由度，保留转动自由度，可设置弹性	在圆柱面上	在圆柱坐标系下，选择限制径向、轴向和圆周方向的自由度
地脚螺栓...	主要面向箱体圆孔，限制移动自由度，可设置弹性	在球面上	在球坐标系下，选择限制相应的自由度

三、项目实施

1.创建梁实体模型

第一步，打开 SolidWorks，新建零件。

第二步，绘制矩形截面梁，宽度为 80mm，高度为 100mm，其草图如图 13-8 所示。

第三步，拉伸 4000mm，得到第一段实体，如图 13-9 所示。再选择端面转换引用截面，再次拉伸 2000mm，得到第二段实体。注意：在拉伸第二段实体时，不要合并结果，即保留两个实体，如图 13-10 所示。

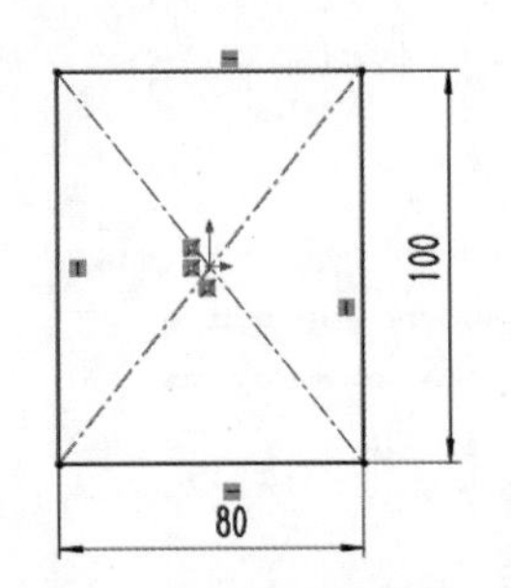

图13-8　绘制梁的截面草图

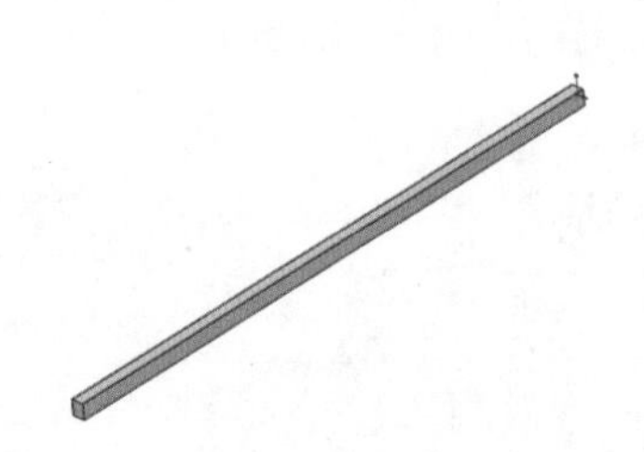

图13-9　拉伸第一段

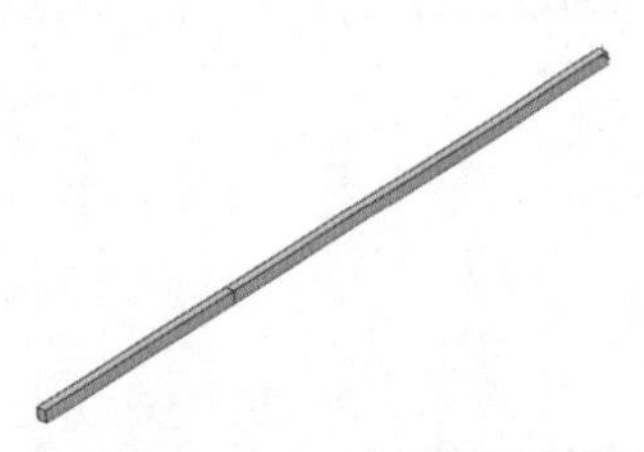

图13-10　拉伸第二段

第四步，选择长段的实体顶面，绘制一个距离端面 2000mm 的草图点，如图 13-11 所示。绘制完成后，再利用参考几何体，在草图点的位置创建基准参考点，如图 13-12 所示。

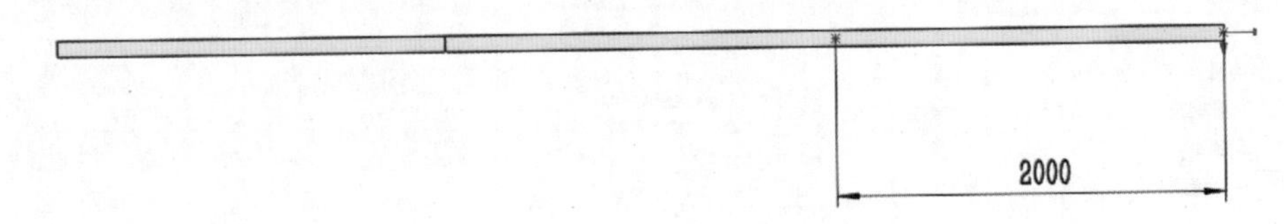

图13-11　绘制草图点

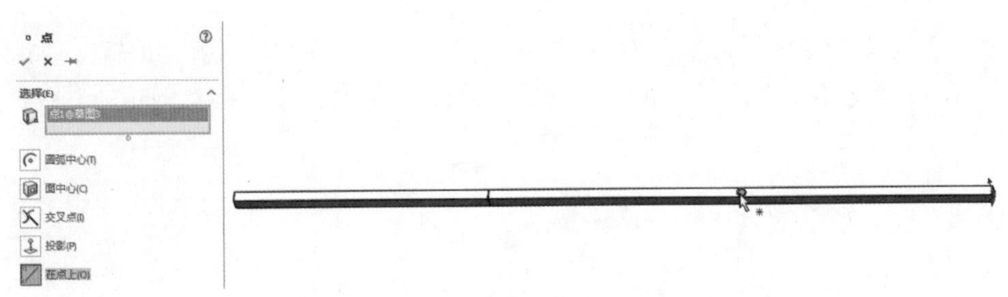

图13-12　创建基准参考点

2.创建分析算例并前处理

第一步，启动 SolidWorks Simulation 插件，新建静应力分析算例，如图 13-13 所示。

第二步，在分析特征树下分别选择零件下的两个实体，右击打开快捷菜单，选择“视为横梁”，如图 13-14 所示。此时系统会将该实体模型按照梁单元进行分析，实体图标会变成工字钢的符号，如图 13-15 所示。

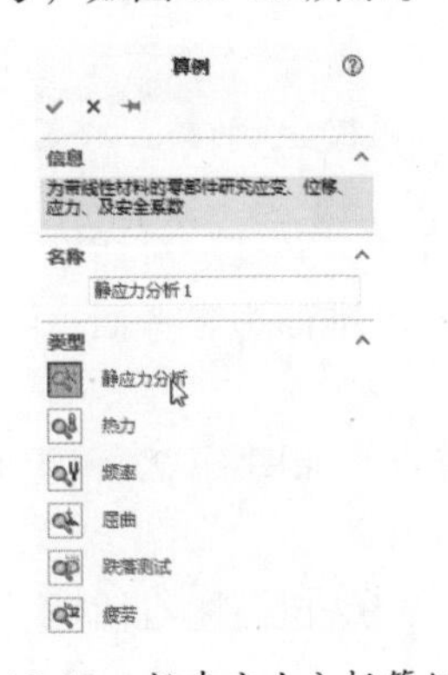

图13-13　新建应力分析算例

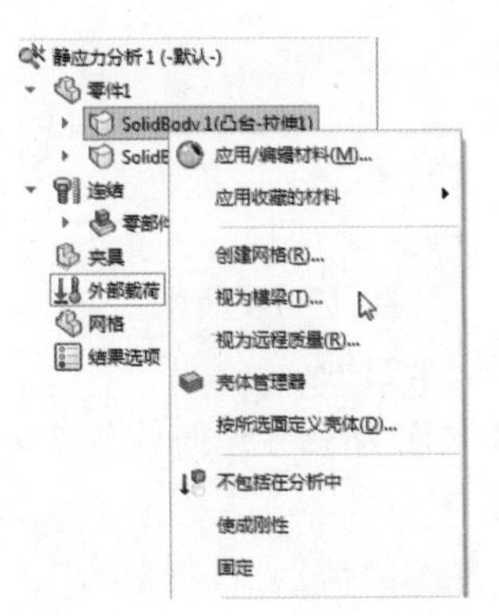

图13-14　将实体视为横梁

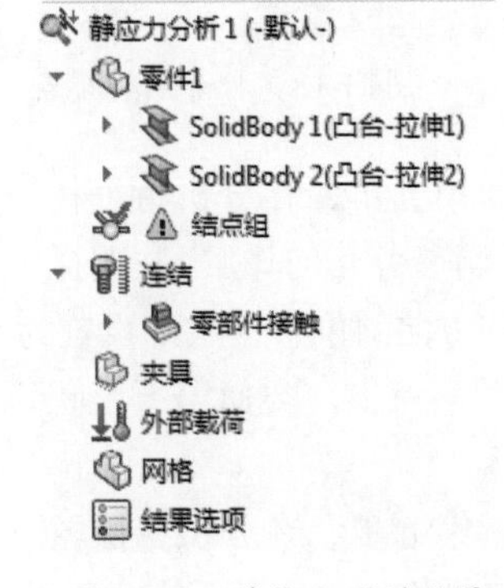

图13-15　简化之后的效果

第三步，在分析特征树下右击零件，打开快捷菜单，选择“应用材料到所有实体”，如图13-16所示。打开“材料”对话框，选择合金钢，如图13-17所示。

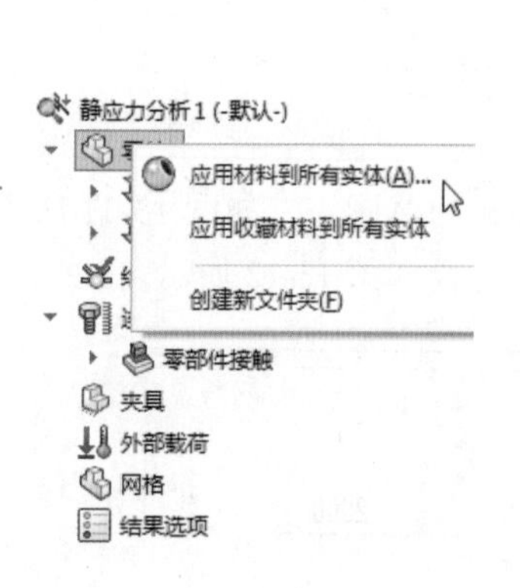

图13-16　设置材料

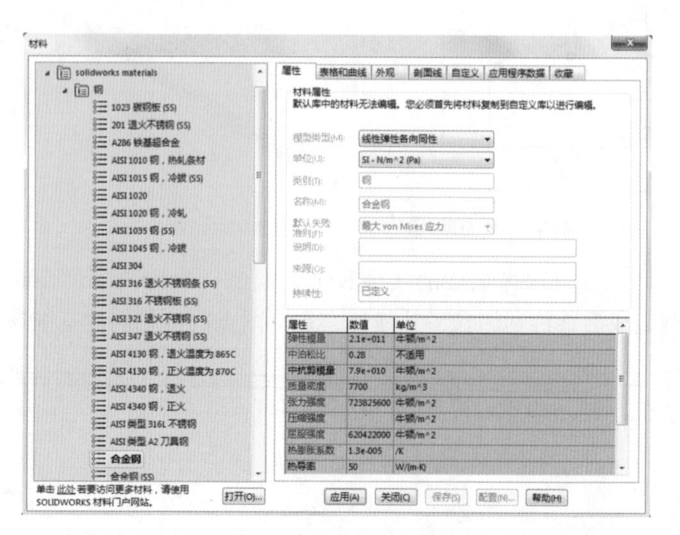

图13-17　选择合金钢

第四步，在分析特征树下右击“接点组”，在弹出的快捷菜单中选择“编辑”，如图13-18所示。打开“编辑接点”对话框，单击“计算”按钮，即可生成三个接点，如图13-19所示。

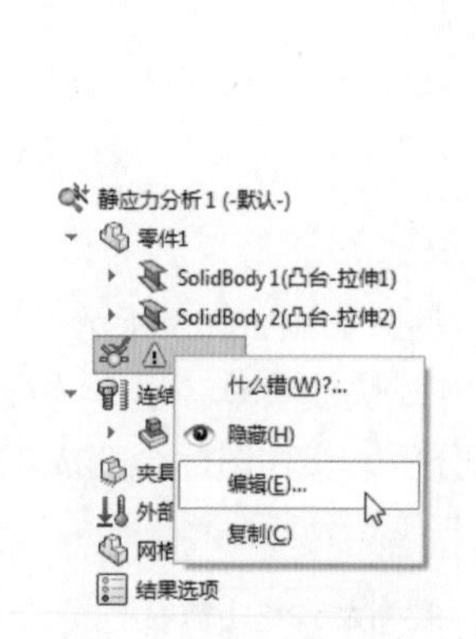

图13-18　打开编辑接点

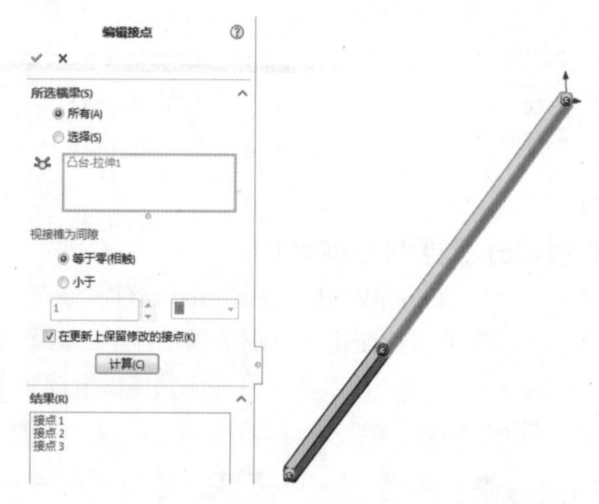

图13-19　计算梁模型上的接点

第五步，在分析特征树下右击“夹具”，选择“固定几何体”打开“夹具”对话框。选择“使用参考几何体”，并选择中间接点，如图13-20所示。再选择前视基准面为参考面，将三个平移方向的位移值全部设置为0，如图13-21所示。

第六步，类似第五步，以前视基准面为参考几何体约束右侧接点，如图13-22和图13-23所示。

第七步，在分析特征树下右击“外部载荷”，选择“力”，打开“力/扭矩”对话框。选择参考点施加与顶面垂直向下的力，大小为16000N，如图13-24所示。

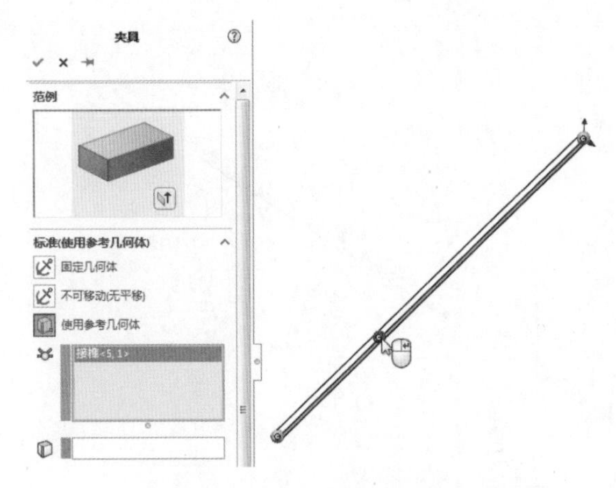

图13-20　选择中间接点施加约束

图13-21　限制三个方向的移动自由度

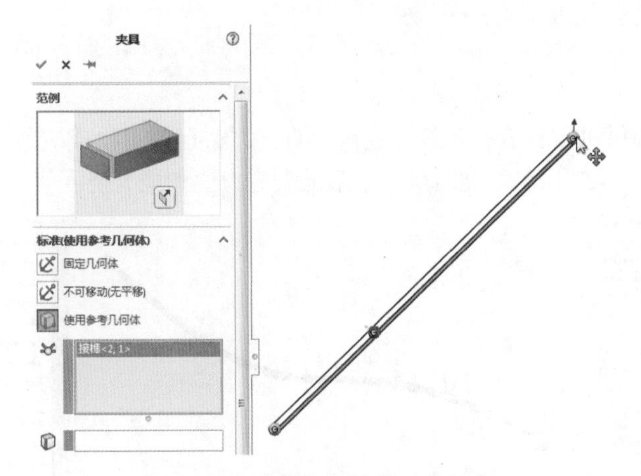

图13-22　选择右侧接点施加约束

图13-23　限制两个方向的移动自由度

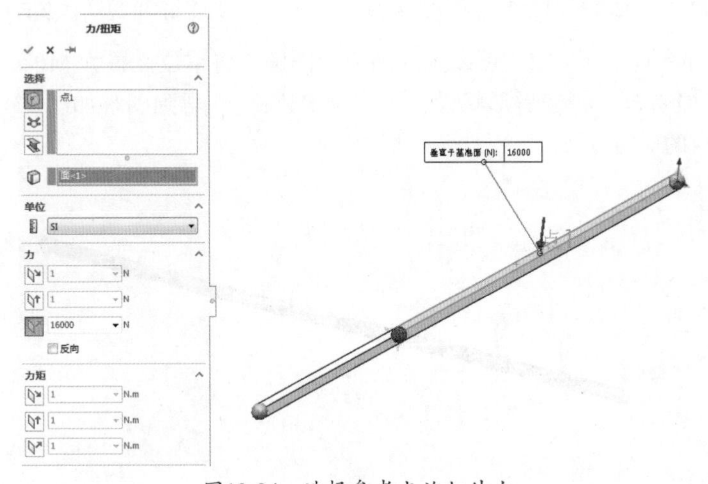

图13-24　选择参考点施加外力

第八步，在分析特征树下右击“外部载荷”，选择“力”，打开“力 / 扭矩”对话框。选择较短的那段梁施加力，再勾选“按单位长度”复选框，此时实施的就是均布力，大小为 4000N/m，如图 13-25 所示。

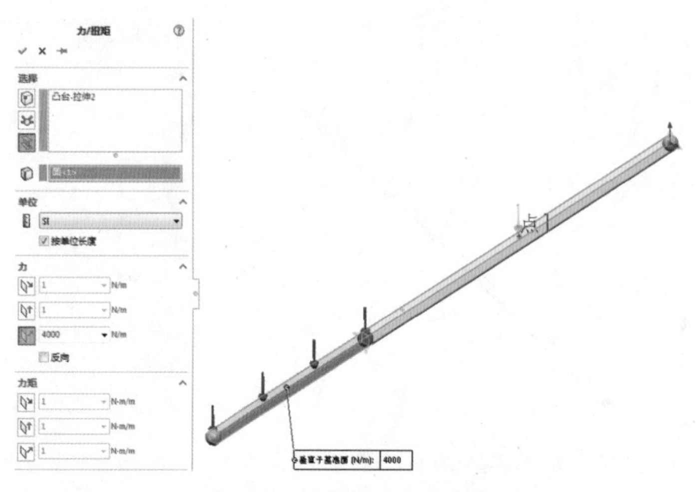

图13-25　选择梁施加均布力

3.分析结果后处理

第一步，单击工具栏中的图标，即可进行计算。计算完成后，直接在特征树下生成应力云图图解和位移云图图解，如图 13-26 和图 13-27 所示。此时可以了解最大应力值和最大挠度值。

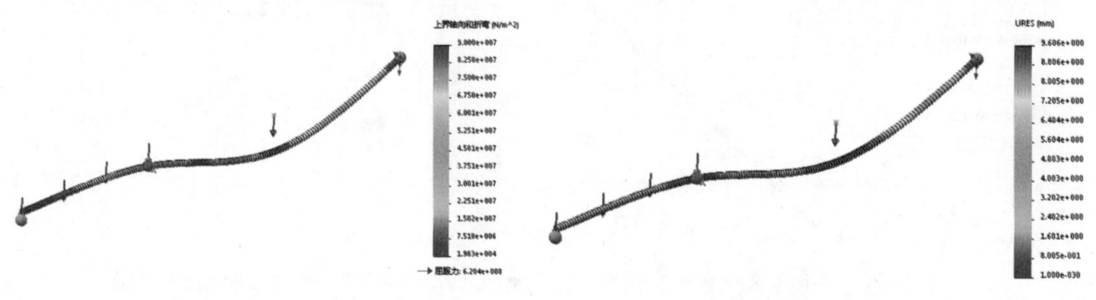

图13-26　应力云图　　　　图13-27　位移云图

第二步，为与习惯保持一致，可以生成新应力图解，将单位设置为 MPa，同时勾选“渲染梁轮廓（更慢）”复选框，将变形形状设置为“真实比例”，得到图解如图 13-28 所示。此时可以看到梁上更细致的应力分布。

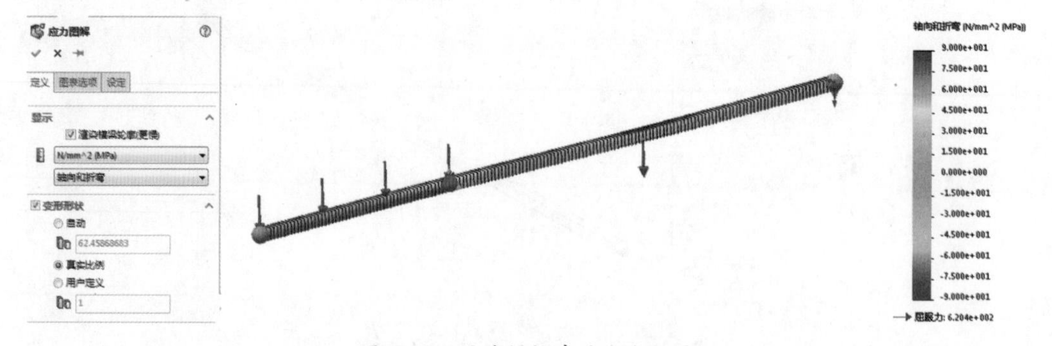

图13-28　渲染梁轮廓的应力云图

第三步，右击特征分析树中的“结果”，选择“定义横梁图表”。选择显示下的“方向 1 抗剪力”，即得剪力图，如图 13-29 所示。

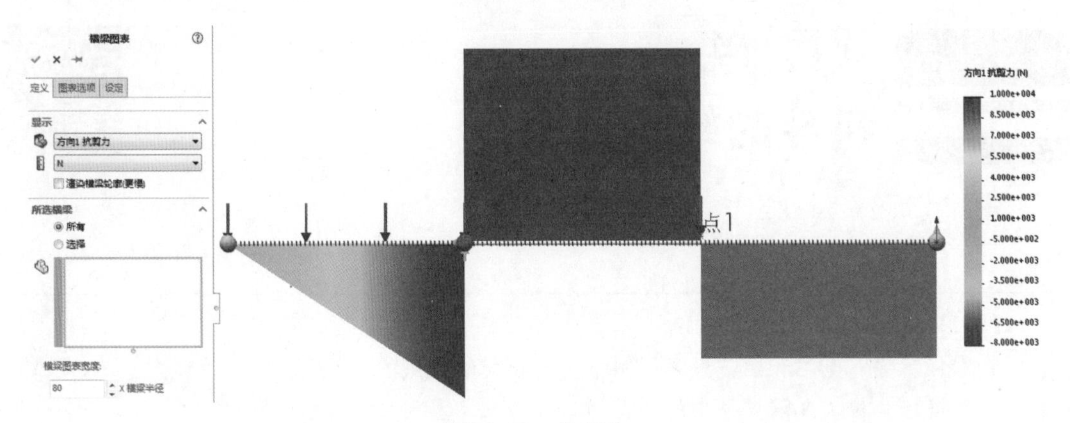

图13-29　剪力图

第四步，右击特征分析树中的“结果”，选择“定义横梁图表”。选择显示下的“方向 2 力矩”，即得弯矩图，如图 13-30 所示。

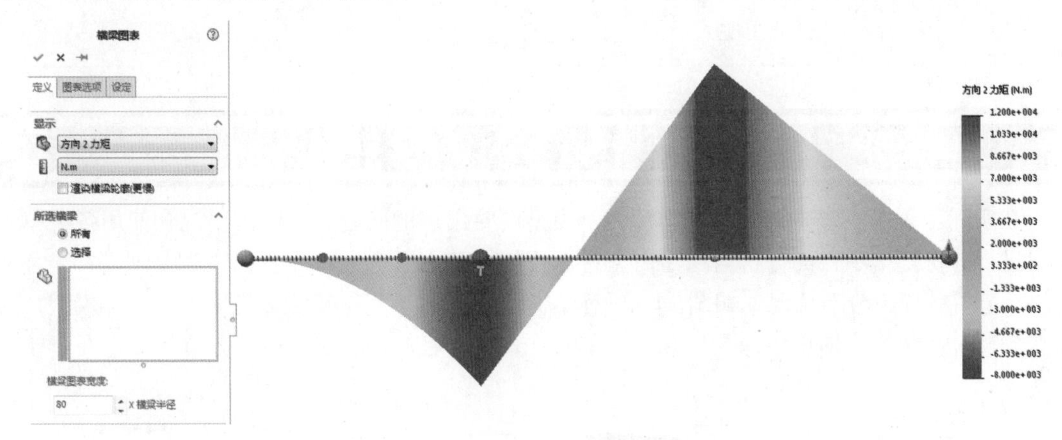

图13-30　弯矩图

说明：由于软件是利用右手系确定力矩法向的，所有弯矩图和剪力图是在相互垂直的平面上，因此，如果是方向 1 呈现剪力图，则弯矩图就在方向 2 上。剪力图也可能在方向 2 上，则此时弯矩图就在方向 1 上。

四、项目总结

本项目重点介绍了如何使用梁单元分析细长零件的强度，并应用材料力学相关知识绘制了剪力图和弯矩图进行对比。由于在机械行业中，很多零件、结构都可以简化为梁，因此本项目的学习对从事行业相关的设计工作有一定的帮助。

项目 14 料斗的结构分析

【学习目标】

1. 掌握实体、壳体和梁三种混合网格模型分析的方法。
2. 能根据分析工况设置合理的全局和局部约束。
3. 能利用软弹簧和惯性卸除提高自平衡力学模型计算稳定性。

【重难点】

1. 全局接触和局部接触的应用。
2. 自平衡力学模型提高稳定性的处理方法。

一、项目说明

在实际工程中经常会遇到不同类型力学模型同时出现的问题，此时需要混合使用各类单元网格进行分析。本项目的分析对象是由型材焊接的框架支承钣金料斗，在料斗中放置一个金属方块，分析其应力分布情况，如图 14-1 所示。该模型包含了实体模型、壳体模型和梁模型，因此在分析时需要将实体单元、壳单元和梁单元混合在一起使用。混合网格分析的重点在于接触关系。

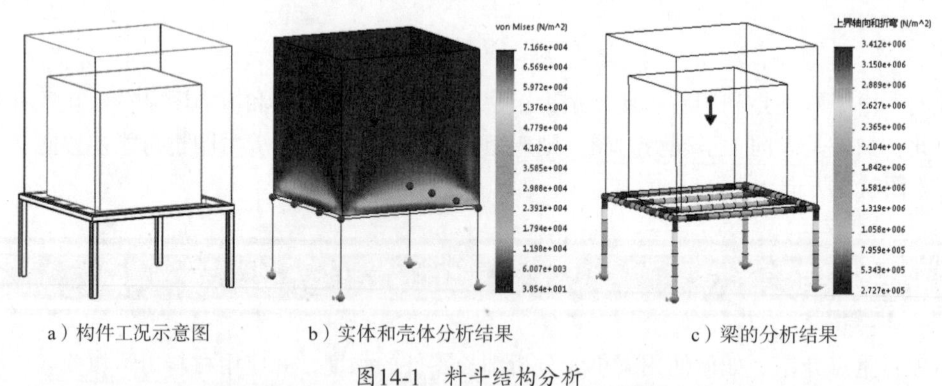

a）构件工况示意图　　b）实体和壳体分析结果　　c）梁的分析结果

图14-1　料斗结构分析

二、预备知识

1.全局接触

接触就是零件之间的连接关系。全局接触就是定义零部件之间的连接关系。全局接触是通过右击分析特征树下的“连接”，选择“零部件接触”来定义的，如图 14-2 所示。全局接触有

三种类型，即接合、允许贯通和无穿透，如图 14-3a 所示。设置接触属性时可以勾选“全局接触”复选框，以及“兼容网格”和“不兼容网格”复选框，如图 14-3b 所示。

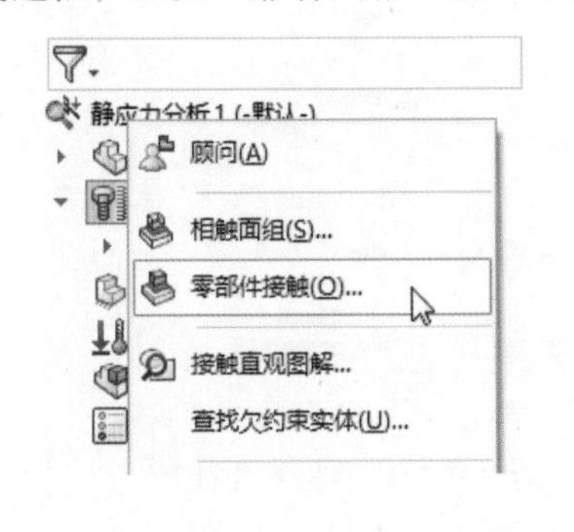

图14-2　全局接触的定义

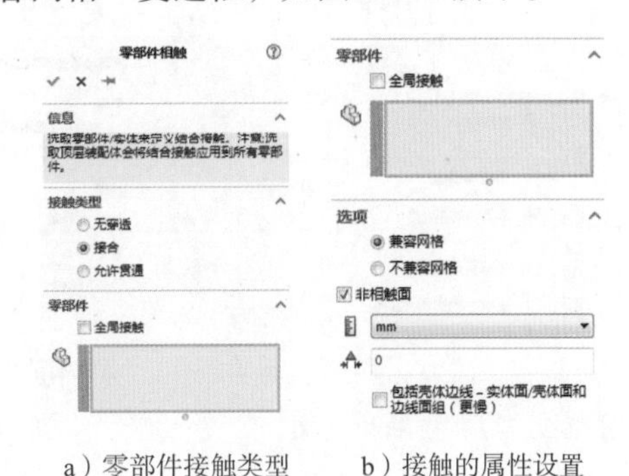

a）零部件接触类型　　b）接触的属性设置

图14-3　全局接触的类型及其设置

在分析中需要根据实际工况来设置接触类型。如果两个零件在受力全过程中是不可能分开的，则应该设置为接合类型，如图 14-4a 所示。如果两个零件在受力全过程中相互没有载荷传递，则应该设置为允许贯通类型，如图 14-4b 所示。如果两个零件在受力全过程中可以分离但是相互能接触并实现载荷传递，则应该设置为无穿透类型，如图 14-4c 所示。

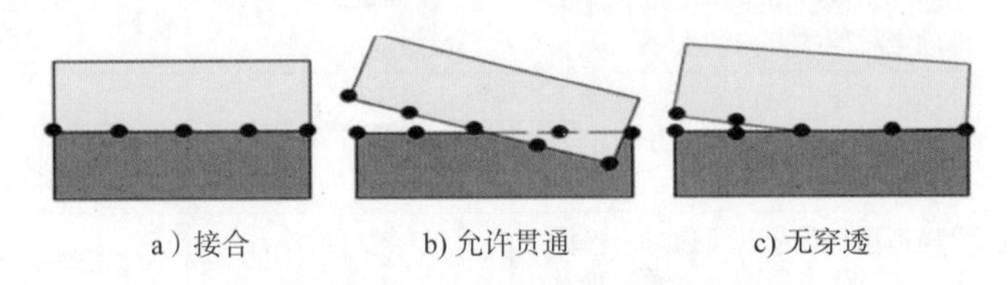

a）接合　　b) 允许贯通　　c) 无穿透

图14-4　三种接触类型示意

如果勾选“兼容网格”复选框，装配体中的零件之间的网格将平滑过渡，兼容网格能通过边界上的节点相互合并保证结合，如图 14-5a 所示。当相邻的边界节点不能合并时，就会得到不兼容网格，不兼容网格可以通过约束方程式确保结合，如图 14-5b 所示。

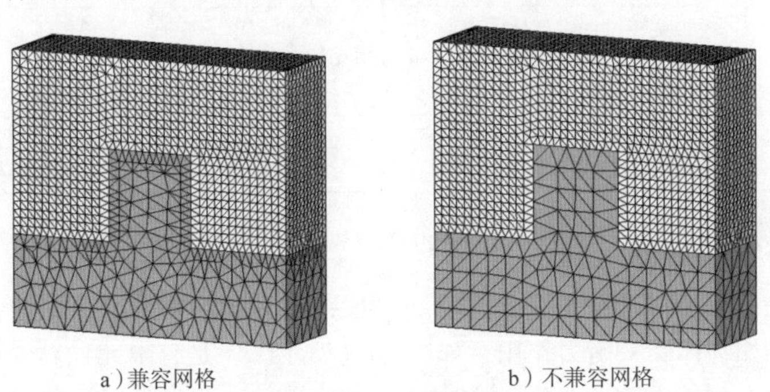

a）兼容网格　　b）不兼容网格

图14-5　两种网格效果对比

2.局部接触

局部接触是通过右击分析特征树下的“连接”，选择“相触面组”来定义的，如图 14-6 所示。局部接触有五种类型，即无穿透、接合、允许贯通、冷缩配合和虚拟壁，如图 14-7a 所示。在属性设置中勾选“摩擦”复选框能定义面之间的摩擦系数，勾选“缝隙”复选框能定义没有

接触的对象，勾选“高级”复选框能定义接触对象的类型，如图 14-7b 所示。

图14-6　局部接触的定义

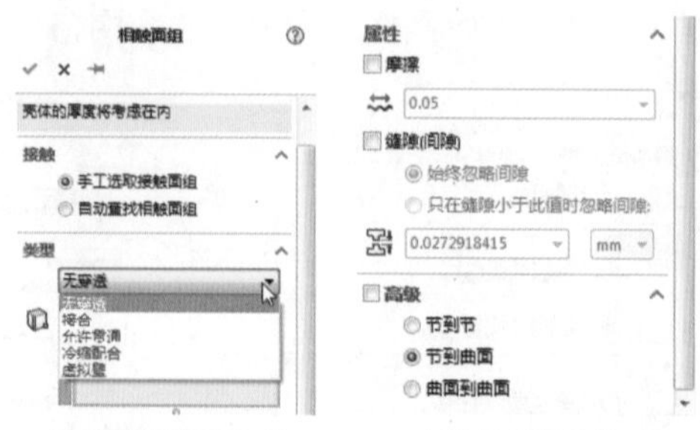

a）零部件接触类型　　b）接触的属性设置

图14-7　局部接触的类型及其设置

3. 结构分析中各种载荷

SolidWorks 可以模拟工程中的各种载荷，具体见表 14-1。

表 14-1　载荷类型及说明

载荷类型	使用说明	载荷类型	使用说明
力(F)...	模拟集中力，可以通过点和分割面确定承载位置，可以通过坐标确定载荷的方向和大小	温度(T)...	模拟热源，主要在传热分析中使用
扭矩(O)...	模拟力矩，可以通过圆柱面来定义力矩的作用方位，并指定力矩大小	规定的位移...	模拟构件局部的变形，适用已知变形量求应力和载荷的问题
压力(U)...	模拟均布载荷，可通过选择面来确定载荷作用面，可通过垂直所选面或使用参考几何体确定方向	流动效应...	用于结构与流体的耦合分析，将流体分析结果作为条件引入结构分析
引力(G)...	模拟重力，可以通过选定方向来定义，重力加速度的大小可取默认值	热力效应...	用于结构与传热的耦合分析，将热分析结果作为条件引入结构分析
离心力(E)...	模拟旋转过程中产生的离心力，可以通过圆柱面来定义旋转方向，但需给定角速度	远程载荷/质量(L).	模拟不直接作用在构件上的载荷，可以通过相对坐标系确定载荷的位置、方向和大小
轴承载荷(A)...	模拟轴与轴孔之间的非均匀载荷，在项目 11 中有涉及	分布质量(M)...	模拟不包括在分析中构件的质量，可以选择面来施加

4. 软弹簧与惯性卸除

自平衡模型指的是在外力或约束作用下，即使没有完全约束所有自由度，也能在理论上保持静止的模型，例如物体受平衡力作用，如图 14-8 所示。但是有限元计算中由于数值计算误差或者网格不对称都有可能在刚度为零的方向产生刚度运动。此时可以通过软弹簧来解决，软弹簧的刚度远远小于模型刚度，对分析结果的影响可以忽略不计，但是可以有效提高模型的稳定性，如图 14-9 所示。

惯性卸除是另一种避免刚体运动的方法，其原理是软件自动增加平衡载荷来消除无约束方向的载荷。当重力、离心力或某些热力载荷已定义时，该方法不适合用于稳态分析。

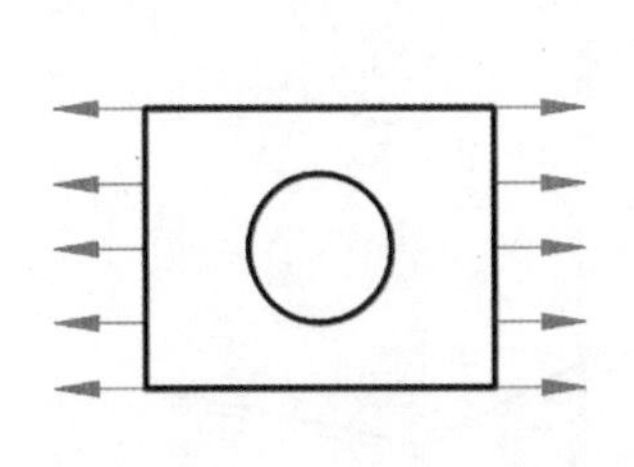

图14-8　自平衡模型

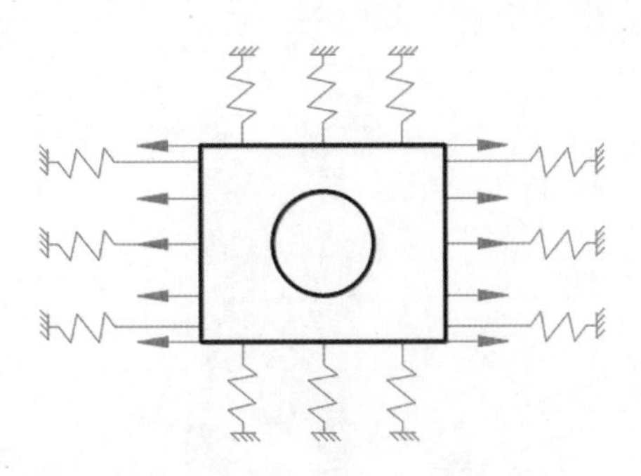

图14-9　自平衡模型上增加软弹簧

三、项目实施

1.创建料斗分析几何模型

第一步，利用焊件模块创建型材机架。首先绘制 3D 草图，如图 14-10 所示。再选择 ISO 标准下的方形钢管，规格为 80mm × 80mm × 5mm，获得完整的型材框架模型，如图 14-11 所示。

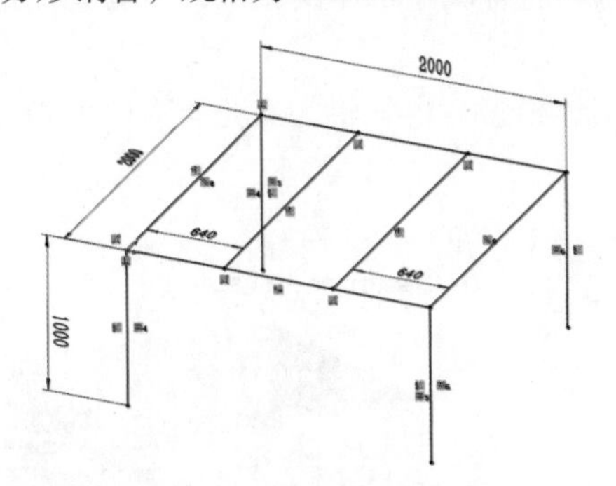

图14-10　型材框架3D草图

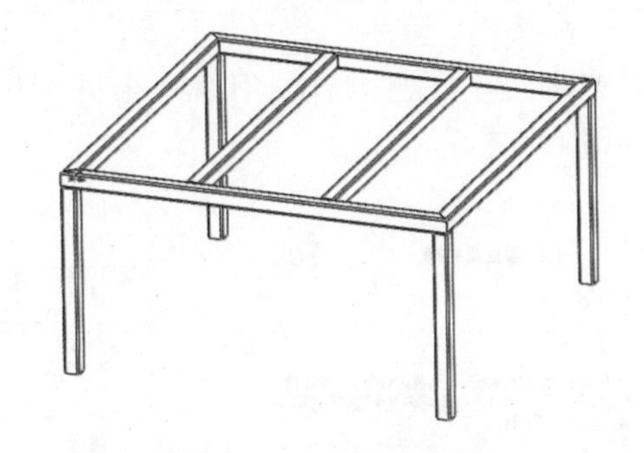

图14-11　型材框架模型

第二步，利用曲面模块创建钣金料斗。首先拉伸实体，如图 14-12 所示。利用等距曲面工具将五个面以零距离复制出来，如图 14-13 所示。面体创建成功后再隐藏实体。

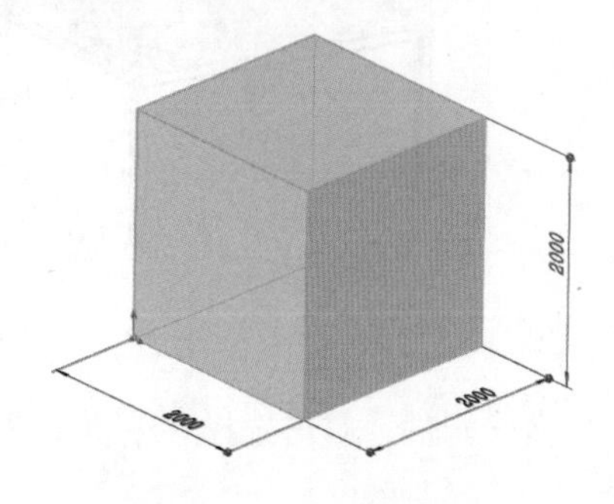

图14-12　创建方块

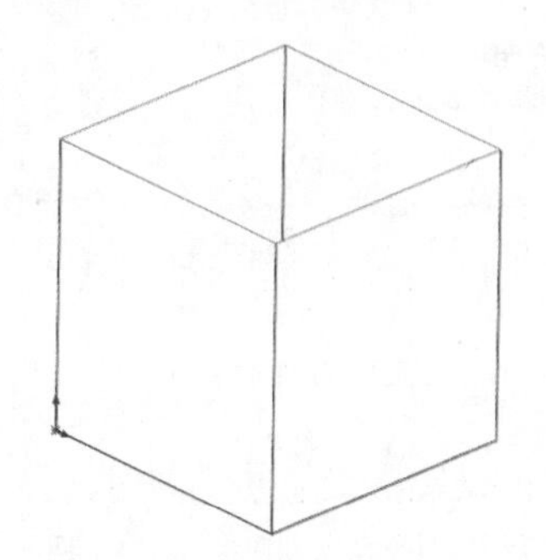

图14-13　由方块等距创建面体

第三步，拉伸创建方块，如图 14-14 所示。

第四步，将三个零件装配在一起，装配时注意结构对称。装配后如图 14-15 所示。

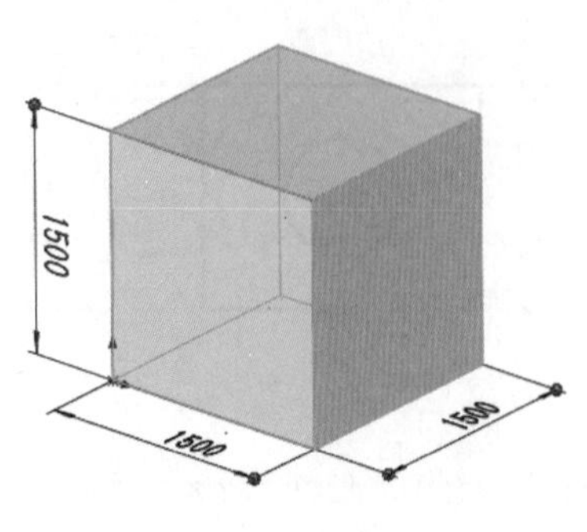

图14-14　拉伸创建方块

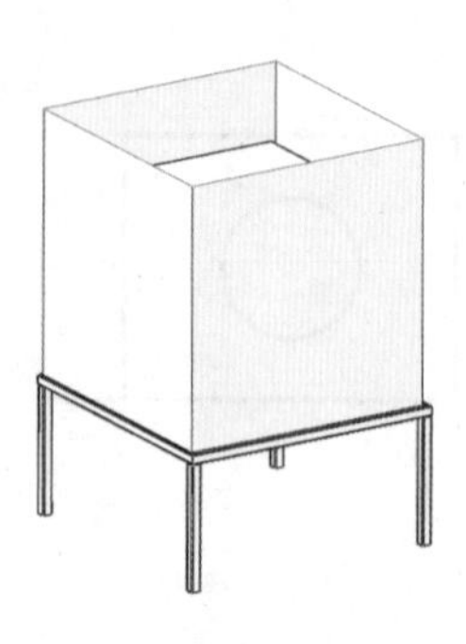

图14-15　装配模型

2.分析前处理

第一步，启动 Simulation 插件，新建静应力分析算例。

第二步，设置材料。机架和钣金都选择普通碳钢，负载方块选择灰铸铁。

第三步，设置全局接触为无穿透。直接右击分析特征树下的全局接触，改为无穿透即可，如图 14-16 所示。

第四步，设置壳体属性。压缩钣金料斗下的实体模型，再编辑定义壳体为厚度 6mm 的薄板，如图 14-17 所示。

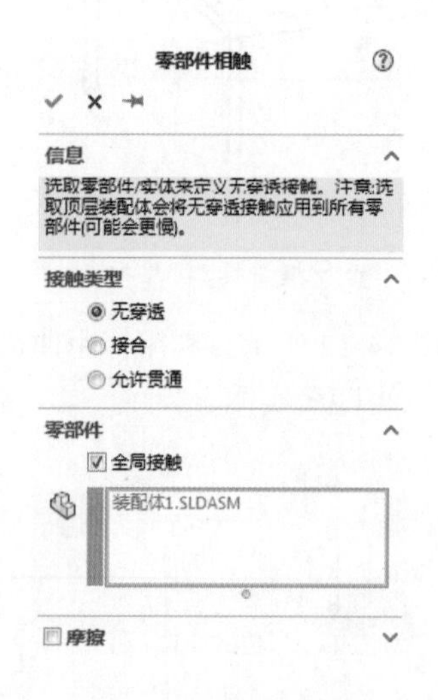

图14-16　设置全局接触

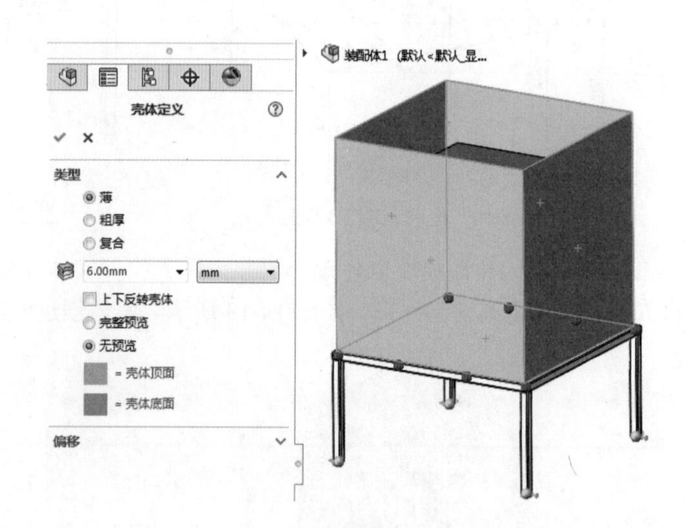

图14-17　设置壳体属性

第五步，设置横梁属性。同时选择机架下的 10 个横梁构件，右击选择“编辑定义”，将所有接点设置为“刚性”，如图 14-18 所示。

第六步，计算横梁接点。右击分析特征树下的“结点组”，选择“编辑”，单击“计算”按钮即可，如图 14-19 所示。

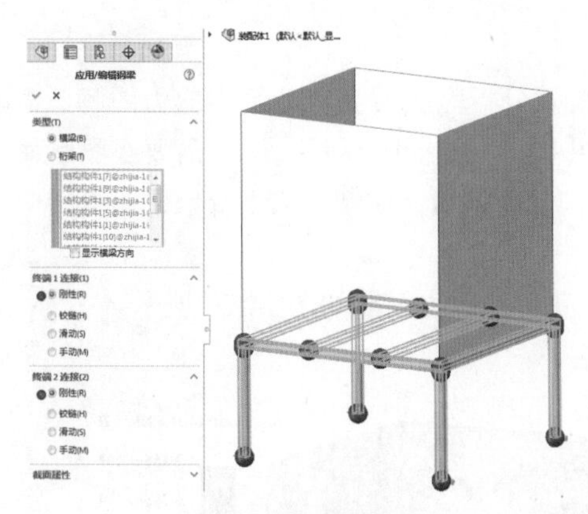

图14-18　设置横梁属性

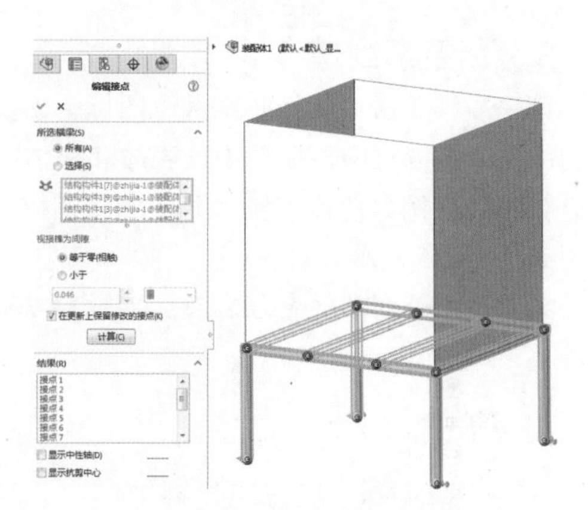

图14-19　计算横梁接点

第七步，设置约束。将机架的四个端部接点设置为固定，如图 14-20 所示。

第八步，添加载荷。添加引力载荷，可以利用基准面定义方向，如图 14-21 所示。

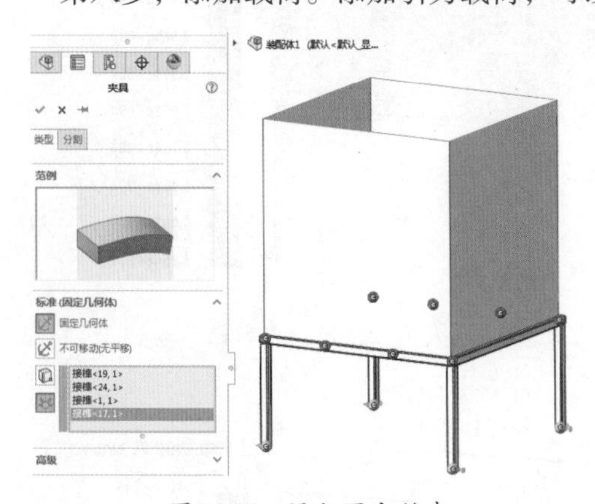

图14-20　添加固定约束

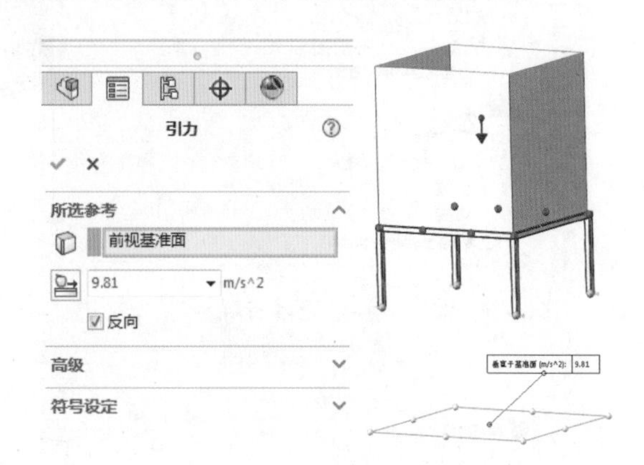

图14-21　添加引力载荷

第九步，划分网格。此时网格包含了梁、壳体和实体三种单元，如图 14-22 所示。

第十步，设置软弹簧。右击“算例”，选择“属性”，勾选“使用软弹簧使模型稳定”和“使用惯性卸除”复选框，如图 14-23 所示。

图14-22　划分网格

图14-23　设置软弹簧

3.分析及后处理

第一步，单击“运行此算例”图标，即执行分析。分析完成后会自动给出应力图解。需要说明的是，在混合网格模型中，壳体和实体应力结果和梁不能同时显示。因此需要在图解属性中进行选择，例如选择“显示”下的“实体与壳体”单选按钮，如图 14-24 所示，获得的应力云图如图 14-25 所示。

第二步，查询横梁应力结果，如图 14-26 所示，获得的应力云图如图 14-27 所示。

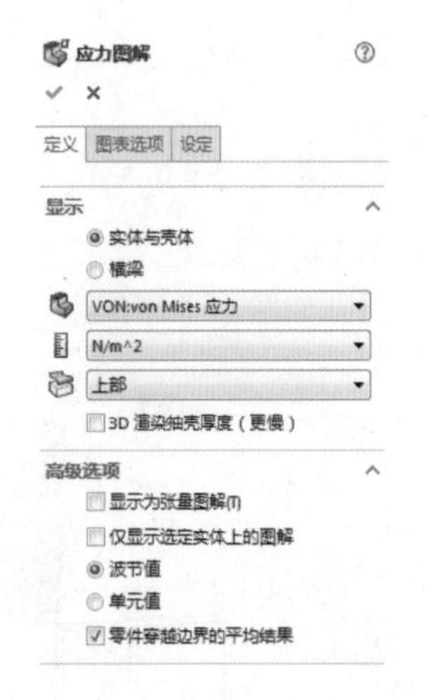

图14-24　定义实体与壳体图解

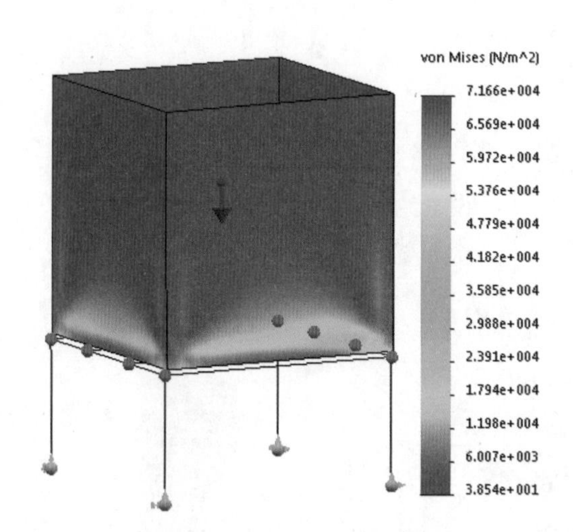

图14-25　实体与壳体应力云图

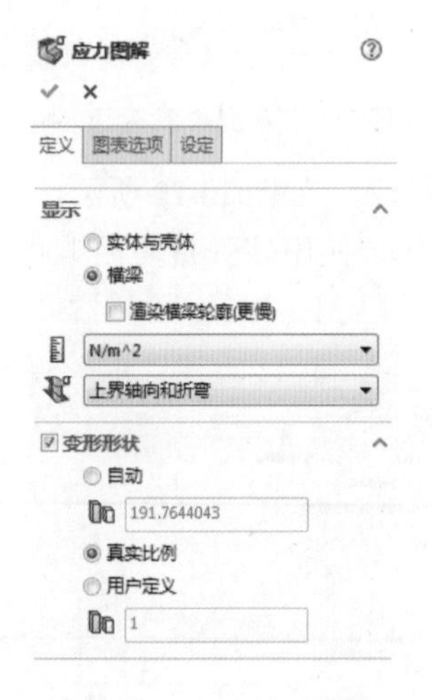

图14-26　定义横梁图解

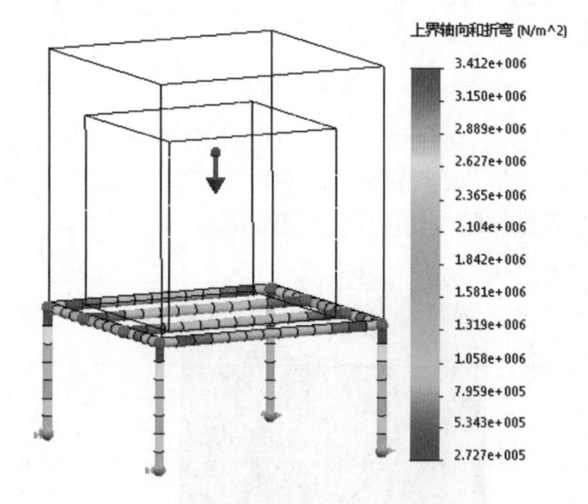

图14-27　横梁的应力云图

第三步，查询横梁抗剪力结果，如图 14-28 所示，获得的抗剪力图解如图 14-29 所示。

第四步，查询横梁力矩结果，如图 14-30 所示，获得的力矩图解如图 14-31 所示。

第五步，查询机架支点约束反力结果，右击“结果”，选择“列举合力”，再选择需要查询的接点，即可获得结果，如图 14-32 所示。

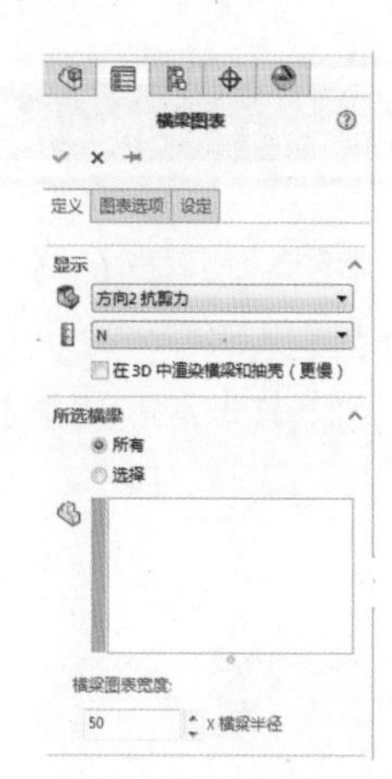

图14-28　查询抗剪力

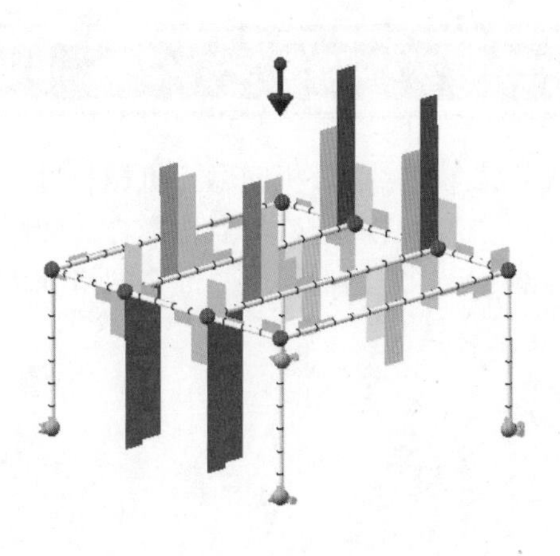

图14-29　横梁抗剪力图解

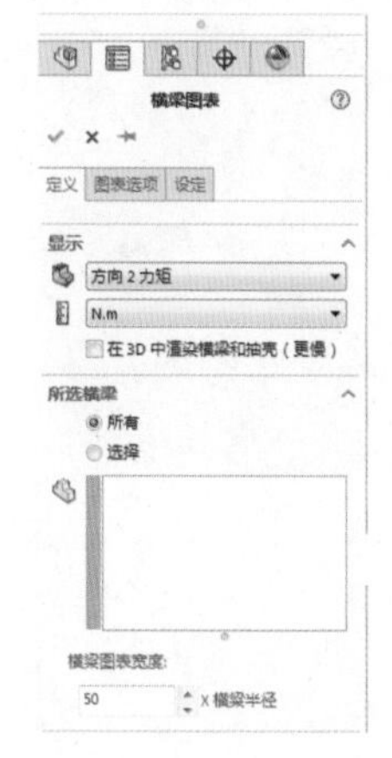

图14-30　查询力矩

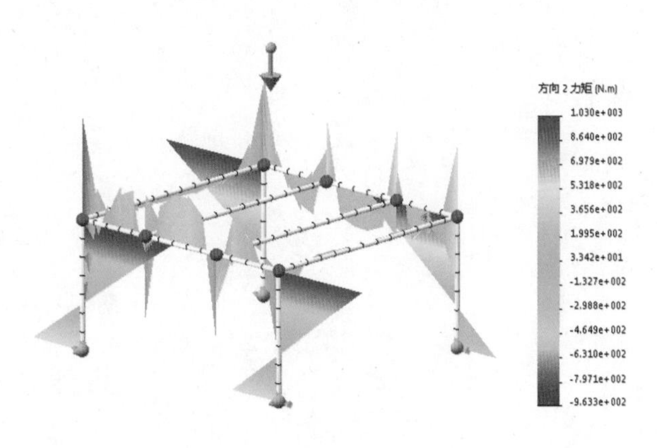

图14-31　横梁力矩图解

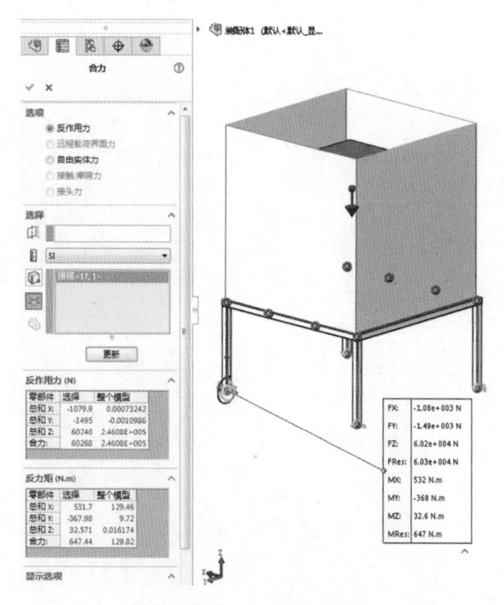

图14-32　查询一支承脚的约束反力

四、项目总结

本项目重点介绍了混合网格的分析问题。机械整机往往是由很多形态不同的零件装配而成的，因此要依据每个零件自身的结构特点选择合适的网格，同时要保证零件之间能顺利地传递载荷，从而分析得出整体结构的强度。混合网格分析是机械设计中非常实用的技术，需要重点掌握。

项目 15 气动夹具的结构分析

【学习目标】

1. 掌握利用接头简化装配模型中连接件的分析技术。
2. 能根据工况选择合适的接头类型，并定义正确的接头参数。
3. 能综合分析精度和计算资源对复杂装配体进行分析评估。

【重难点】

1. 九类接头的物理意义和适用场合。
2. 接头参数的编辑定义。

一、项目说明

工程中经常会遇到包含了大量的活动铰链、螺栓及销钉之类连接件的装配体需要做结构分析，这些连接件起传递载荷的作用，是结构分析中不可忽视的构件。但是如果将这些零件全部纳入有限元模型，采用接触的方法分析的话，会极大地增加计算量，很有可能导致分析失败。针对这类问题，可以采用接头代替分析。本项目以一款气动夹具结构分析为例（图 15-1），具体介绍接头的使用方法。

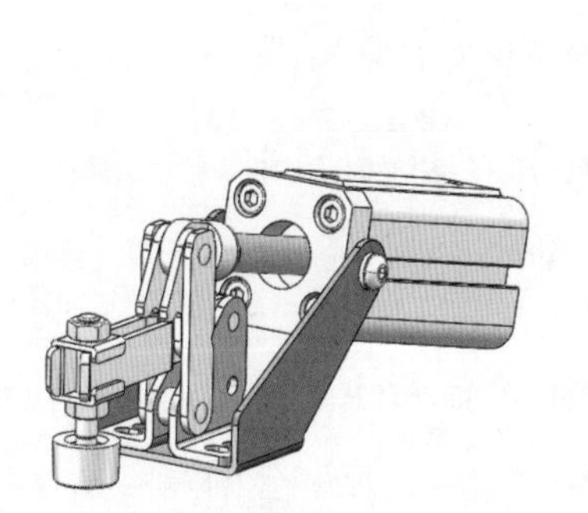

a) 气动夹具原始模型

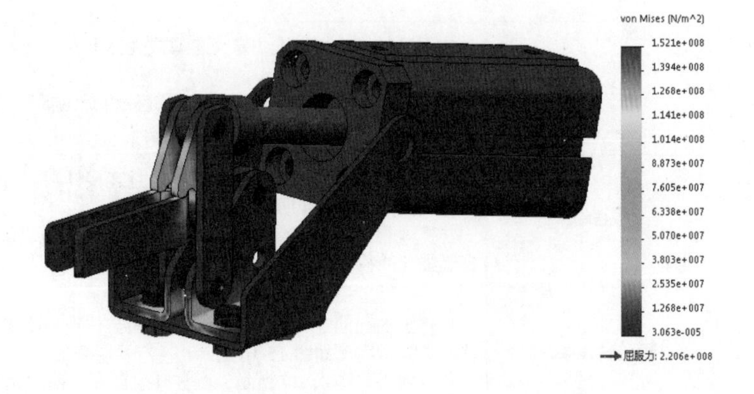

b) 气动夹具分析结果

图15-1 气动夹具结构分析

二、预备知识

接头是 SolidWorks Simulation 提供的一种虚拟的连接件模型，接头本身不参与分析，但是可以实现相互关联区域载荷的传递。使用接头取代真实连接件能大量地减少网格单元和接触的数量，因此能显著提高计算速度，同时也能保证较好的计算精度。下面配合简单的演示案例介绍 SolidWorks Simulation 提供的 9 种接头模型，见表 15-1。

表 15-1 各类接头

接头类型	使用说明
弹簧...	连接在一对组件或实体表面，可以设置法向刚度和切向刚度。弹簧可以分布或集中两种形式设置。演示案例如图 15-2 所示 仿真效果如图 15-3 所示，可见弹簧对结构边角起明显的支承作用
销钉...	连接两个零件的圆柱面施加同心约束，使用固定环可以限制两个零件沿着圆柱面轴线的移动，使用键可以限制绕轴线的转动。演示案例如图 15-4 所示 仿真效果如图 15-5 所示，销钉处即铰支座约束的位置应力最大
螺栓...	连接两个零件或零件与机架，可以定义预紧力，也可以在库中指定螺栓的材料。演示案例如图 15-6 所示 仿真效果如图 15-7 所示，可见螺栓传递了两块方板之间的载荷，螺栓孔附近应力最大
轴承...	模拟轴与支承之间直接的相互作用，可以是刚性的，也可以是柔性的。柔性轴承可以设置圆周转动和轴向移动两个方向的刚度。演示案例如图 15-8 所示 仿真效果如图 15-9 所示，由于采用柔性轴承，避免出现绝对刚性约束对结构分析的影响，最大应力出现在梁的中间
点焊...	在实体或壳体上定义一系列连接点，可以设置焊点的大小。演示案例如图 15-10 所示 仿真效果如图 15-11 所示，每个焊点周围的应力值较高，焊点传递了两块钣金的载荷
边焊缝...	依据美国或欧洲标准，定义实体或壳体上的连接焊缝，并可以设置焊缝的类型和参数。演示案例如图 15-12 所示 仿真效果如图 15-13 所示，在焊缝处也是钢板和机架连接处应力最大，焊缝实现了载荷传递
接杆...	在结构两点之间创建刚性连接杆，且连接杆两端与结构连接点均为球形铰接无约束力矩。演示案例如图 15-14 所示 仿真效果如图 15-15 所示，对比图 15-13 可以发现，连接杆连接点处应力变大，可见连接杆起强化结构的作用
固定连接...	在选定的面间定义固定连接，这对面会被作为刚体处理，即面上任意两点之间不会有相对移动。演示案例如图 15-16 所示 仿真效果如图 15-17 所示，圆柱外表面和平面的位移值全部一致，即发生整体刚性移动
弹性支撑...	选定带有弹性约束固定的面。演示案例如图 15-18 所示 仿真效果如图 15-19 所示，对比图 15-5 可发现，最大应力区域从固定铰支座的位置转移到了一端，这是因为弹性支承降低了应力集中

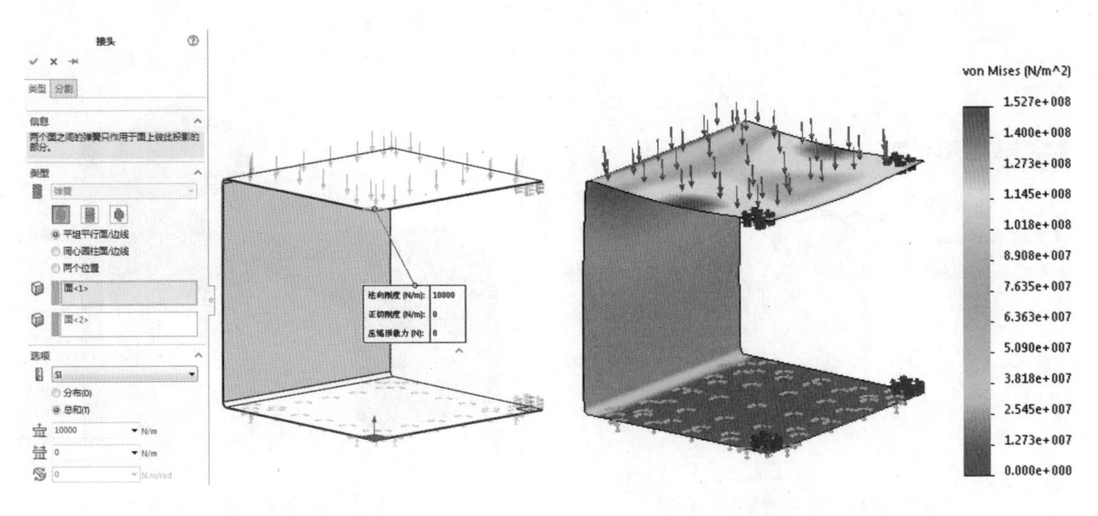

图15-2　弹簧接头的设置　　　　图15-3　弹簧接头演示案例

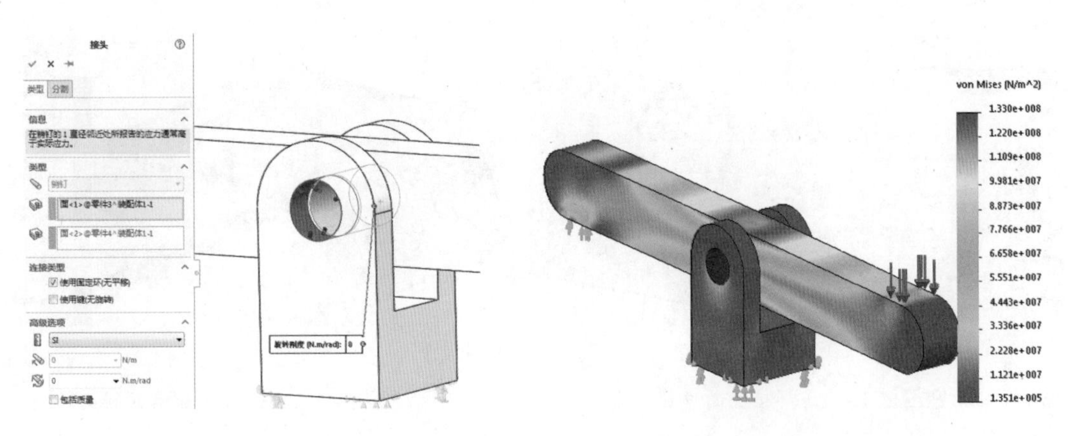

图15-4　销钉接头的设置　　　　图15-5　销钉接头演示案例

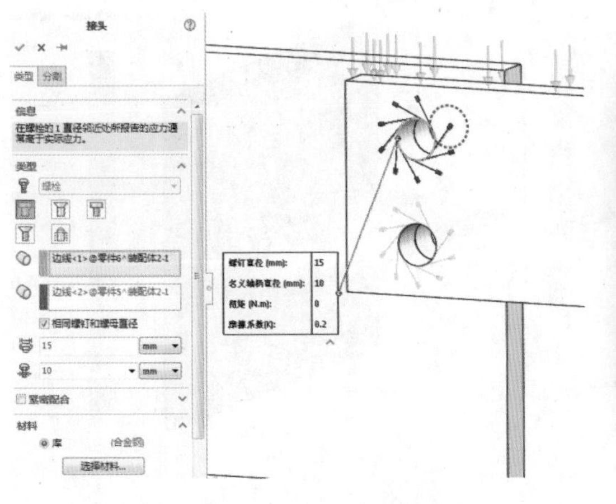

图15-6　螺栓接头的设置

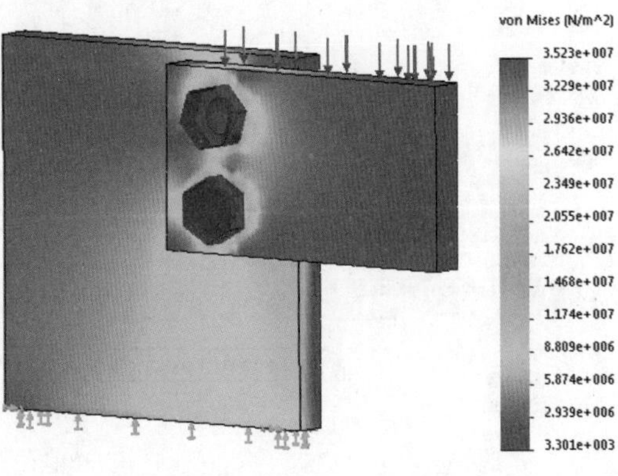

图15-7　螺栓接头演示案例

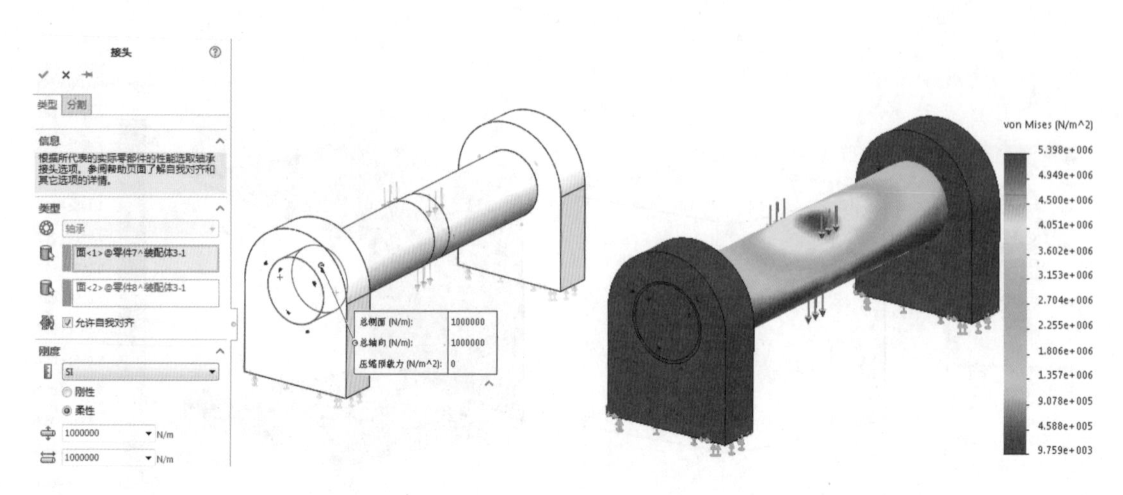

图15-8　轴承接头的设置　　　　图15-9　轴承接头演示案例

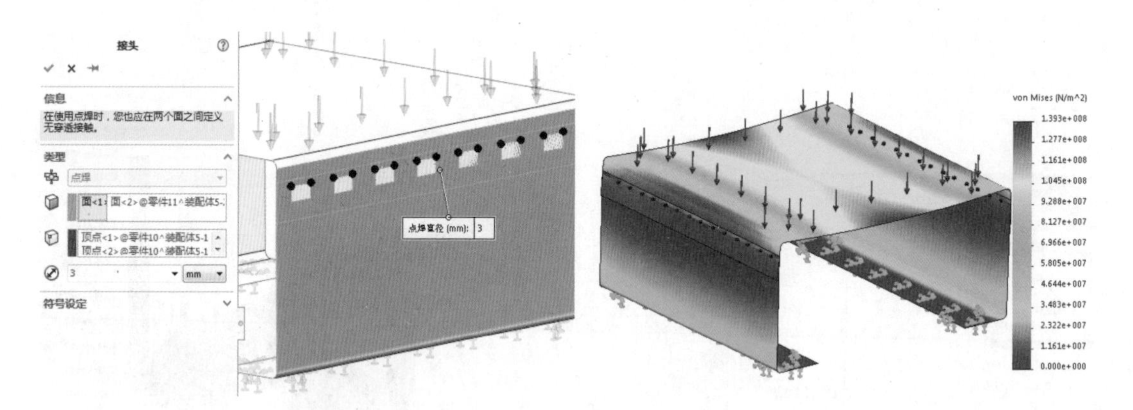

图15-10　点焊接头的设置　　　　图15-11　点焊接头演示案例

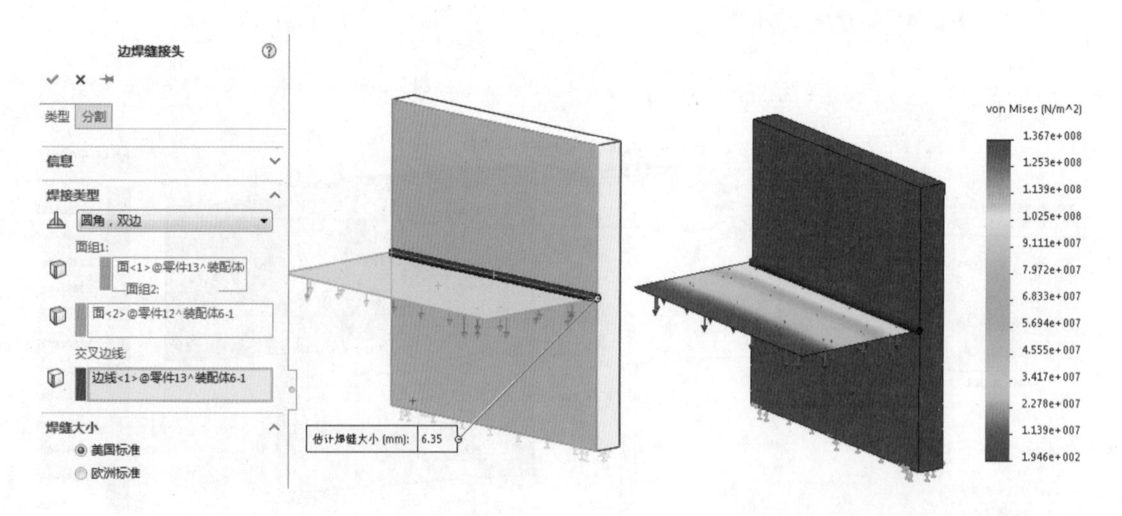

图15-12　边焊缝接头的设置　　　　图15-13　边焊缝接头演示案例

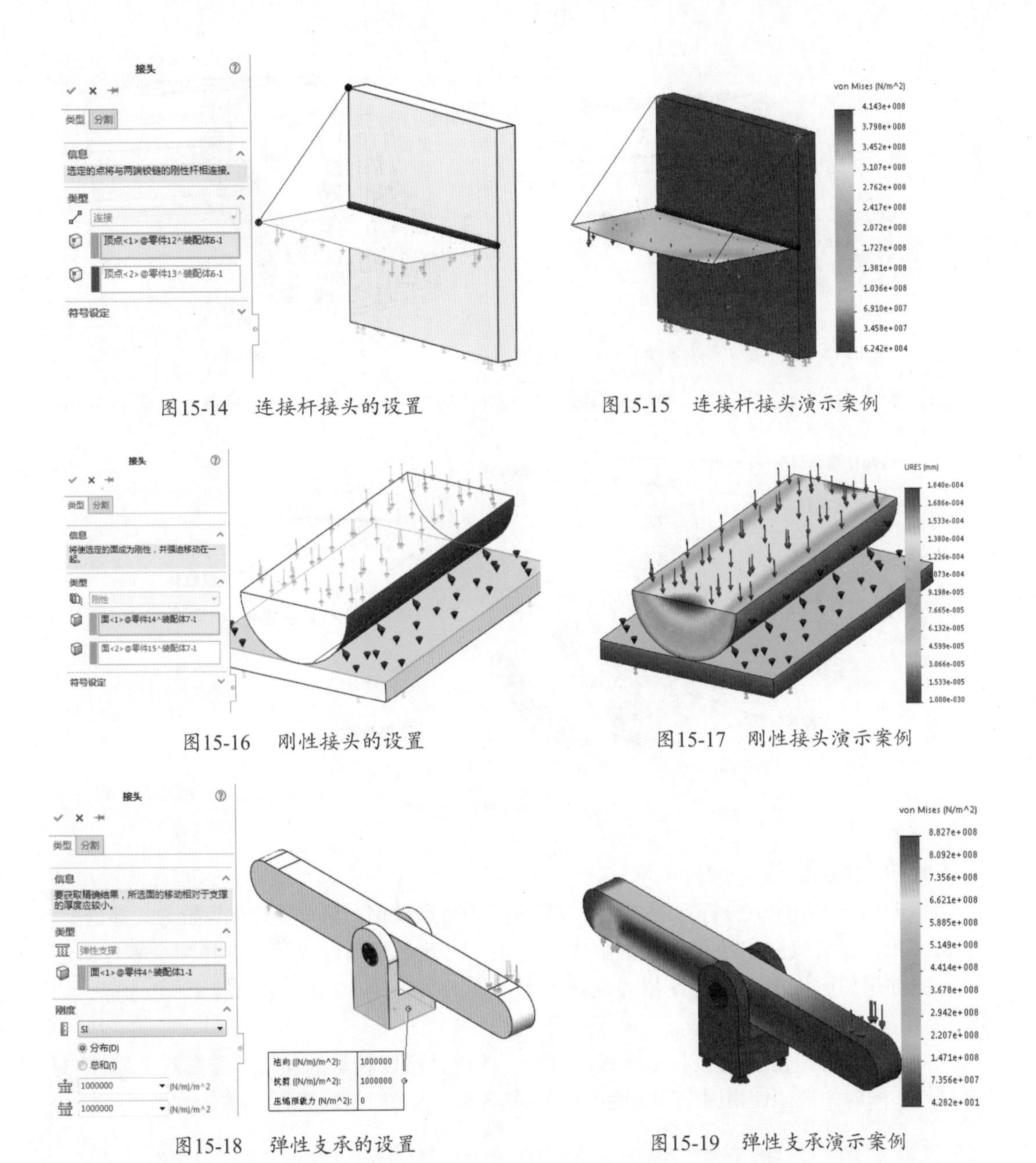

图15-14　连接杆接头的设置

图15-15　连接杆接头演示案例

图15-16　刚性接头的设置

图15-17　刚性接头演示案例

图15-18　弹性支承的设置

图15-19　弹性支承演示案例

三、项目实施

1.模型简化处理

第一步，打开需要分析的气动夹具装配体文件，如图 15-20 所示。观察装配体，将连接件全部压缩或删除，简化后得到的模型如图 15-21 所示。

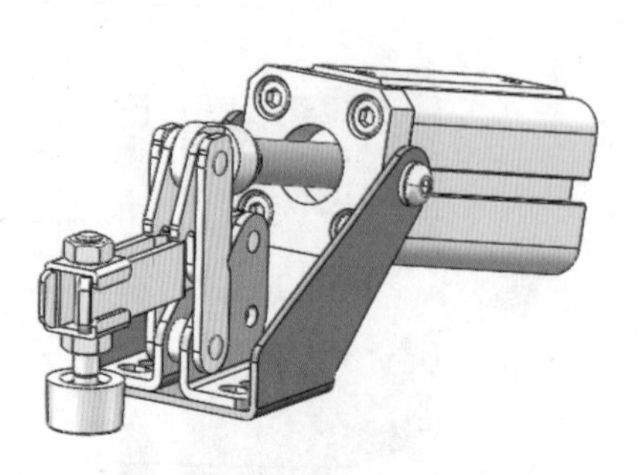

图15-20　气动夹具原始模型

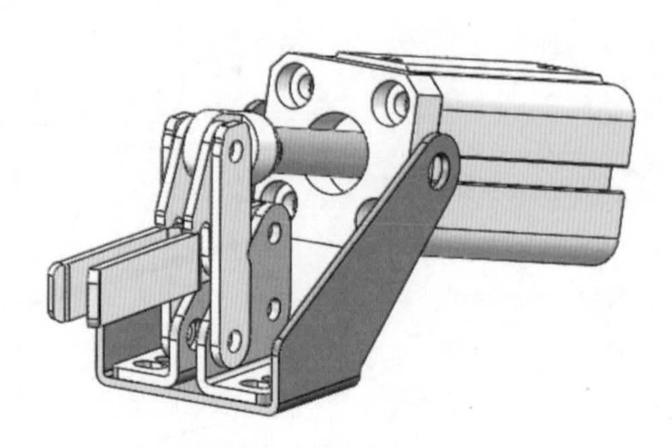

图15-21　简化模型

第二步，为便于后续分析，可先制作爆炸视图，如图 15-22 所示。解除爆炸后进行分析。

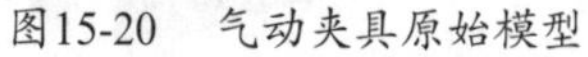

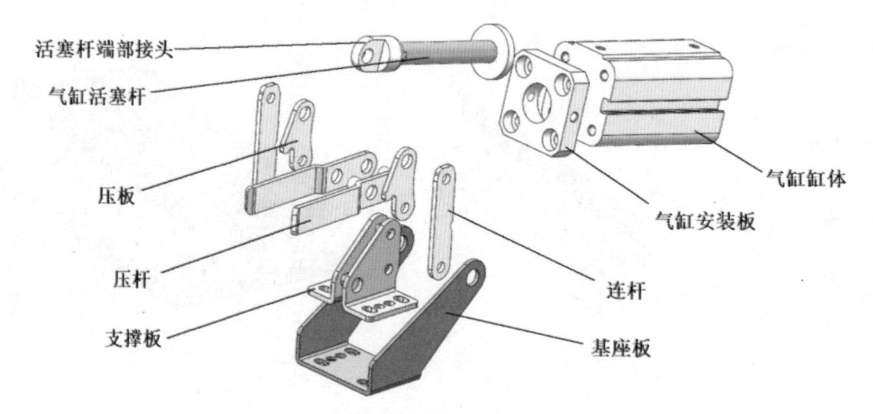

图15-22　制作爆炸视图

2.分析前处理

第一步，新建静应力分析算例，将所有零件选为普通碳钢，将全局接触设置为无穿透。

第二步，设置气缸安装板与气缸缸体的接头。此处是紧固性连接，选择两个零件对应的内孔，添加销钉，同时勾选“使用固定环（无平移）”和“使用键（无旋转）”复选框，如图 15-23 所示。

第三步，设置气缸安装板与基座板的接头，此处是可以转动的连接，选择两个零件的孔，添加销钉，同时勾选“使用固定环（无平移）”复选框，如图 15-24 所示。

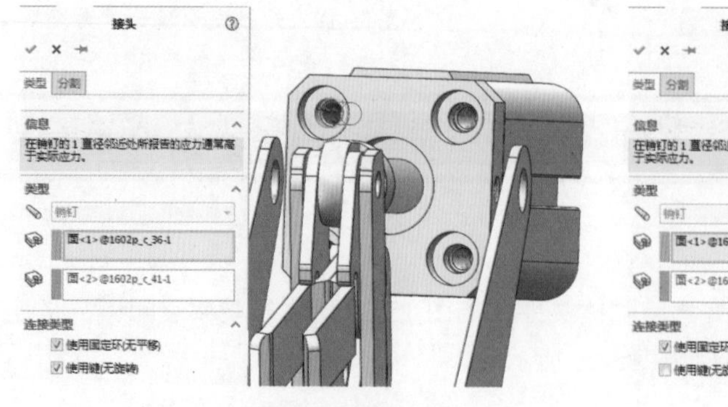

图15-23　设置无旋转的销钉

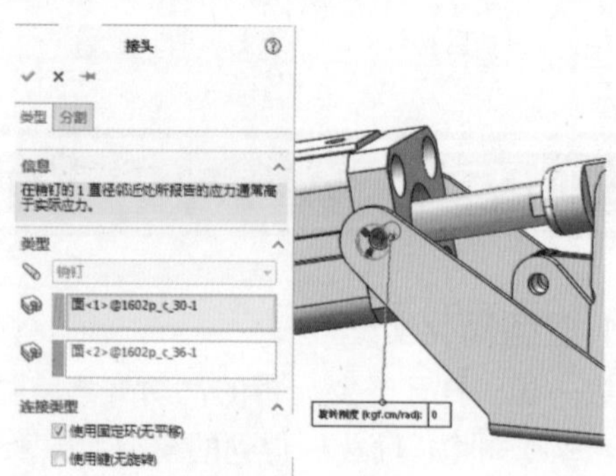

图15-24　设置销钉

第四步，设置气缸缸体与活塞的接头，此处是活塞转动的连接，选择缸体内孔和活塞外圆柱面，添加销钉，如图 15-25 所示。

第五步，设置连杆与基座板的接头，此处是可以转动的连接，选择销钉，同时勾选“使用固定环（无平移）”复选框，如图 15-26 所示。

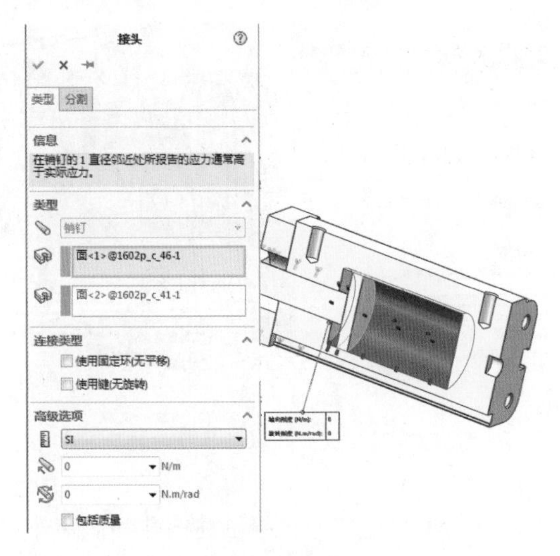

图15-25　设置活塞和气缸缸体的接头

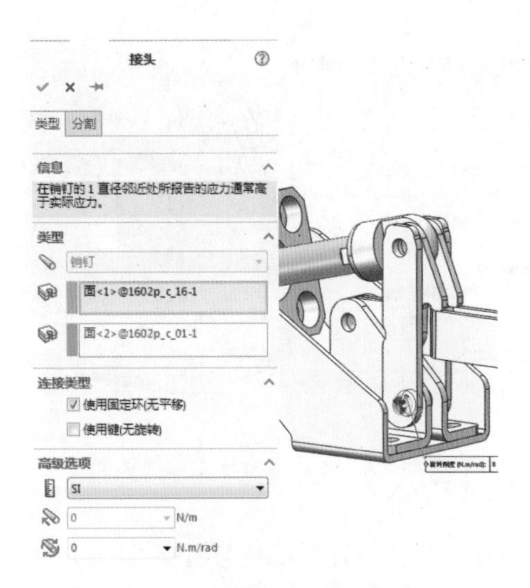

图15-26　设置基座板与连杆的接头

第六步，设置压杆与支承板的接头，此处是可以转动的连接，选择销钉，同时勾选“使用固定环（无平移）”复选框，如图 15-27 所示。

第七步，设置连杆与压板的接头，此处是可以转动的连接，选择销钉，同时勾选“使用固定环（无平移）”复选框，如图 15-28 所示。

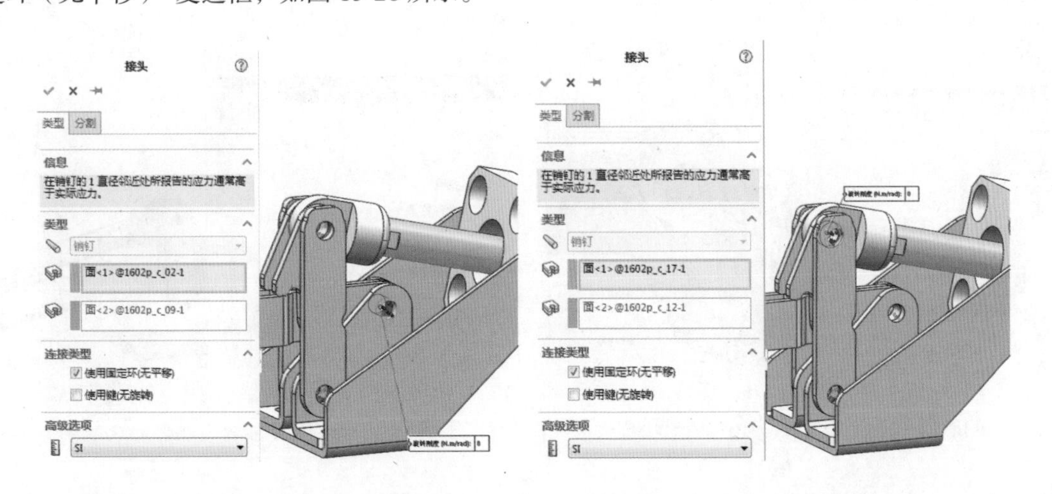

图15-27　设置支承板与压杆的接头　　图15-28　设置压板与连杆的接头

第八步，设置压板与气缸活塞杆端部的接头，此处是可转动的连接，选择两个零件对应的内孔，添加销钉，同时勾选“使用固定环（无平移）”复选框，如图 15-29 所示。

第九步，设置压板与压杆的接头，此处是可以转动的连接，选择两个零件的内孔，添加销钉，同时勾选“使用固定环”复选框，如图 15-30 所示。

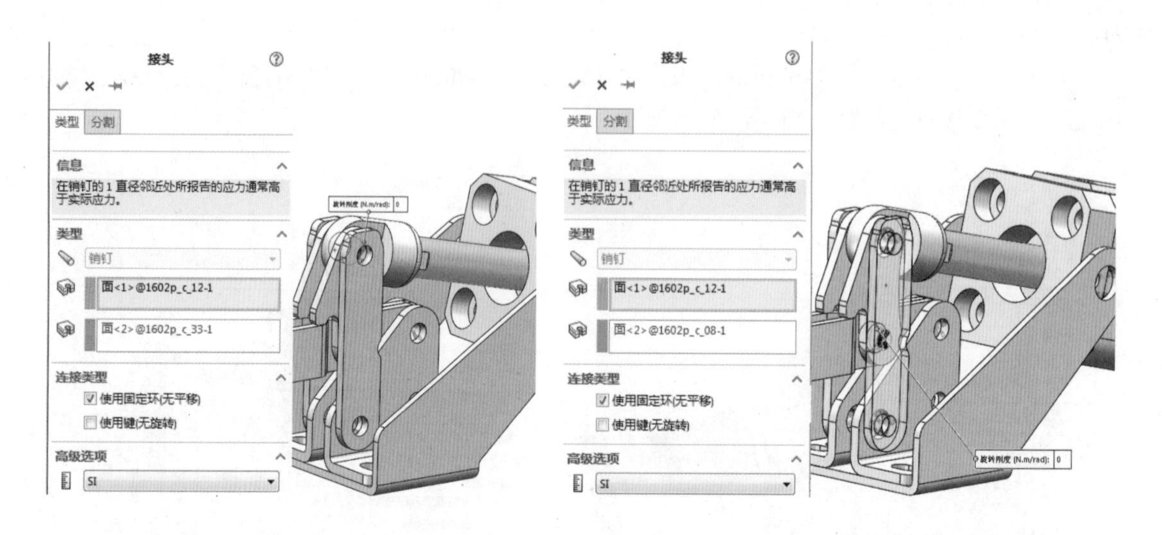

图15-29　设置压板与活塞杆端部的接头　　　图15-30　设置压板与压杆的接头

第十步，设置支承板与基座板的接头，此处是紧固类型连接，选择缸体内孔和活塞外圆柱面，添加螺栓，如图 15-31 所示。

第十一步，设置气缸活塞杆与端部的接触类型，此处是固定连接，选择两个零件设置为接合，如图 15-32 所示。

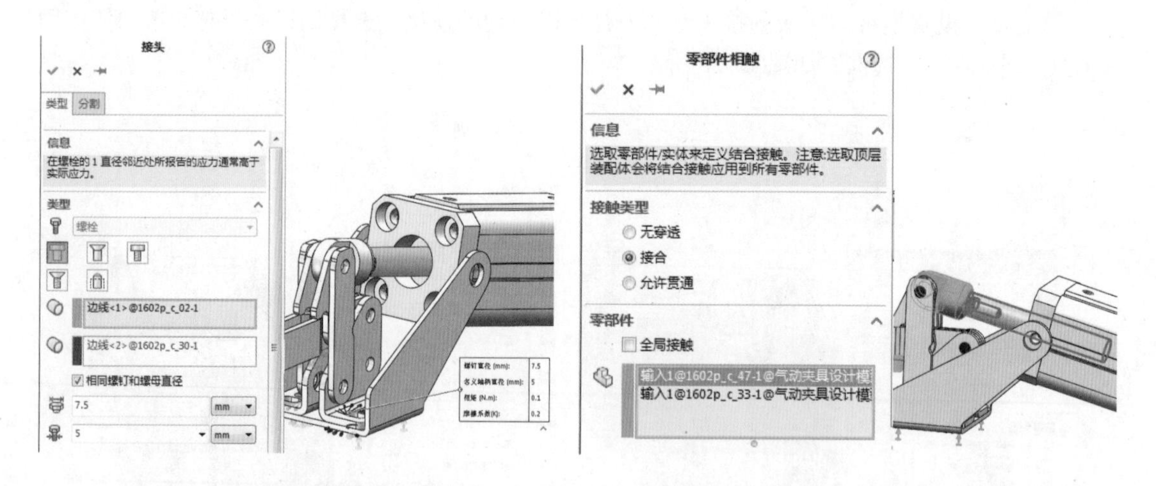

图15-31　设置基座板与支承板的接头　　　图15-32　设置活塞杆与端部的接触类型

第十二步，设置气缸活塞杆与活塞的接触类型，此处是固定连接，选择两个零件设置为接合，如图 15-33 所示。

第十三步，设置压杆与压板的接触类型，此处属于接触传递载荷，因此选择为无穿透类型，如图 15-34 所示。

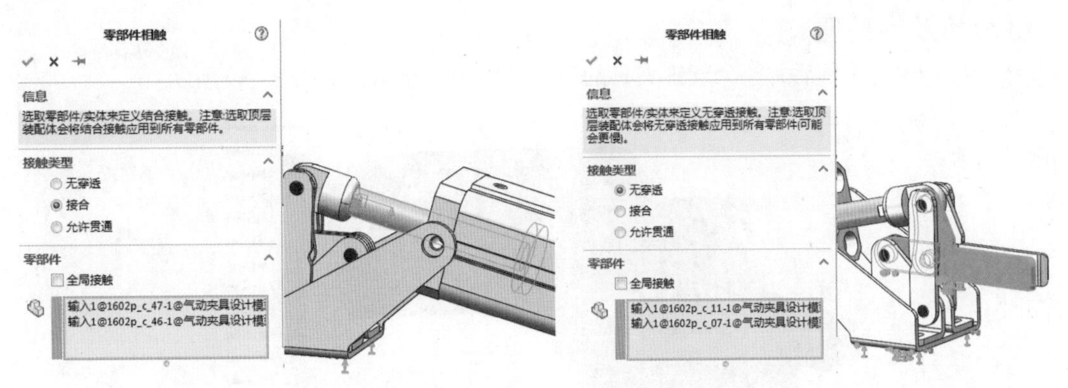

图15-33　设置气缸活塞杆与活塞的接触类型　　图15-34　设置压杆与压板的接触类型

所有接头设置好后模型会自动添加接头符号，如图 15-35 所示。

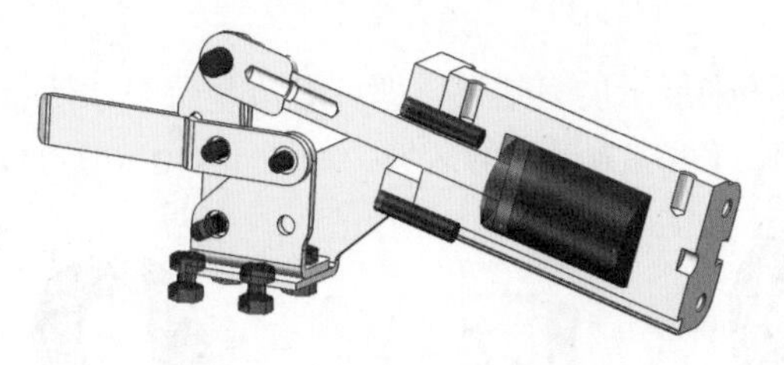

图15-35　所有接头设置完成

第十四步，添加约束。将基座板底部和压杆底部都设置为固定，如图 15-36 所示。

第十五步，添加载荷。在活塞端面添加 0.6MPa 的压力，如图 15-37 所示。

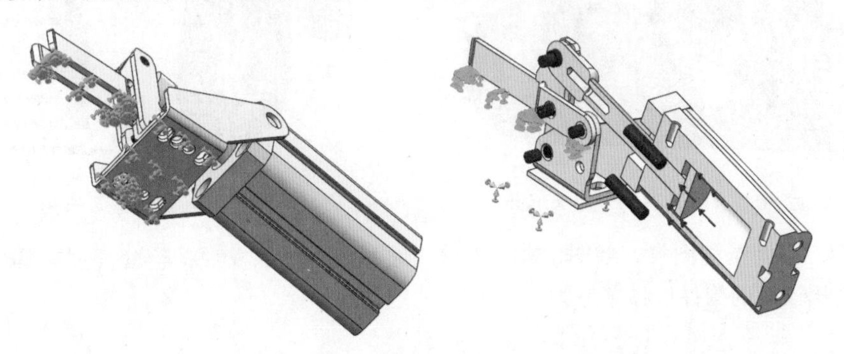

图15-36　添加约束　　图15-37　添加载荷

第十六步，划分网格，此处直接自动划分，如图 15-38 所示。

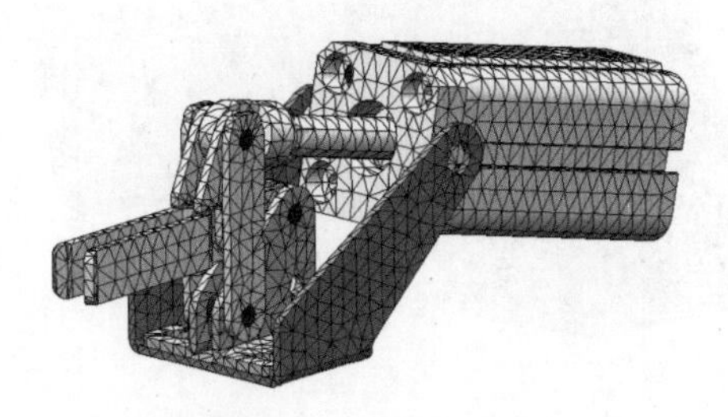

图15-38　划分网格

3.分析及后处理

第一步，运行算例后，整个气缸夹具的应力云图即可显示，如图 15-39 所示。

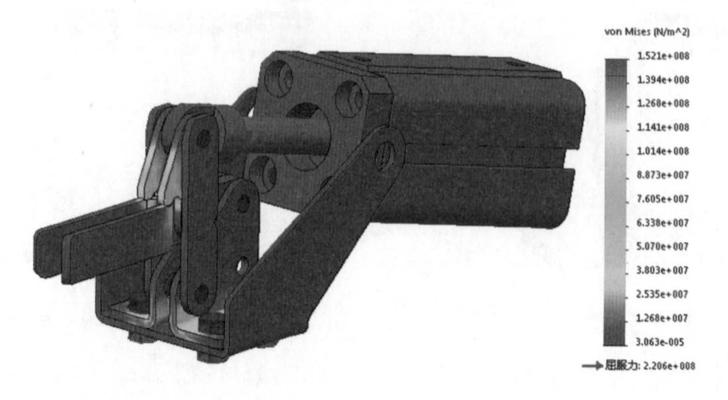

图15-39　气缸夹具的整体应力云图

第二步，通过爆炸视图来展示应力结果，即可看清楚每个零件的应力情况。通过观察可以发现，压板和压杆的接触位置是应力最大的区域，如图 15-40 和图 15-41 所示。

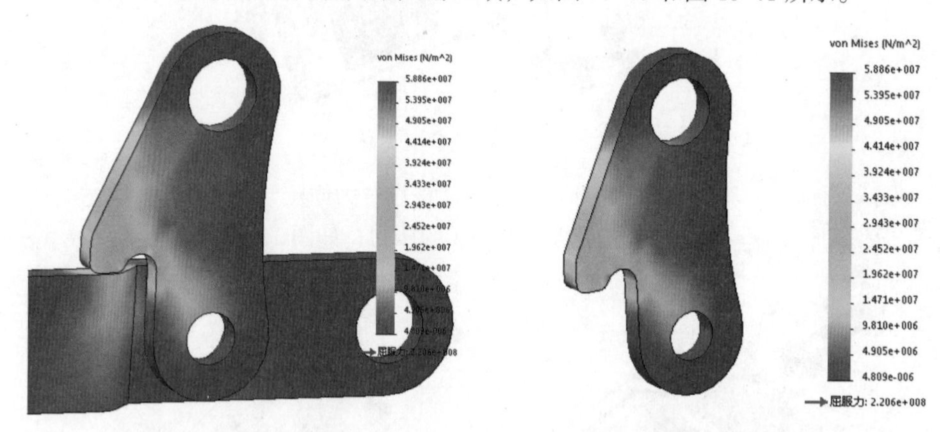

图15-40　应力云图局部放大显示　　图15-41　压板的应力云图

第三步，查询位移图解，如图 15-42 所示。通过观察可以发现，整套气缸夹具中气缸活塞杆以及与之相铰接的构件位移量最大。

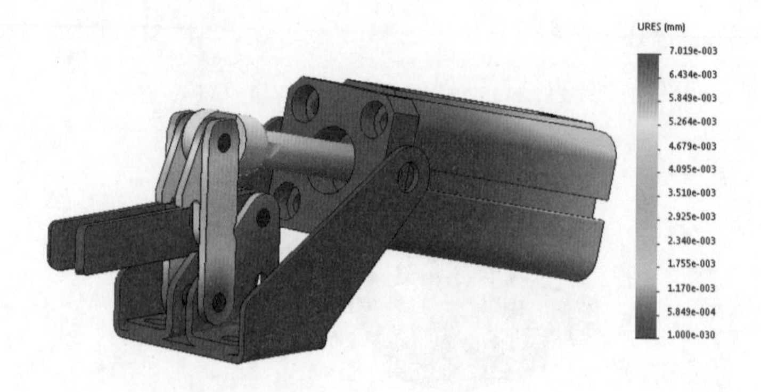

图15-42　整体位移云图

第四步，查询接头力。可以根据指定的接头输出相应的反作用力，如图 15-43 所示。

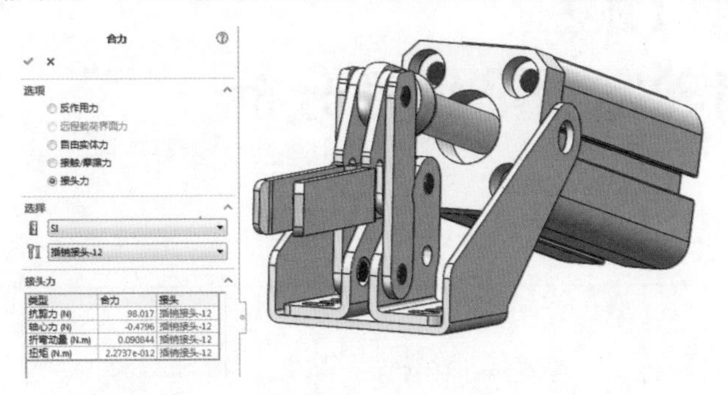

图15-43　查询接头力

第五步，校核接头。编辑接头时，一方面要选择接头连接件的材料，另一方面还要设置强度数据相关参数，如图 15-44 所示。校核的结果如图 15-45 所示。

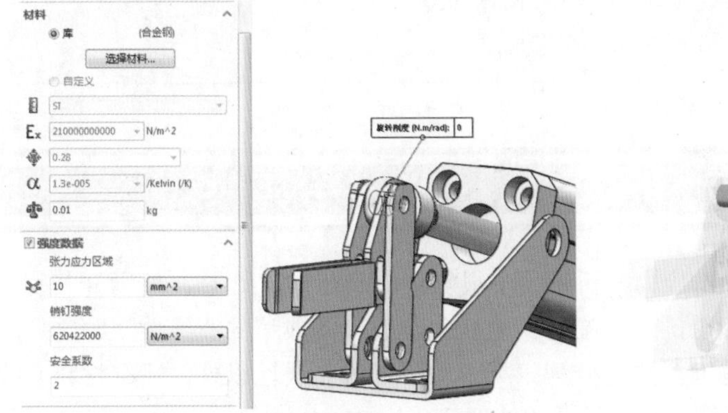

图15-44　设置接头参数　　　　图15-45　接头的校核结果

第六步，查询约束反作用力。选择相应的约束面查询反作用力即可，如图 15-46 所示。

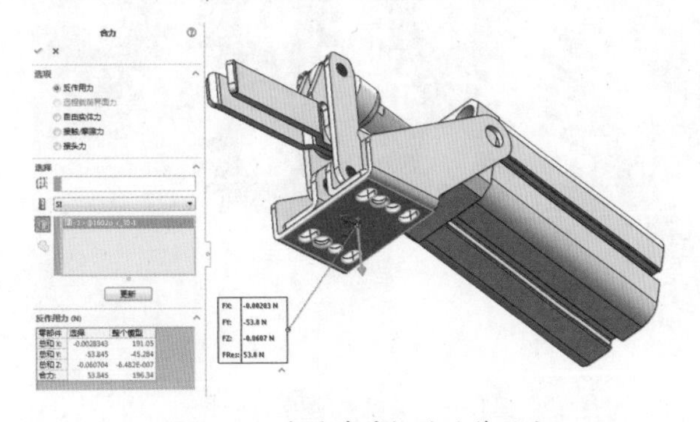

图15-46　查询基座板的反作用力

四、项目总结

本项目重点介绍了如何利用接头简化气缸夹具模型。由于机械中存在大量的连接件，因此掌握接头技术能有效地节省计算资源，同时保证分析精度。

项目 16 齿轮啮合非线性分析

【学习目标】

1. 了解非线性问题的常见类型和分析方法。
2. 能利用 2D 简化技术节省计算资源，同时保证分析精度。
3. 能针对非线性问题设置好分析参数。

【重难点】

1. 根据零件的实际情况选择合适的 2D 简化方法。
2. 根据工况选择合适的非线性算法和参数。

一、项目说明

齿轮在啮合过程中，对轮齿的应力分析是一个很复杂的问题，如图 16-1 所示。其复杂的原因在于齿轮在转动的过程中，接触的区域在不断地变化，这就是典型的非线性问题之一。非线性问题是机械行业中常见的问题，主要可分为三类，除了接触非线性以外，还有材料非线性和几何非线性问题。本项目重点介绍非线性问题的处理。

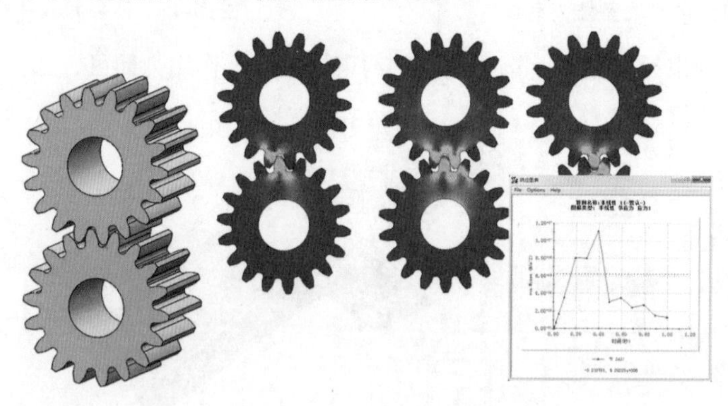

图16-1　齿轮啮合应力分析

二、预备知识

1.模型的2D简化

当模型在某个维度方向的尺寸比其他两个维度方向的尺寸要小时，沿此维度方向的主应

力被忽略，以使应力状态为二维，此选项对于热算例无效，例如支撑板（图 16-2a）。当要求模型的尺寸之一比其他两个尺寸要大很多时，沿尺寸之一的变形被忽略，应变成为二维，例如水坝（图 16-2b）。建模绕轴具有旋转对称的几何体、材料属性、载荷和夹具，例如密封圈（图 16-2c）。

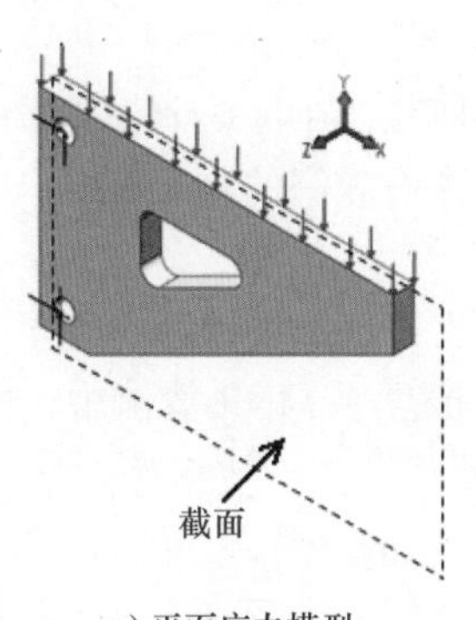

a) 平面应力模型

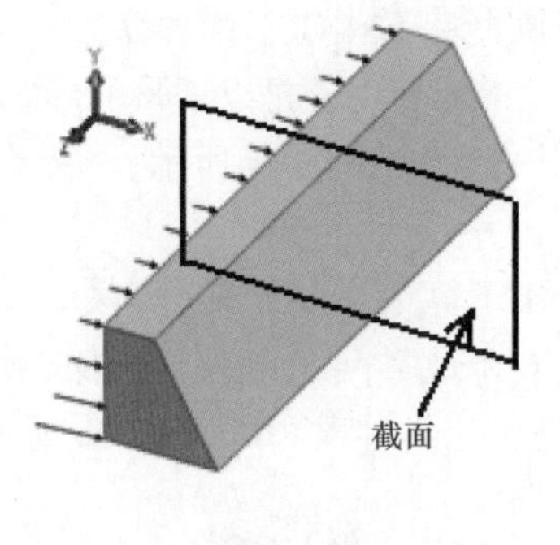

b) 平面应力模型

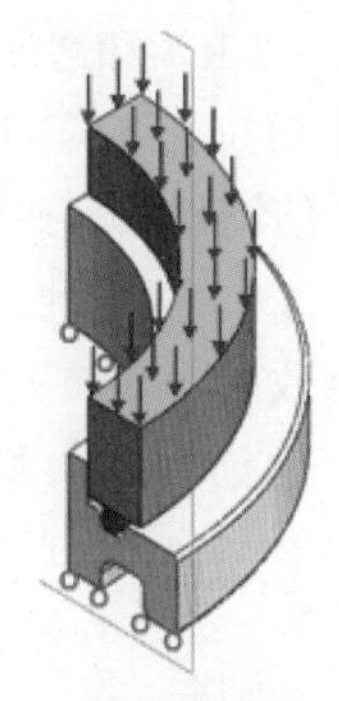

c) 轴对称模型

图16-2　模型2D简化的三种方式

2.有限元中的非线性问题

非线性问题可以分为几何非线性、材料非线性和接触非线性三类。

（1）几何非线性　在非线性有限元分析中，非线性的主要来源是由于结构的总体几何配置中大型位移的作用。承受大型位移作用的结构会由于载荷所引起的变形而在其几何体中发生重大变化，使结构以硬化和（或）软化方式做出非线性反应。例如钢板折弯，如图 16-3a 所示。

（2）材料非线性　非线性的另一个重要来源是应力和应变之间的非线性关系，例如，橡胶材料就是典型的非线性材料，如图 16-3b 所示。

（3）接触非线性　这是一种特殊类型的非线性问题，与所分析的结构的边界条件在运动过程中不断变化的特性有关。这种情况会在分析接触问题时遇到。例如齿轮啮合过程，如图 16-3c 所示。

在实际工程中，很多非线性问题都是复合类型，例如塑料弹簧卡扣，如图 16-3d 所示，同时存在几何非线性、材料非线性和接触非线性。

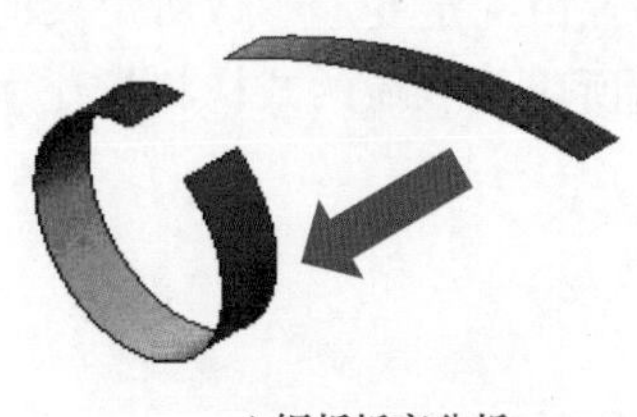

a) 钢板折弯分析

b) 橡胶护罩分析

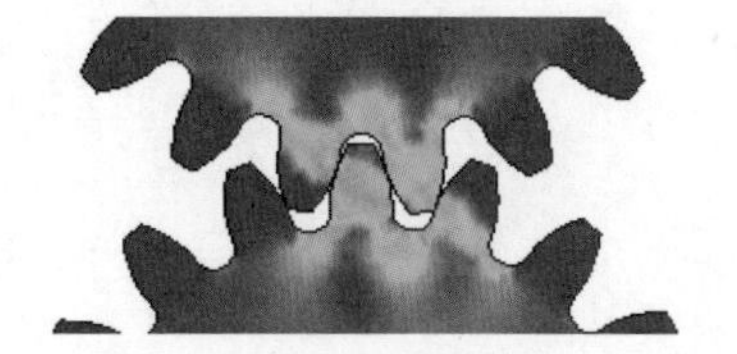

c) 齿轮啮合分析

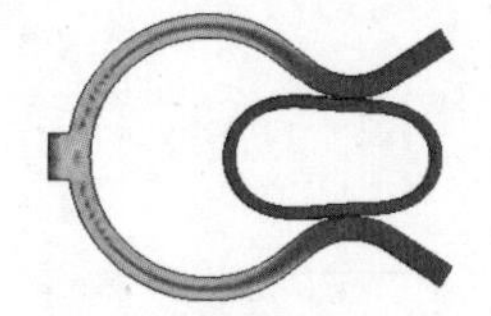

d) 管道夹分析

图16-3　非线性问题示例

3.非线性问题算法

对于非线性问题，结构的刚度、所应用的载荷和边界条件都会受所引起的位移的影响。结构的平衡必须为先天未知的变形形状而建立。在平衡路径中，每个平衡状态得出的一组联立方程式将是非线性的。因此不可能直接求解，需要采用迭代方法。SolidWorks Simulation 提供了牛顿拉夫森（NR）和修改的牛顿拉夫森（MNR）两种算法。

（1）牛顿拉夫森（NR）算法　NR 算法就是以增量的形式加载，在每一个载荷增量中完成平衡迭代，使增量求解达到平衡状态，如图 16-4a 所示。NR 算法有较高的收敛速度，并且其收敛速度具有二次方收敛性。

（2）修改的牛顿拉夫森（MNR）算法　由于 NR 算法中每次迭代都要计算刚度矩阵，对于大型模型来说计算量太大，因此对于此类问题可选用 MNR 算法。在 MNR 算法中，刚度矩阵只在迭代的第一步计算，并用于整个迭代过程，如图 16-4b 所示。

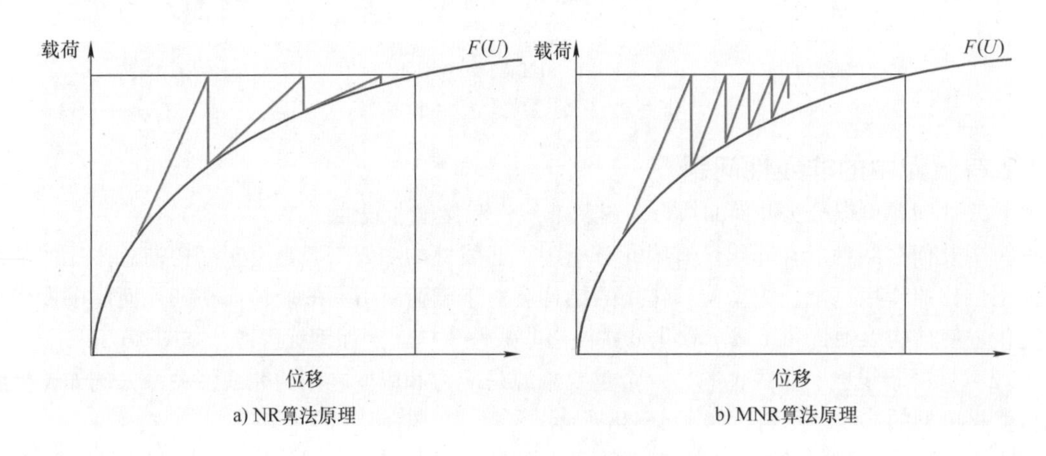

a) NR算法原理　　b) MNR算法原理

图 16-4　非线性算法原理

4.增量控制技术

增量载荷控制是指平衡路径上的每个点由固定载荷参数所定义的曲面与求解曲线的交点确定，如图 16-5a 所示。增量位移控制是指平衡路径上的点由固定变形参数所定义的曲面与求解曲线的交点确定，如图 16-5b 所示。增量弧长控制是指所应用载荷的式样将按比例递增，以便在平衡路径的弧长的控制下实现平衡，如图 16-5c 所示。

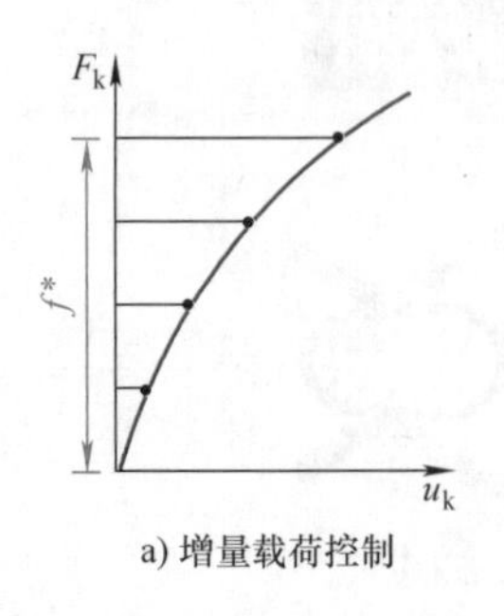

a) 增量载荷控制　　b) 增量位移控制　　c) 增量弧长控制

图16-5　增量控制技术

在做框架、圆环和外壳的非线性分析中，常会遇到翘曲和反跳问题。翘曲问题即载荷增量控制方法在转向点附近区域出现中断，如图 16-6a 所示。反跳问题即位移增量控制方法将在转向点附近区域出现中断。采用弧长控制方法能更好地解决这些问题，如图 16-6b 所示。以上相关属性的设置详见本项目实施中的相关步骤。

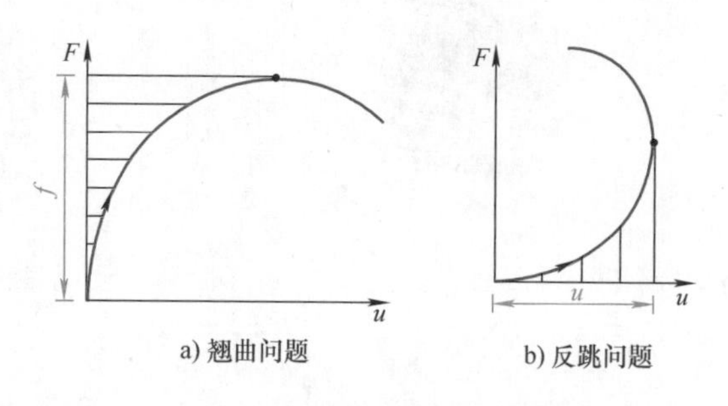

图16-6　迭代中可能出现的问题

三、项目实施

1.分析模型简化

第一步，准备一对齿轮的装配模型，如图 16-7 所示。新建非线性算例，选择静态分析，并勾选“使用 2D 简化”复选框，如图 16-8 所示。

图16-7　齿轮装配模型

图16-8　选择分析类型

第二步，进入算例后先处理模型 2D 简化。选择平面应力，再选择基准面，以获取齿轮的端面形状，如图 16-9 所示。确认后得到平面图形如图 16-10 所示。

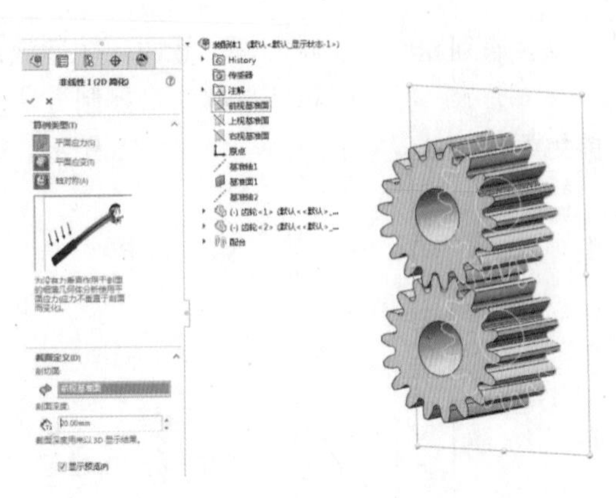

图16-9 模型2D简化

图16-10 简化效果

2.分析前处理

第一步，将两个齿轮的材料均设置为合金钢。

第二步，设置全局接触，将默认的“接合”改成“无穿透”，如图 16-11 所示。

第三步，添加固定铰链约束。分别选择两个齿轮中心孔，添加固定铰链约束，如图 16-12 所示。

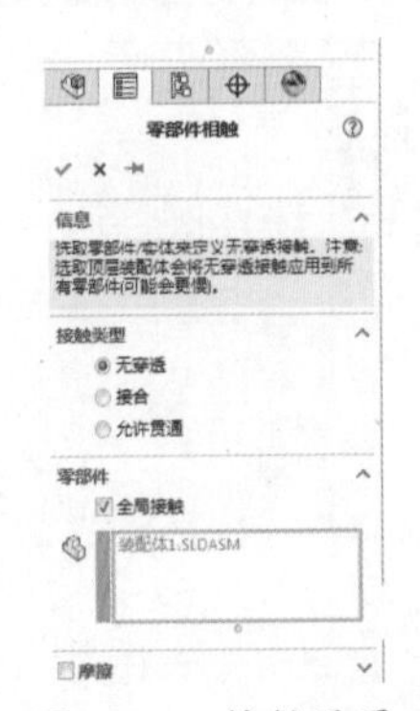

图16-11 接触设置

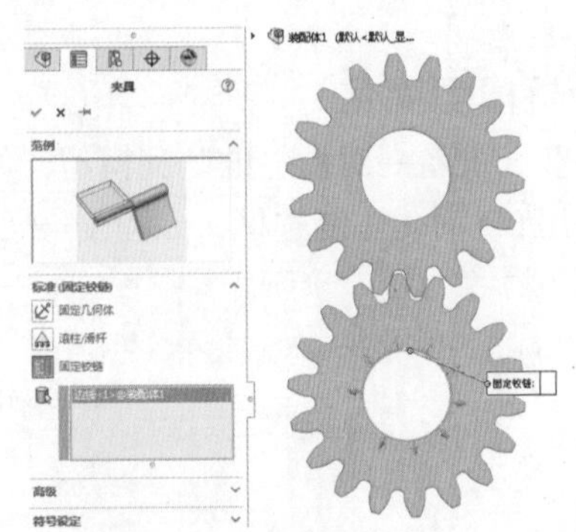

图16-12 添加固定铰链约束

第四步，添加角位移约束，选择下齿轮中心孔，选择使用参考几何体定义约束。以齿轮中心轴线定义，设置绕轴方向旋转的角位移量为 1rad，如图 16-13 所示。

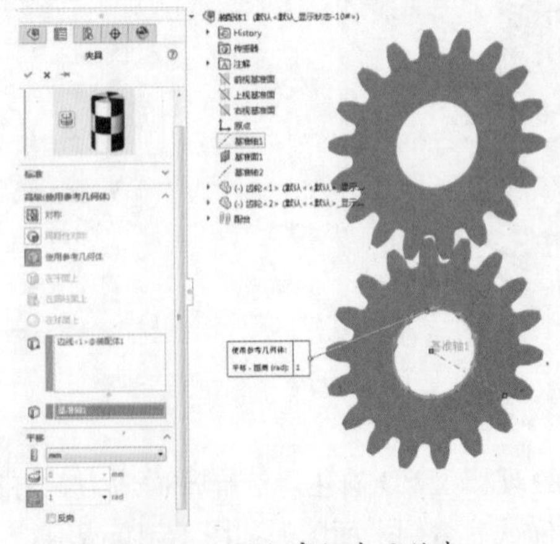

图16-13 添加高级夹具约束

第五步，添加载荷。在上方尺寸的面上添加力矩，以尺寸中心轴线为参考，力矩大小为 10N · m，如图 16-14 所示。

第六步，划分网格。网格划分后的效果如图 16-15 所示。

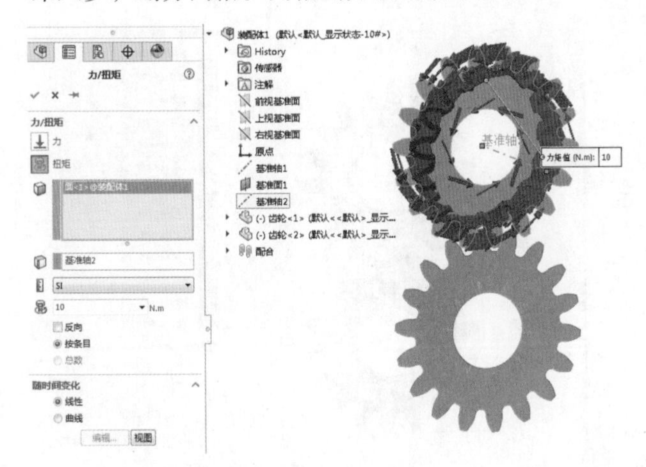

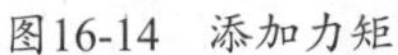
图16-14 添加力矩

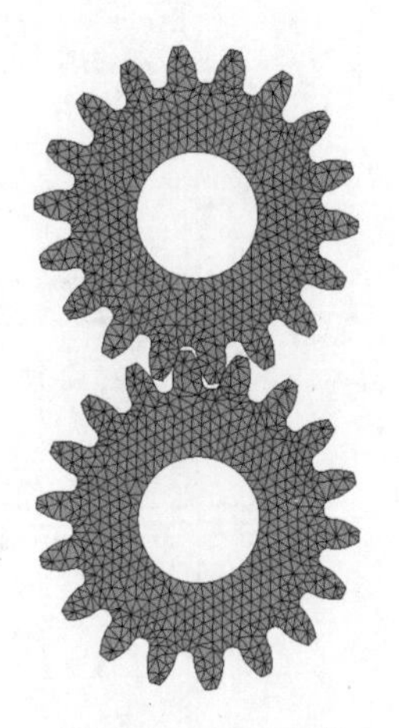
图16-15 划分网格

第七步，属性设置。首先设置时间和步长，注意此处的时间并不是真正的时间，而是用于表示非线性计算的步数，设置参数如图 16-16 所示。由于在分析中，齿轮会旋转 1rad，因此要勾选“使用大型位移公式”复选框。单击“高级”标签，在“高效”选项卡中即可设置非线性算法及相关参数，此处使用默认的 NR 算法，其余参数保持默认状态，如图 16-17 所示。

非线性 - 静应力分析
求解 高级 流动/热力效应 说明
步进选项
开始时间 0 重新开始
结束时间 1 为重新开始分析保存数据
时间增量
自动(自动步进)
初始时间增量 0.01
最小 1e-008 最大 0.1 调整数 5
固定 0.1
注意: 对于非线性静态分析(除了时间相关的材料外，如蠕变)，使用假定时间步长以小增量应用载荷/夹具。
对于蠕变，时间步长代表秒数实际时间以与载荷/夹具关联。
开始时间和结束时间不被在"高级"选项中所定义的"弧长"控制方法所使用。
几何体非线性选项
使用大型位移公式
以挠度更新载荷方向(仅适用于正均匀压力和法向力)
大型应变选项
解算器
Direct sparse 解算器
不兼容接合选项
简化
更精确(较慢)
结果文件夹 D:\正在进行\数字化样机教程—教材编写
高级选项...
确定 取消 帮助

图16-16 设置时间和步长

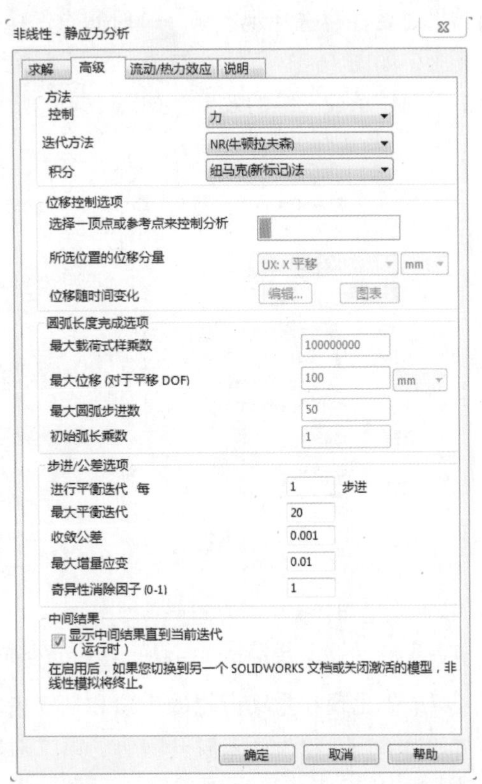

图16-17 设置非线性算法及相关参数

第八步，运行算例。在计算过程中可以看到非线性分析是分成很多小步迭代计算的，在每一次迭代完成后就会更新图解，如图 16-18 所示。

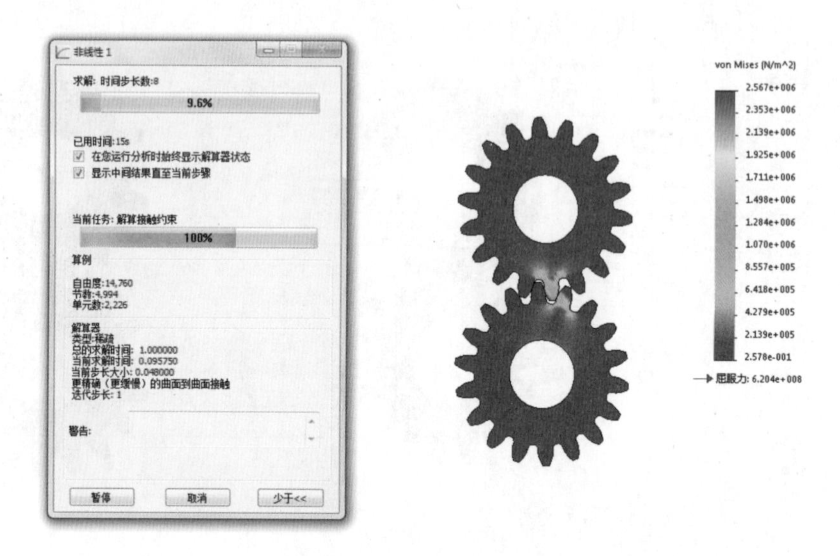

图16-18　非线性算例迭代计算过程

3.查阅分析结果

第一步，查询应力结果。注意：在非线性算例中，计算的是齿轮旋转 1rad 的过程，所以在查询结果时要注意选择观察哪一个时间点的应力；此处的时间仅表示计算的步数，不是真正的时间概念，如图 16-19 所示。勾选“显示为 3D 图解”复选框，软件会将原先 2D 简化的模型在图解中重现显示成三维的效果，如图 16-20 所示。

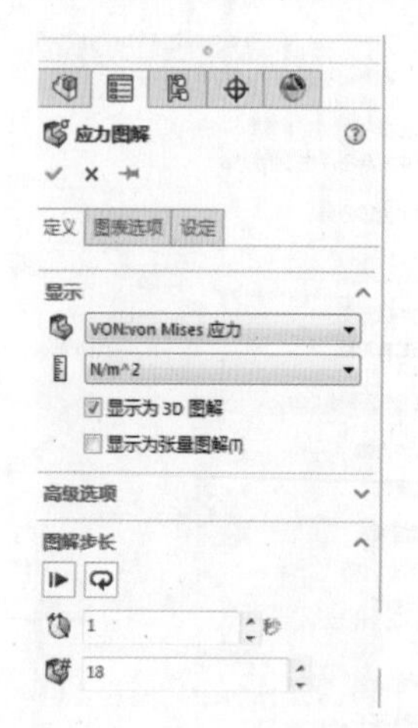

图16-19　修改图解属性

图16-20　3D图解效果

第二步，比较不同时间步的应力结果，即可分析应力的变化规律。如图 16-21 所示，应力最大区域最先出现在主动齿轮的齿顶和从动齿轮的齿根部，随着传动，最大应力区域也随着齿廓移动。当第一对轮齿尚未脱开啮合、第二对轮齿进入啮合时，应力分散到两对轮齿上。这些应力规律和力学分析与工程经验完全一致。

图16-21　不同时间步的应力结果

第三步，查询指定点应力的变化规律。利用探针选取关心的点，查询该点的时间响应图表，如图 16-22 和图 16-23 所示，也可通过时间历史图表选择一点查询，如图 16-24 和图 16-25 所示。

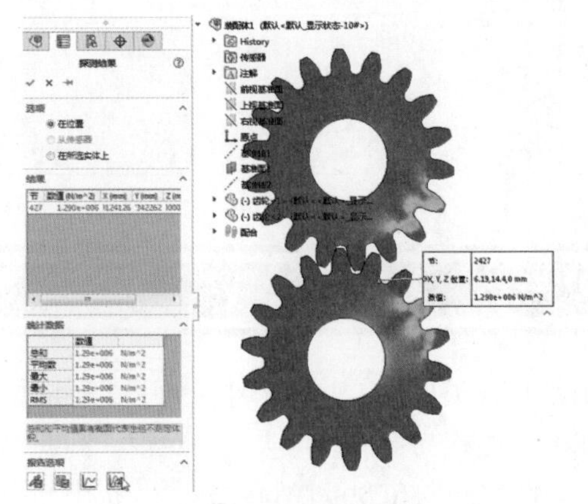

图16-22　探测指定点

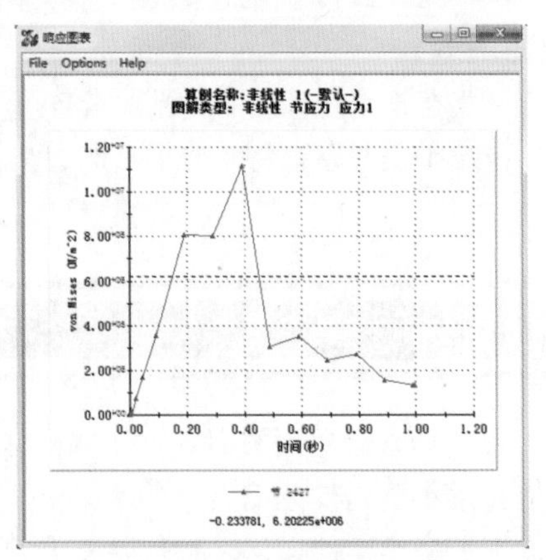

图16-23　指定点的响应图表一

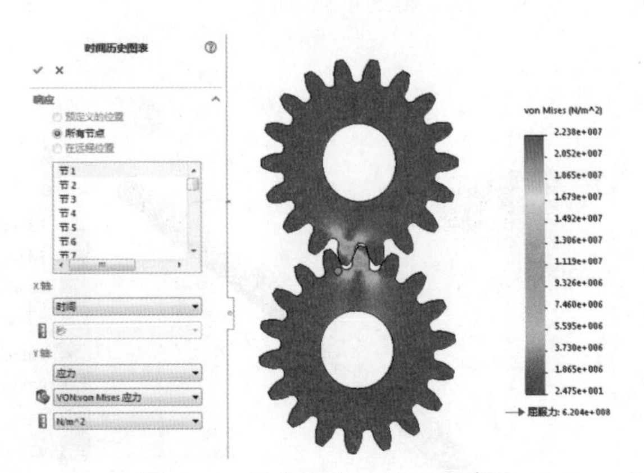

图16-24　取点查询时间历史图解

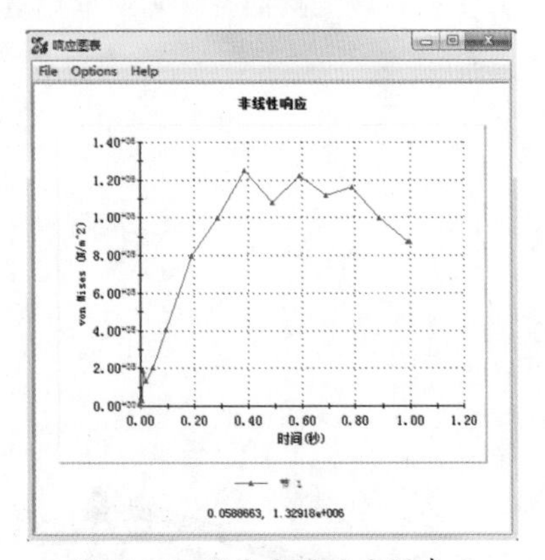

图16-25　指定点的响应图表二

四、项目总结

本项目重点介绍了非线性问题的分析处理。非线性是工程中常见的问题，在分析问题之前首先要清楚该问题属于哪一类或者哪几类的组合，据此来设置相关分析属性，从而获得较高的分析精度。

项目 17 气缸活塞杆屈曲分析

【学习目标】

1. 了解屈曲分析的内容和意义。
2. 能利用屈曲分析获知零件的屈曲模态。
3. 能根据屈曲模态对结果做相应的强化设计。

【重难点】

1. 由载荷系数计算屈曲临界载荷。
2. 由屈曲模态分析构件的变形形态。

一、项目说明

在工程中经常会遇到类似气缸活塞杆之类的细长杆类构件。此类构件受到一个轴向压力的作用，能在远小于引发压缩失效的水平下，使物体发生横向弯曲，即失去稳定性。因此，保持稳定性是细长杆类构件设计时必须要考虑的问题。此类问题在SolidWorks仿真分析中称为屈曲分析。本项目以气缸活塞杆为例介绍进行屈曲分析的方法，如图17-1所示。

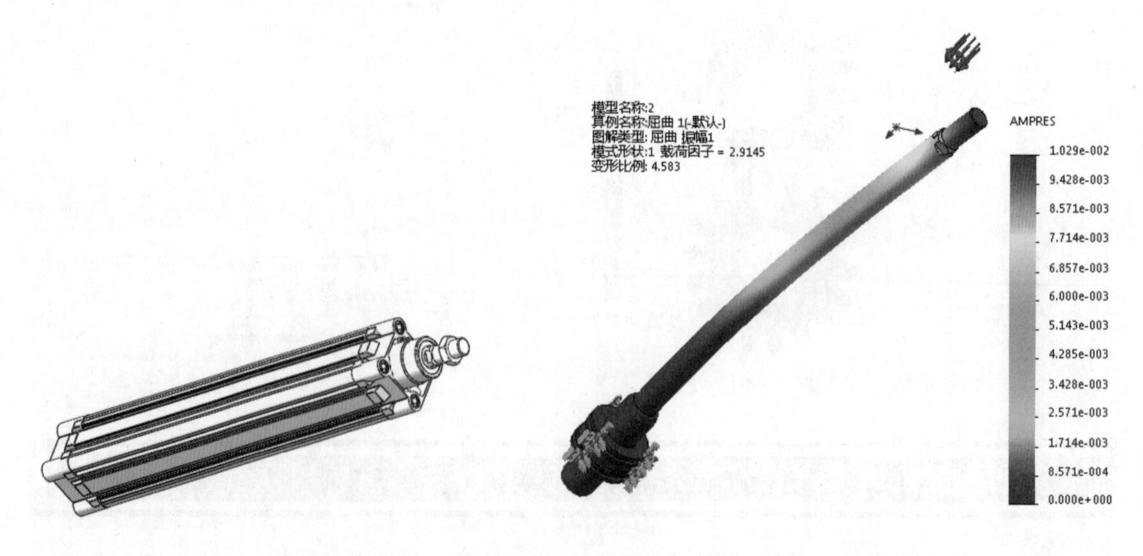

a) 气缸模型　　b) 气缸活塞杆屈曲分析结果

图17-1　气缸活塞杆屈曲分析

二、预备知识

1.压杆稳定性的概念

屈曲即为材料力学中的稳定性失效问题，是指在压力作用下的突然大变形。细长结构的物体受到一个轴向压缩载荷的作用，能在远小于引发压缩失效的水平下，使物体发生横向弯曲，即失去稳定性。不同的约束条件对杆的结构刚度也有不同的影响，图 17-2 所示为工程中三种常见的约束条件下的屈曲形态。

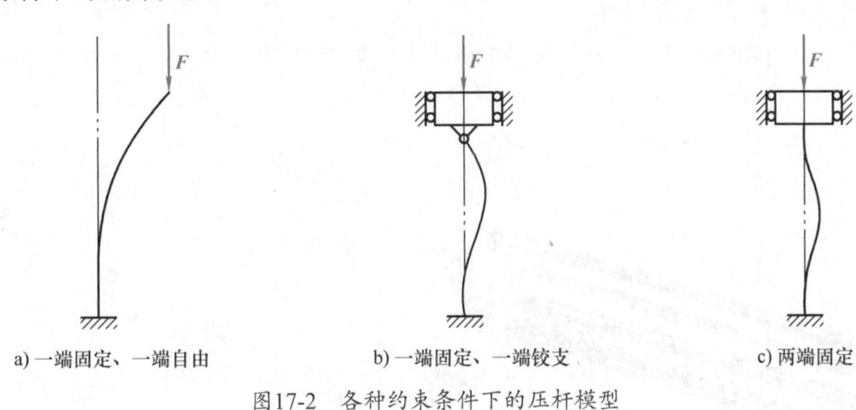

a) 一端固定、一端自由　　b) 一端固定、一端铰支　　c) 两端固定

图17-2　各种约束条件下的压杆模型

2.屈曲分析方法

SolidWorks Simulation 的屈曲分析仅仅得出在给定载荷和约束条件下的特征值，而不考虑实际结构中存在的缺陷和非线性。需要说明的是，考虑到缺陷和非线性，实际引起的屈曲载荷会比仿真的要低，在实际中要注意该问题。

SolidWorks Simulation 屈曲分析结果计算出构件各阶屈曲载荷因子和相应的屈曲模态。其中，屈曲载荷因子（即安全系数）是发生屈曲时的载荷与当前载荷的比值，其取值的具体含义见表 17-1。扭曲模态并不表示变形的实际大小，而是反映屈曲后的形态。

表 17-1　屈曲分析载荷因子

载荷因子 (BLF) 取值	屈曲状态	结果分析
BLF>1	无屈曲	所施加的载荷小于临界载荷估计值
0<BLF<1	屈曲	所施加的载荷超过临界载荷估计值
BLF=1	屈曲	所施加的载荷等于临界载荷估计值
BLF= –1	无屈曲	如果翻转，所施加的载荷方向就会发生屈曲
–1<BLF<0	无屈曲	如果翻转，所施加的载荷方向就会发生屈曲
BLF<–1	无屈曲	即使翻转，所施加的载荷方向也不会发生屈曲

例如，对某零件施加 1000N 载荷，分析得到第一阶载荷因子是 3.5，第二阶载荷因子是 5。这就表示，该零件发生第一阶屈曲时的临界载荷为 3500N，该零件发生第二阶屈曲时的临界载荷为 5000N，各阶的变形形态就是各阶特征值对应的屈曲模态。

该零件在真实的屈曲变形中，通常会发生第一阶的屈曲变形。只有当结构被强化，第一阶模态受到限制，第二阶模态才可能发生。例如，悬臂梁施加超过第一阶临界载荷值的力会发生如图 17-2a 所示的屈曲变形。如果在自由端加上铰接的滑块和导轨，此时结构就会被强化，第一阶屈曲不会发生；当外力超过第二阶临界载荷时，会发生如图 17-2b 所示的屈曲变形。

三、项目实施

1.气缸活塞杆静应力分析

第一步，处理几何模型。打开气缸装配体模型，如图 17-3 所示。将其中的活塞杆单独取出分析，如图 17-4 所示。

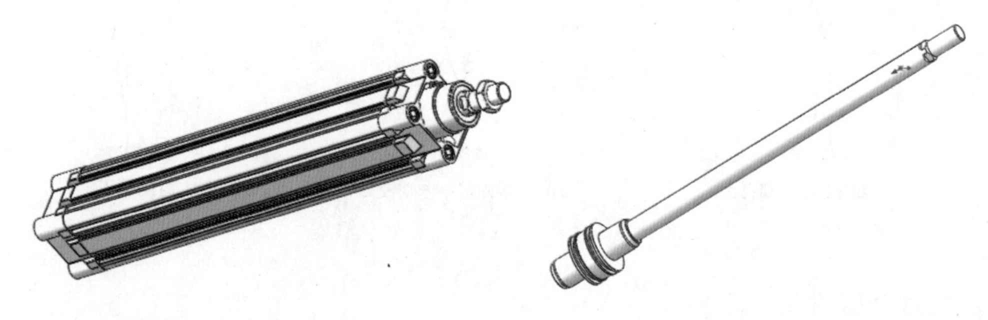

图17-3　气缸装配体模型　　　　图17-4　活塞杆模型

第二步，新建静应力分析算例。将材料设置为铝合金 6063-T1，将活塞外圆柱面添加固定约束，在活塞杆端部添加沿轴向的作用力 3000N，最后划分网格，如图 17-5 所示。

第三步，运行算例。计算后直接可以看到活塞杆的应力云图，如图 17-6 所示。右击“结果”，单击“定义安全系数图解”，如图 17-7 所示。此时得到安全系数图解如图 17-8 所示，该图解直观地表达了活塞杆各个区域的安全余量。从承受压缩的角度看，最小安全系数约为 4.4，即该活塞杆最危险的区域在承受 3000N × 4.4=13200N 的力时，就会发生屈服变形。

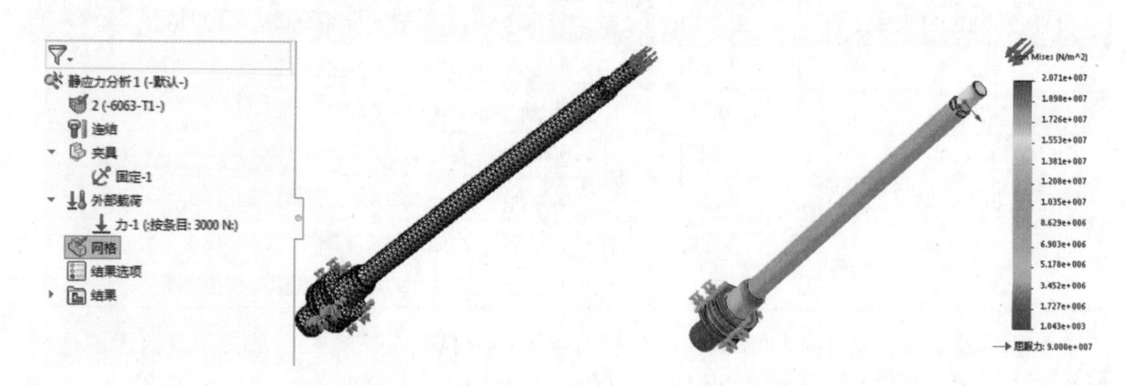

图17-5　静应力分析前处理　　　　图17-6　活塞杆应力云图

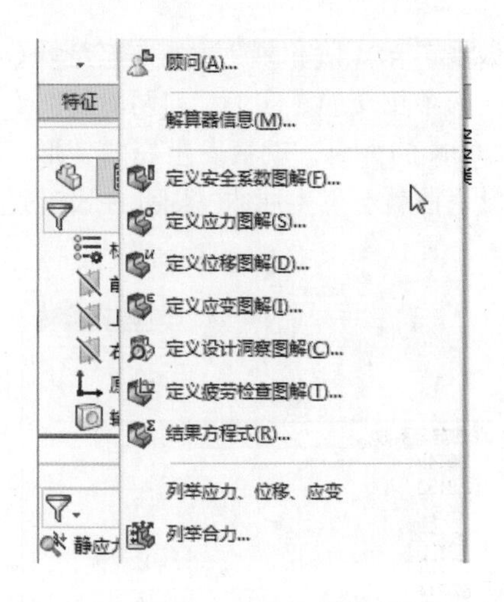

图17-7　定义安全系数图解

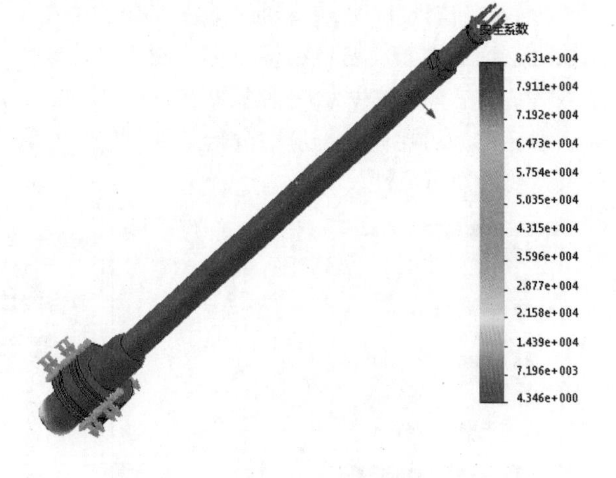

图17-8　安全系数图解

接下来的问题是该活塞杆在发生压缩屈服之前会不会出现其他的失效形式，这就要通过屈曲分析来验证。

2.气缸活塞杆屈曲分析

第一步，新建屈曲分析算例，如图 17-9 所示。

第二步，进入屈曲分析算例，按静应力分析中相同的参数对材料、约束和载荷进行设置和添加，并划分网格，如图 17-10 所示。

第三步，右击算例设置分析属性，将“屈曲模式数”设置为 6，如图 17-11 所示。

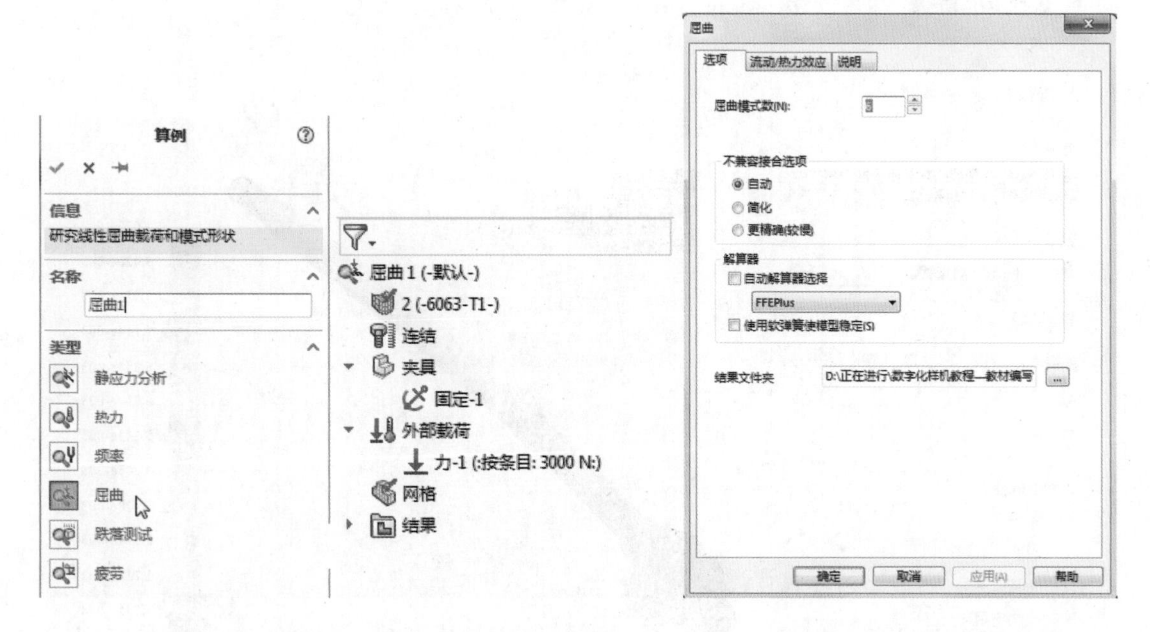

图17-9　创建屈曲分析算例　图17-10　屈曲分析界面　图17-11　屈曲分析属性

第四步，运行该算例。计算完毕后，先右击“结果”，选择“列举屈曲安全系数”，如图

17-12 所示。由图 17-13 可知前 6 阶屈曲安全系数。不难发现，第 1 阶和第 2 阶屈曲安全系数非常接近，这是因为活塞杆结构对称，屈曲可能同时发生在两个正交的方向上。前两阶屈曲安全系数为 2.9 左右，这就意味活塞杆在承受 3000N × 2.9=8700N 的力时，就会发生屈曲变形，即失去稳定性。对比先前静应力分析结果可知，在屈曲变形之前就会发生屈曲，因此在设计过程中重点要保证可靠性。

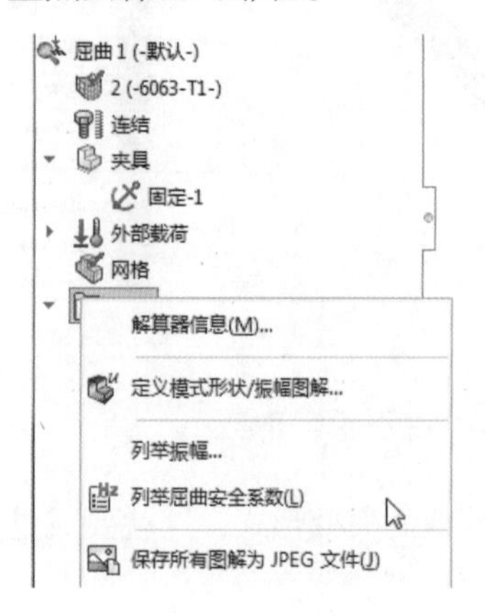

图17-12　列举屈曲安全系数

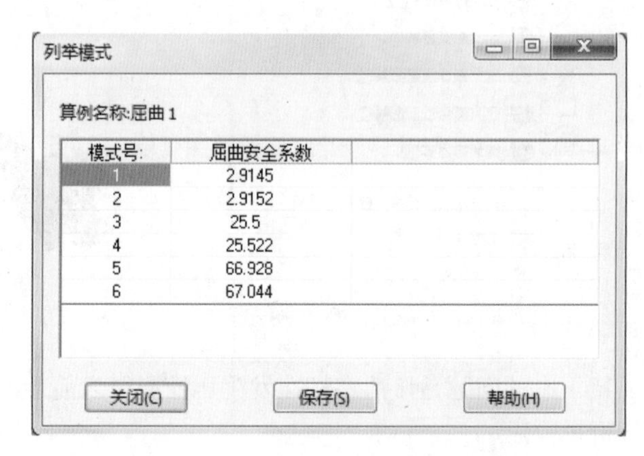

模式号	屈曲安全系数
1	2.9145
2	2.9152
3	25.5
4	25.522
5	66.928
6	67.044

图17-13　前六阶屈曲安全系数

第五步，分析屈曲形态。右击“结果”，选择“定义模式形状 / 振幅图解”，默认是给出第一阶的屈曲模态，如图 17-14 所示。也可以分别输入 1 ～ 6，查询前 6 阶的屈曲模态，如图 17-15~ 图 17-20 所示。

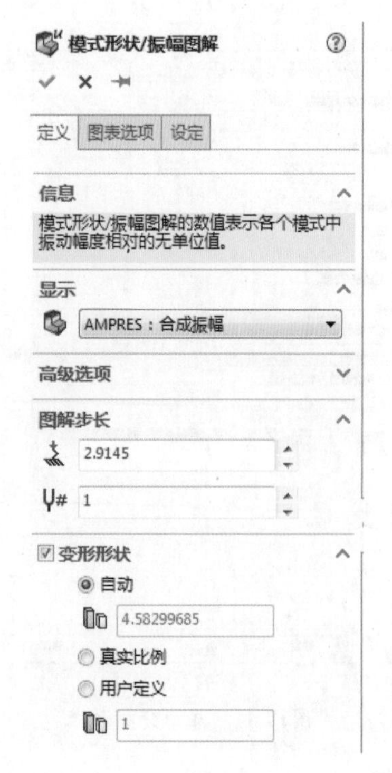

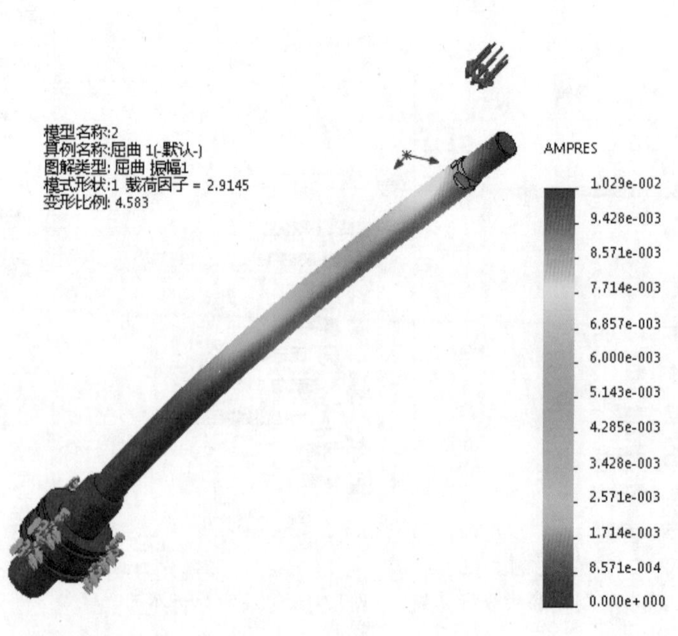

图17-14　查询屈曲模态变形

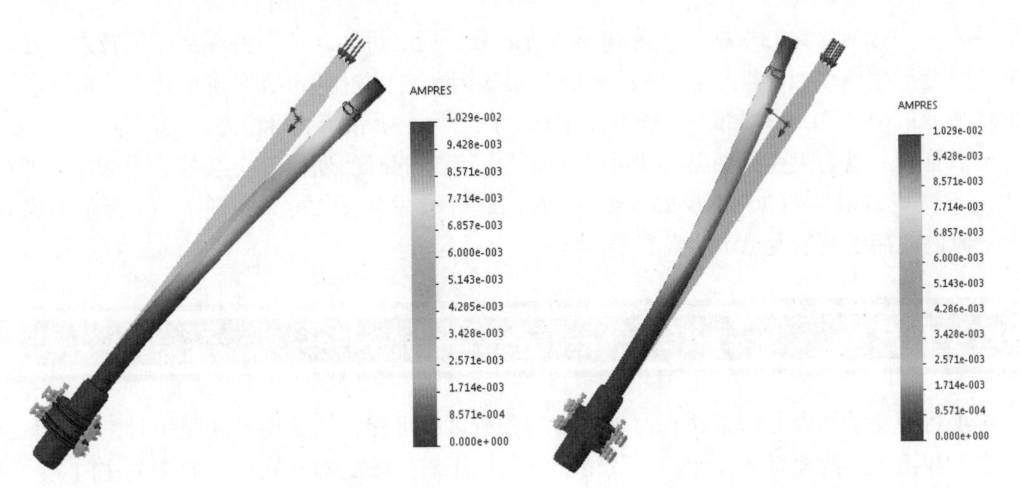

图17-15　第一阶屈曲模态变形　　图17-16　第二阶屈曲模态变形

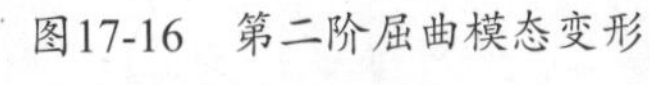

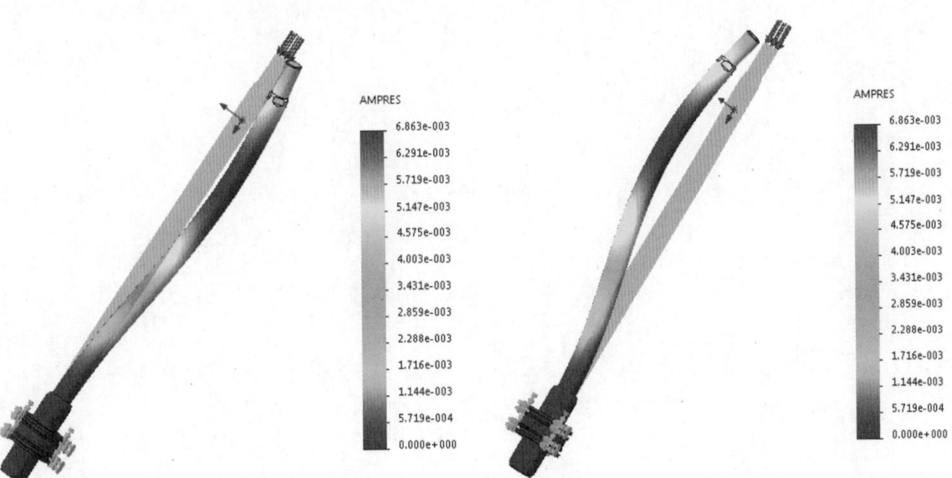

图17-17　第三阶屈曲模态变形　　图17-18　第四阶屈曲模态变形

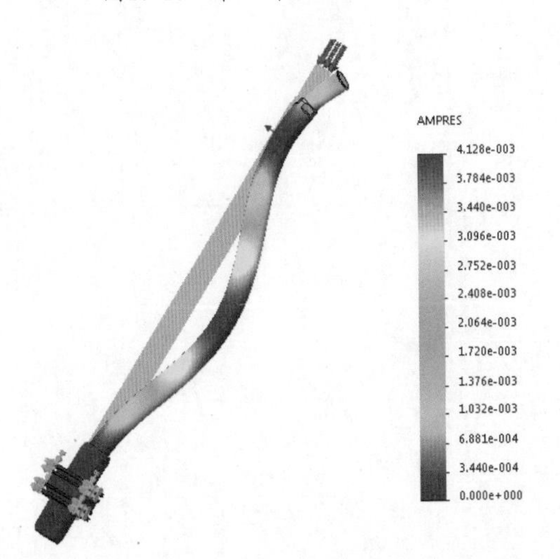

图17-19　第五阶屈曲模态变形

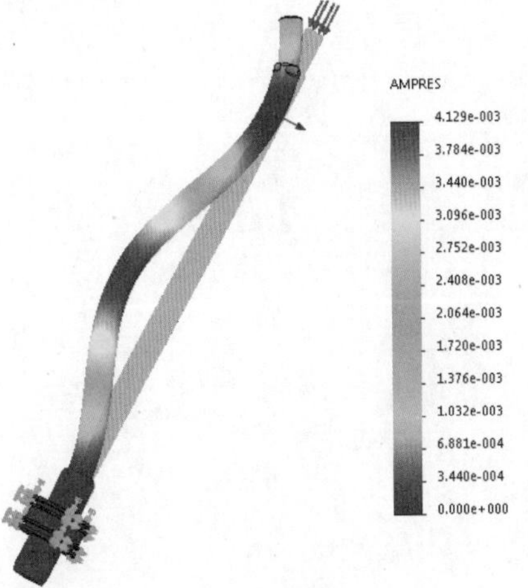

图17-20　第六阶屈曲模态变形

第六步，分析讨论。根据第 1 阶和第 2 阶的分析模态可知，活塞杆端部刚度较弱，在承载 8700N 时会产生图 17-15 和图 17-16 所示的变形。因此要做相应的结构强化处理，可在活塞杆端部增加滑块和导轨，使端部不可能发生偏移。此时第 1 阶和第 2 阶模态就会限制，无法发生。由此向后推理，就会发生第 3 阶和第 4 阶的屈曲变形，此时的屈曲安全系数约为 25.5。即结构强化之后，载荷增加到 3000N×25.5=76500N 时，才会发生图 17-17 和图 17-18 所示的屈曲变形，此时的载荷已经远大于压缩强度了。

四、项目总结

本项目介绍了屈曲分析方法，由项目中的分析过程可知，细长构件在受压时，要注意校核压缩强度和稳定性两个指标，屈曲多数情况下会比压缩失效更容易发生，通常关注前 2 阶屈曲即可。

项目18 机床床身动态特性分析

【学习目标】

1. 了解机械动态特性的分析内容和意义。
2. 能对机械产品进行频率分析，获知其固有频率。
3. 能对机械产品进行谐波分析，获知其在振动载荷下的响应。

【重难点】

1. 固有频率对应模态的分析。
2. 谐波分析下指定点动态响应的获取。

一、项目说明

现代机械装备的一个重要发展趋势就是精密和高速，尤其是各种机床和加工中心。由于机床构件本身具有弹性，加之机床在加工过程中切削力的实时变化以及环境的影响，因此机床不可避免地会产生振动。振动不仅会降低工件加工精度和表面质量，同时也对机床本身带来很多危害，如加速刀具磨损、加快传动零件的疲劳等。由此可见，动态特性对机械设备的影响很大。

动态特性分析常用的有频率分析和谐波分析。频率分析也叫模态分析，是计算结构振动特性的数值技术，其主要目的就是获取结构的固有频率和振型。通过模态分析可以有效地避免共振或以特定的频率进行振动。谐波分析也叫谐响应分析，是分析结构在不同频率和幅值的简谐载荷作用下的响应，探测共振可以发现结构刚度薄弱的部位，从而实现有针对性的结构优化和改进。本项目中的机床床身的动态特性分析如图18-1所示。

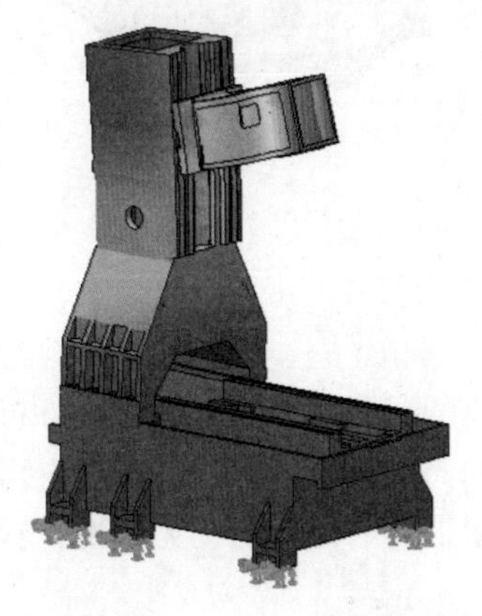

a) 频率分析

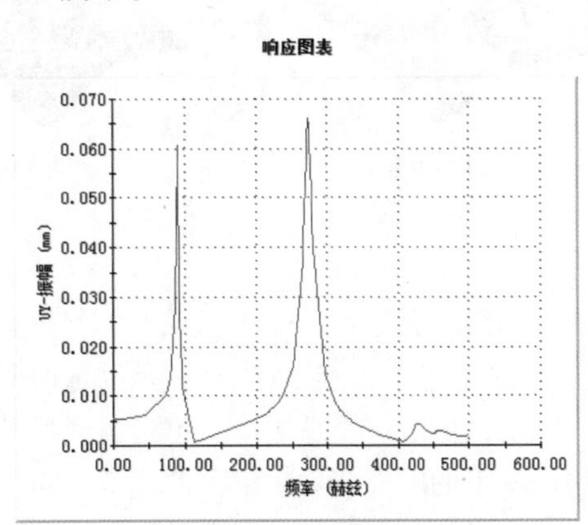

b) 谐波分析

图18-1 机床床身的动态特性分析

二、预备知识

1. 模态分析

模态是指机械结构的固有振动特性，每一个模态都有特定的固有频率、阻尼比和模态振型。分析这些模态参数的过程称为模态分析。振动模态是弹性结构固有的、整体的特性。通过模态分析方法弄清结构在某一易受影响的频率范围内的各阶主要模态的特性，可以预判该结构在此频率范围内在外部或内部各种振源作用下产生的实际振动响应。因此，模态分析是结构动态设计及设备故障诊断的重要方法。

以一块四周都固定的钢板为例，如图 18-2a 所示，分析这块钢板会发生的振动情况主要就是要获取其固有频率（图 18-2b）和各阶固有频率对应的主振型（图 18-2c~h）。

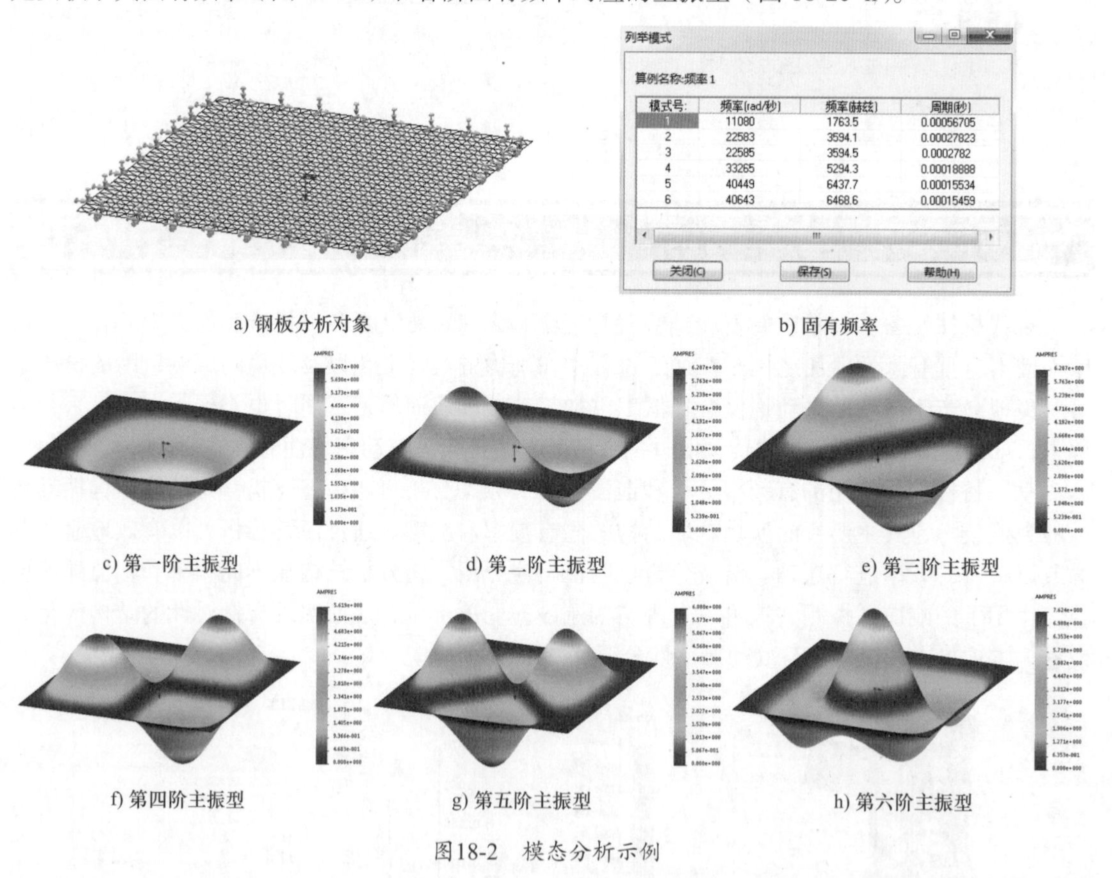

模式号	频率(rad/秒)	频率(赫兹)	周期(秒)
1	11080	1763.5	0.00056705
2	22583	3594.1	0.00027823
3	22585	3594.5	0.0002782
4	33265	5294.3	0.00018888
5	40449	6437.7	0.00015534
6	40643	6468.6	0.00015459

a) 钢板分析对象　b) 固有频率

c) 第一阶主振型　d) 第二阶主振型　e) 第三阶主振型

f) 第四阶主振型　g) 第五阶主振型　h) 第六阶主振型

图18-2　模态分析示例

2. 谐波分析

谐波分析用于确定线性结构在承受随时间按正弦规律变化的载荷时的稳态响应，分析过程中只计算结构的稳态受迫振动，不考虑激振开始时的瞬态振动。谐波分析的目的在于得出结构在几种频率下的响应值对频率的曲线，从而使设计人员能预测结构的持续性动力特性，验证设计是否能克服共振、疲劳以及其他受迫振动引起的有害效果。

如图 18-3 所示，机床的主轴箱上作用有频率为 0~500Hz 的正弦规律载荷，探测床身上四处点对激振的响应。主轴箱上的点在 80Hz 和 270Hz 有较大的位移响应，这说明结构的动刚度不足，需要设法强化该区域的结构。

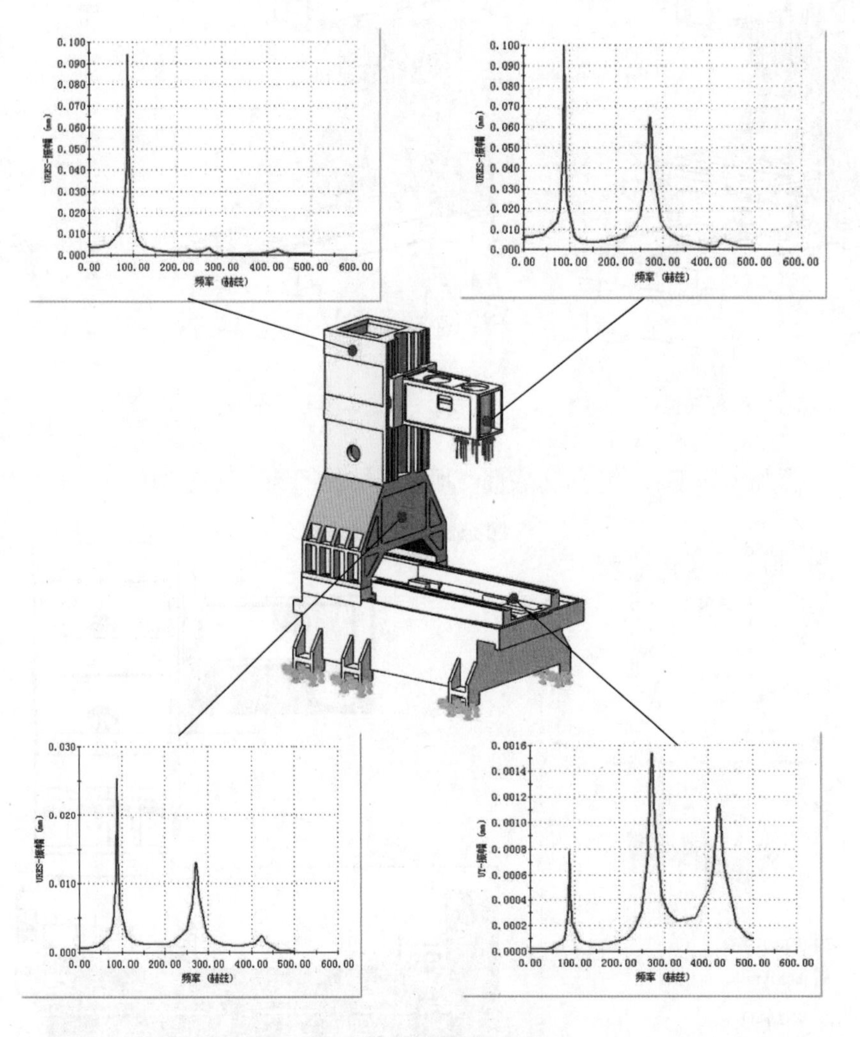

图18-3　谐波分析示例

三、项目实施

1.进行模态分析

第一步，根据分析需要，简化分析模型以节省计算资源。打开机床模型，该机床模型由底座、立柱、主轴箱和工作台四部分组成，如图 18-4 所示。将工作台删除或压缩，保留其他部分，如图 18-5 所示。

第二步，新建分析算例，选择类型为频率，如图 18-6 所示。

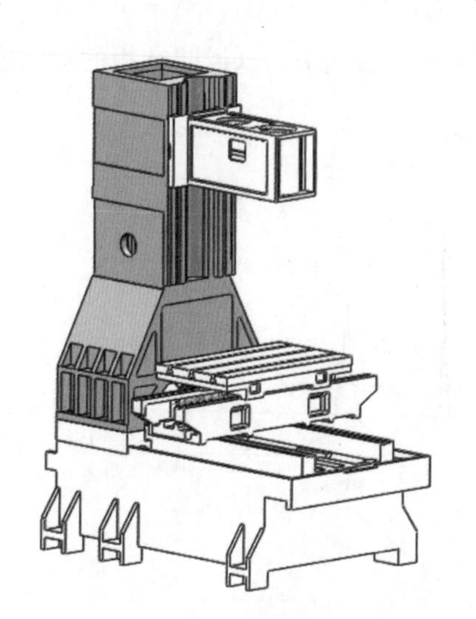

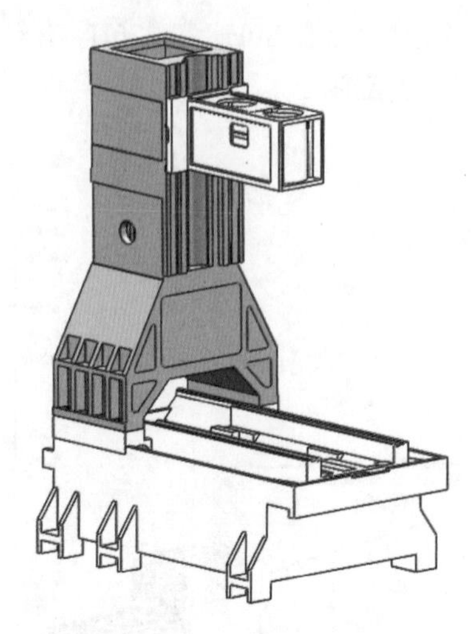

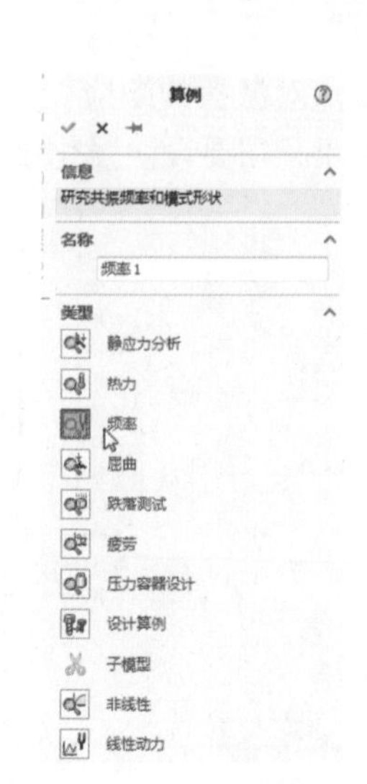

图18-4　机床模型　　图18-5　删除工作台后的模型　　图18-6　选择频率分析类型

第三步，添加加约束。选中机床底部与地面固结的区域，设置为固定，如图 18-7 所示。

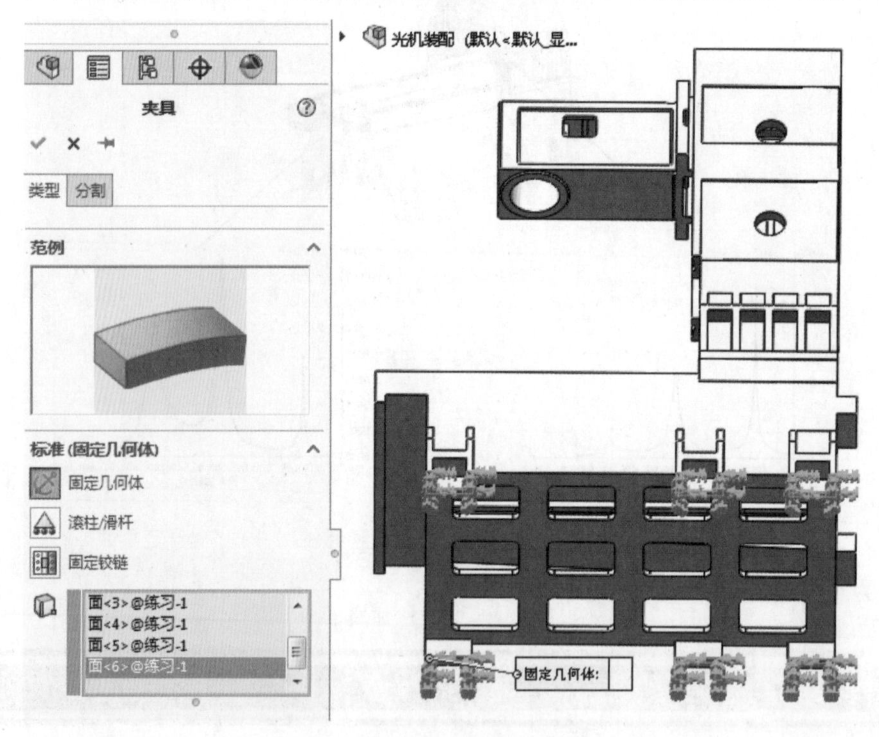

图18-7　添加约束

第四步，划分网格。由于模态分析只支持线性模型，机床装配模型中每个零件默认都是连接的，因此可以直接整体划分网格，如图 18-8 所示。

第五步，右击分析特征树中的“频率”，打开“频率”对话框，将频率数设置为 6，即只求机床床身的前 6 阶固有频率，如图 18-9 所示。

图18-8　划分网格

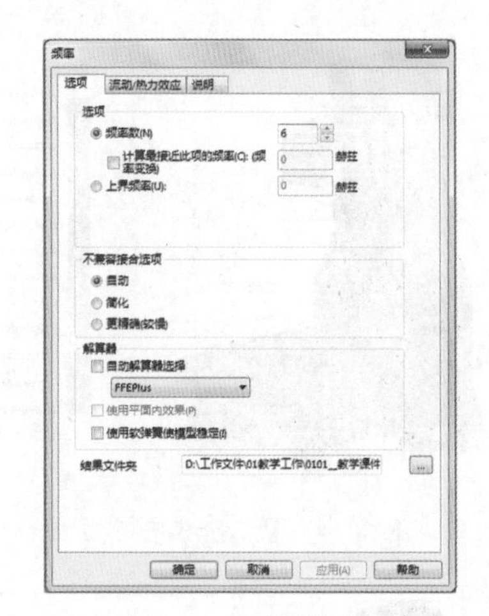

图18-9　设置分析属性

第六步，运行分析算例。运行完成时，在分析特征树中会列出分析结果图标，如图 18-10 所示。

第七步，查询固有频率。右击“结果”，选择“列举模式”，打开“列举模式”对话框，如图 18-11 所示。

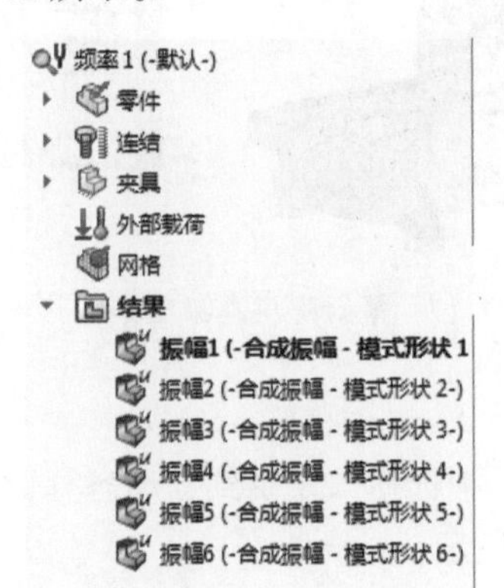

图18-10　分析结果

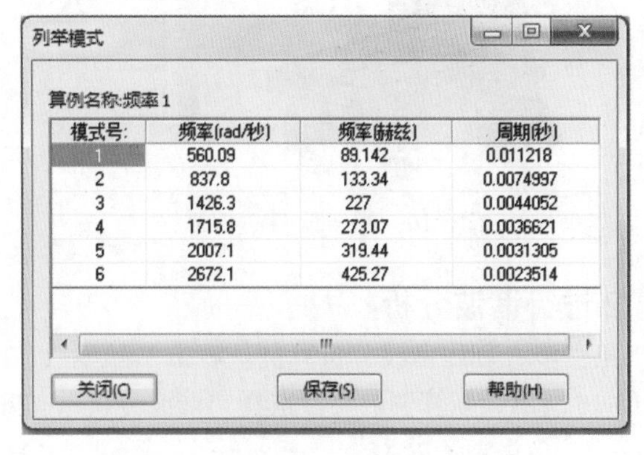

列举模式

算例名称:频率 1

模式号:	频率(rad/秒)	频率(赫兹)	周期(秒)
1	560.09	89.142	0.011218
2	837.8	133.34	0.0074997
3	1426.3	227	0.0044052
4	1715.8	273.07	0.0036621
5	2007.1	319.44	0.0031305
6	2672.1	425.27	0.0023514

关闭(C)　保存(S)　帮助(H)

图18-11　列举模式

第八步，顺次双击各个频率的振幅结果，即可查询机床床身在各个频率的主振型，如图 18-12~ 图 18-17 所示。

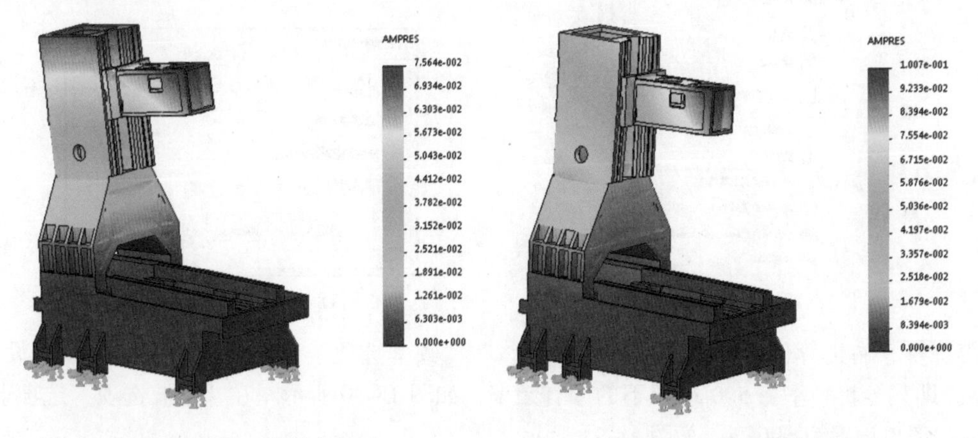

图18-12　第一阶模态振型　　图18-13　第二阶模态振型

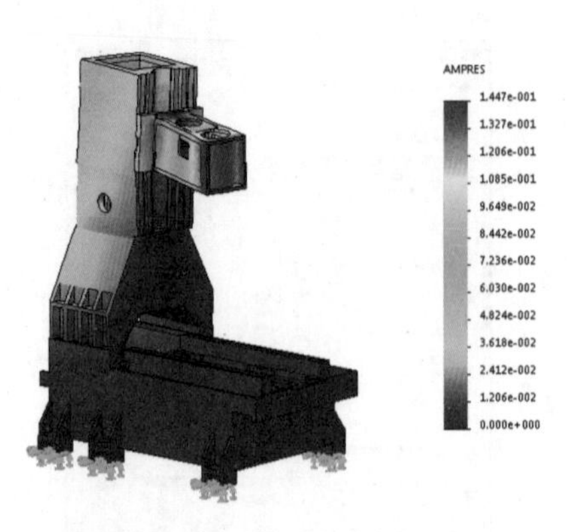

图18-14　第三阶模态振型

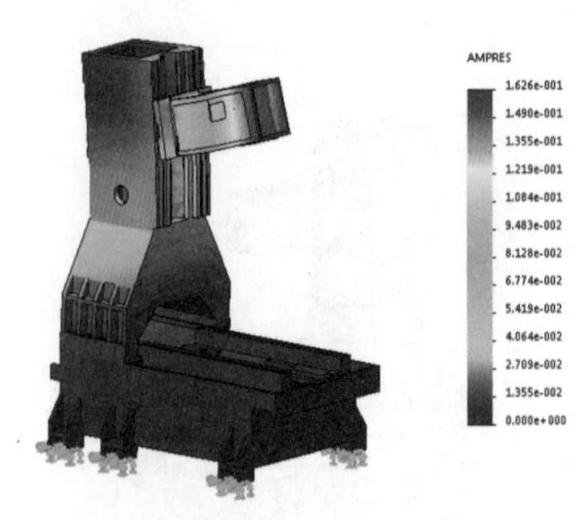

图18-15　第四阶模态振型

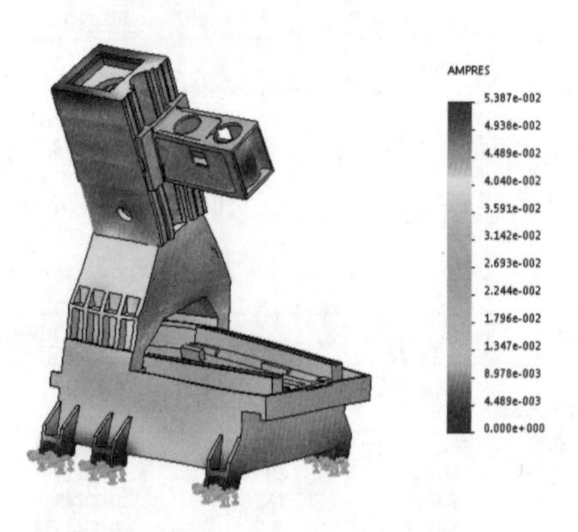

图18-16　第五阶模态振型

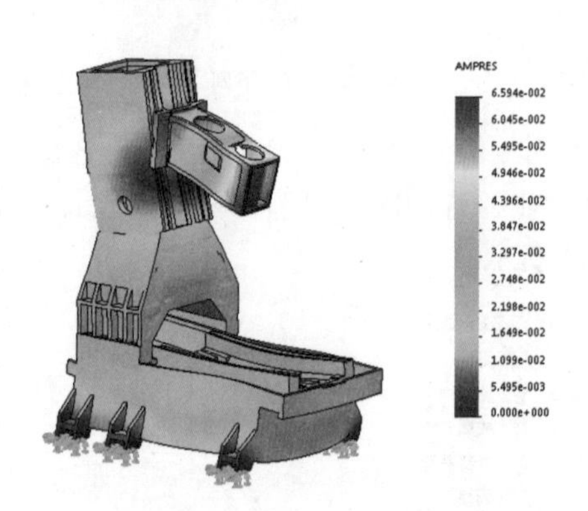

图18-17　第六阶模态振型

2.进行谐波分析

第一步，创建谐波分析算例。右击“频率”，在快捷菜单中选择“复制到新动态算例”，如图 18-18 所示，新算例的类型选择“谐波分析”，如图 18-19 所示。

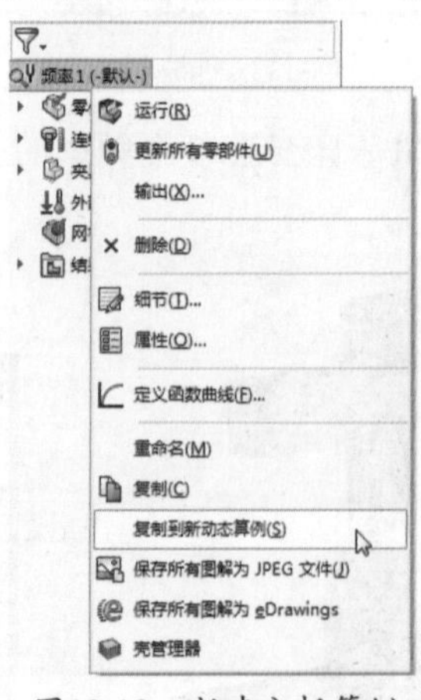

图18-18　新建分析算例

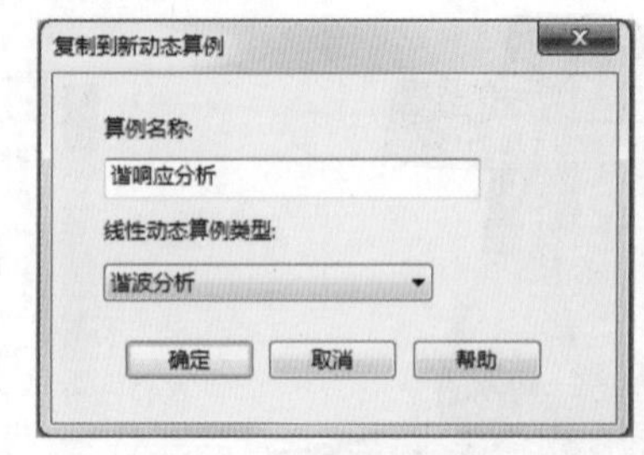

图18-19　选择谐波分析

第二步，右击算例图标，设置分析算例。在“频率选项”选项卡中，将上界频率设置为 500Hz，即只分析频率在 500Hz 以下的固有频率，如图 18-20 所示。在“谐波选项”选项卡中，将上界频率也设置为 500Hz，如图 18-21 所示。

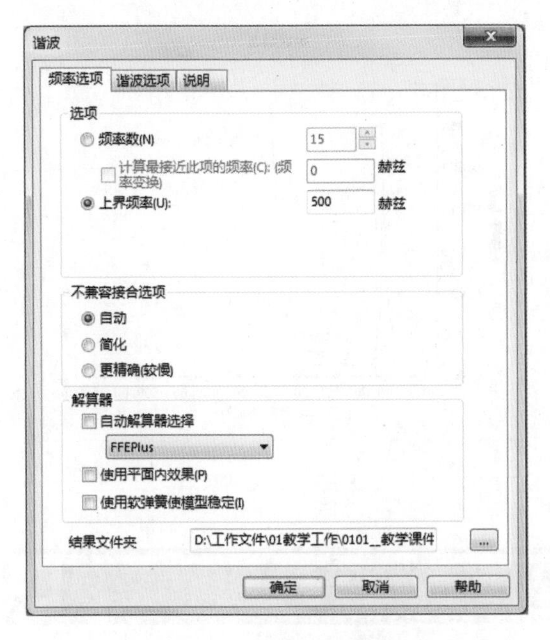

图18-20　设置频率分析属性

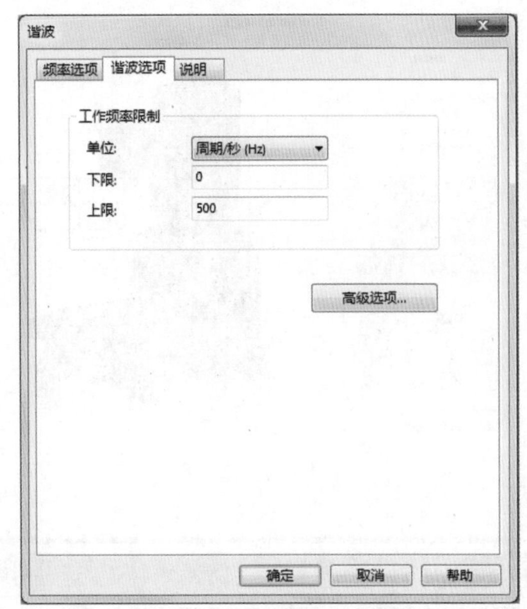

图18-21　设置谐波分析属性

第三步，添加载荷。这个载荷也就是谐波分析的激振源。选择主轴箱下侧轴孔端面添加一个载荷，载荷幅值为 500N，相位角度为 0° ，如图 18-22 所示。

第四步，设置阻尼系数。选择模态阻尼，阻尼比率设置为 0.02，如图 18-23 所示。

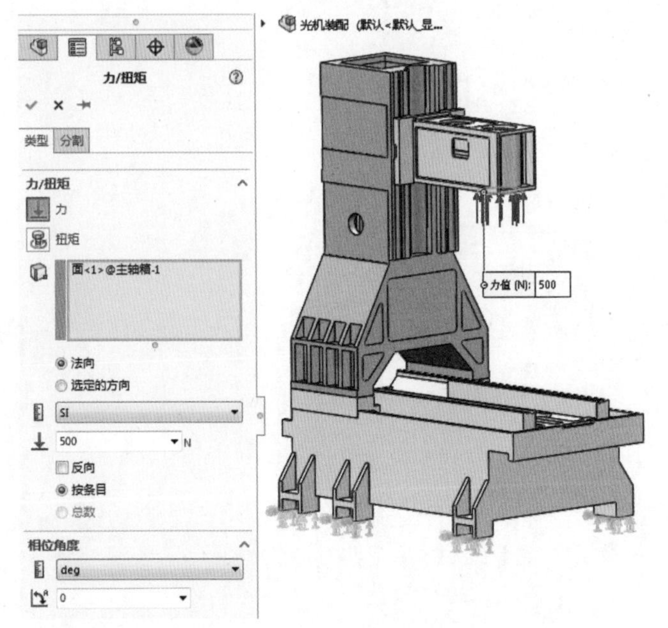

图18-22　添加载荷

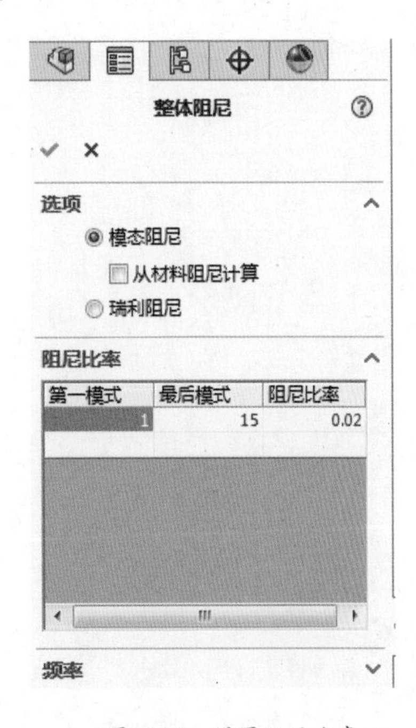

图18-23　设置阻尼比率

第五步，查询结果。利用探测工具选择重要的位置点，如图 18-24 所示。单击响应值即可看到该点在不同激振频率下的振幅，如图 18-25 所示。

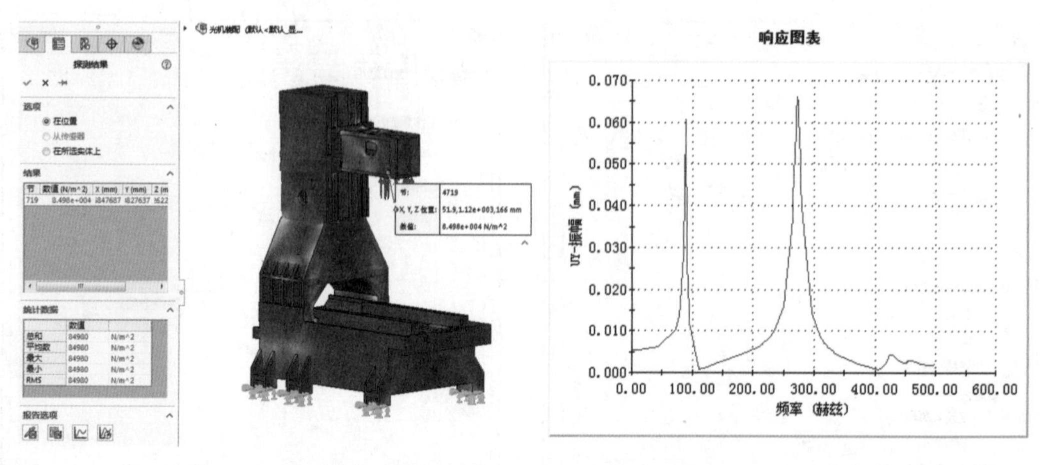

图18-24　探测取点　　　　图18-25　响应图表

四、项目总结

通过本项目的学习，读者可以了解机械设备除了有强度、刚度和稳定性等静态性能要求，在高速、高精度的场合还有动态性能指标，如固有频率、谐响应等。通过对动态特性指标的分析，能在设计过程中有效地避开共振，并尽可能减小激振响应，从而提高高速机械的工作性能。随着机械行业的发展，动态特性分析是未来机械发展中数字分析技术的趋势。

项目 19 轴的疲劳分析

【学习目标】

1. 了解疲劳分析的一般流程。
2. 能根据工况正确地进行疲劳分析。
3. 能正确评估疲劳分析结果。

【重难点】

1. 远程载荷的使用方法。
2. 疲劳事件的定义。

一、项目说明

在实际应用中，机械零件很容易保证其在静态作用力下的强度和刚度，因此发生此类失效并不多见；大多是在长期的使用过程中由于材料发生疲劳而失效，即疲劳失效。所以在机械设计过程中，更重要的是要保证其疲劳强度，与之对应的就是寿命计算。本项目将基于 SolidWorks 对一根轴进行疲劳分析，如图 19-1 所示。

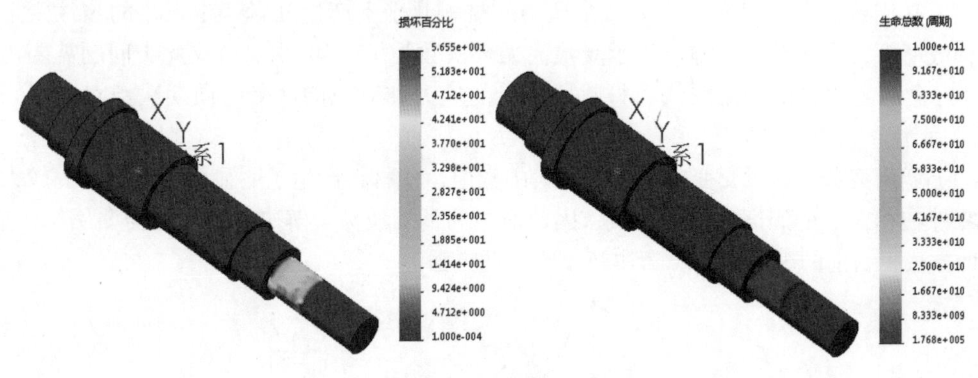

图19-1　轴的疲劳分析

二、预备知识

1.疲劳的概念

疲劳破坏是一种损伤积累的过程，是在循环应力或循环应变作用下发生的。不同之处主要表现为，在循环应力远小于静强度极限的情况下，破坏就可能发生，但不是立刻发生的，而要经历一段时间，甚至很长的时间。在给定的周期数下，疲劳发生时的应力即为疲劳强度。

金属疲劳破坏可分为以下三个阶段。

1）微观裂纹阶段。在循环加载下，由于物体的最高应力通常产生于表面或近表面区，该区存在的驻留滑移带、晶界和夹杂发展成为严重的应力集中点，并首先形成微观裂纹。

2）宏观裂纹扩展阶段。裂纹基本上沿着与主应力垂直的方向扩展，发展成为宏观裂纹。

3）瞬时断裂阶段。当裂纹扩大到使物体残存截面不足以抵抗外载荷时，物体就会在某一次加载下突然断裂。

对应于疲劳破坏的三个阶段，在疲劳宏观断口上出现有疲劳源、疲劳裂纹扩展和瞬时断裂三个区。疲劳源区通常面积很小，色泽光亮，是两个断裂面对磨造成的；疲劳裂纹扩展区通常比较平整，具有表征间隙加载、应力较大改变或裂纹扩展受阻等使裂纹扩展前沿相继位置的休止线或海滩花样；瞬时断裂区则具有静载断口的形貌，表面呈现较粗糙的颗粒状，如图 19-2 所示。

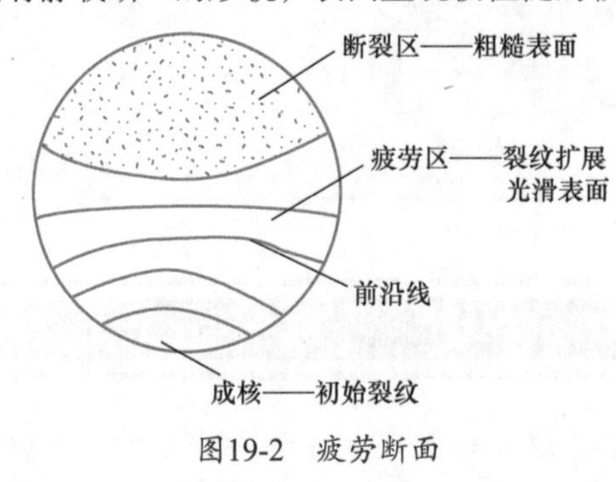

图19-2　疲劳断面

2.高周疲劳和低周疲劳

根据应力幅和预期的导致疲劳失效的循环次数，疲劳可以分为以下两类。

（1）高周疲劳　此时交变应力大小适中，材料几乎不产生或者产生很小的塑性变形。处于这种载荷下，在疲劳发生前可以承受最高循环次数为 10^3~10^6 次。解决此类问题需要用基于应变 - 寿命的方法，即利用曲线将材料所承受的应力和对应能承受的周期次数对应起来，如图 19-3 所示。

（2）低周疲劳　此时交变应力具有较大的数值，使材料产生了明显的塑性变形。较大的应力使零件在相对少的周期载荷下失效，因此命名为低周疲劳。解决此类问题需要用基于应力 - 寿命的方法，目前的 SolidWorks 版本还不支持此方法。

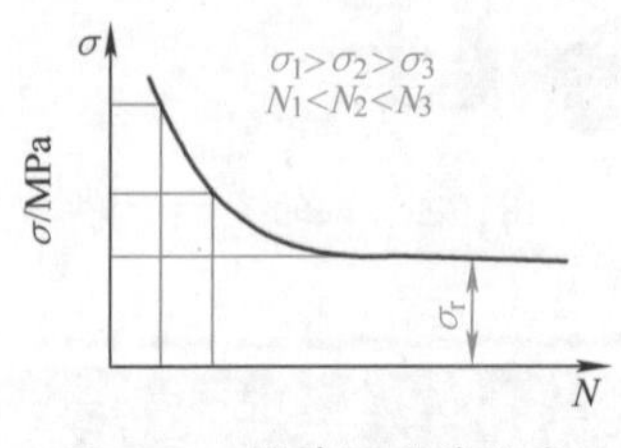

图19-3　材料的疲劳曲线

3. 基于应力-寿命的疲劳分析

通常，载荷可以分为等幅载荷和变幅载荷，本书仅讨论等幅载荷问题。

等幅载荷主要由以下四个参数来定义，如图 19-4 所示。

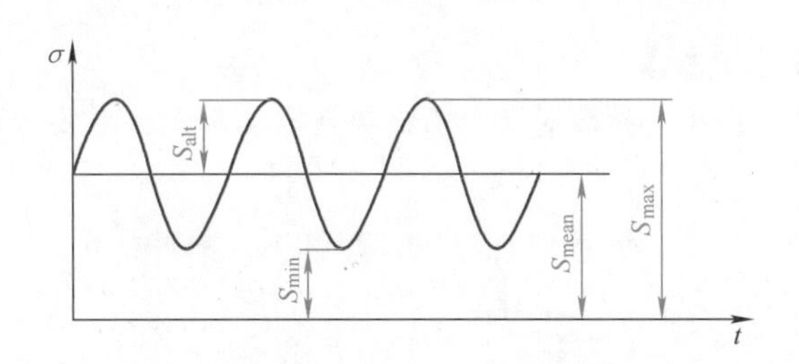

图19-4　对称循环应力

1）S_{max} 和 S_{min} 分别表示一个应力周期里的最大和最小应力值。

2）S_{alt} 为交变应力的幅度。

3）S_{mean} 为平均应力，$S_{mean}=(S_{max}+S_{min})/2$。

4）R 为应力比率，$R=S_{min}/S_{max}$。图 19-5 所示为两种典型的应力对比。

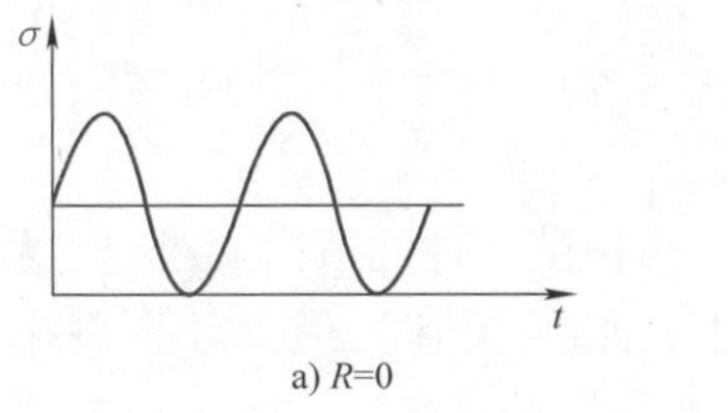

a) R=0

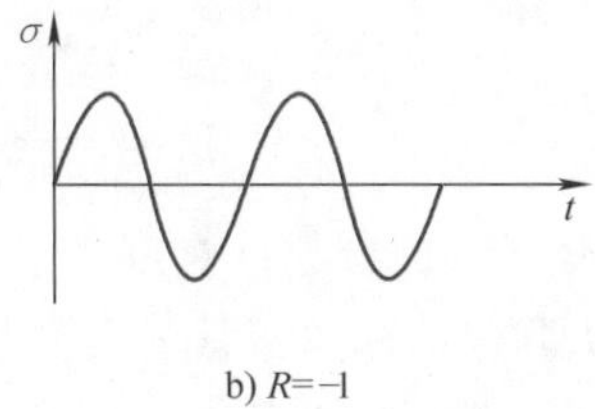

b) R=−1

图19-5　两种典型的应力对比

4.应力-寿命（S-N）曲线插值

疲劳计算的结果与 S-N 曲线直接相关，因此保证 S-N 数据的精确性对计算非常重要。由于 S-N 数据都是依据有限次的试验获得的，即数据是离散的点，因此在查询数据时就会用到插值法，主要有以下三种方法，如图 19-6 所示。

（1）双对数　对循环次数和交变应力均采用以 10 为底的对数内插值，适用于 S-N 数据少且分散性大时。

（2）半对数　对循环次数采用对数插值，对交变应力采用对数插值，适用于 S-N 数据少且分散性大时。

（3）线性　对循环次数和交变应力都采用线性插值，适用于 S-N 数据量多且在任何一个方向上分散性不大时。

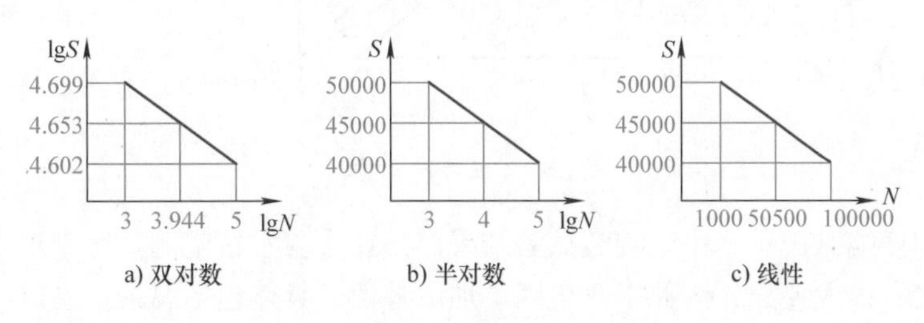

图19-6　S-N曲线的三种插值法

5.疲劳分析中的主要参数

在进行疲劳分析时，有几个参数对于分析结果有显著影响，需要清晰了解并在分析时合理设置，如图 19-7 所示。

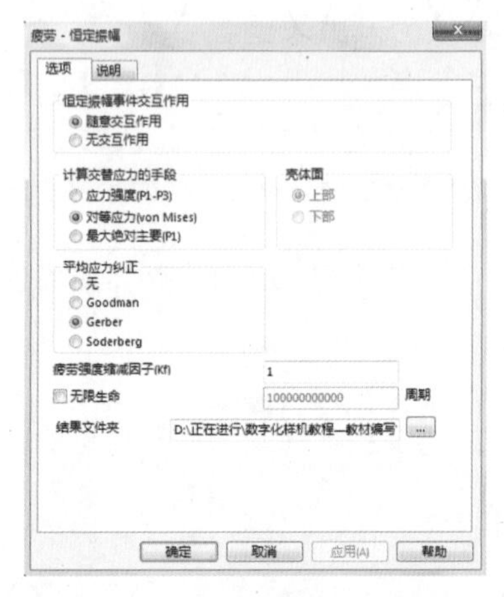

图19-7　疲劳分析属性界面

（1）等幅事件交互　该参数针对定义了多个疲劳事件的情况。选择“无交互作用”，表示疲劳事件相互没有关联；选择“随意交互作用”，则在分析时会考虑不同事件中混合峰值的可能性，该项目比较保守，但是更加安全。

（2）交变应力幅的计算　在分析过程中需要确定交变应力的应力分量。Simulation 提供了三种方法，即应力强度（P1-P3）、对等应力（von Mises）和最大绝对主要（P1）。前两种适用于塑性材料，后一种适用于脆性材料。

（3）平均应力纠正　通常 *S-N* 曲线是从单轴对称循环应力周期的疲劳测试获取的，而实际分析的零件却不一定承受同样的载荷，此时就要对数据加以修正。软件提供有三种修正算法，其中 Goodman 算法适用于脆性材料，Gerber 算法适用于塑性材料，Soderberg 算法为拉应力下的屈服强度准则，如图 19-8 所示。

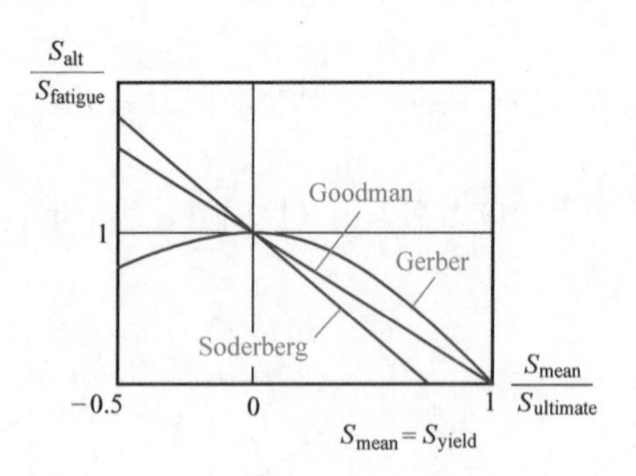

图19-8　应力修正算法

（4）疲劳强度缩减因子　由于疲劳试验结果都是在实验室特定的环境中获得的，实际零件的运行环境与之有很大差异，因此引入该因子加以补偿，具体包括腐蚀、温度、负载模式、尺寸因子、切口效应以及摩擦等，相关取值具体请查阅相关文献。

三、项目实施

1.受力分析和轴的建模

第一步，按照图 19-9 所示尺寸建立轴的草图，模型如图 19-10 所示。为了便于后续分析，还需辅助处理，首先在安装齿轮的轴头中间绘制草图点，如图 19-11 所示。在草图点处插入参考坐标系，并在轴端做分割线，将安装联轴器的部分区分出来，如图 19-12 所示。

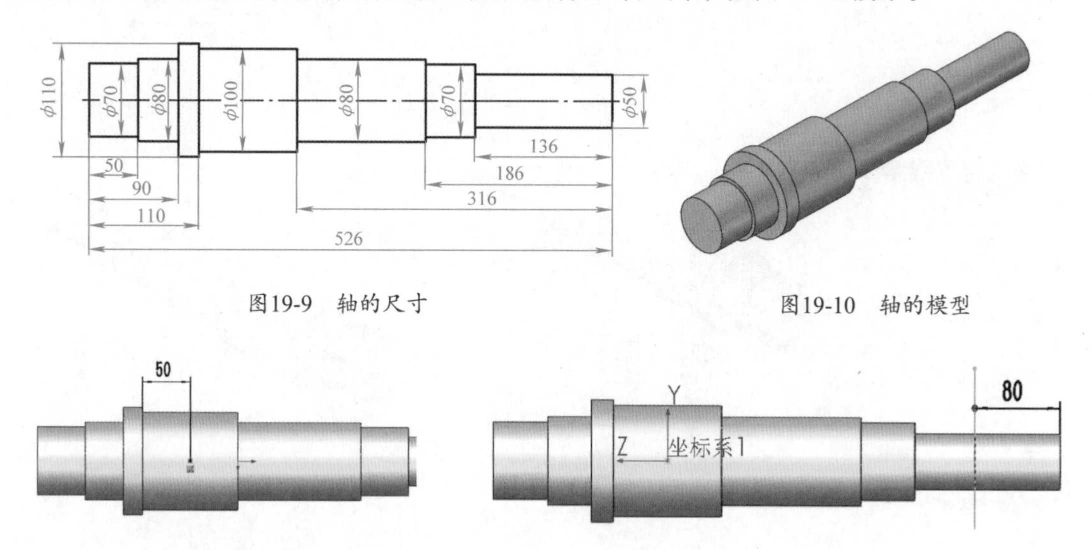

图19-9 轴的尺寸

图19-10 轴的模型

图19-11 绘制草图点

图19-12 插入坐标系并做分割线

第二步，分析该轴的运行工况。如图 19-13 所示，该轴通过轴承支承，通过齿轮和联轴器传递载荷。

第三步，计算载荷。根据齿轮的受力分析（图 19-14），可由其传递的转矩计算出作用力。需要注意的是，为便于后续加载，齿轮受力可由圆周力和径向力两个正交方向给出。

此处直接给出结果：已知该轴传递转矩为 2.5kN · m，齿轮分度圆半径为 500mm，由此可计算得到圆周力为 5000N，再根据压力角可知径向力为 1820N。

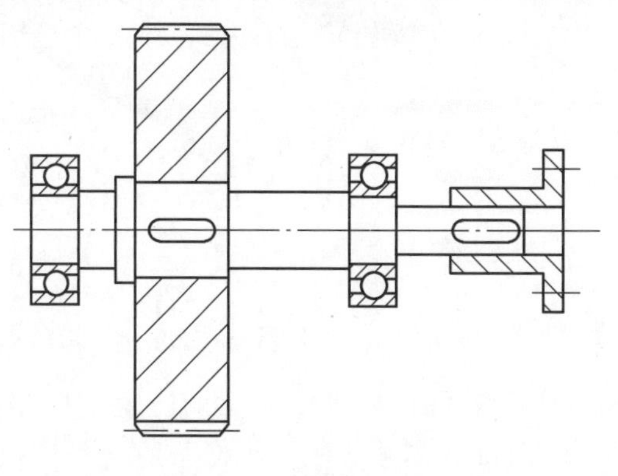

图19-13 轴的工况分析

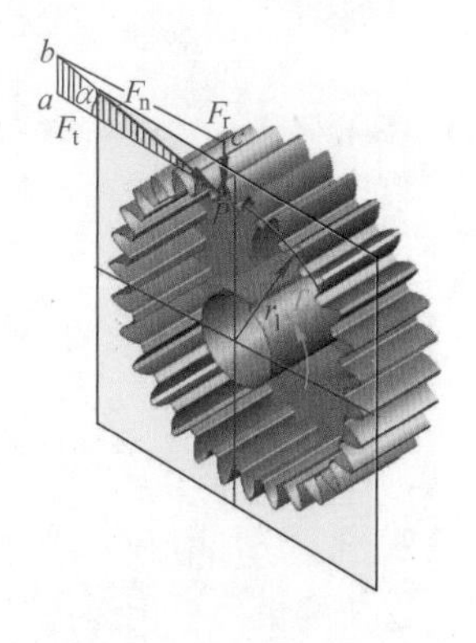

图19-14 齿轮受力分析

2.对轴进行静应力分析

第一步，建立静应力分析算例。

第二步，设置材料，设置为普通碳钢。

第三步，添加约束，选择轴颈，添加轴承约束，如图 19-15 所示。轴承的径向和轴向刚度设为 1000000N/m。在另一侧轴颈也添加同样的约束，如图 19-16 所示。为保证平稳，在轴端面添加滚柱 / 滑杆约束，如图 19-17 所示。最后将轴端用于安装联轴器的部分圆柱面设为固定，如图 19-18 所示。

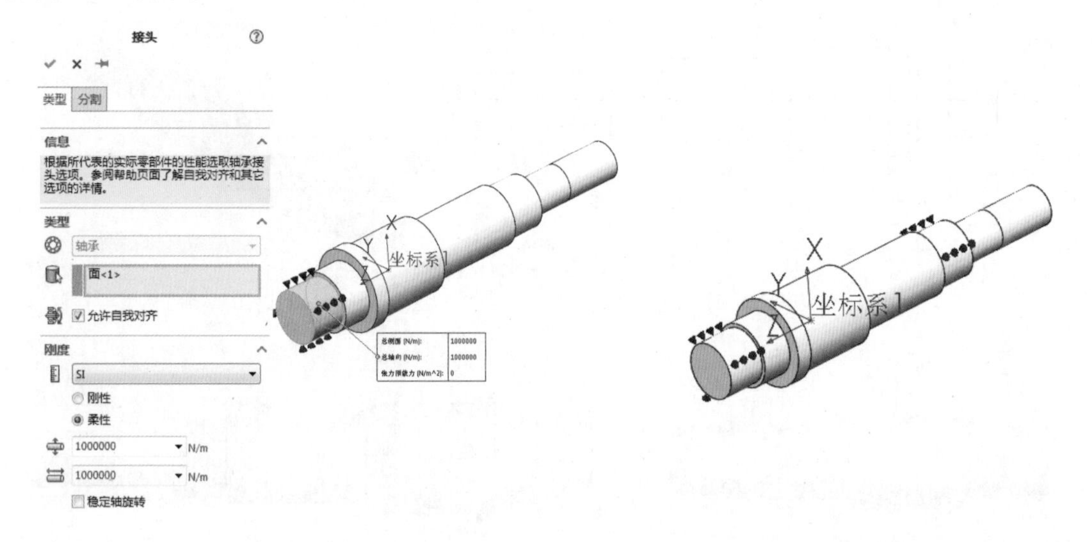

图19-15　在左侧轴颈添加轴承约束　　　　图19-16　在右侧轴颈添加轴承约束

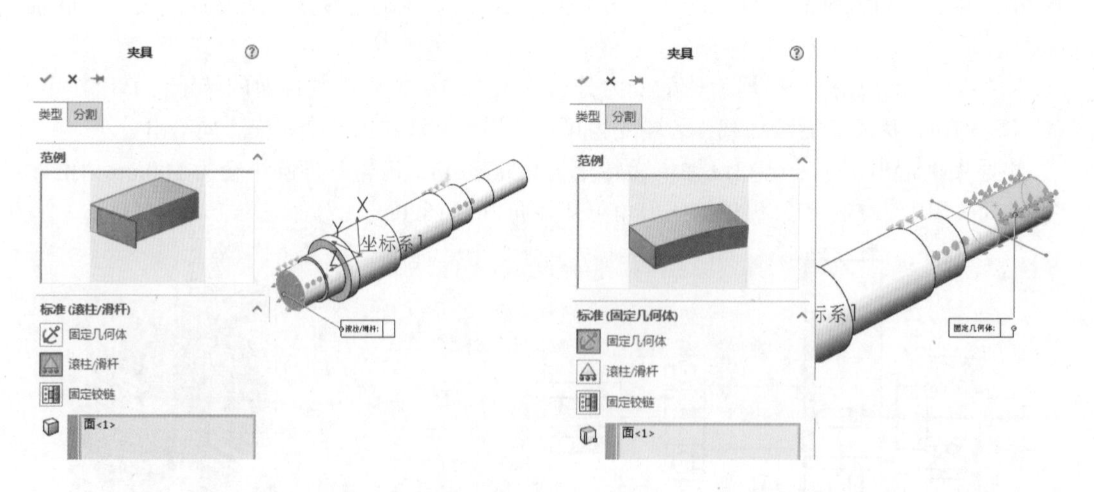

图19-17　在轴端面添加滚柱/滑杆约束　　　　图19-18　在联轴器安装面添加固定约束

第四步，添加载荷。理论上分析齿轮和轴是过盈配合，同时又有键的连接，因此作用力传递是很复杂的情况。但考虑此处轴头通常不是危险区域，可以对此简化，即直接利用远程载荷作用在轴头表面。

使用远程载荷首先要在该段轴头中线添加参考坐标系，以便利用该坐标系定义作用点的位置。打开“远程载荷 / 质量”对话框，首先选择与齿轮配合的轴头表面，如图 19-19 所示。在参考坐标系下，选择用户定义的坐标系。由于齿轮的分度圆半径是 500mm，结合坐标系的方向，可将力的作用点设置为（500，0，0）。最后根据先前的受力分析和计算，分别沿着 X 方向添加径向力 1820N 和圆周力 5000N，观察箭头方向判断是否要勾选“反向”复选框。载荷添加完成后如图 19-20 所示。

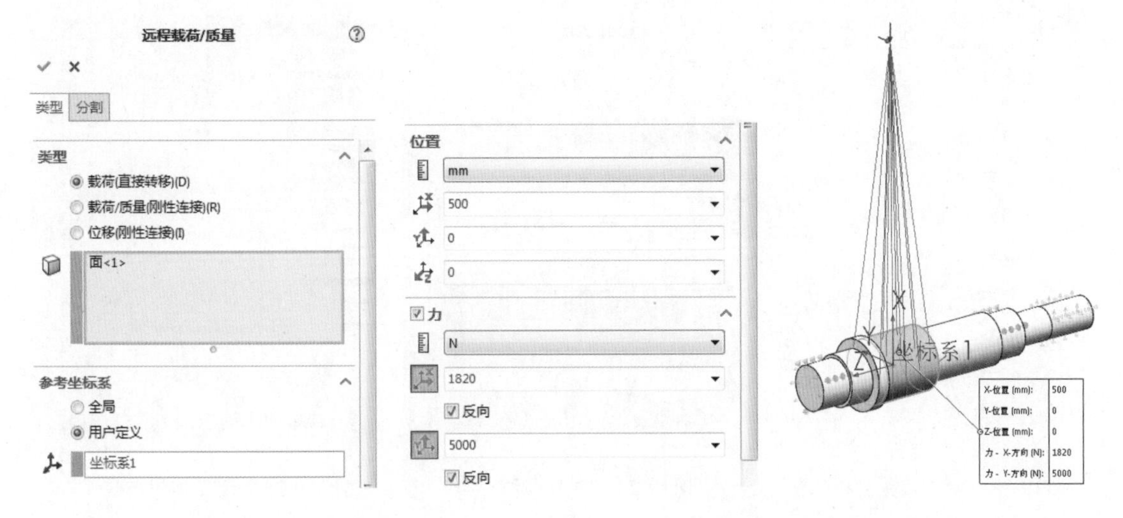

图19-19　添加远程载荷　　　　图19-20　载荷添加效果

第五步，划分网格，如图 19-21 所示；执行分析计算，静应力分析结果如图 19-22 所示。

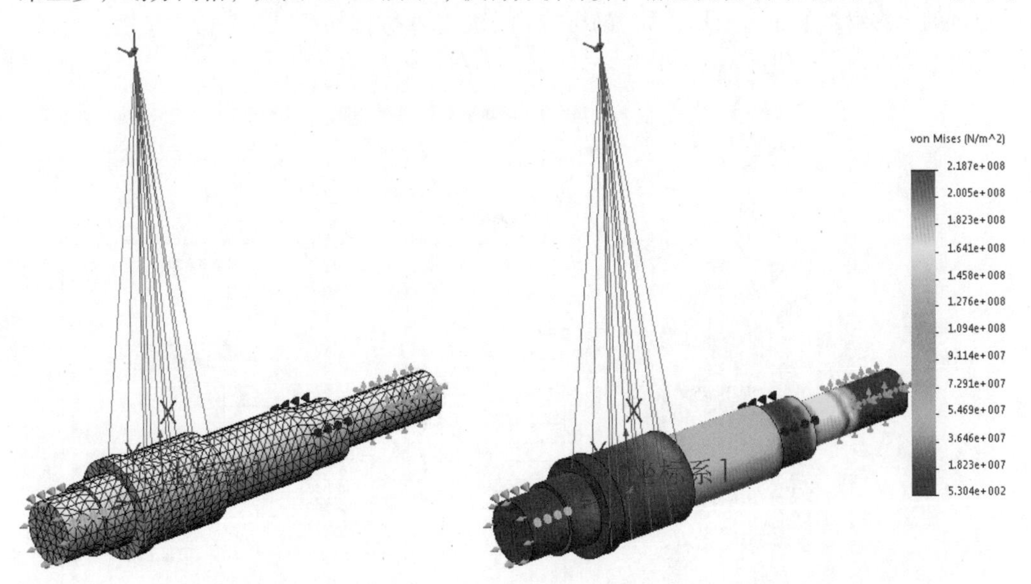

图19-21　划分网格　　　　图19-22　静应力分析结果

3.对轴进行疲劳分析

第一步，新建疲劳分析算例，如图 19-23 所示。

第二步，添加事件，将先前的静应力分析 1 作为事件添加，并做图 19-24 所示的设置。再右击算例设置算例属性，如图 19-25 所示。

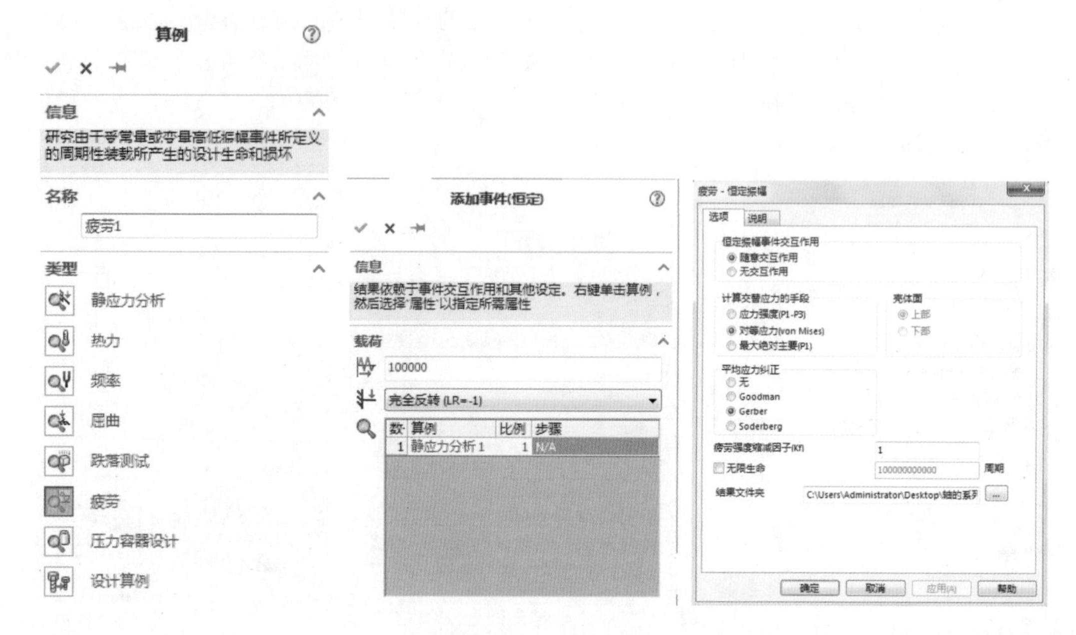

图19-23　新建疲劳分析算例　　　　图19-24　添加事件　　　　图19-25　设置算例属性

第三步，定义材料的 *S-N* 曲线。右击分析特征树下的“零件”，选择“应用 / 编辑疲劳数据”，即可打开“材料”对话框，如图 19-26 所示。单击对话框中的“文件”按钮，还可以看到软件提供的更多材料的 *S-N* 数据，如图 19-27 所示。这些数据都可以在分析中使用。

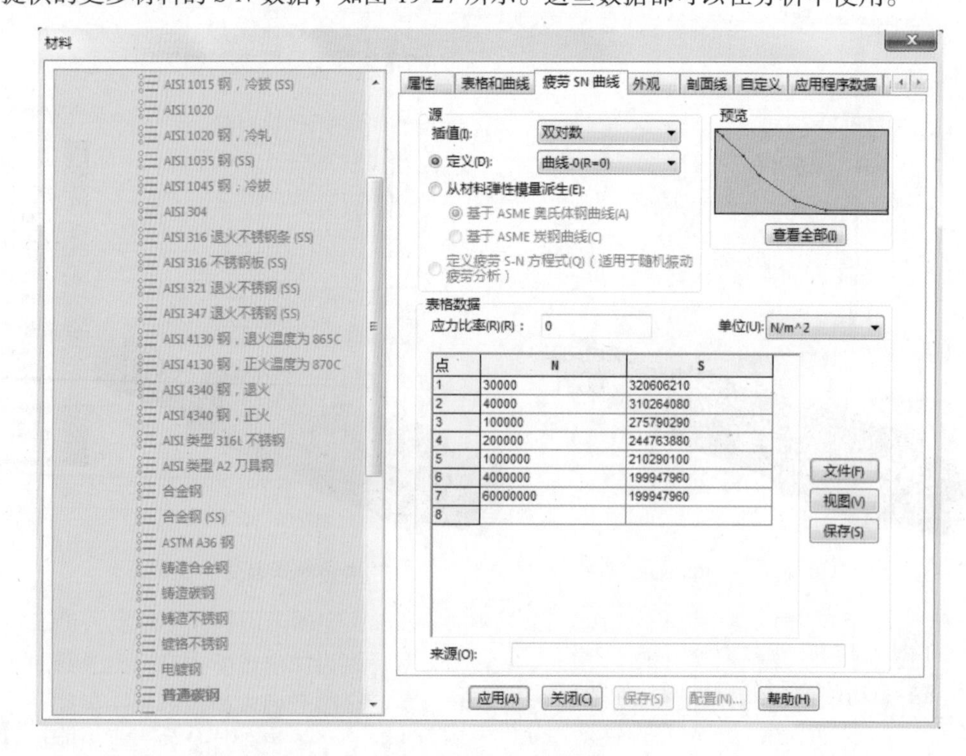

图19-26　“材料”对话框

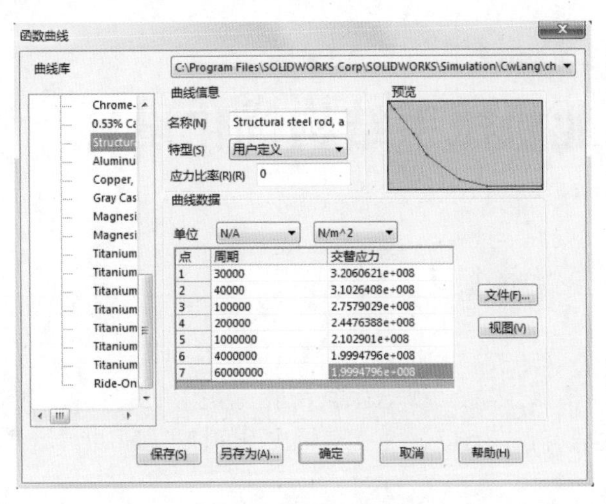

图19-27　选择不同材料时的疲劳数据

第四步，单击运行算例图标，即可完成计算。疲劳分析主要的结果是损坏百分比和生命总数。其中，损坏百分比表达的是在事件规定的循环周期后，零件各个区域的损坏程度。如图19-28 所示，最严重的区域是联轴器安装的前端，已经损坏达到 56.5%。生命总数是预计该零件各个区域所能满足的最大循环周期，如图 19-29 所示，载荷最大的区域仅能满足 17680 个循环周期。

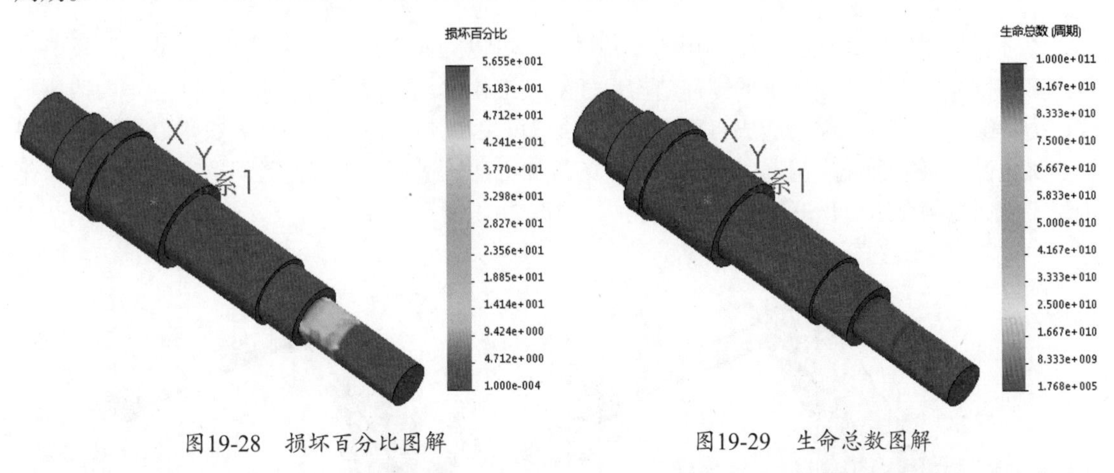

图19-28　损坏百分比图解　　　　图19-29　生命总数图解

四、项目总结

本项目重点介绍了如何进行疲劳分析。由于疲劳是大多数零件失效的主要原因，因此掌握疲劳分析对于从事机械设计和开发的技术人员是非常重要的。在疲劳分析中也涉及大量力学知识，因此需要查询相关文献才能更好地完成相关分析工作。

项目 20 工业机械手结构优化设计

【学习目标】

1. 了解结构优化设计的一般流程。
2. 能利用优化设计获取机械零部件最佳性价比的设计参数。
3. 能利用刚体简化分析模型。

【重难点】

1. 利用传感器获取应力分析数据。
2. 利用接头模型简化机械连接件。

一、项目说明

工业机械手是自动化生产中常用的设备之一，可以完成焊接、点胶、打磨、装配以及上下料等多种作业。工业机械手中的零件结构尺寸对其工作性能有很大的影响。尺寸过小会造成承载能力不够，尺寸过大又会造成自重以及惯性加大，因此传统可行性设计方法难以求解此类问题。优化设计是一种非常精确、高效和科学的设计方法，适用于求解此类问题。本项目以简化机械手模型为例介绍优化设计的思路和方法，如图 20-1 所示。

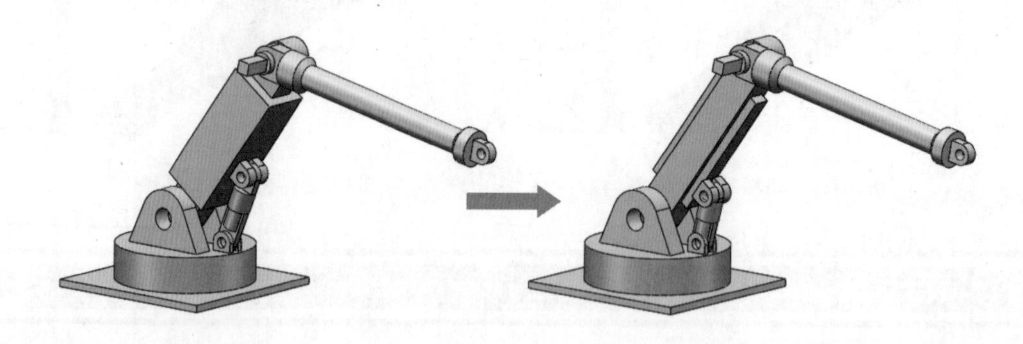

变量视图　表格视图　结果视图

11 情形之 11 已成功运行 设计算例质量: 高
当前情形的结果是插值的(单击右键 + 运行为情形计算精确结果)

		当前	初始	优化 (4)	情形 1	情形 2	情形 3	情形 4	情形 5	情形 6	情形 7
h		50mm	100mm	50mm	50mm	100mm	150mm	50mm	100mm	150mm	50mm
b		100mm	100mm	100mm	80mm	80mm	80mm	100mm	100mm	100mm	120mm
应力2	< 150 牛顿/mm^2	149.49 牛顿/mm^2	95.769 牛顿/mm^2	149.49 牛顿/mm^2	154.97 牛顿/mm^2	91.74 牛顿/mm^2	99.34 牛顿/mm^2	149.49 牛顿/mm^2	95.21 牛顿/mm^2	99.389 牛顿/mm^2	157.15 牛顿/mm^2
质量1	最小化	6.79546 kg	8.59546 kg	6.79546 kg	6.79546 kg	8.59546 kg	11.5955 kg	6.79546 kg	8.59546 kg	11.5955 kg	6.79546 kg

图20-1　机械手结构优化设计

二、预备知识

对于优化设计，本书的项目 10 已经有所涉及。项目 10 通过优化设计获取剪式举升机构在一定大小的液压缸推力约束条件下，所能实现举升最高的机构参数，这一类优化问题一般称为机构优化，用于解决机构参数的设计问题。

在本项目中，研究的重点是零件的结构尺寸，要解决的问题是在一定约束条件下，如何达到最优设计。通常，约束条件就是强度条件、刚度条件等安全性能相关的约束要求，而最优设计一般就是使结构的体积最小或者质量最小等，以实现紧凑和轻量化设计。

结构优化设计的三要素一般情况分析如下：

1）设计变量，即能影响零件结构的相关参数，主要就是零件特征的尺寸。在多变量的情况下，优化之前有必要了解哪些变量对结果影响最显著，就选这些变量进行优化，可以节省计算资源。

2）设计目标，即机械零部件的最优化性能指标，例如体积最小、质量最小、安全系数最大等。

3）约束条件，即零件必须满足的特定条件，例如最大应力要小于许用应力、最大变形量要小于许用变形量、固有频率必须大于某特定值等。

本项目的优化三要素记为如下形式：

1）设计变量（图 20-2）：h（取值范围为 50~150mm）和 b（取值范围为 50~120mm）。

2）设计目标：质量最小。

3）约束条件：大臂的最大应力小于 120MPa。

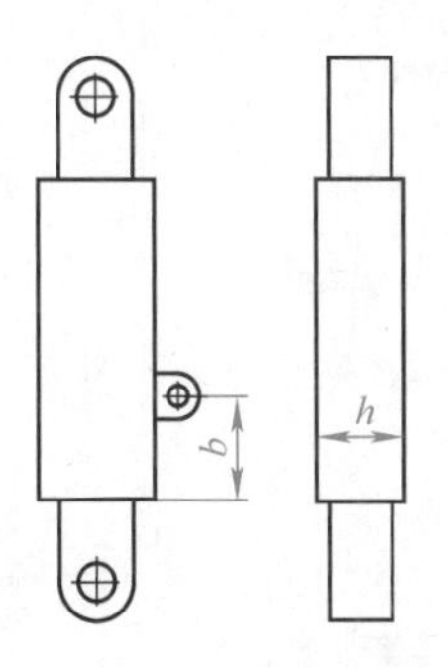

图20-2　设计变量

三、项目实施

1.机械手静应力结构分析

第一步，打开机械手装配模型，明确需要优化的零件。在本项目中，需要优化的是大臂，如图 20-3 所示。补充说明，如果是用户自己创建优化模型，注意需要优化的尺寸一定要用草图的尺寸标准标出或者体现在特征参数（如拉伸厚度）中，也可以利用方程式创建全局变量再赋值到模型的草图或者特征中。

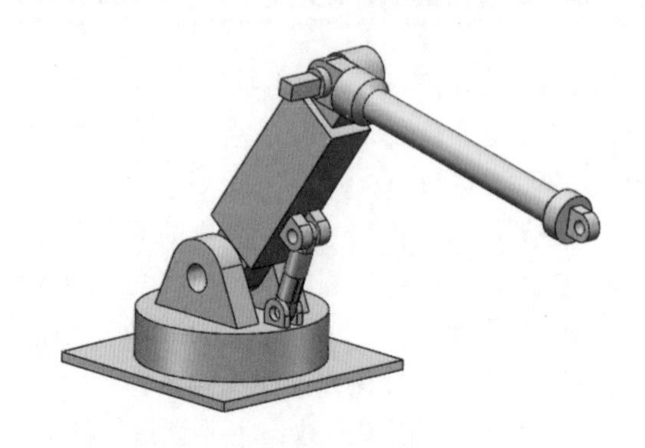

图20-3　分析模型确认优化对象

第二步，启动 Simulation 插件，新建静应力分析算例，先对大臂做结构分析。

第三步，设置刚体。在机械整体中，某些零件并不是优化设计的对象，但是这些零件又参与了载荷传递，在做结构分析时又不能忽视。为了节省计算资源，将这些零件设置为刚体即可。在本项目的分析特征树中，选中基座、液压缸和前臂三个零件，右击，选择“使成刚性”，如图 20-4 所示。

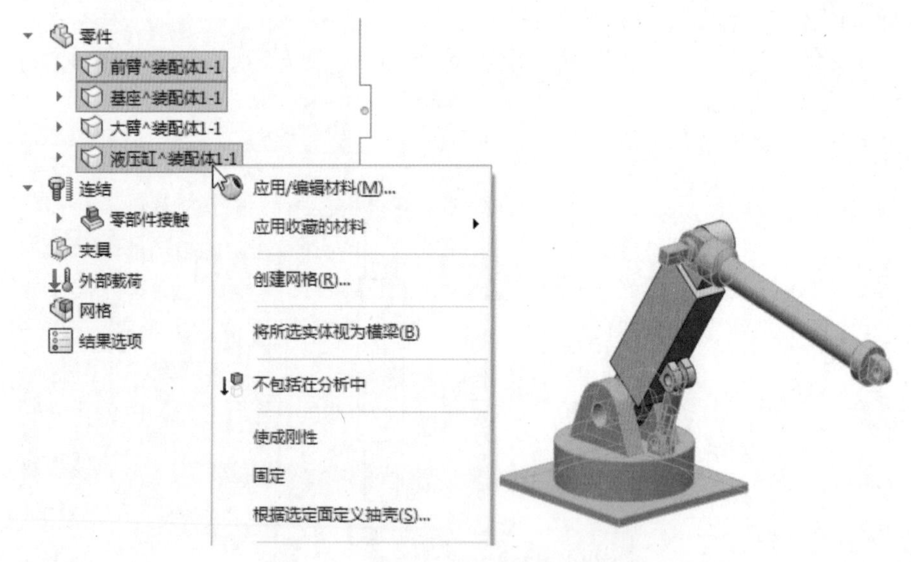

图20-4　设置除大臂以外的零件为刚体

第四步，设置材料，将大臂的材料设置为普通碳钢。

第五步，设置接触。将全局接触由默认的“接合”改为“无穿透”。

第六步，设置基座与大臂的接头。由于本项目中机械手有大量的铰链连接，因此要选用接头进行模拟。首先是基座和大臂下侧圆孔处需要添加销钉接头。注意：两边各需要添加一个，否则载荷会偏心，如图 20-5 和图 20-6 所示。需要说明的是，当一侧的接头添加成功时，软件会补上一个销钉的符号，会遮挡住中间的孔，不方便下一次设置接头的选择，此时只要隐藏该接头即可。

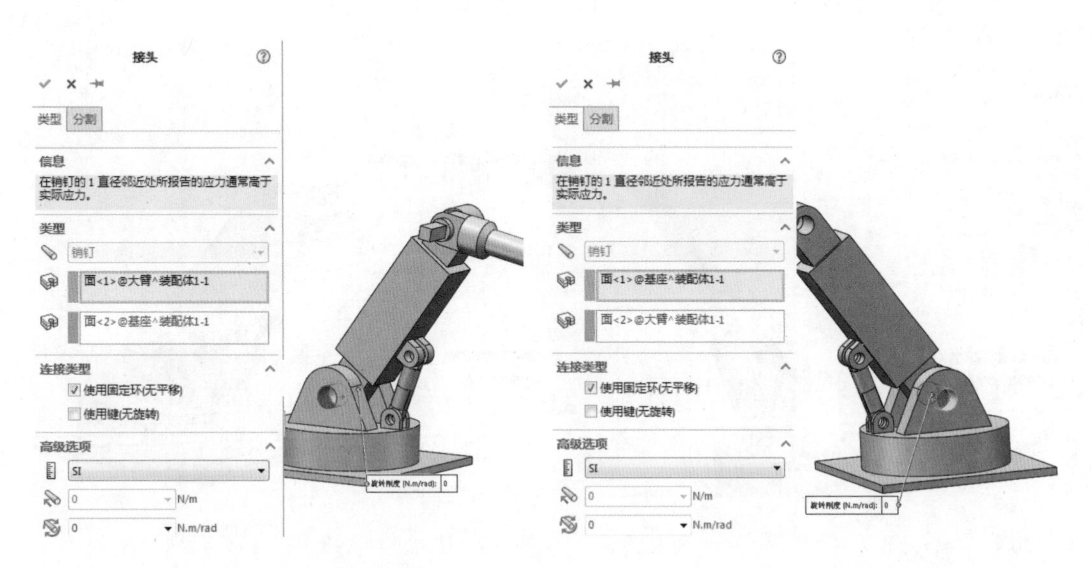

图20-5　添加基座与大臂左侧的销钉接头　　　图20-6　添加基座与大臂右侧的销钉接头

第七步，设置基座和液压缸两侧的接头，勾选“使用固定环（无平移）”复选框，如图 20-7 和图 20-8 所示。

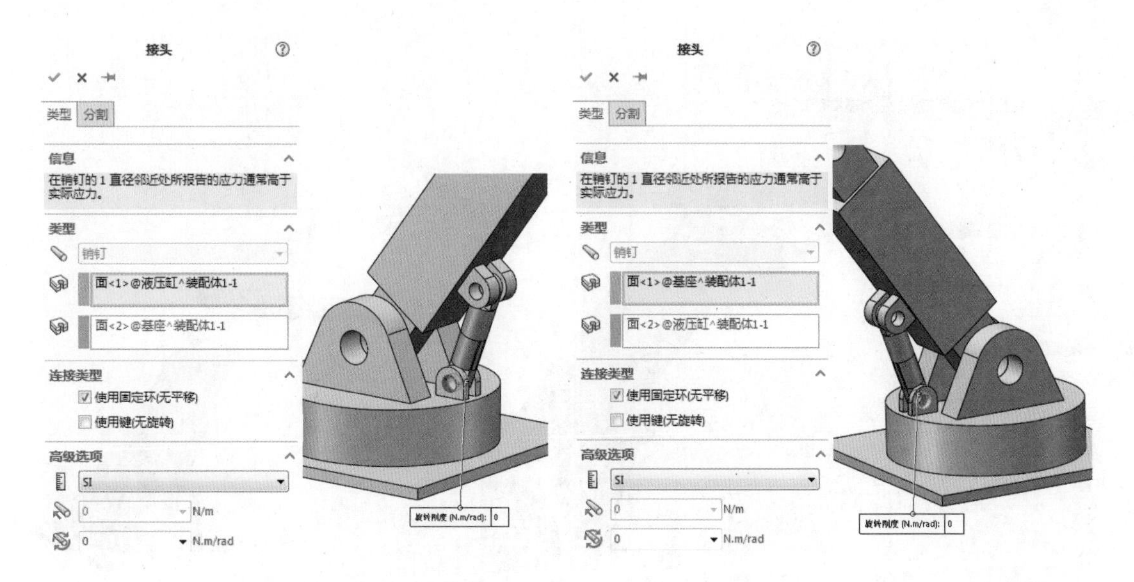

图20-7　添加基座与液压缸左侧的销钉接头　　　图20-8　添加基座与液压缸右侧的销钉接头

第八步，设置大臂和液压缸两侧的接头，勾选“使用固定环（无平移）”复选框，如图 20-9 和图 20-10 所示。

第九步，设置大臂和前臂的接头，同时勾选“使用固定环（无平移）”和“使用键（无旋转）”复选框，如图 20-11 所示。

接头设置完成后，即可看到效果，如图 20-12 所示。

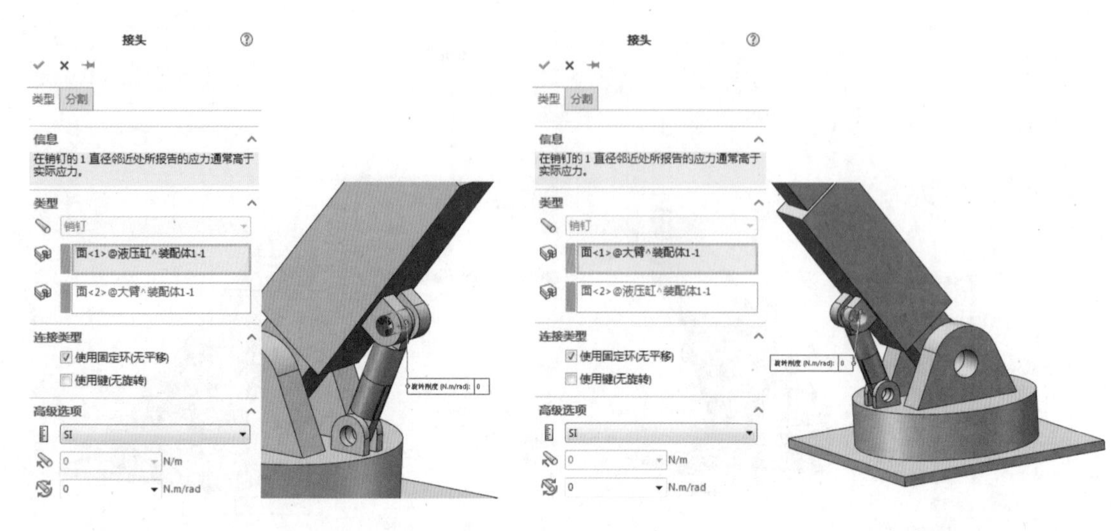

图20-9　添加大臂与液压缸左侧的销钉接头　　图20-10　添加大臂与液压缸右侧的销钉接头

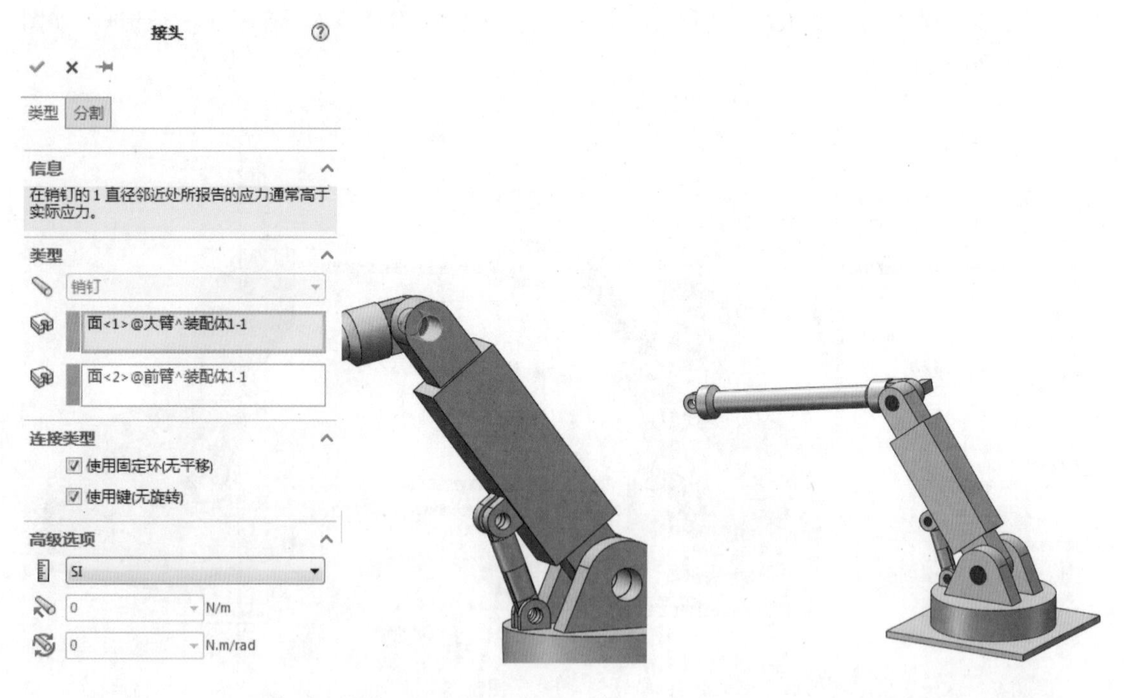

图20-11　添加大臂与前臂的销钉接头　　图20-12　接头添加完成后的效果

第十步，添加约束。选择基座底平面，设置为固定约束，如图 20-13 所示。

第十一步，添加载荷。选择前臂的末端圆孔，添加向下 10000N 的力，如图 20-14 所示。

第十二步，划分网格，如图 20-15 所示，接着执行分析算例，获得静应力分析结果，如图 20-16 所示。

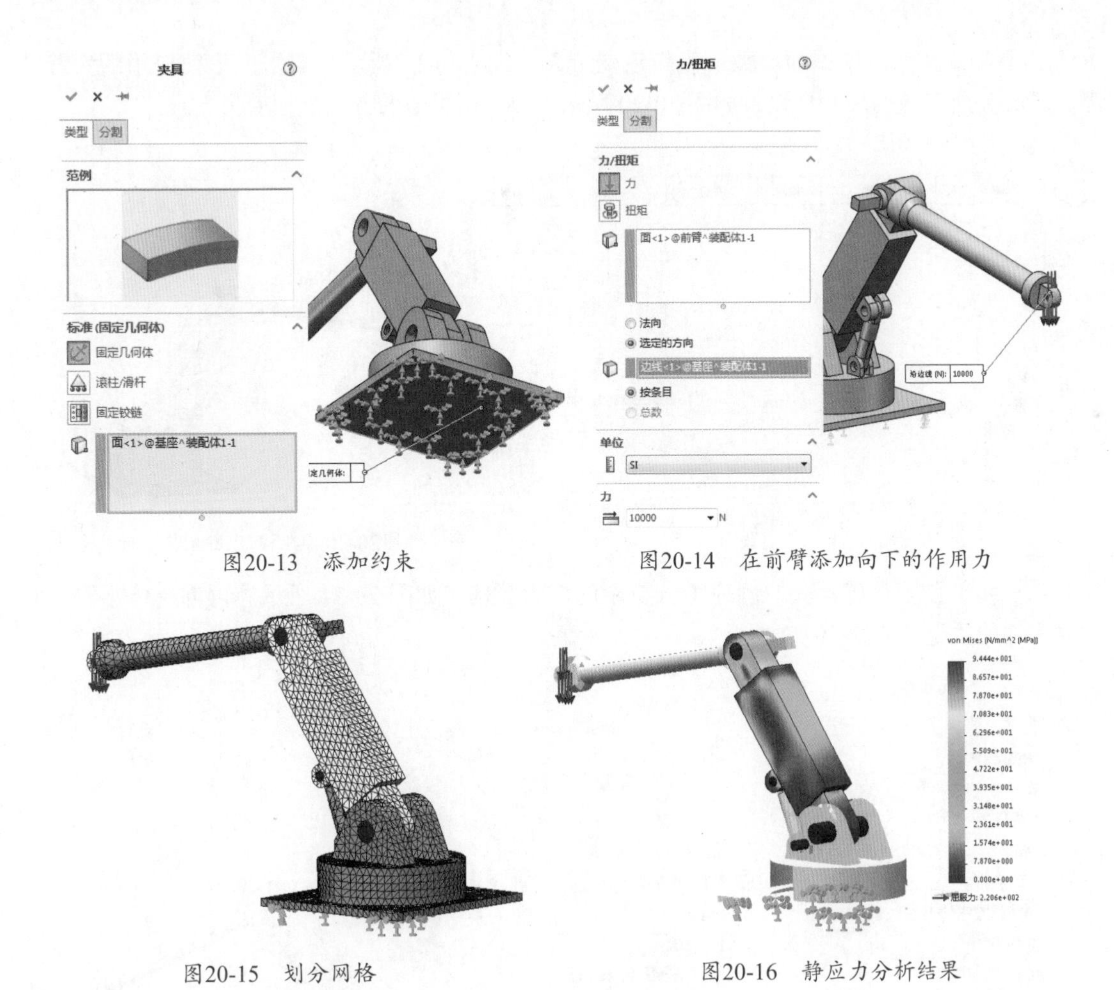

图20-13　添加约束

图20-14　在前臂添加向下的作用力

图20-15　划分网格

图20-16　静应力分析结果

2.创建优化设计算例

第一步，新建设计算例，如图 20-17 所示。此时即可进入优化设计界面，如图 20-18 所示，以下则分别指定变量、约束和目标三要素。

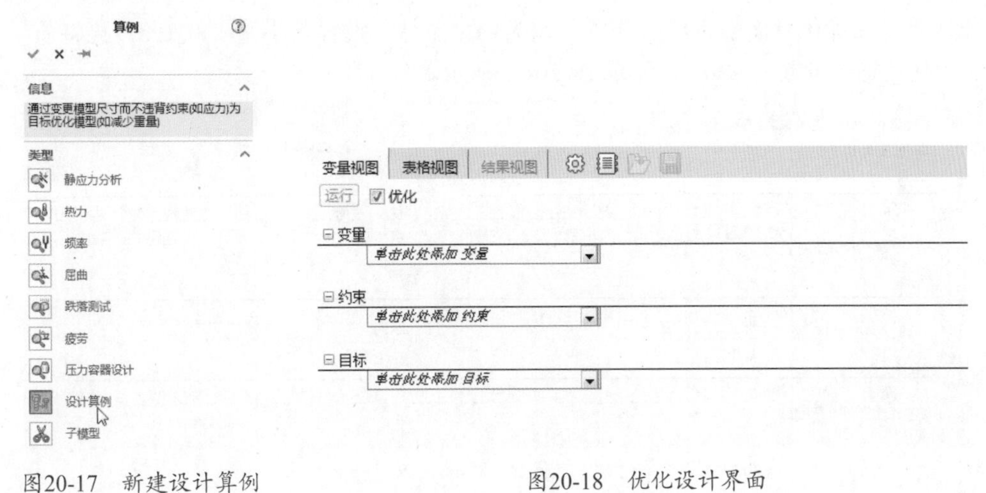

图20-17　新建设计算例

图20-18　优化设计界面

第二步，在变量中添加参数。先新建变量 h，如图 20-19 所示。双击图形窗口中的大臂模型，选择 h 所对应的尺寸标注，如图 20-20 所示。再按照类似的方法添加变量 b。

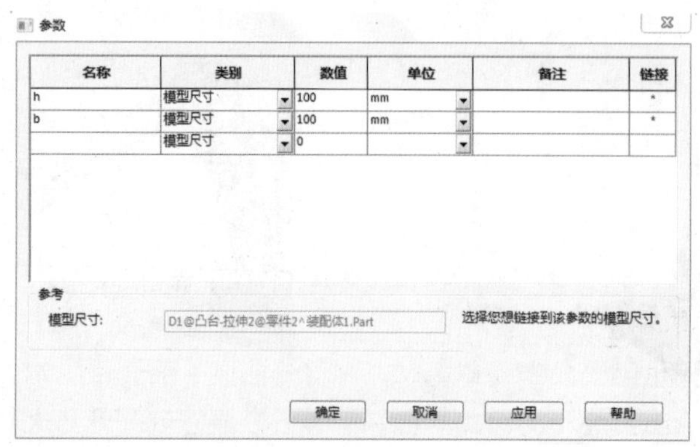

图20-19　定义设计变量

图20-20　在模型上选取设计变量

第三步，创建传感器获取静应力分析中的应力数据，如图 20-21 所示。再创建传感器获取大臂零件的质量，如图 20-22 所示。

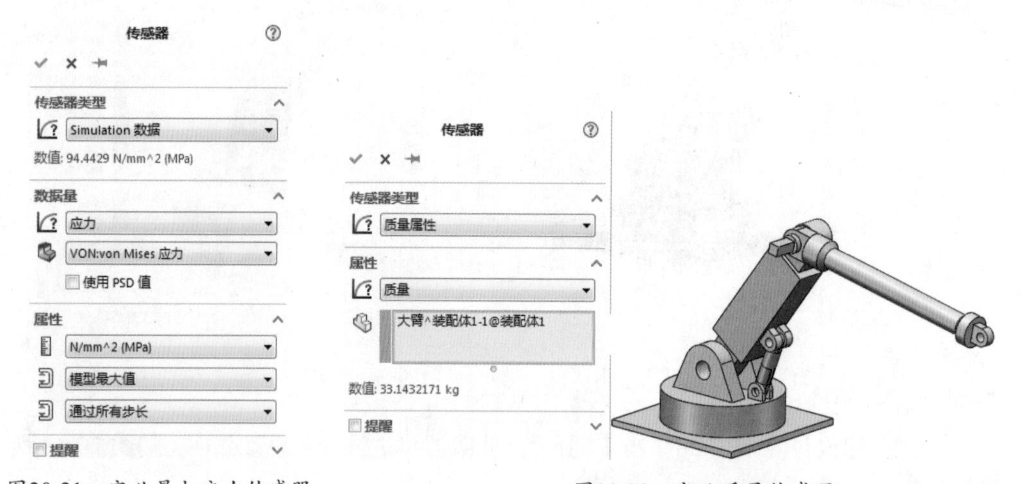

图20-21　定义最大应力传感器

图20-22　定义质量传感器

第四步，在优化界面中将应力传感器作为约束条件，设置其小于 120MPa，再将质量传感器作为优化目标，设置其为最小化，如图 20-23 所示。

变量视图　表格视图　结果视图

运行　☑优化　　　　总活动情形: 12

⊟变量

b	带步长范围	最小:	50mm	最大:	120mm	步长:	30mm
h	带步长范围	最小:	50mm	最大:	150mm	步长:	50mm
单击此处添加 变量							

⊟约束

应力2	小于	最大:	120 牛顿/mm^2	静应力分析 1
单击此处添加 约束				

⊟目标

质量1	最小化
单击此处添加 目标	

图20-23　优化三要素定义完整

第五步，单击运行图标即可进行优化计算，计算完成后自动显示优化结果，如图 20-24 和图 20-25 所示。

变量视图 表格视图 结果视图

14 情形之 14 已成功运行 设计算例质量: 高

		当前	初始	优化 (1)	情形 1	情形 2	情形 3	情形 4
b		120mm	120mm	50mm	50mm	80mm	110mm	120mm
h		150mm	150mm	50mm	50mm	50mm	50mm	50mm
应力2	< 120 牛顿/mm^2	91.947 牛顿/mm^2	91.947 牛顿/mm^2	117 牛顿/mm^2	117 牛顿/mm^2	121.2 牛顿/mm^2	125.41 牛顿/mm^2	115.58 牛顿/mm^2
质量1	最小化	10.9955 kg	10.9955 kg	6.19546 kg	6.19546 kg	6.19546 kg	6.19546 kg	6.19546 kg

情形 5	情形 6	情形 7	情形 8	情形 9	情形 10	情形 11	情形 12
50mm	80mm	110mm	120mm	50mm	80mm	110mm	120mm
100mm	100mm	100mm	100mm	150mm	150mm	150mm	150mm
89.731 牛顿/mm^2	88.192 牛顿/mm^2	90.14 牛顿/mm^2	88.965 牛顿/mm^2	89.431 牛顿/mm^2	89.043 牛顿/mm^2	90.74 牛顿/mm^2	91.947 牛顿/mm^2
7.99546 kg	7.99546 kg	7.99546 kg	7.99546 kg	10.9955 kg	10.9955 kg	10.9955 kg	10.9955 kg

图20-24 优化结果（一）

图20-25 优化结果（二）

四、项目总结

本项目重点介绍了如何利用优化设计来实现零件结构参数最优化的设计过程。优化设计是一种高效、精确的设计方法，适用于工程中的很多领域。基于优化设计进行结构设计，可以很容易地实现最佳性价比的设计。

参考文献

[1] DS SOLIDWORKS 公司，陈超祥，胡其登 .SOLIDWORKS Simulation 基础教程 2016 版 [M]. 杭州新迪数字工程系统有限公司，编译 . 北京：机械工业出版社，2016.

[2] DS SOLIDWORKS 公司，陈超祥，胡其登 . SOLIDWORKS Simulation 高级教程 2016 版 [M]. 杭州新迪数字工程系统有限公司，编译 . 北京：机械工业出版社，2016.

[3] DS SOLIDWORKS 公司，陈超祥，胡其登 .SOLIDWORKS Motion 运动仿真教程 2016 版 [M]. 杭州新迪数字工程系统有限公司，编译 . 北京：机械工业出版社，2016.

[4] 张晋西 , 蔡维 , 谭芬 . SolidWorks Motion 机械运动仿真实例教程 [M]. 北京：清华大学出版社，2013.

[5] 何强 . SolidWorks 2014 中文版从入门到完整工程实例设计与仿真 [M]. 北京：电子工业出版社，2014.

[6] 吴芬 .SolidWorks 设计与仿真一体化教程 [M]. 武汉：华中科技大学出版社，2016.

[7] 宋少云 , 尹芳 . ADAMS 在机械设计中的应用 [M]. 北京：国防工业出版社，2015.

[8] 陈峰华 . ADAMS 2016 虚拟样机技术从入门到精通 [M]. 北京：清华大学出版社，2017.

[9] 许京荆 . ANSYS Workbench 工程实例详解 [M]. 北京：人民邮电出版社，2015.

[10] 刘笑天 .ANSYS Workbench 结构工程高级应用 [M]. 北京：中国水利水电出版社，2015.